U0231194

犬猫眼科学
快速指导手册

Quick Guidebook to Canine and Feline Ophthalmology

(西) 哈维尔 · 埃斯特班 · 马丁 著
Javier Esteban Martín

辛 良 主译

常建宇 主审

化学工业出版社

· 北 京 ·

Quick Guidebook to Canine and Feline Ophthalmology is published by arrangement with GRUPO ASIS BIOMEDIA S.L.

ISBN 9788416818983

本书中文简体字版由GRUPO ASIS BIOMEDIA S.L.授权化学工业出版社独家出版发行。

北京市版权局著作权合同登记号：01-2019-5136

图书在版编目（CIP）数据

犬猫眼科学快速指导手册/（西）哈维尔·埃斯特班·马丁著；辛良主译.—北京：化学工业出版社，2019.11

书名原文：Quick Guidebook to Canine and Feline Ophthalmology

ISBN 978-7-122-35173-9

Ⅰ.①犬…　Ⅱ.①哈…②辛…　Ⅲ.①犬-眼科学-手册②猫-眼科学-手册　Ⅳ.①S857.6-62

中国版本图书馆CIP数据核字（2019）第194553号

责任编辑：邵桂林　　　　装帧设计：刘丽华

责任校对：宋　玮

出版发行：化学工业出版社（北京市东城区青年湖南街13号　邮政编码100011）

印　　装：北京瑞禾彩色印刷有限公司

710mm×1000mm　1/16　印张24¼　字数418千字

2020年1月北京第1版第1次印刷

购书咨询：010-64518888　　　　售后服务：010-64518899

网　　址：http://www.cip.com.cn

凡购买本书，如有缺损质量问题，本社销售中心负责调换。

定　　价：280.00元

本书翻译和主审人员

主　　译　辛　良

翻译人员　辛　良　李慧侠　张兆霞　侯忠勇　韦　铮　曹钱丰　张　闫　于勇江　赵海旺　孙春雨

主　　审　常建宇

将我所有的爱，献给玛丽娜——
我如生命一般重要的妻子。

纪念我的宠物“Yako”。

作者

哈维尔·埃斯特班·马丁

兽医学位
兽医眼科学专科医师
Ocãna兽医诊所
西班牙马德里

合作人

克里斯蒂娜·费尔南德斯·阿尔加拉

兽医学位
兽医细胞学诊断服务
西班牙马德里

贾米·阿提米拉·帕劳

兽医博士
兽医组织病理学诊断服务
HISTOVET
西班牙巴塞罗那

埃琳娜·阿隆索·费尔南德斯·阿塞图诺

兽医博士
兽医细胞学和病理实验室
西班牙马德里

安德烈·卡尔沃·伊比森

兽医病理学家
细胞病理
西班牙马德里

瓦伦蒂娜·洛伦佐·费尔南德斯

ECVN专科医生
兽医神经学转诊中心主管
西班牙马德里

序

兽医眼科学这一科目具有丰富的历史和丰厚的底蕴。这一门学科的第一篇论文可以追溯到古代，从那时开始，美国和欧洲的作者写了数量众多的兽医眼科学相关书籍。其中许多书籍都已经翻译为了西班牙语；然而，我的朋友Javier Esteban Martín是第一位写了一部兽医眼科学书籍的西班牙兽医师。

当我几年前在眼科学会议上遇到他的时候，我们都刚开始我们的事业。他看起来像一个可爱、略微羞怯、行为优雅的人。他在他的工作中是严肃和严谨的，也非常慷慨。随着时间推移我发现Javier是一个特别的人。他是独一无二的。我非常感谢他给我这次机会来表达有关他的我的感受，我们并不常有这种机会来做这些。我们趋向于更关注人们的缺点而不是他们的能力。

这是他的第二本书，我确信读者会喜欢它。它具有教育意义、实用性、有益、简单，就像Javier，值得陪伴在身旁。作者是书籍质量的保证，而他的第一本书也充分地证明了这一点。

Javier，我肯定这本书会成功的，我鼓励你继续追求其他有价值的事业。

Mª Carmen Tovar Sahuquillo

Mª Carmen Tovar Sahuquillo

Murcia兽医学校医学与临床外科教授，眼科学教授。

取得巴塞罗那自治大学眼科学文凭。

获得图卢兹兽医学校高级眼科学认证。

拉丁美洲兽医眼科学学院成员（CLOVE）。

多次获得来自AVEPA（西班牙小动物兽医协会）眼科学的最高荣誉。

多次在科学大会和会议上讲课，同时也是多个班级、研讨会和大会的主管。

致谢

在如此一本小书的背后是巨大的努力和巨大的满足感。

如果没有每一位合作者的支持和工作，这本书就不会存在。

感谢SERVET给我机会来传达我对兽医眼科学的热情。感谢整个团队的优异工作和强大的编辑工作。

感谢HISTOVET、Elena Alonso Fernández-Aceytuno博士、CITOPATH和Cristina Fernández Algarra为本书提供了组织病理学和细胞学图片。这些高质量的图片反映了每一位贡献者的高专业水准。

感谢我的朋友和同事Valentina Lorenzo，其专业精湛，更是一个好人，提供了巨量的兽医MRI和脑脊液细胞学图像。

非常感谢所有年复一年信任我的兽医诊所。你们的病例满足了我的专业好奇心，帮助我每一天都在进步。

感谢我Ocaña兽医诊所的同事。感谢优秀的兽医Maria帮助建立了字母索引。感谢很棒的麻醉师Mario和Patricia。感谢Gustavo工作专注，始终如一。感谢Pili和Mamen优秀的工作和耐心。但是首先感谢你们的友谊。

感谢也对眼科学感兴趣的兽医伙伴：Marc，Mª Carmen，José Mª，Eduardo，Eva，Alfonso，Clinio，Elisa，Fernando，Victoria，Jorge...感谢我们分享的美好时光，感谢你们的鼓励。

我尤其感谢我家庭的支持和爱。你们对我来说是至关重要的。

最后，感谢我的妻子MARINA，具有无限的耐心、长期的等待和无条件的支持。这本书的每一页都有她的贡献。感谢你的陪伴。

Javier Esteban Martín

前言

这本指导书的目的是给兽医医师和学生提供快速的参考，使之容易分辨日常实践中最常见的眼科情况。

本书的目的不是提供详细的解剖或发病机理，也不是用表格和图片详尽地列出所有可能的诊断和治疗选项。这一手册是想让广大临床兽医师充分熟悉眼部疾病，能够轻易地诊断疾病和发现眼球的受损区域或相关结构。

所有图片均伴有眼病的定义，详细说明最重要的方面。书中也提供有关疾病严重程度、紧急等级、诊断、治疗、品种倾向性等的提示。

本指导手册中所有图片都来自于真实病例；因此，有些直接解读了，而另外的一些需要更多的努力来辨别问题所在。

我希望这本指导手册能回答您的一些眼科问题，使您帮助到您的病患。

享受这本书吧!

Javier Esteban Martín

目录

第一章　概述

第六章　葡萄膜……219

第七章　晶状体……273

第八章　眼底……307

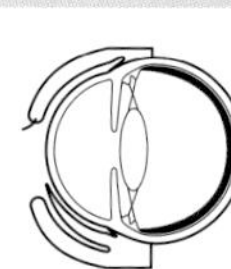

第一章 概 述

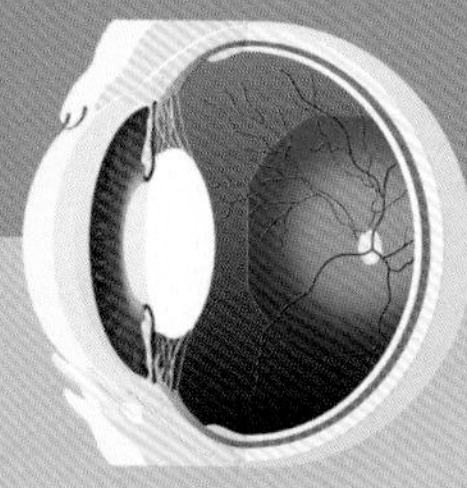

第一节　本书的构成

一、如何使用本书

本书的初衷是为兽医外科医生在眼科诊疗中提供实用的、有效而快速的可视化参考。为了达到这一目的，每页都包含了相应情况对应的图片，图片有简单的解读，同时也包含定义，临床症状，治疗，预后和其它相关信息。

接下来举例说明本书的基本结构。下一页中，眼部每一个结构都定义了其对应的彩色代码，页面的底部则是本书使用的各种重要图标。

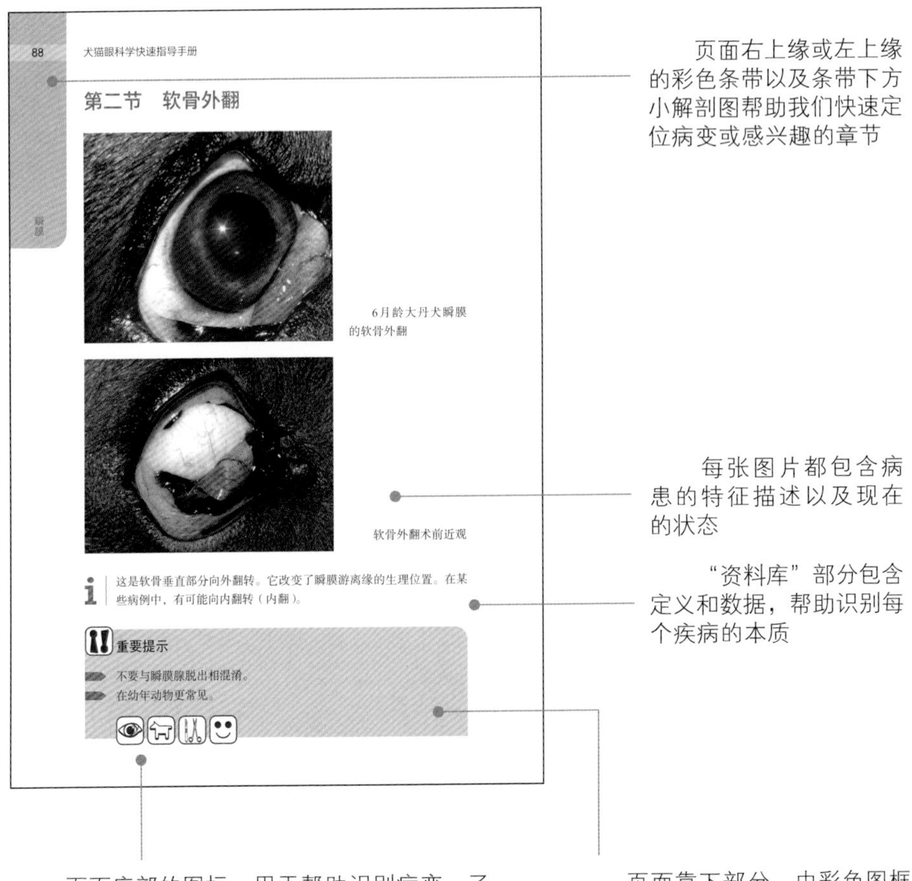

页面底部的图标，用于帮助识别病变，了解病因以及选择药物或手术治疗。这些图标也区分这种情况是否紧急、治疗是否包含特别说明或禁忌、发病是急性或慢性，以及预后怎样

页面靠下部分，由彩色图框隔离出来的区域，包含实践中需要记住的重点：品种倾向性、治疗、禁忌等

二、快速索引本书的关键

解剖结构

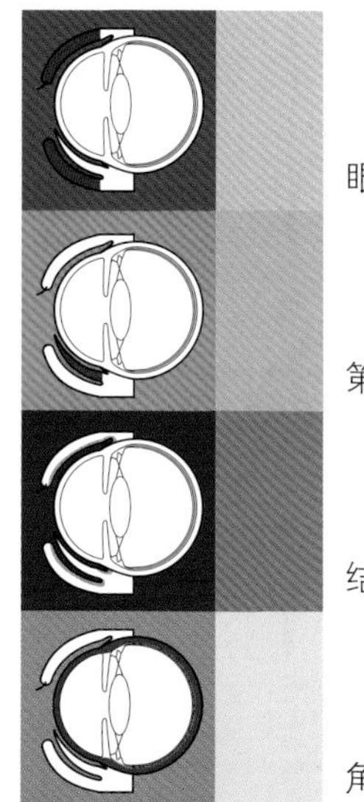

眼睑

第三眼睑

结膜

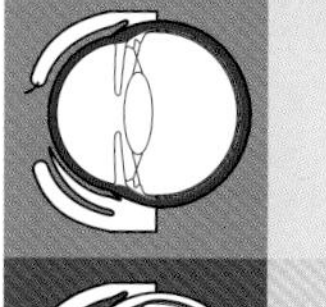

角膜和巩膜

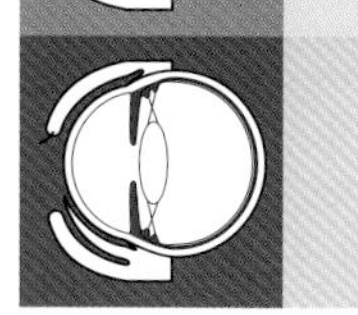

葡萄膜

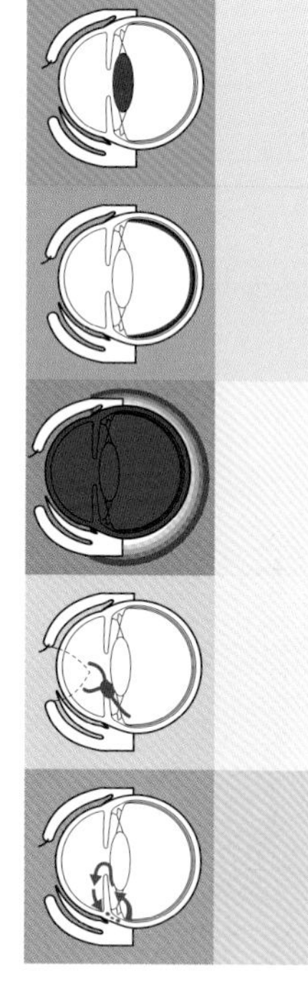

晶状体

眼底

眼球和眼眶

泪器

青光眼

图标

 患猫

 患犬

 紧急

 犬品种倾向性

 猫品种倾向性

 创伤性因素

 感染性因素

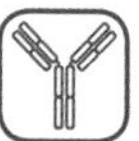 免疫因素

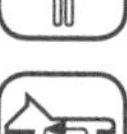 系统性疾病

禁忌

 药物治疗

 手术治疗

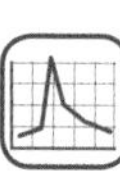 急性表现

 慢性过程

 重要提示

 预后良好

 预后谨慎

 预后差

第二节 解剖的引用

一、眼和眼附器

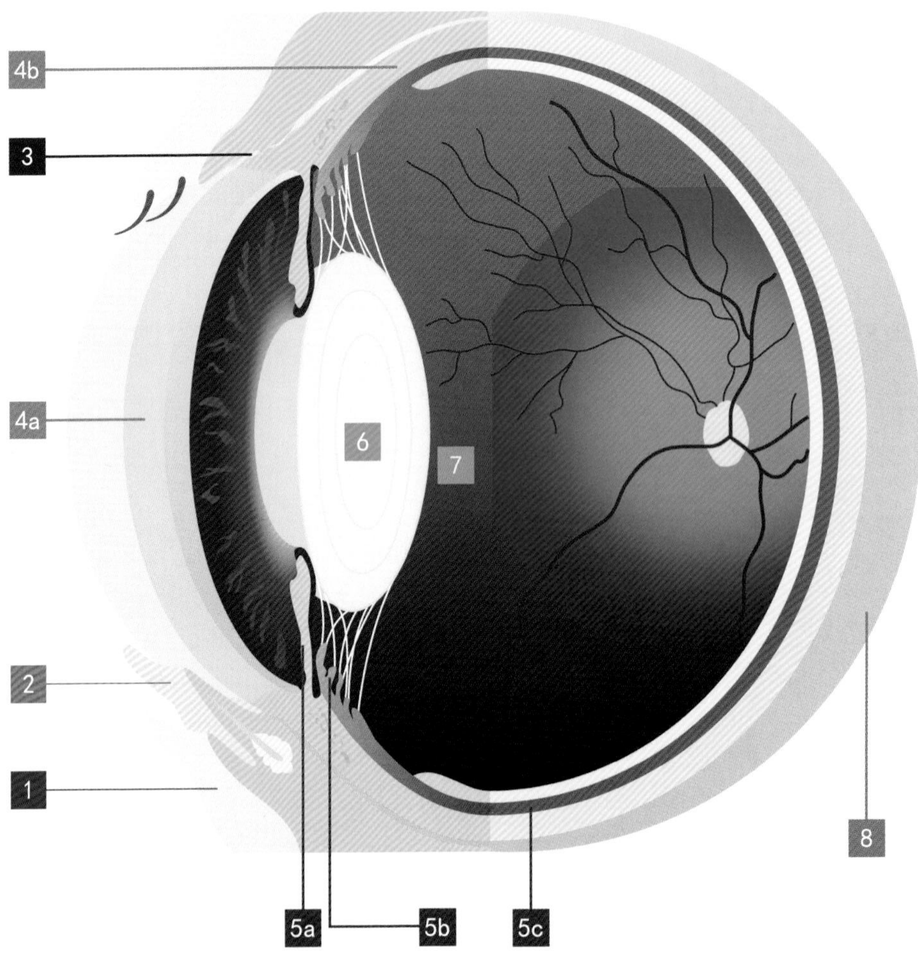

解剖结构

1 眼睑	4b 巩膜	6 晶状体
2 第三眼睑	5a 虹膜	7 眼底
3 结膜	5b 睫状体	8 眼球和眼眶
4a 角膜	5c 脉络膜	

二、泪器

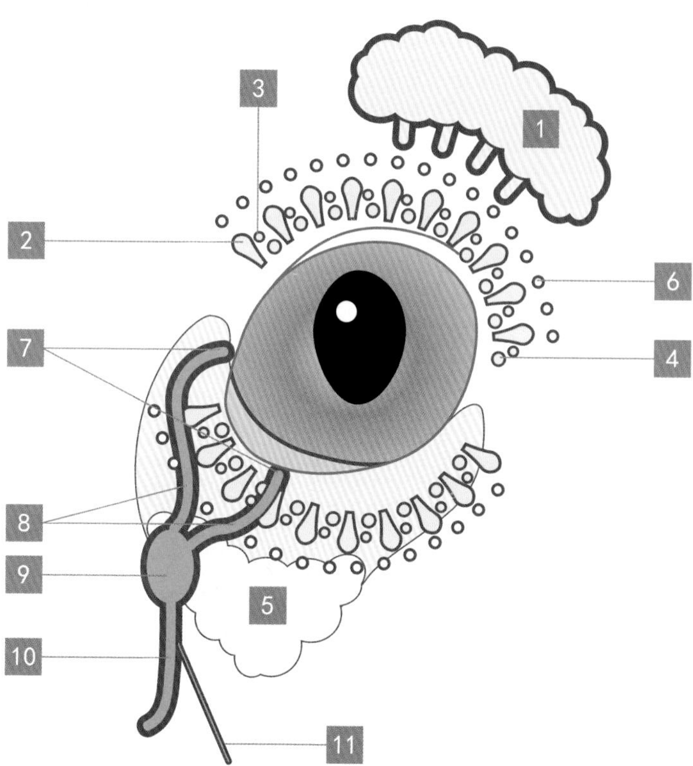

1 泪腺

2 睑板腺 (脂质)

3 蔡氏腺(脂质)

4 莫氏腺(脂质)

5 第三眼睑腺（水液）

6 结膜杯状细胞（黏液）

7 泪小点

8 泪小管

9 泪囊

10 鼻泪管

11 副管

第二章
眼 睑

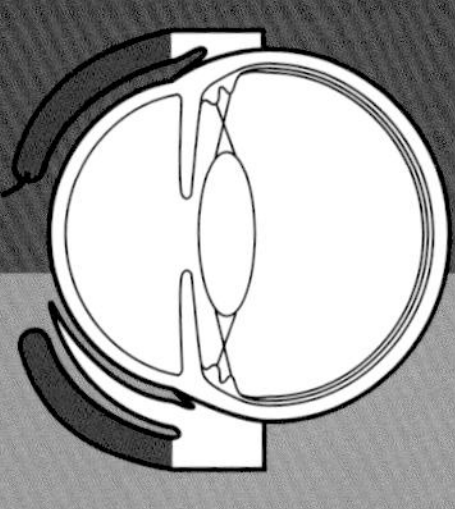

第一节　眼睑发育不全

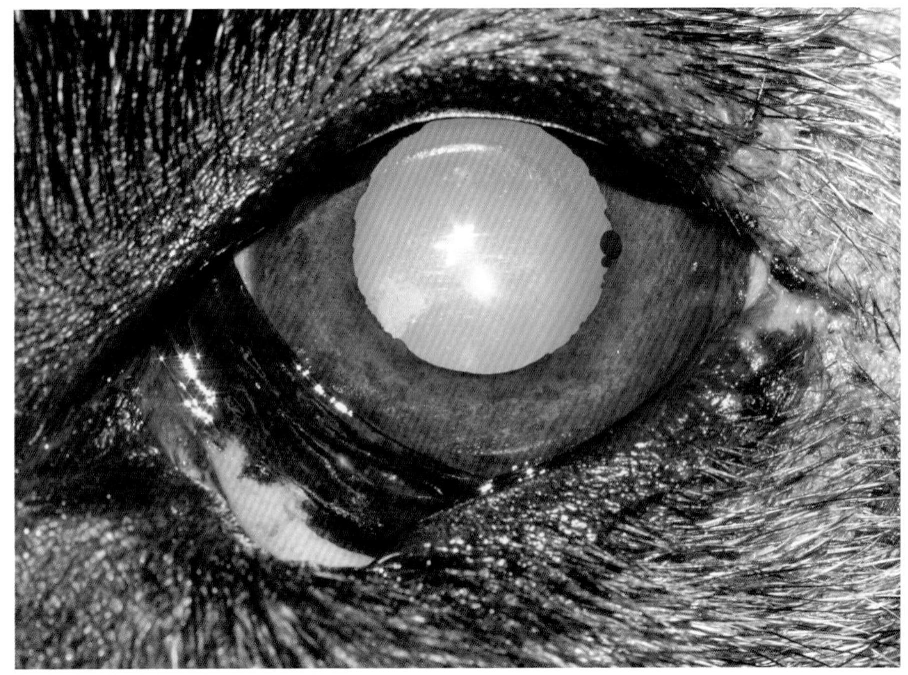

9岁的德国牧羊犬存在左眼下眼睑的缺损（部分缺失）

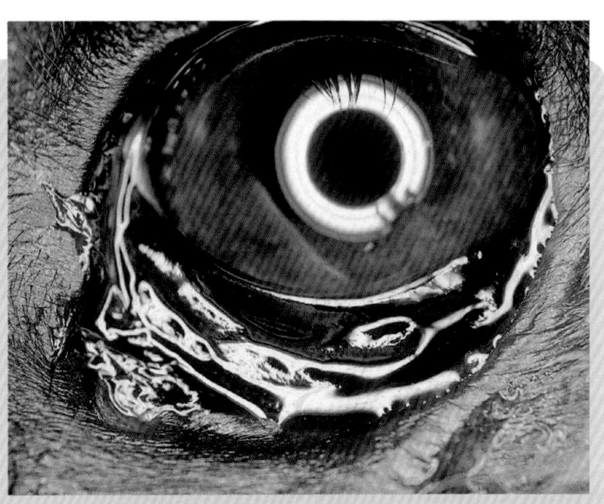

1岁的德国牧羊犬左下眼睑发育不全（完全缺失）

趣味提示

- 出生后就存在（先天的）。
- 猫更常见于上眼睑颞侧。
- 手术重建需要睑成形术。

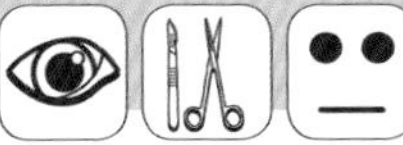

第二节　眼睑皮样囊肿

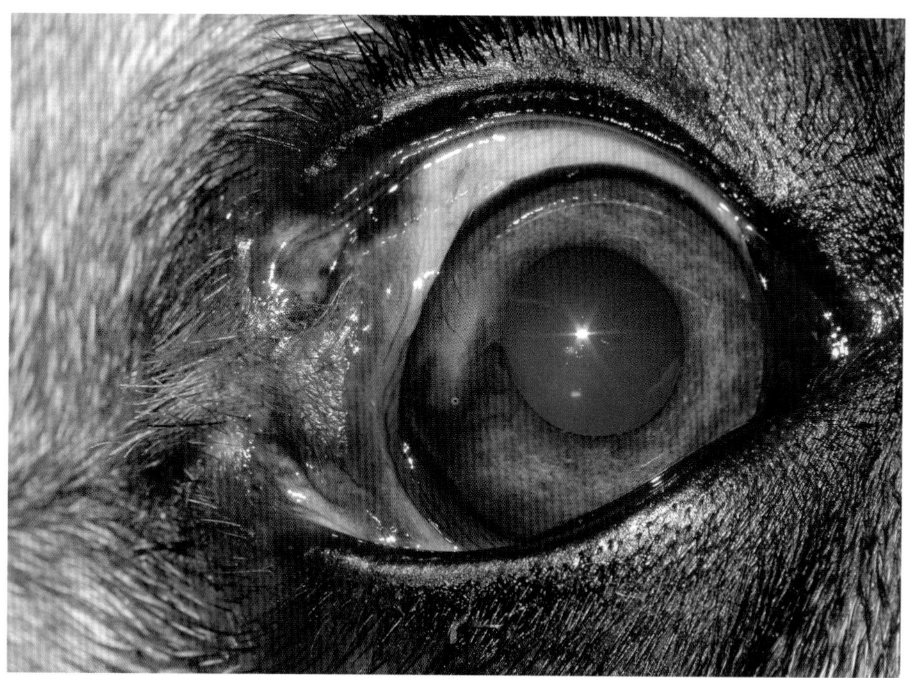

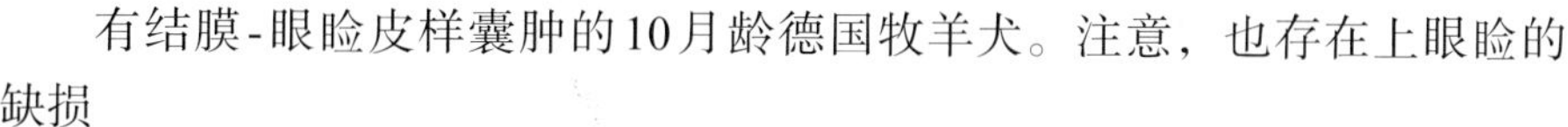

有结膜-眼睑皮样囊肿的10月龄德国牧羊犬。注意，也存在上眼睑的缺损

这些胚胎起源的异位岛状带毛皮肤。它们也被称为迷芽瘤（先天的良性肿瘤）。

品种倾向性

德国牧羊犬、贵宾犬、圣伯纳犬、大麦町、腊肠犬、法国斗牛犬和巴哥犬。

  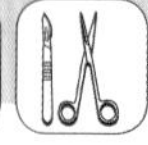 

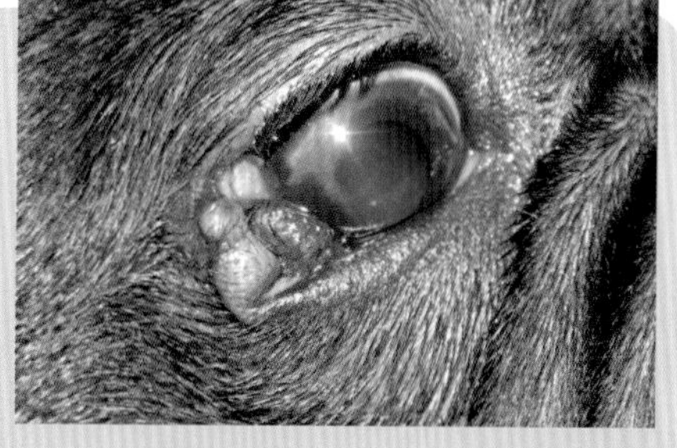

一月龄的巴哥犬有眼睑的皮样囊肿。皮样囊肿上长的毛发摩擦会导致色素性角膜炎

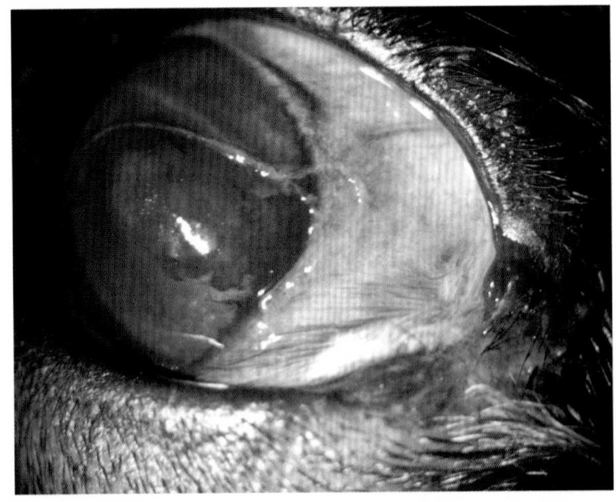

2岁巴哥犬左上眼睑皮样囊肿。注意，毛发摩擦造成慢性角膜损伤（色素）

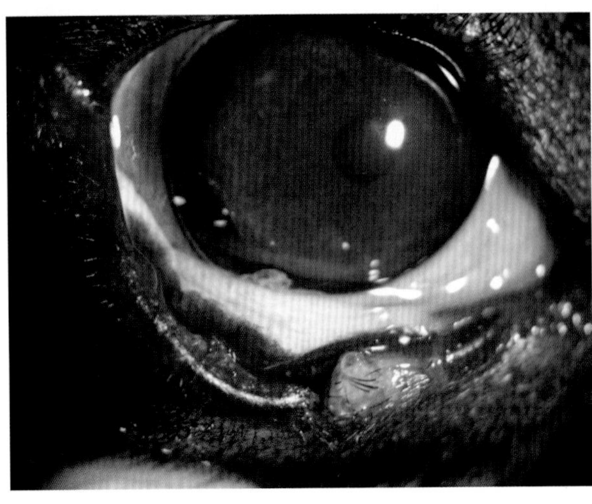

1岁法国斗牛犬右眼下眼睑缘的皮样囊肿

重要提示

- 先天性疾病。
- 单眼或双眼发病，可能伴有缺损。
- 手术治疗：切除和眼睑重建术。

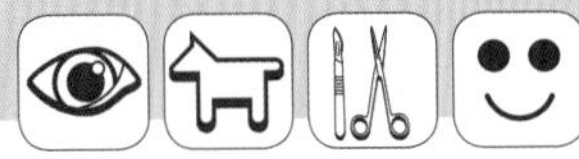

第三节 沙皮犬的眼睑内翻

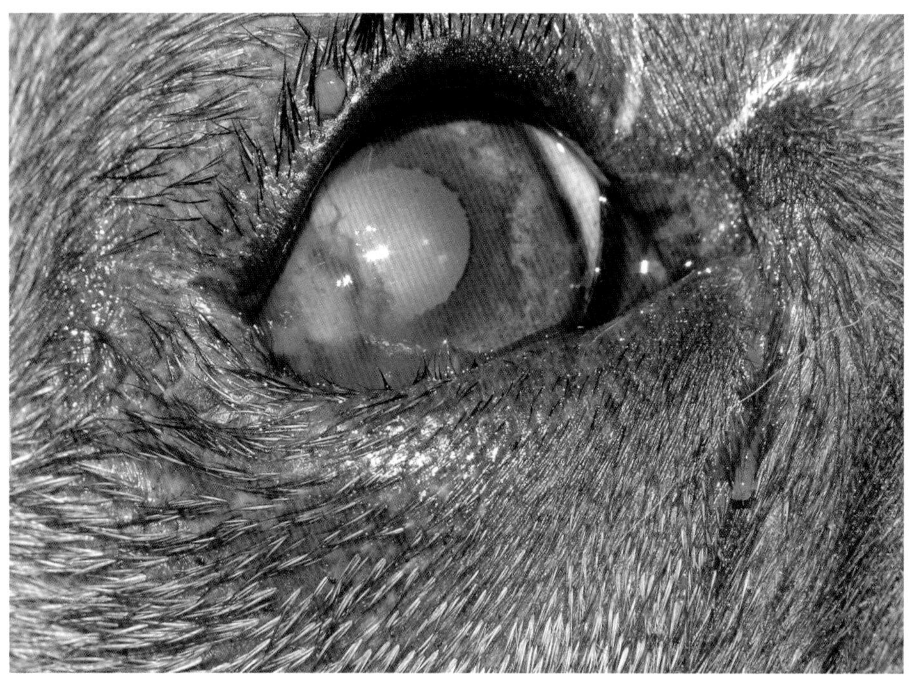

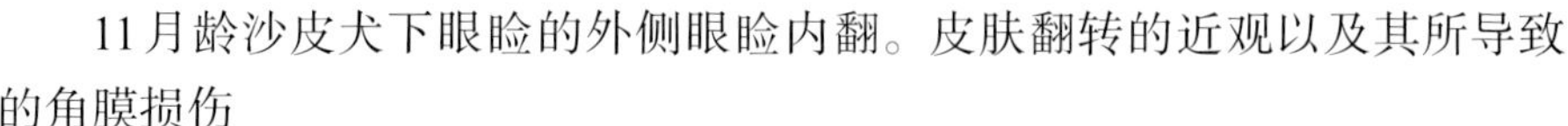

11月龄沙皮犬下眼睑的外侧眼睑内翻。皮肤翻转的近观以及其所导致的角膜损伤

i 眼睑缘的翻转。可能单侧或双侧，影响任一区域睑缘（内侧、中央和/或颞侧）。

临床表现

- 泪溢（泪分泌过度）。
- 睑痉挛（眼部刺激导致的显著眨眼）。
- 畏光（亮光导致的眼部干扰）。

1岁的沙皮犬有双侧眼睑内翻。毛发的摩擦导致睑痉挛和泪溢

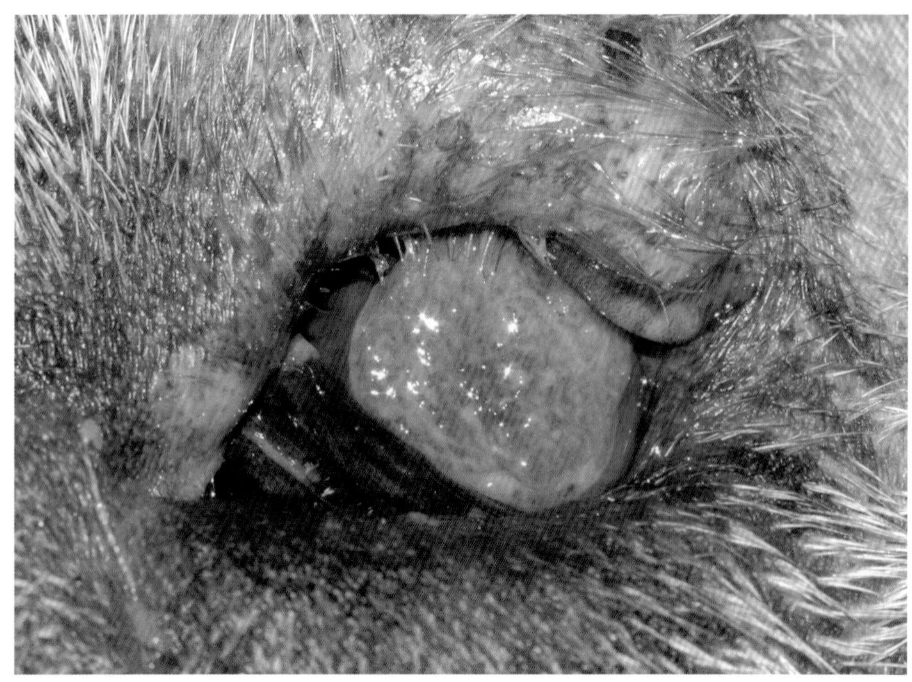

下图中的患犬由于慢性病变导致的角膜外观

重要提示

- 为避免痉挛性内翻和严重的角膜损伤，成年沙皮犬的眼睑内翻手术应尽早进行。
- 睫状肌麻痹剂（阿托品或托吡卡胺）用于缓解睑痉挛。

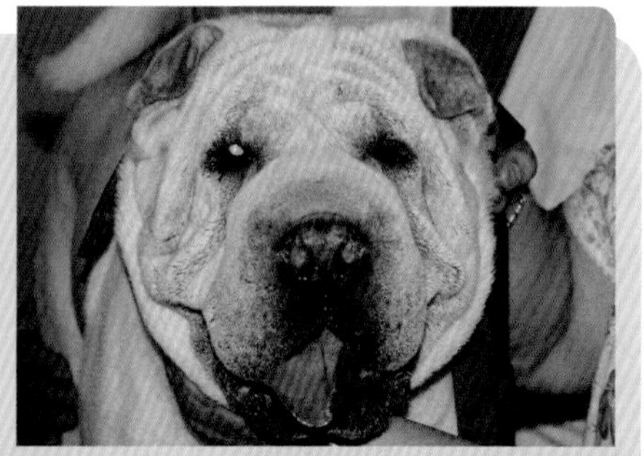

5岁沙皮犬双侧眼睑内翻，左眼更严重

   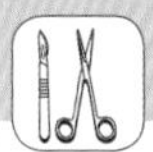 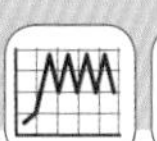 

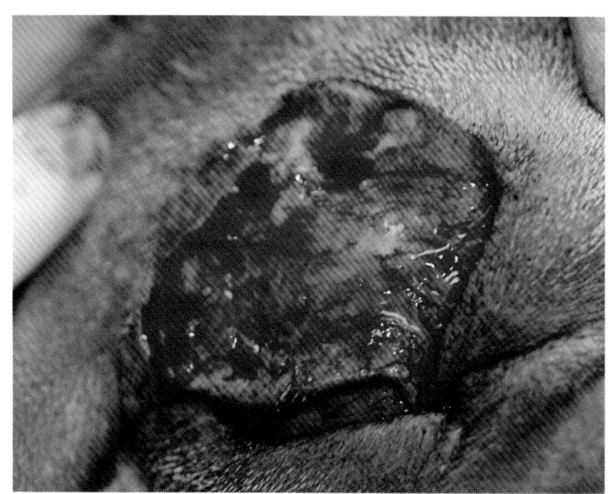

沙皮犬眼睑内翻手术矫正的斯塔德技术

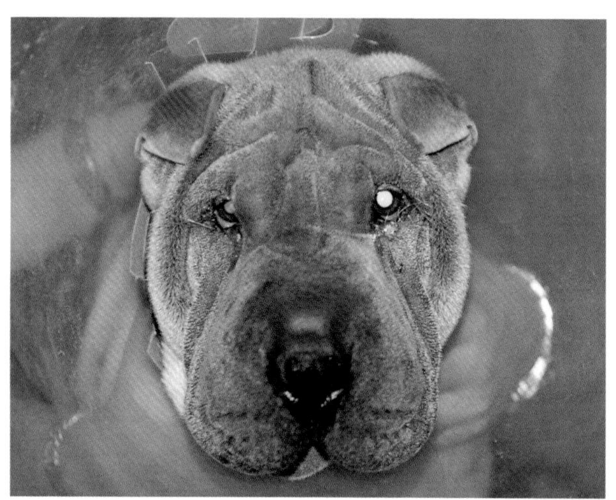

患犬术后第7天

手术技术：斯塔德技术

- 上眼睑的皮肤切口像一个“小丑的眉毛”。
- 部分切除眼睑的眼轮匝肌纤维。
- 距睑缘4mm进行缝合（留长线头）。

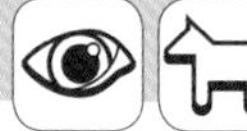  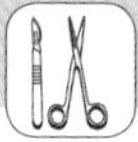 

1月龄的沙皮幼犬。眼睑内翻和角膜损伤的近观

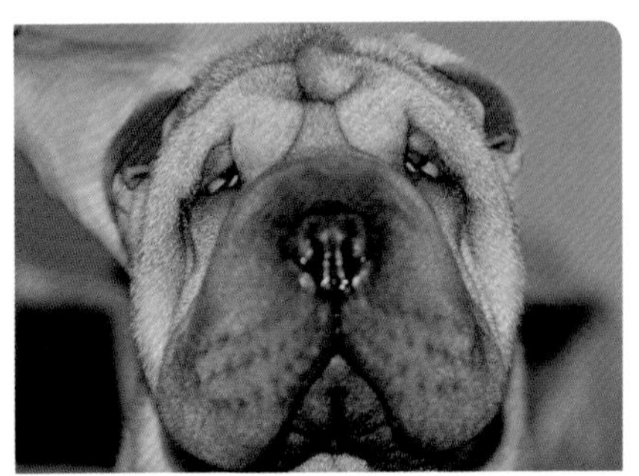

眼睑内翻也能导致这些患犬的视觉缺损

i 沙皮犬的主要风险因素有过多的皮肤和皮褶。考虑选择性育种。

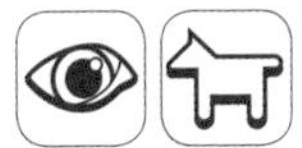

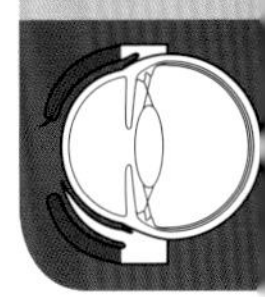

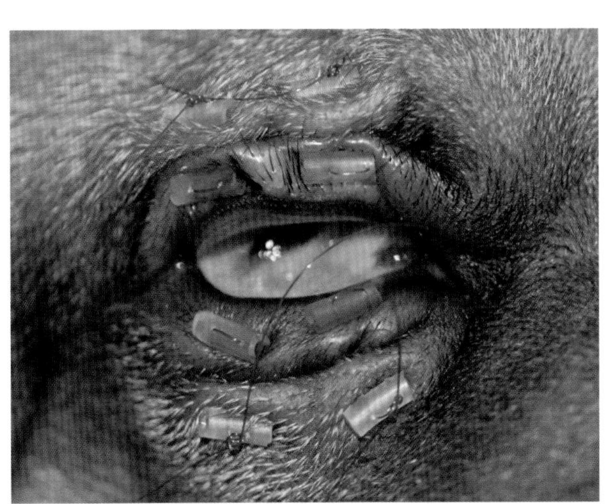

3月龄沙皮幼犬睑缘的外翻缝合

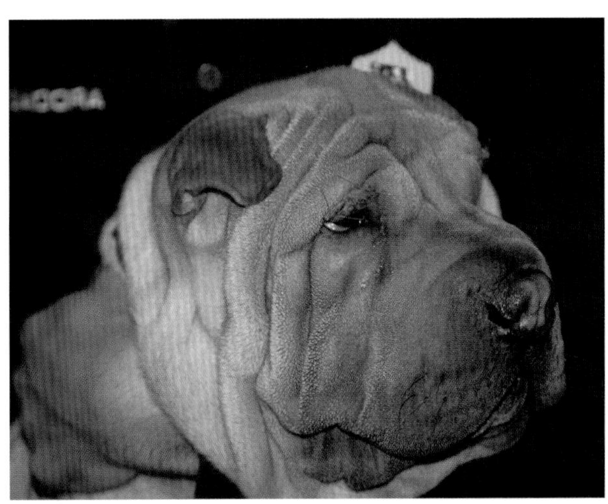

沙皮幼犬的暂时缝合

暂时缝合

- 为防止幼犬的角膜损伤，睑缘的外翻是至关重要的。
- 需要保持暂时缝合直到患犬6～8月龄，此时可以进行上述提及的手术干预。

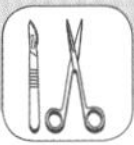

第四节　松狮犬的眼睑内翻

1岁的松狮犬眼睑内翻。这类患犬可能由于睑缘的内翻和皮肤的干扰而使视力减退

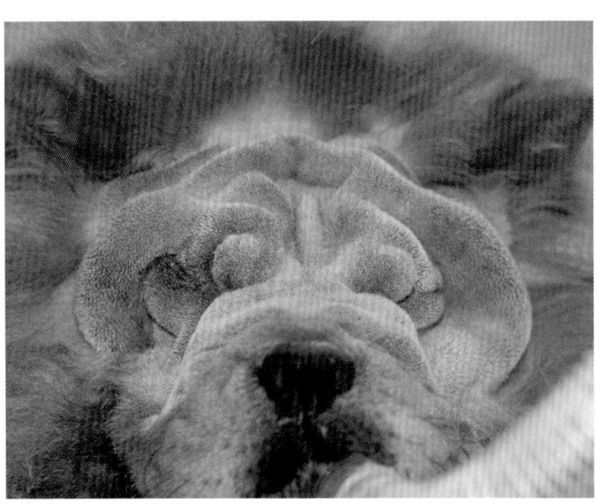

11月龄松狮犬眼睑内翻手术前的皮褶近观

注意事项

该品种犬的一些个体由于皮肤厚和侧面的皮褶会使手术更加复杂。

经过眼睑内翻治疗的松狮。术后第10天

趣味提示

在这个品种，有几种基因容易导致眼睑内翻（多基因性状），包括控制头骨形状的基因、头部皮肤数量和重量的基因及眼睑位置的基因。

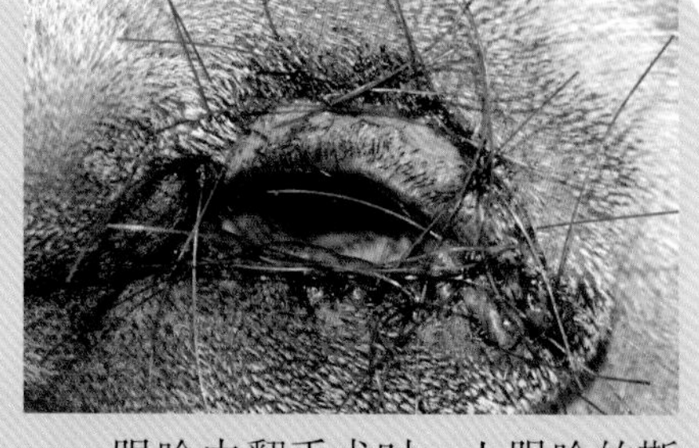

眼睑内翻手术时，上眼睑的斯塔德技术和下眼睑的Hotz-Celsus技术

第五节 眼睑内翻手术技术

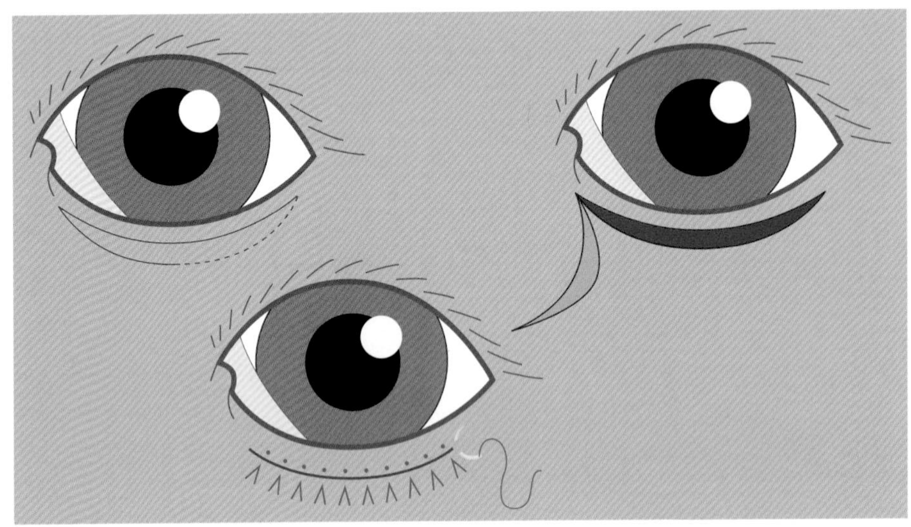

Hotz–Celsus技术

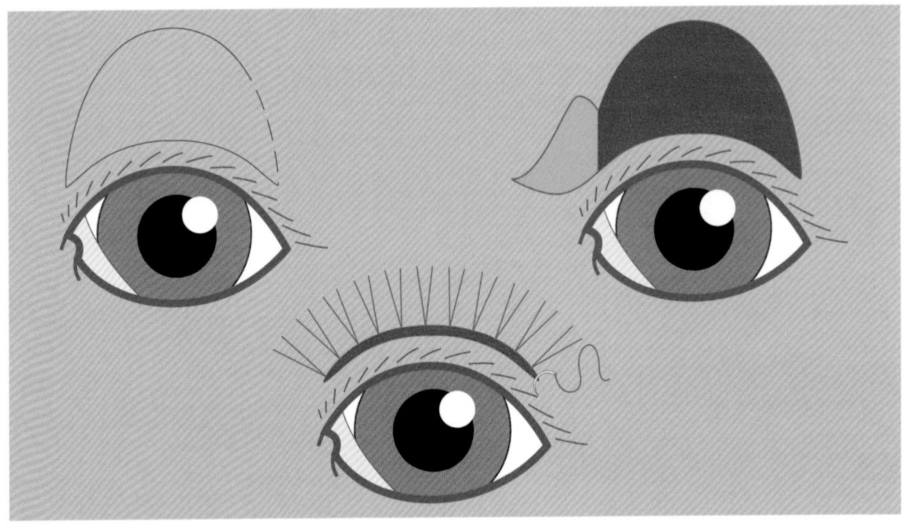

斯塔德技术

斯塔德技术最早是用于沙皮犬上眼睑内翻矫正的方法，对松狮犬也是非常有效果的。

Hotz–Celsus 技术是眼睑内翻矫正最常用的手术技术，一般可以用于上下眼睑的内翻矫正。

第六节 内侧眼睑内翻

英国斗牛犬内侧下眼睑内翻，继发泪溢

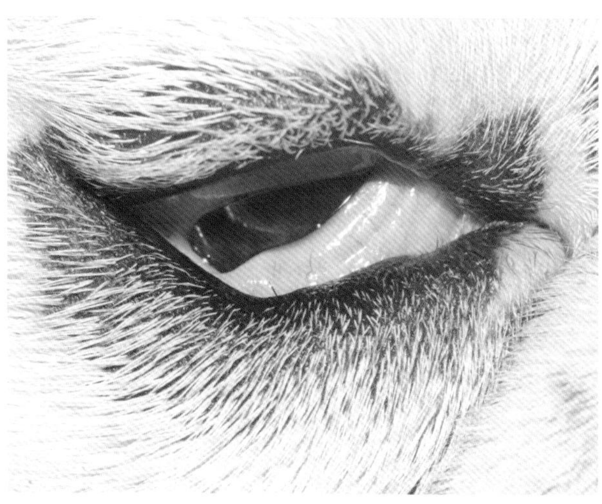

上图所示患犬内侧眼睑内翻的近观

品种倾向性

最容易出现内侧眼睑内翻的品种包括英国斗牛犬、巴哥犬、贵宾犬、西施犬和京巴犬。

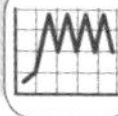

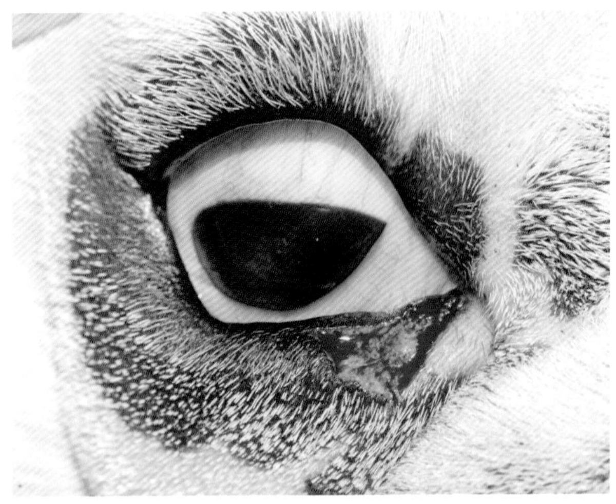

Hotz–Celsus技术用于内侧眼睑内翻。图为皮肤切除的近观

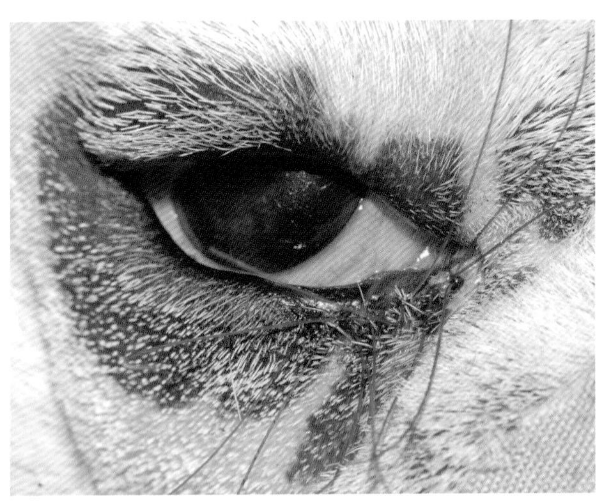

4-0尼龙缝合手术切口。注意眼睑缘的正常位置

重要提示

- 在手术过程中，不要损伤邻近的泪小管。
- 该手术经常也能通过减少皮褶的潮湿，缓解鼻褶的皮炎。

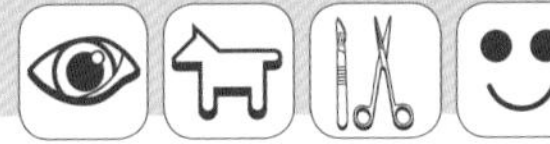

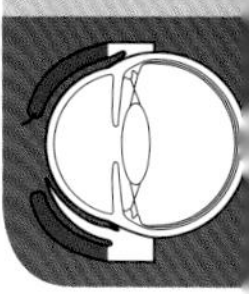

巴哥犬双侧内侧下眼睑内翻

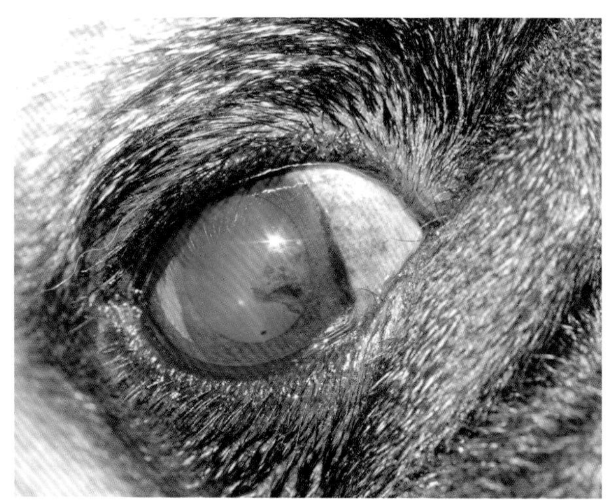

注意下眼睑睑缘的内翻以及面部毛发在鼻侧摩擦角膜的方式

重要提示

- 在这类患犬中，内侧眼睑内翻可能加重色素性角膜炎。

   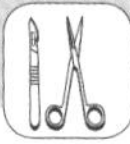 

法国斗牛犬为矫正眼睑内翻和睑裂增大而进行内眦成形术（Roberts-Jensen技术，见186页）

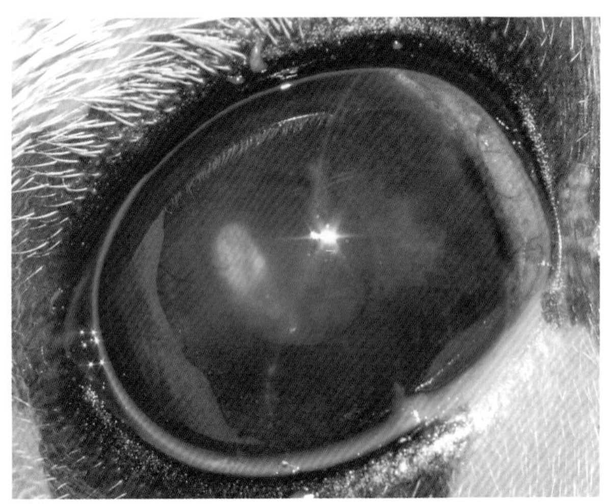

法国斗牛犬治疗内侧眼睑内翻后。注意睑裂矫正的位置

重要提示

- 内眦成形采用Roberts-Jensen技术，要“牺牲”上泪点，但要小心保留下泪点和泪小管。

第七节 外侧眼睑内翻

11月龄罗威纳双眼下眼睑外侧眼睑内翻

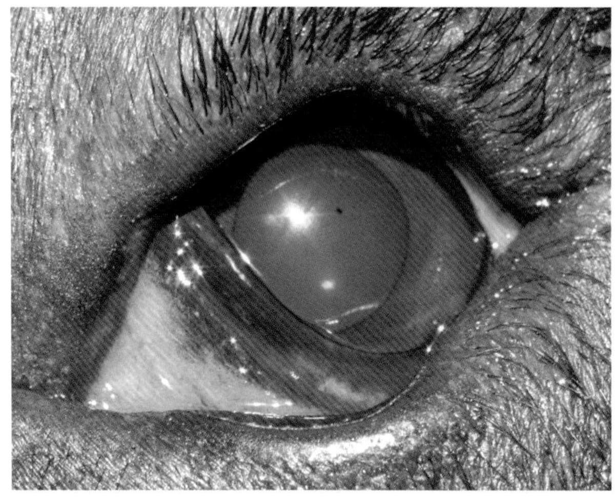

上图所示患犬左眼睑缘内翻近观

品种倾向性

原发性的外侧眼睑内翻，由眼轮匝肌和外侧眼睑韧带张力不一致导致，见于罗威纳、寻回猎犬（金毛和拉布拉多）、波音达猎犬、大麦町和魏玛猎犬。

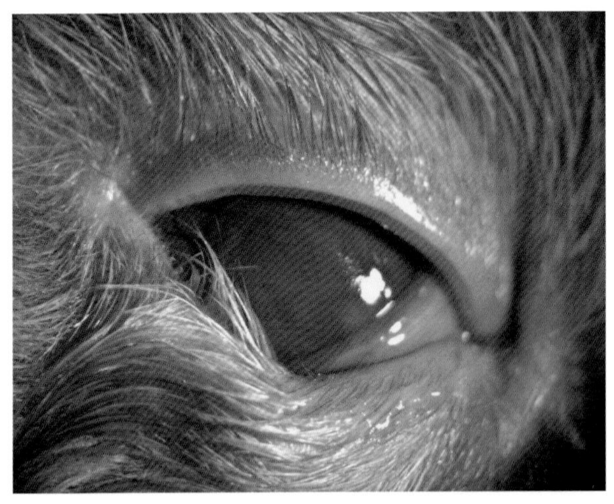

下图所示为猫睑缘严重内翻近观。注意大量毛发直对着角膜

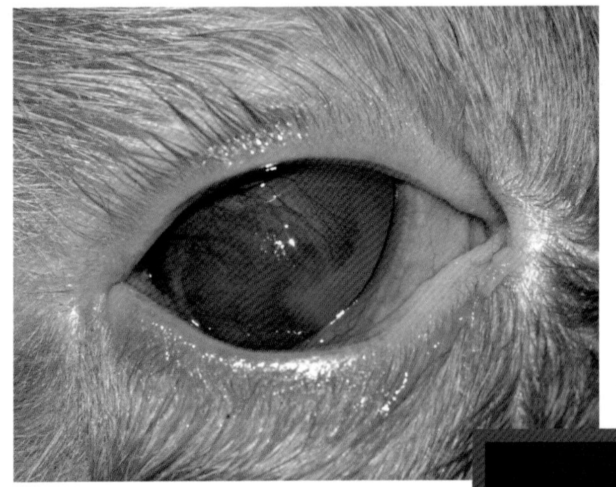

继发于眼睑内翻的严重溃疡性角膜炎

重要提示

- 猫较犬而言眼睑内翻更不常见，但是猫眼睑内翻可能导致严重的角膜损伤。
- 年轻的波斯猫患病风险最高，而且最常影响的是下眼睑。

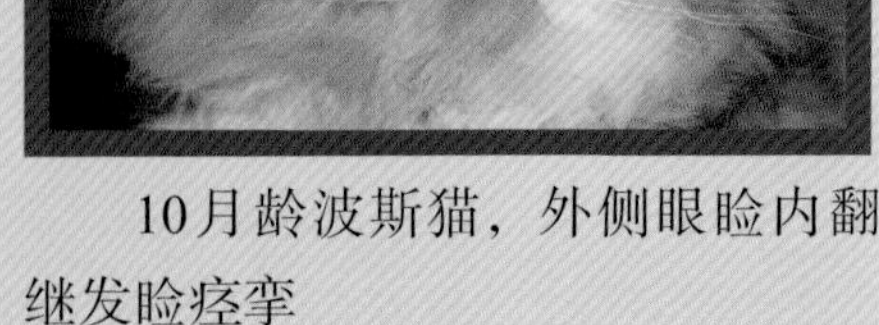

10月龄波斯猫，外侧眼睑内翻继发睑痉挛

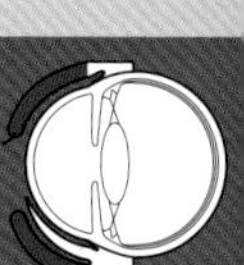

外眦眼睑内翻

下图中的患猫眼睑内翻矫正。术后第10天。注意矫正后的睑缘位置

手术技术

- Hotz–Celsus技术是波斯猫眼睑内翻矫正时最适合的技术，但是复发很常见。
- 猫理想的皮肤缝合线是6-0。可以使用尼龙或者Monosyn（用于有攻击性的猫）。

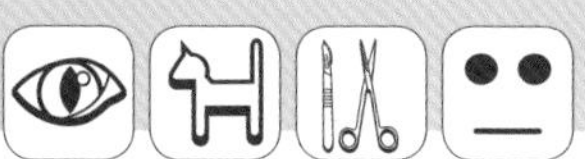

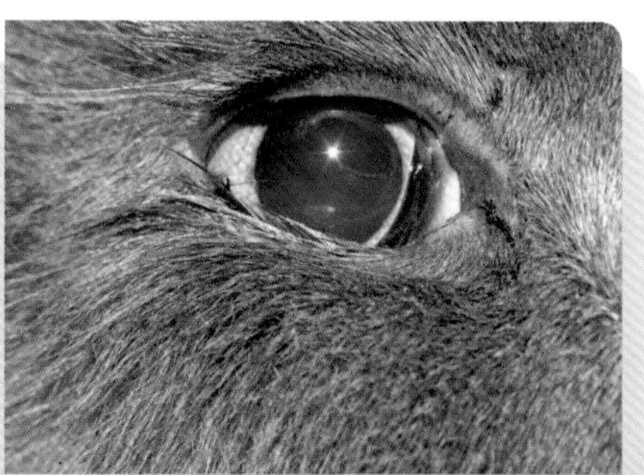

11月龄波斯猫外侧眼睑内翻

第八节　瘢痕性眼睑内翻

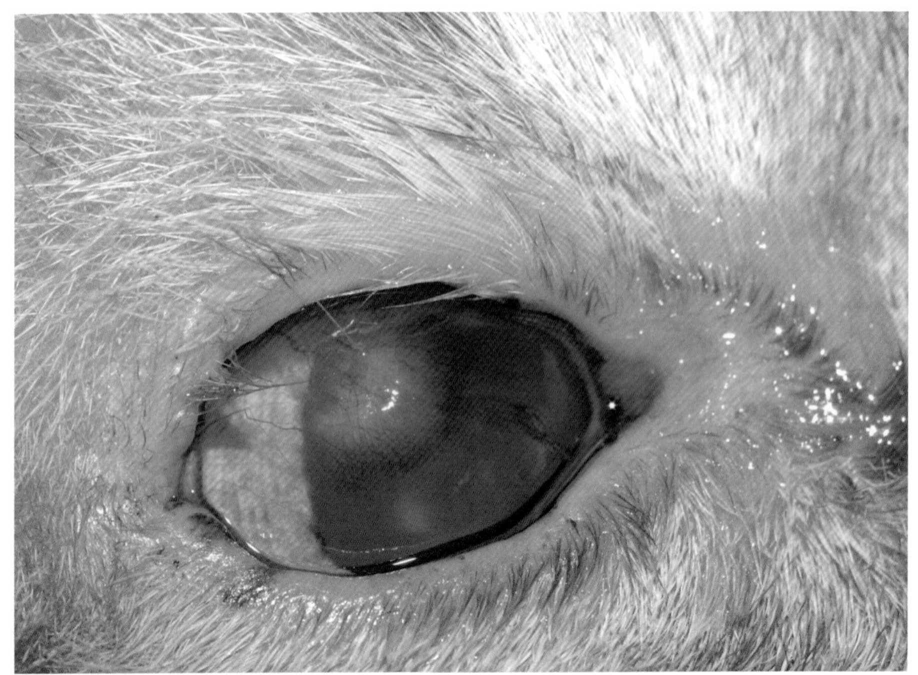

毛发摩擦导致的角膜损伤近观。瘢痕性眼睑内翻继发了倒睫

重要提示

- 创伤后纤维化会使手术难度更大。
- 监测眼睑区域毛发生长方向以确保毛发不会刺激角膜。

4岁家养短毛猫瘢痕性眼睑内翻，它被车撞过

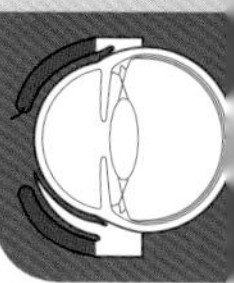

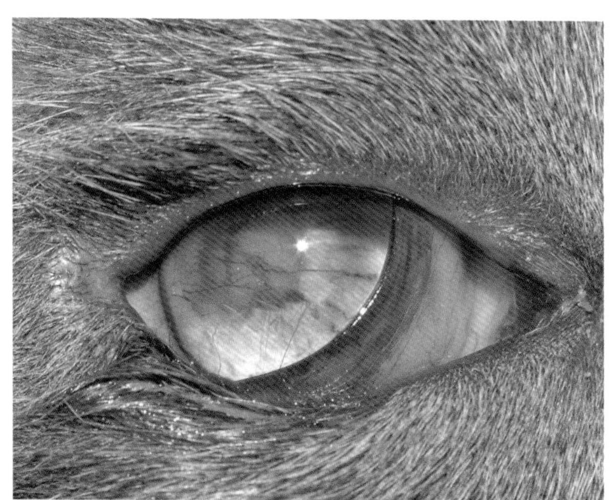

子弹损伤导致的猫下眼睑中央的瘢痕性眼睑内翻。注意枪击导致的角膜损伤

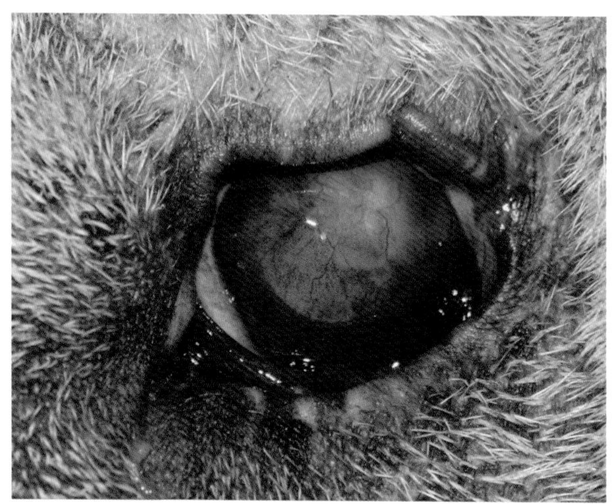

杂种犬被车撞后导致的上眼睑瘢痕性睑内翻。眼睫毛长期摩擦角膜导致严重的角膜炎。这是角膜浑浊（色素）近观

i　霰弹枪子弹造成的皮肤烧伤导致睑缘的瘢痕性回缩，继发眼睑内翻。

第九节 缺乏支撑造成的眼睑内翻

家养短毛猫双眼睑缘缺乏支撑而导致的眼睑内翻

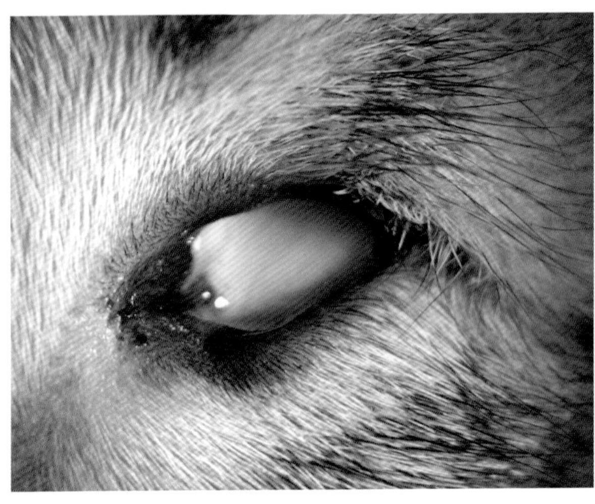

2月龄小猫外侧下眼睑缺乏支撑导致的眼睑内翻近观

i 眼球萎缩（眼球痨）易伴发第三眼睑突出和睑缘的内翻。绝大多数小猫的病例是由于病毒感染。

  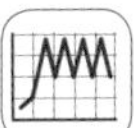 

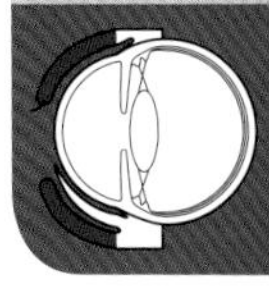

第十节　眼睑外翻

美国可卡犬双眼下眼睑外翻

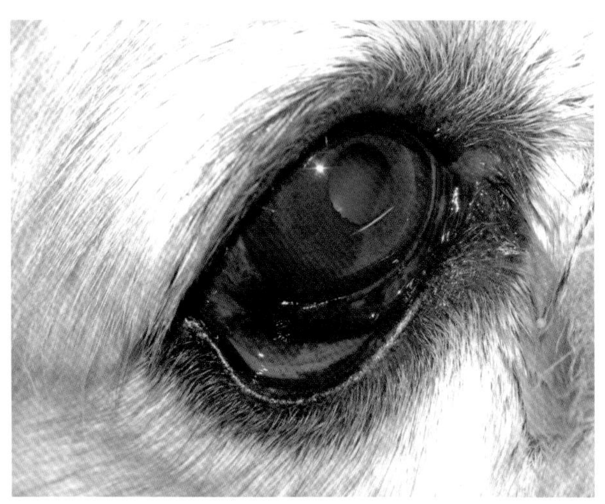

睑缘外翻，结膜暴露。上图所示患犬右眼近观

i　游离睑缘的外翻导致结膜暴露及角膜失去保护。一般而言，眼睑外翻是双眼发病，而且影响的是下眼睑。

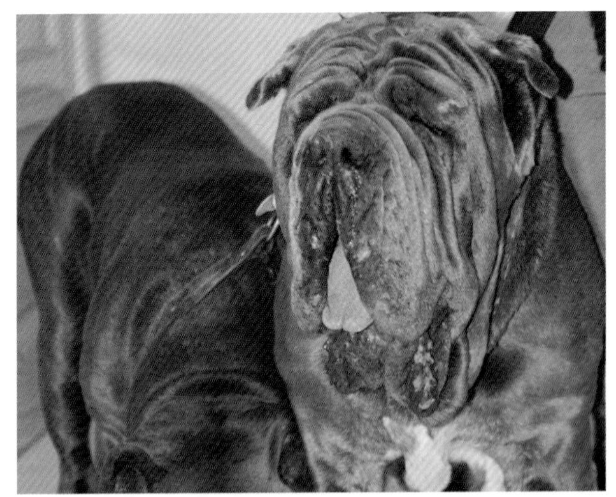

那不勒斯獒犬尤其好发下眼睑的眼睑外翻

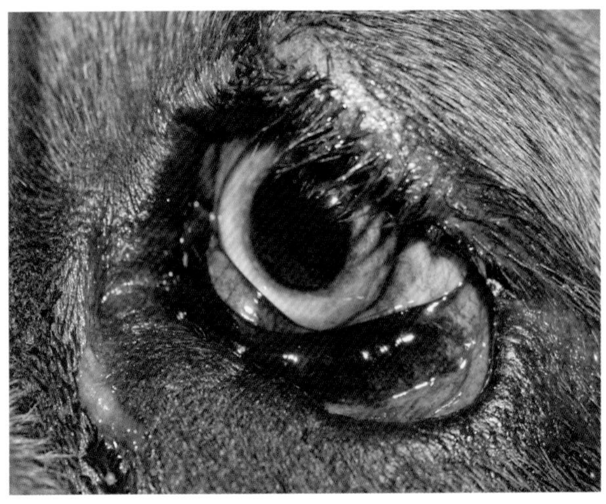

巨型犬眼睑外翻导致的结膜暴露非常常见。上图所示的是一只那不勒斯獒犬的图片

品种倾向性

眼睑外翻最常影响圣伯纳犬、那不勒斯獒犬、拳狮犬、巴吉度猎犬和可卡犬。

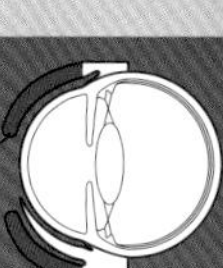

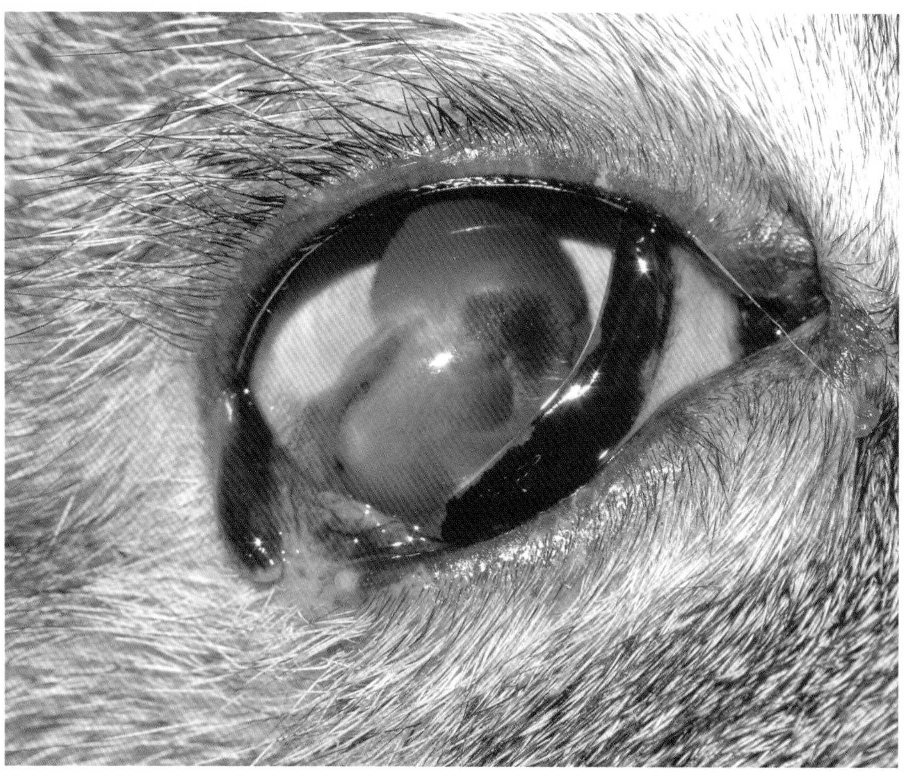

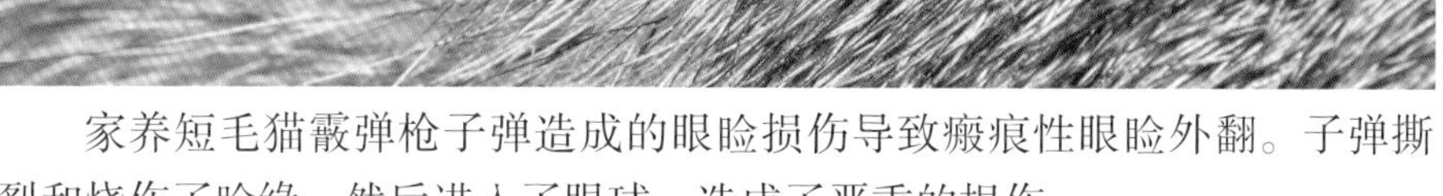

家养短毛猫霰弹枪子弹造成的眼睑损伤导致瘢痕性眼睑外翻。子弹撕裂和烧伤了睑缘，然后进入了眼球，造成了严重的损伤

趣味提示

眼睑外翻的主要临床表现是结膜暴露和泪溢。慢性暴露性角膜炎是慢性眼睑缘外翻的主要并发症。

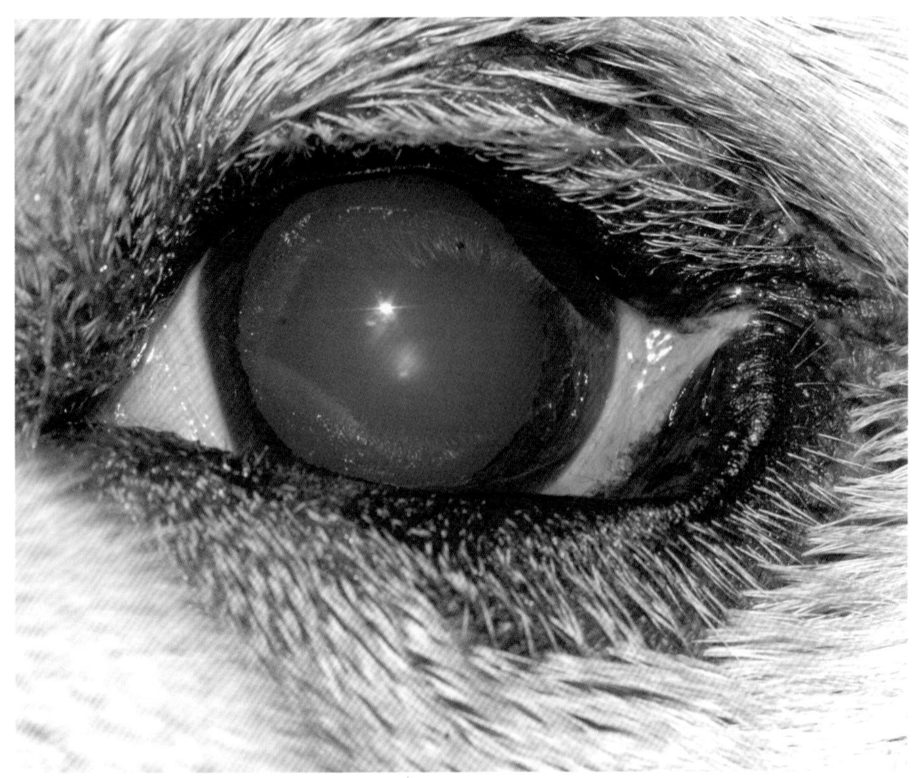

英国斗牛犬下眼睑内翻手术后出现了医源性眼睑外翻。颞侧区域的睑缘外翻暴露了结膜。异常的眼睑形状使眨眼时角膜无法被全覆盖

重要提示

- 眼睑内翻矫正手术时，宁愿去除过少的组织，如果可能则再次进行矫正，也不愿去除过多组织而造成医源性眼睑外翻。

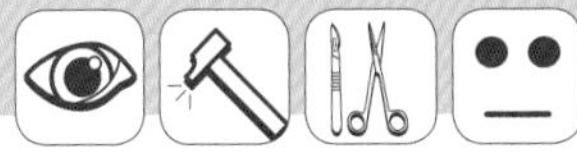

手术技术

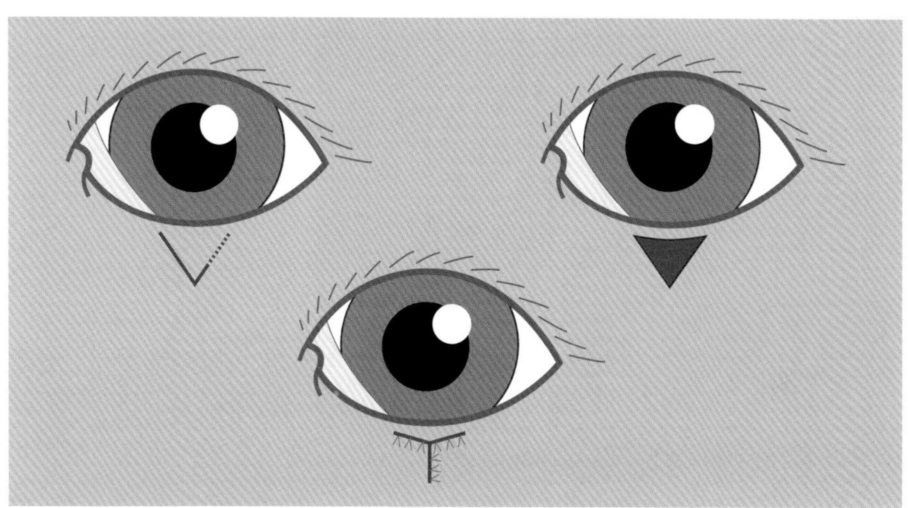

Whart on-Jones技术

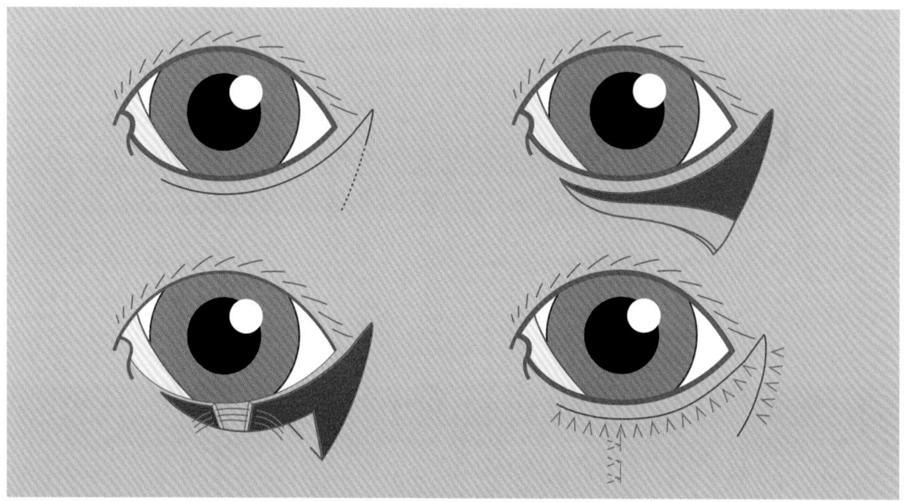

Kuhnt–Szymanowski技术

- Wharton-Jones技术用于瘢痕性眼睑外翻和轻度眼睑外翻的病例。
- Kuhnt-Szymanowski技术用于更严重的病例或那些需要缩短下眼睑的患者。

第十一节 眼睑内翻/眼睑外翻

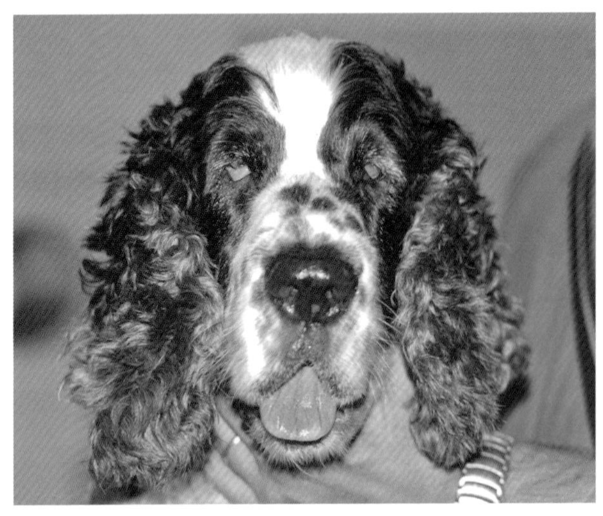

12岁的英国可卡犬下眼睑外翻和上眼睑内翻

患犬由于上眼睑位置异常而导致视力减退

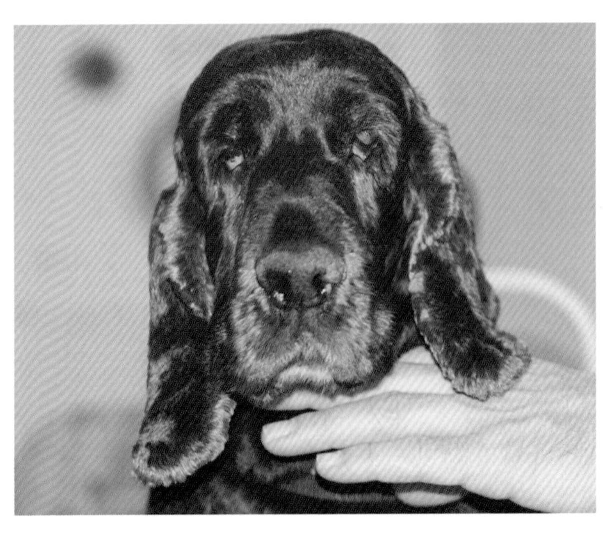

面部皮肤松弛以及耳部和嘴唇的重量导致了眼睑内翻/眼睑外翻

趣味提示

在老年可卡犬和巴吉度猎犬，眼睑内翻/眼睑外翻通常也和睑下垂及倒睫同时出现。

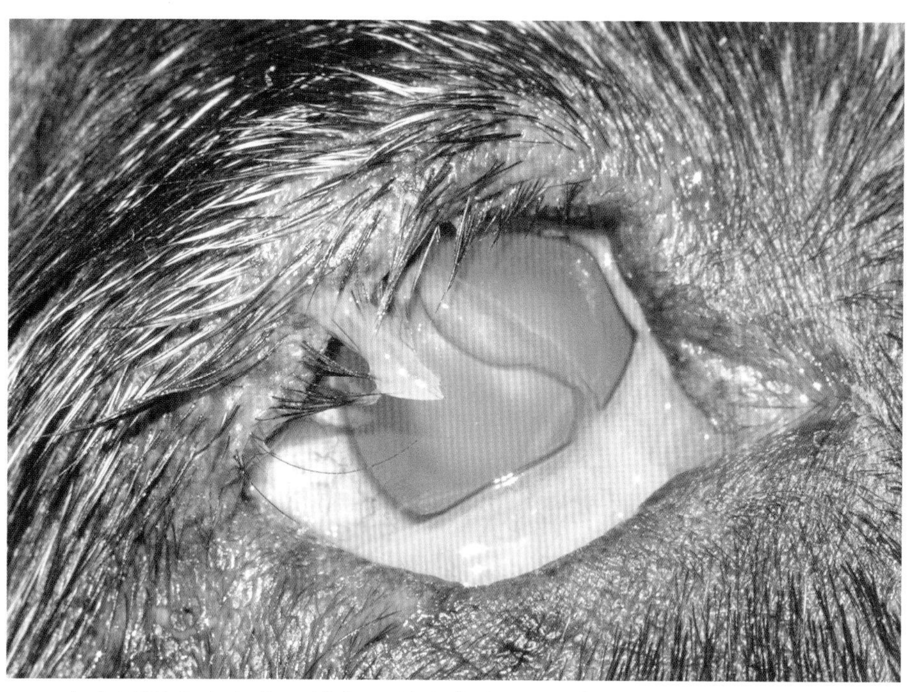

在有干眼症患犬中，继发于眼睑内翻/眼睑外翻的角膜、结膜损伤会更加严重

禁忌

- 不要去修剪睫毛！剪断毛发所产生的尖锐末端可能导致更加严重的角膜损伤。

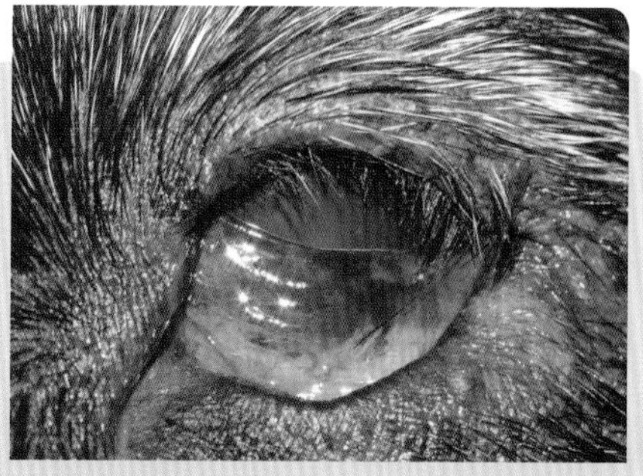

9岁的英国可卡犬（上一页所示的患犬）上眼睑内翻/倒睫和下眼睑外翻的近观。注意眼睫毛摩擦所导致的角膜损伤

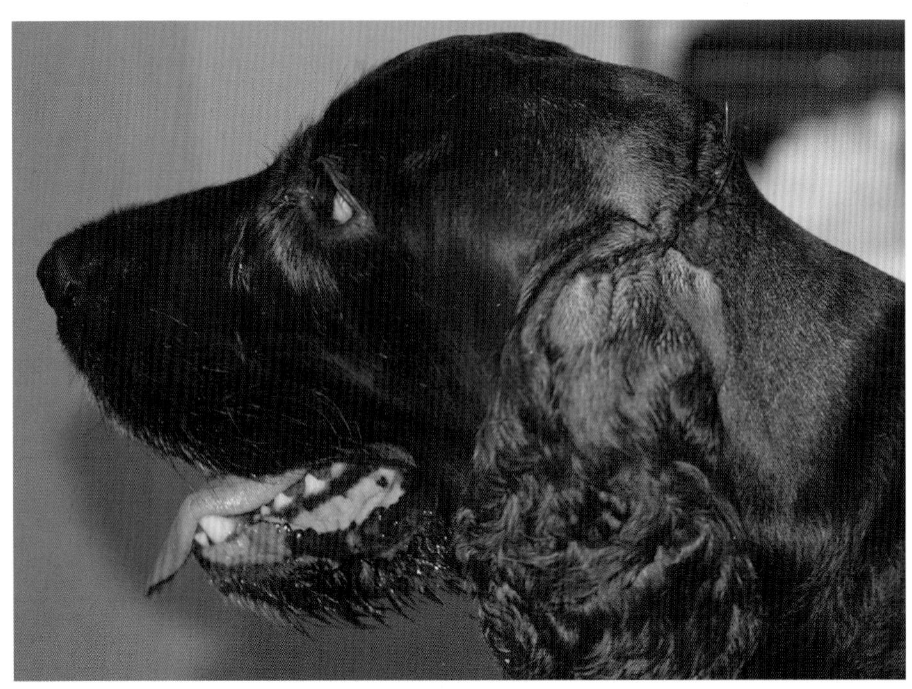

采用皮褶切除术矫正眼睑内翻/眼睑外翻。4-0尼龙缝合皮肤。侧面观

手术技术

- 单一技术：皮褶切除术就能解决两个问题（眼睑内翻/眼睑外翻）。
- 不要进行张力缝合，有开裂的风险。

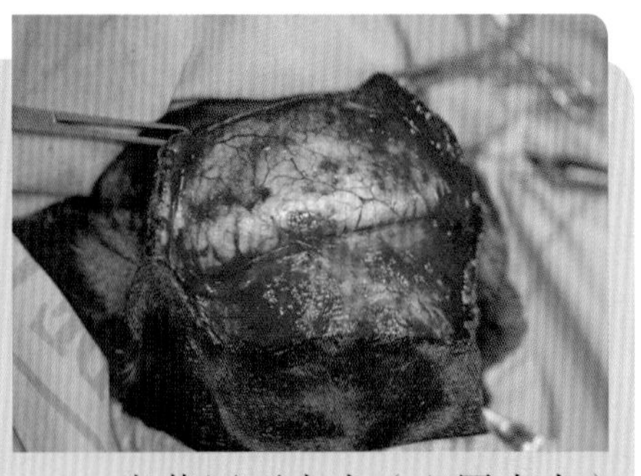

9岁英国可卡犬（上图中犬）皮褶切除术术中图片。皮肤切开

  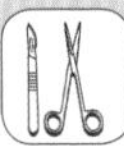 

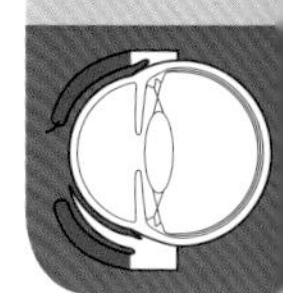

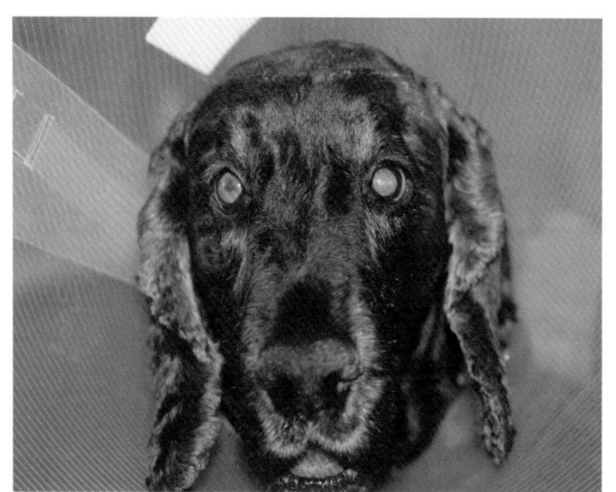

上述病例术后4天。角膜损伤依然可以看到

患犬术后第15天。注意眼睑的正确位置

i 皮褶切除术后，动物主人通常会说相比于术前，宠物的视力有了明显的改善。

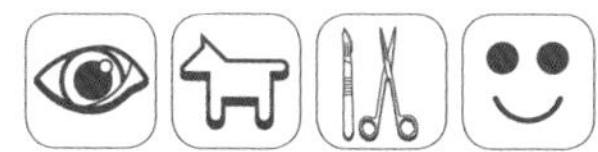

第十二节　眼睑内翻/眼睑外翻，钻石眼

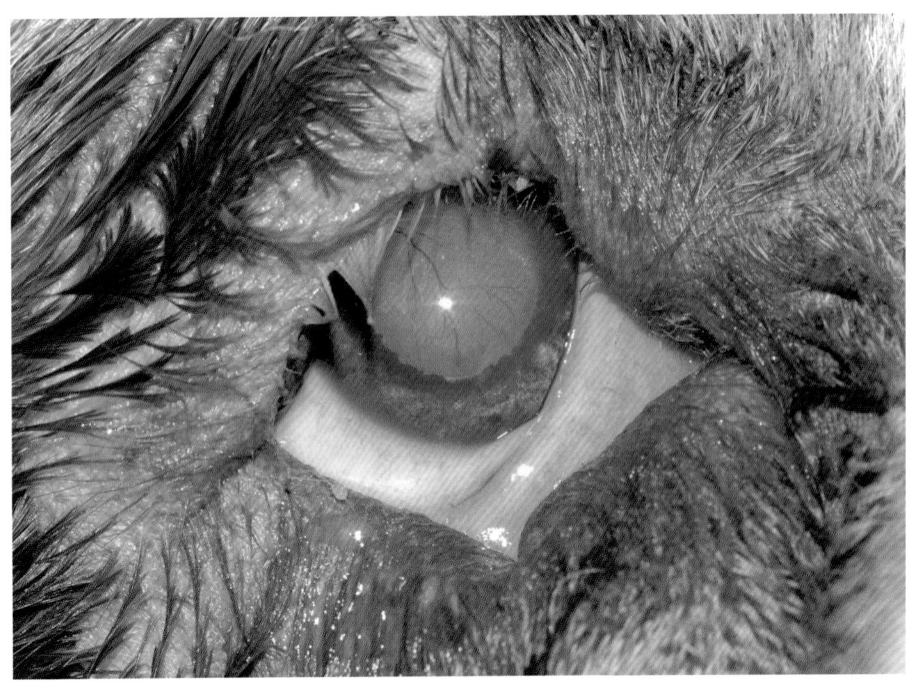

1岁圣伯纳外侧眼睑内翻和中间眼睑外翻
眼睫毛摩擦角膜导致的角膜损伤近观
出现角膜水肿和血管新生（角膜炎）

品种倾向性

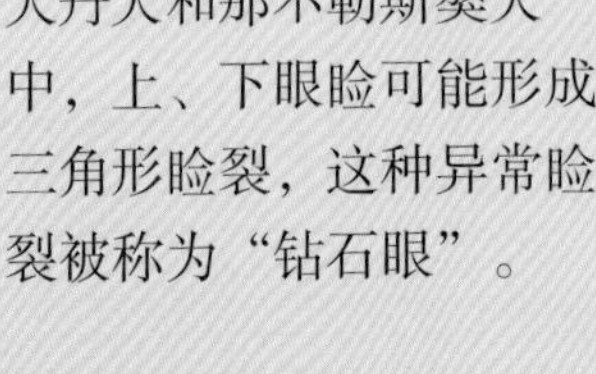

在巨型犬种如圣伯纳犬、大丹犬和那不勒斯獒犬中，上、下眼睑可能形成三角形睑裂，这种异常睑裂被称为“钻石眼”。

圣伯纳犬是钻石眼最高发犬种中的一种

13月龄那不勒斯獒犬的钻石眼。注意眼睑三角形状及异常暴露的角膜和结膜

1岁大丹犬双侧眼睑内翻/眼睑外翻。异常的眼睑形状，第三眼睑的突出以及眼球内陷（继发于眼部刺激）导致这些患犬的视力减退

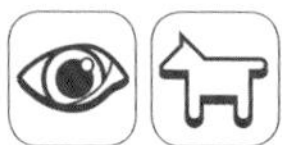

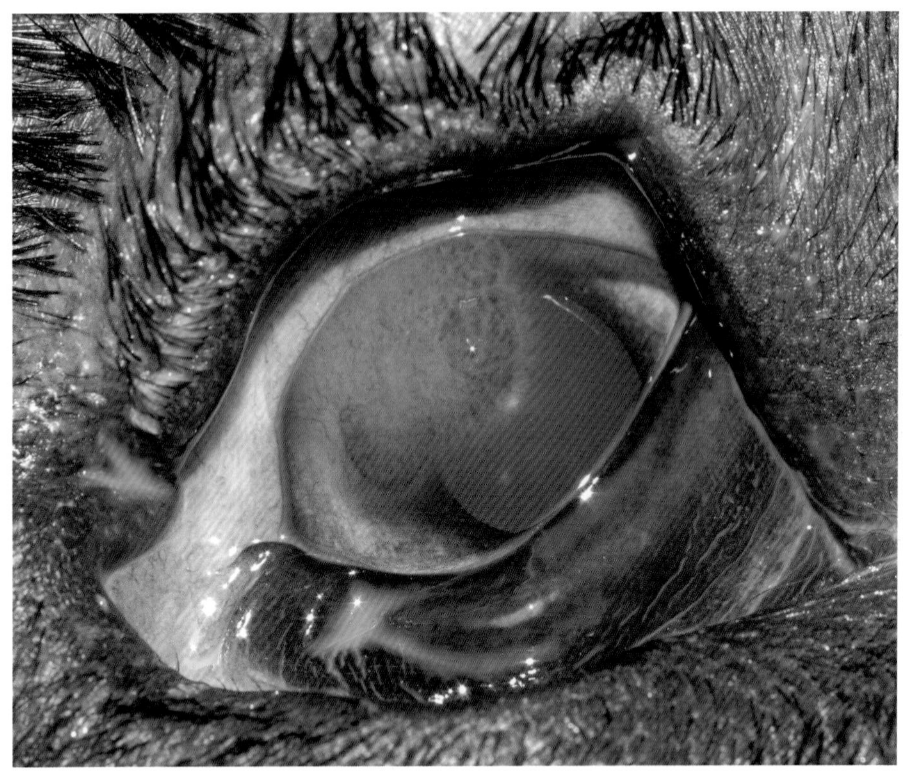

10月龄圣伯纳犬患有钻石眼，睫毛摩擦导致的严重角膜损伤近观

重要提示

- 大多数病例中，眼睑外翻的中央尖端一定要消除以使眼睑对齐。
- 这些巨型犬的头骨形状及其增大的睑裂（睑裂增大）使它们更容易形成钻石眼。

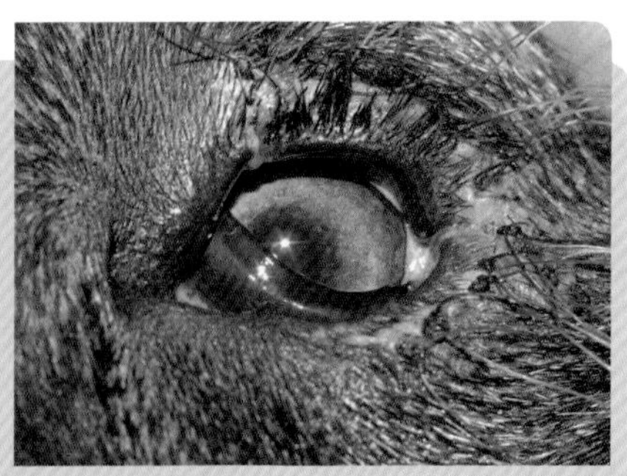

手术治疗的患犬

眼睑缘的矫正形成了正常的睑裂

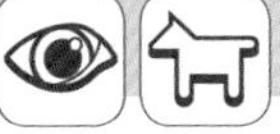

第十三节　睑裂过大

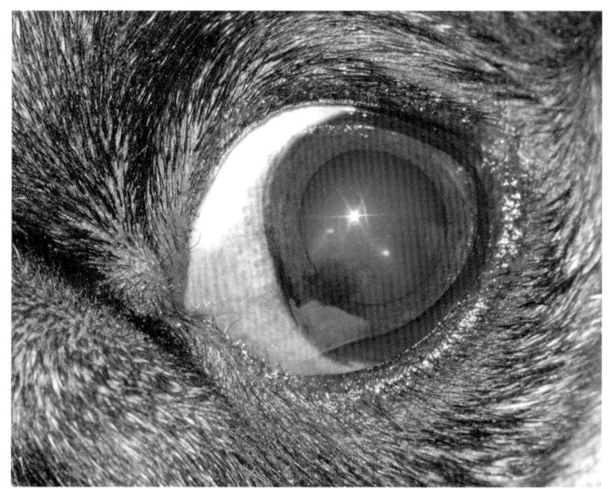

10月龄巴哥犬睑裂过大或大睑裂

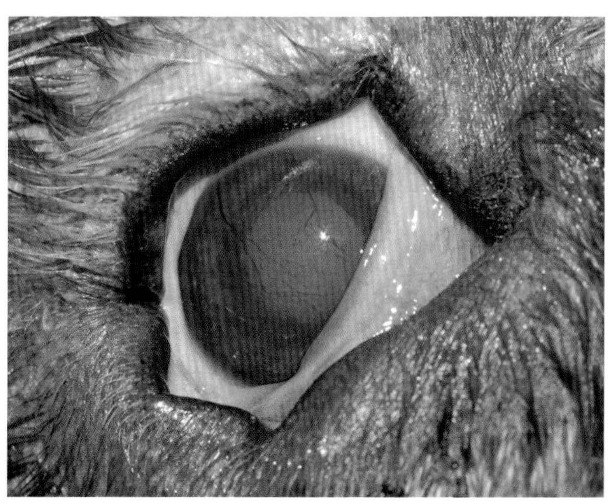

睑裂过大通常伴发钻石眼。13月龄的圣伯纳犬

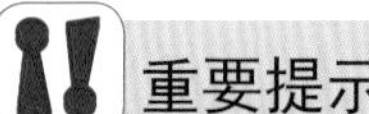

异常增大的睑裂暴露了大片的巩膜和结膜。

重要提示

- 角膜暴露增加。
- 容易发生眼睑内翻。

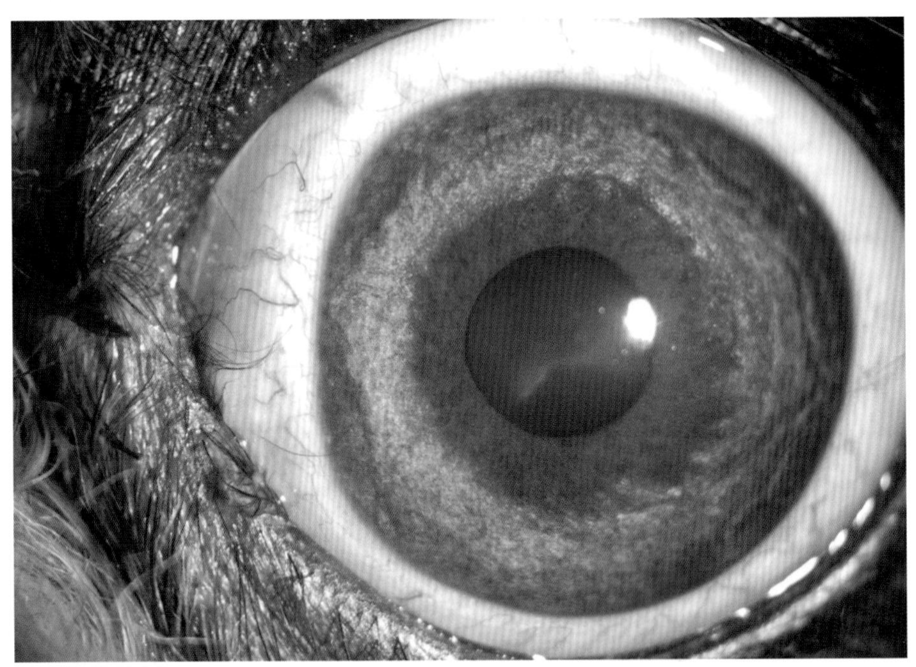

有巨睑裂症的西施犬。注意眼球的暴露增加

巨睑裂的巴哥犬。通常表现为双眼

品种倾向性

最常影响的品种包括西施犬、巴哥犬、拉萨狮子犬、京巴犬。

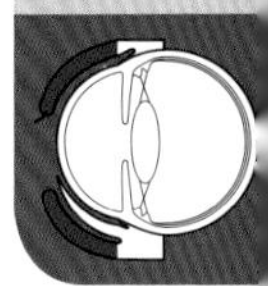

巨睑裂的一岁巴哥犬由于暴露导致的角膜溃疡

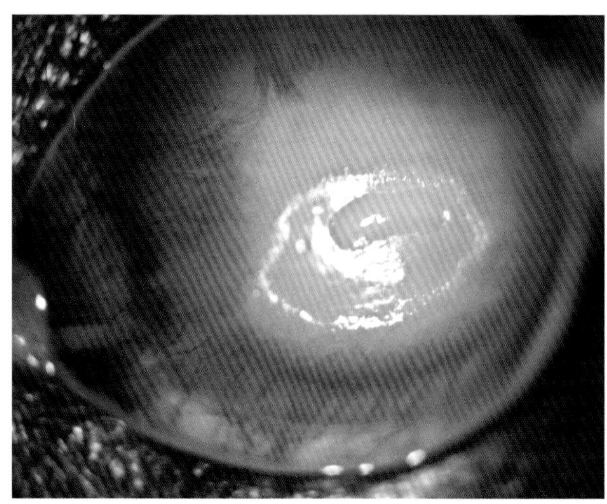

一只巴哥犬的角膜病变。注意角膜中央的荧光素浸润

重要提示

睑裂过大的短头患犬更容易出现角膜溃疡和眼球脱垂。

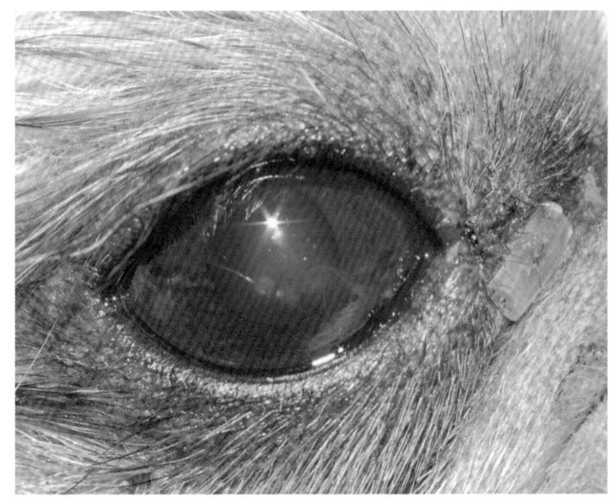

矫正巨睑裂症的Roberts-Jensen技术

手术治疗睑裂过大的病犬。注意正确的睑裂尺寸

手术技术

- 内眦成形术可用于矫正睑裂过大症。

禁忌

- 不要损伤下泪点或泪小管。

  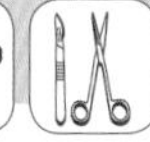

第十四节　眼睑撕裂

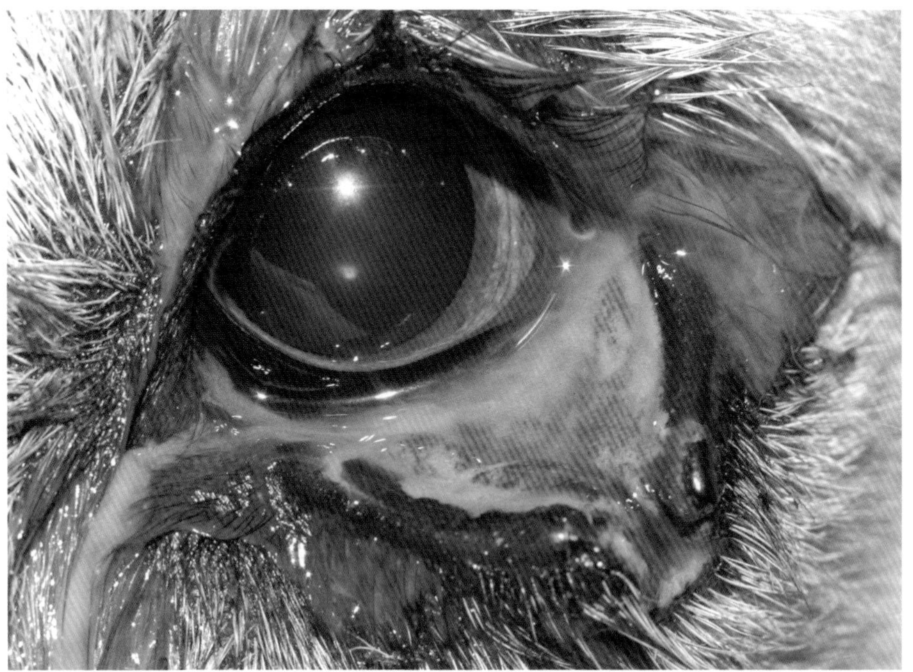

4岁的杂种犬创伤5小时后的外观。注意电线导致的睑缘过度损伤

手术技术

- 急诊手术重建的应用是为了避免瘢痕性回缩。
- 对合创口边缘（8字缝合法）。

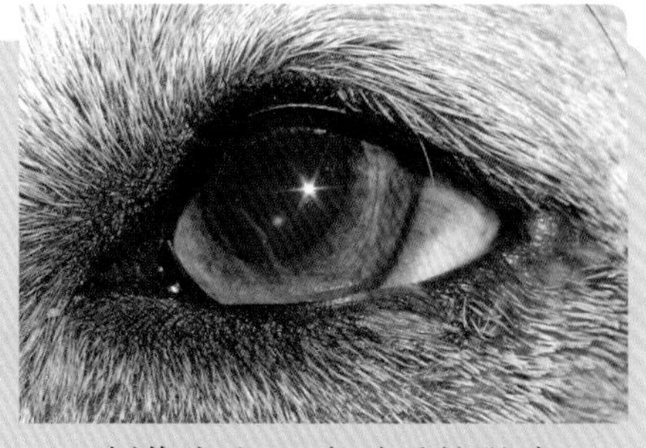

创伤发生72小时后的眼睛

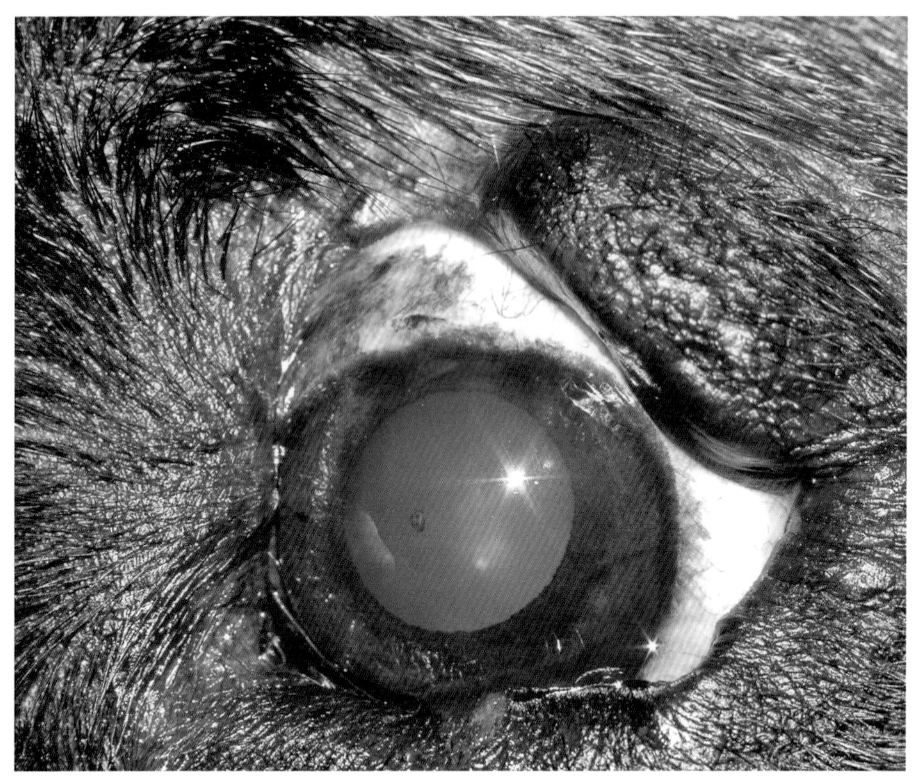

8岁的拳狮犬，在拍该照片的数月前上眼睑被撕裂。
注意眼睑的瘢痕性回缩以及对角膜的暴露性损伤

重要提示

- 眼睑撕裂应该在创伤后的24小时内进行修复，否则，瘢痕性回缩的风险会显著地提高。

禁忌

- 永远不要让创口二期愈合，因为可能会由于兔眼导致角膜炎和角膜溃疡。

  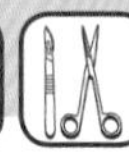  

第十五节　真菌性睑炎

患有真菌性睑炎的3月龄猫。

注意过度角化斑块和脱毛、结痂病变，以及眼睑和耳朵局部的脱屑

单/多眼睑的炎性疾病。
可能是单眼或双眼、局部或弥散。

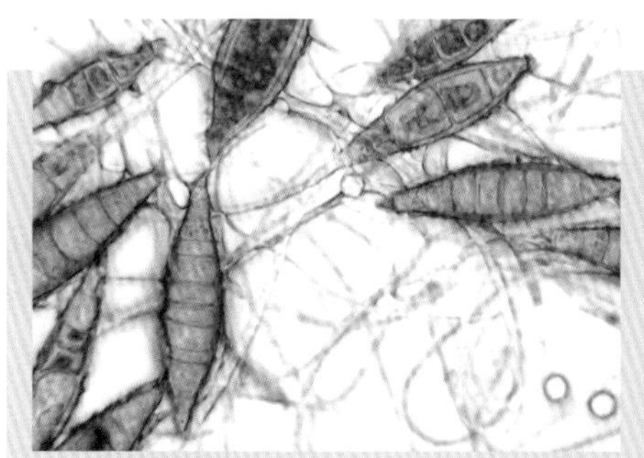

犬小孢子菌（放大，40×）
图片由Cristina Fernández Alagarra提供

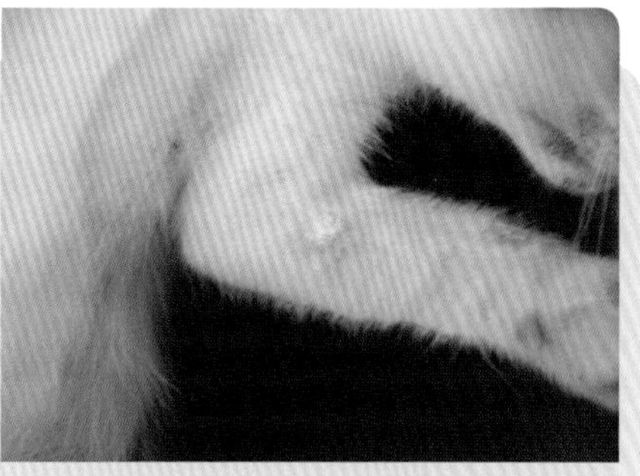

使用伍德式灯辅助诊断皮肤真菌疾病

重要提示

- 最容易受影响的是幼年的或免疫抑制的（排除FIV，FIV为猫艾滋病）病患。
- 它是人畜共患皮肤病。
- 病变一般无瘙痒。

患有睑炎和广泛性马拉色皮炎并伴有细菌感染的沙皮犬。注意皮肤红斑、脱毛和色素沉着过度

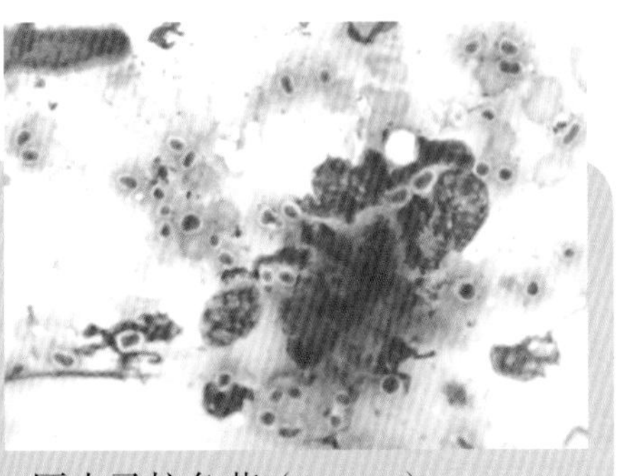

厚皮马拉色菌（100×）。图片由Cristina Fernández Alagarra提供

重要提示

- 瘙痒（戴伊丽莎白脖圈）。
- 药物治疗（口服抗真菌药和药浴）在解决临床症状后应该再坚持至少15天。

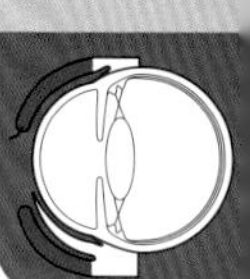

第十六节　细菌性睑炎

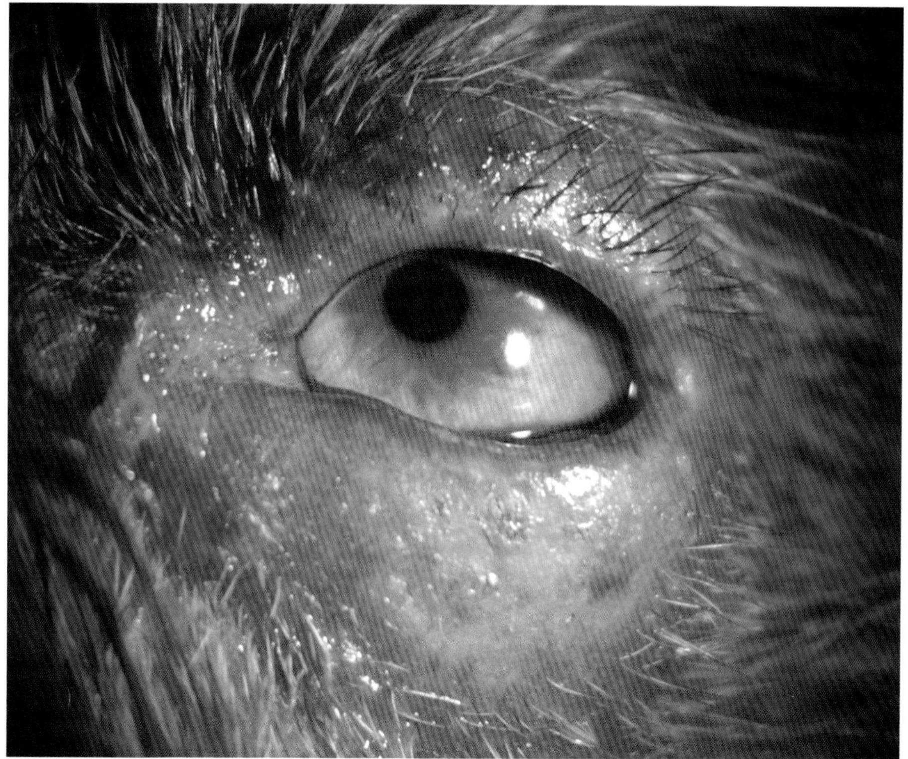

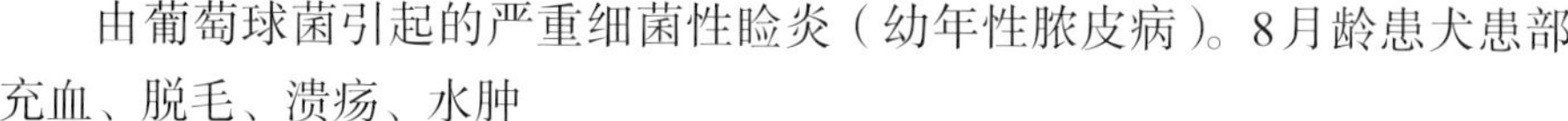

由葡萄球菌引起的严重细菌性睑炎（幼年性脓皮病）。8月龄患犬患部充血、脱毛、溃疡、水肿

趣味提示

- 这些患病动物的瘙痒是由葡萄球菌释放毒素触发过敏性反应导致的。
- 全身使用广谱抗生素（头孢菌素类或大环内酯类）。

13月龄的松狮犬双眼慢性睑炎

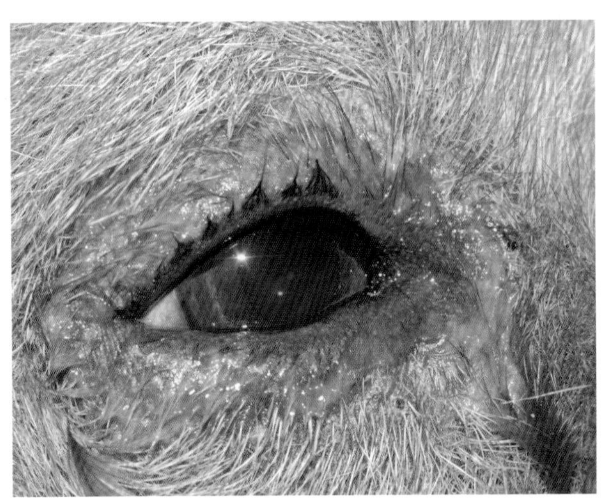

上图为患犬睑炎的近照。注意慢性病程的症状：脱毛和色素沉着过度

趣味提示

慢性表现的细菌性睑炎可能与全身性疾病相关（内分泌疾病、免疫介导性疾病、脂溢性皮炎）。

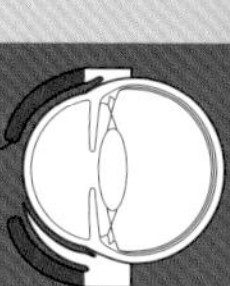

第十七节 寄生虫性睑炎

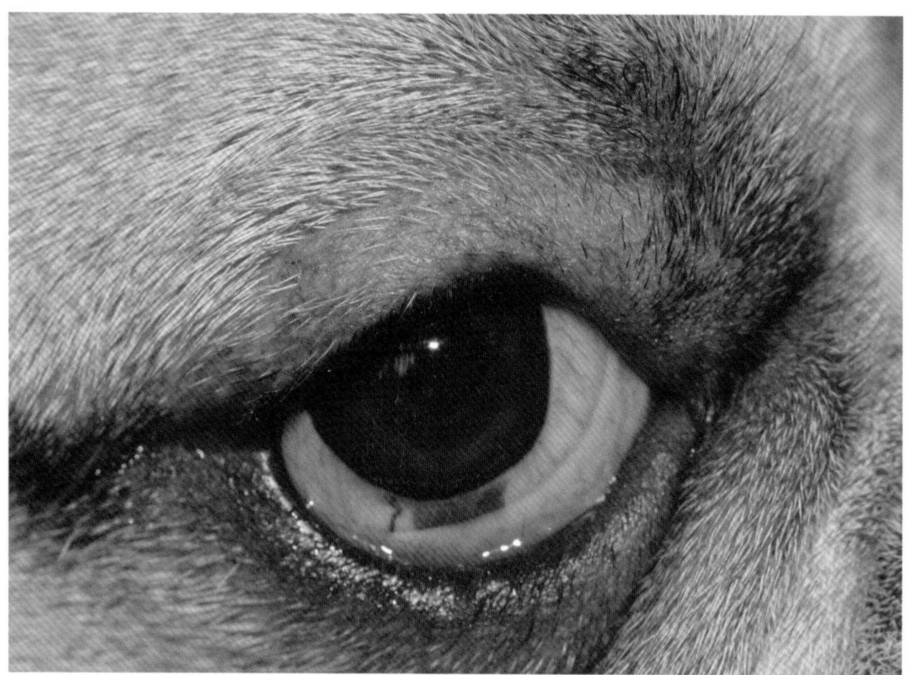

6月龄英国斗牛犬幼犬上眼睑由于蠕形螨导致的睑炎

蠕形螨造成的寄生虫性睑炎在短毛品种（斗牛犬、拳狮犬、巴哥犬、比特犬）中更常见。

最常出现于幼年动物或免疫抑制的成年动物或两者都具备的动物。

充血、脱毛和瘙痒比较容易观察到。

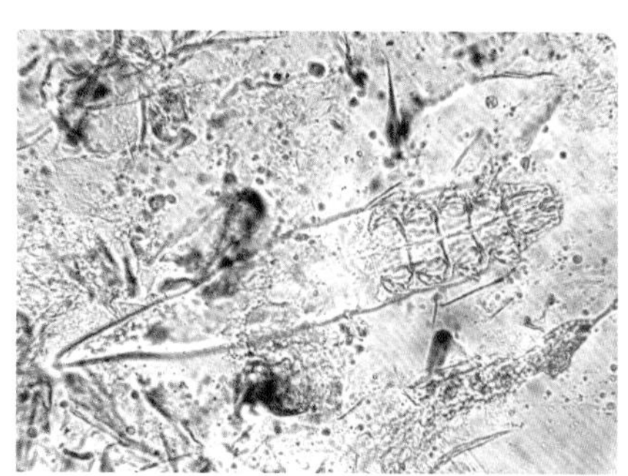

犬蠕形螨（40×）。
图片由Cristina Fernández Alagarra提供

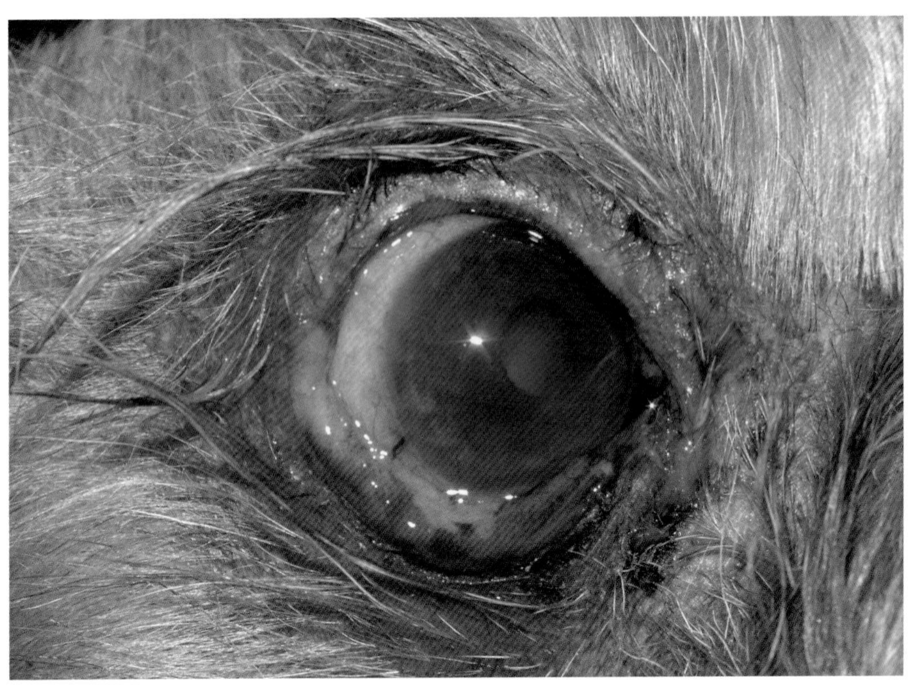

利氏曼原虫导致的慢性睑炎病患。注意相关的角膜葡萄膜炎

趣味提示

- 利氏曼原虫相关的眼睑病变通常是肉芽肿性的、脱毛和/或溃疡的。
- 它们可能单独发病或和其他眼科疾病（葡萄膜炎或角膜葡萄膜炎）或全身性疾病一起（见下图）。

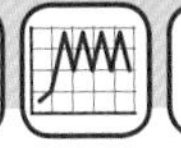

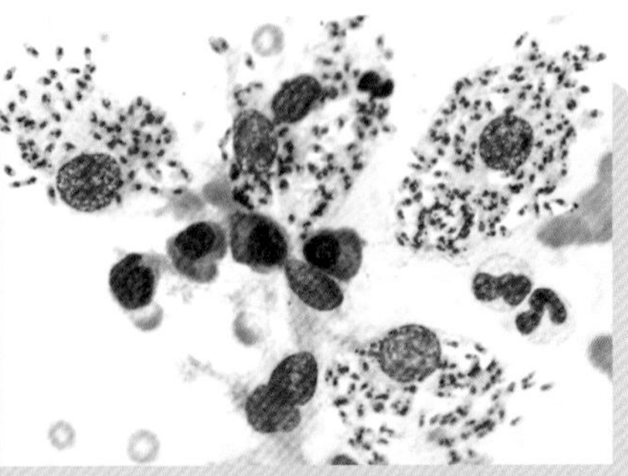

婴儿利氏曼原虫和浆细胞体液免疫（100×）。
图片由Cristina Fernández Alagarra提供

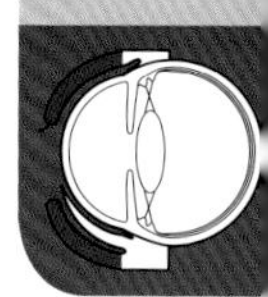

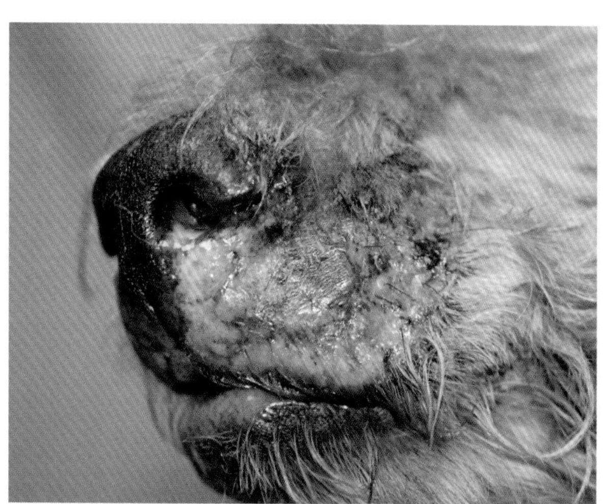

4岁万能梗患皮肤利氏曼病

右眼脱毛、溃疡性睑炎

建议

- 全身性治疗：给予含锑药剂、米替福星或麻佛微素以及别嘌呤醇（根据医生的判定）。
- 眼睑病灶内给予类固醇可帮助改善临床症状。

第十八节　睑炎（过敏性）

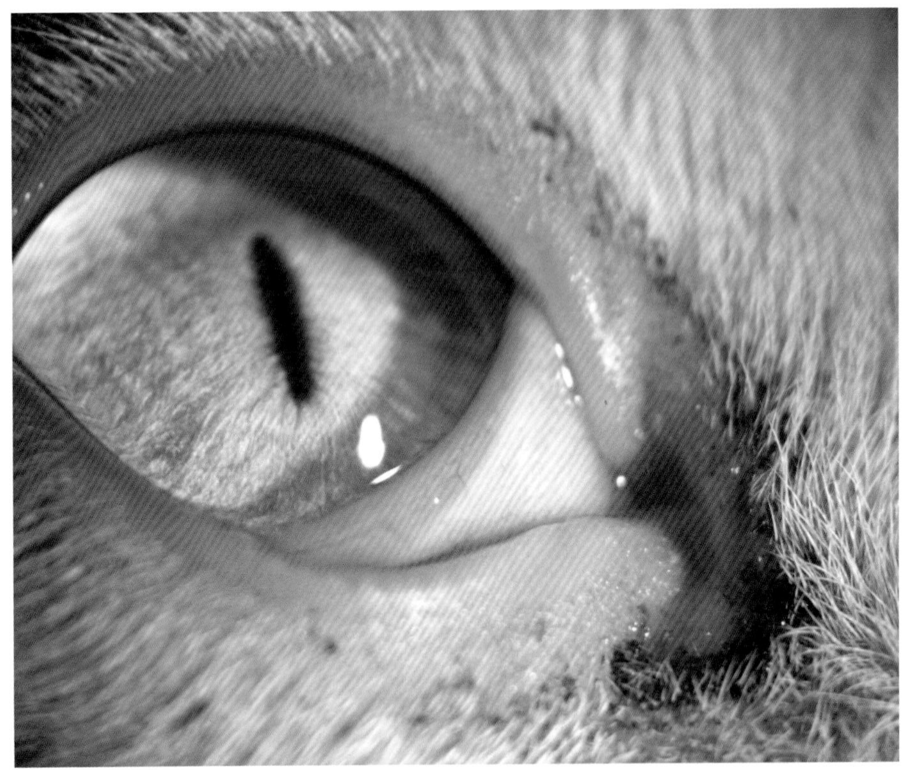

4岁猫局部使用新霉素造成过敏性睑炎。局部用药停止后病患状态改善

禁忌

- 如果使用某药后眼部症状出现，把药物过敏列入鉴别诊断中。

重要提示

- 任何不良反应均需报告。

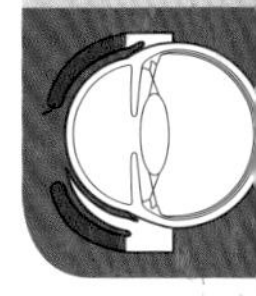

2岁法国斗牛犬异位性睑炎

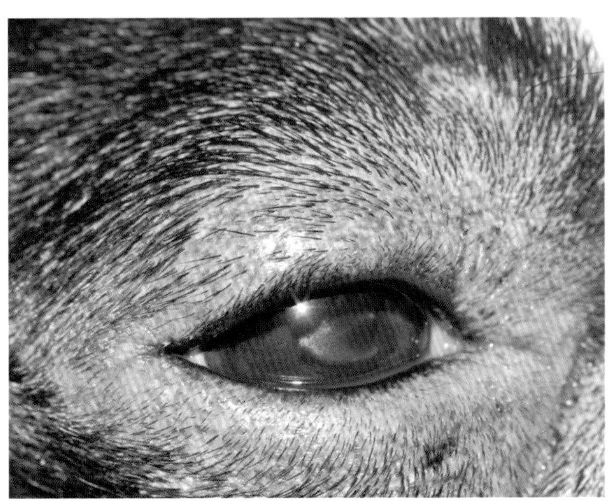

病犬右眼眼睑近观。注意睑炎和充血

重要提示

- 异位性皮炎的最初症状是瘙痒和充血。
- 头部最常见受影响区域有眼周、鼻子和耳郭。

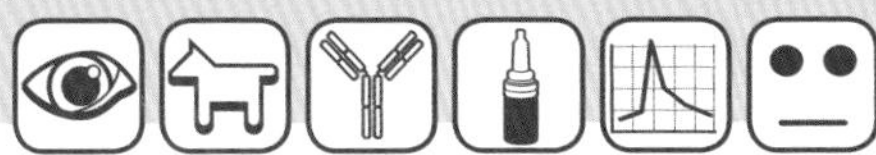

异位性睑炎的西高地白梗。脱毛、皮肤增厚、充血和皮肤色素沉着过度很明显

品种倾向性

- 异位性睑炎的易发品种包括英国斗牛犬、法国斗牛犬、牛头梗、西高地白梗、拳狮犬、拉布拉多犬和金毛寻回猎犬。
- 色素沉着过度、过度角质化和苔藓样硬化在异位性皮炎的慢性病例中常见。

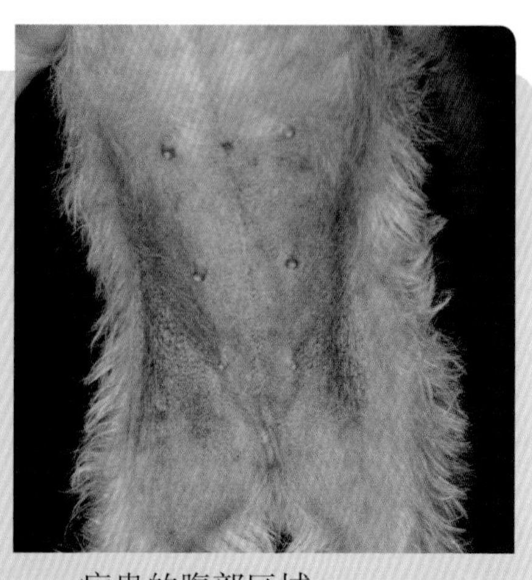

病患的腹部区域

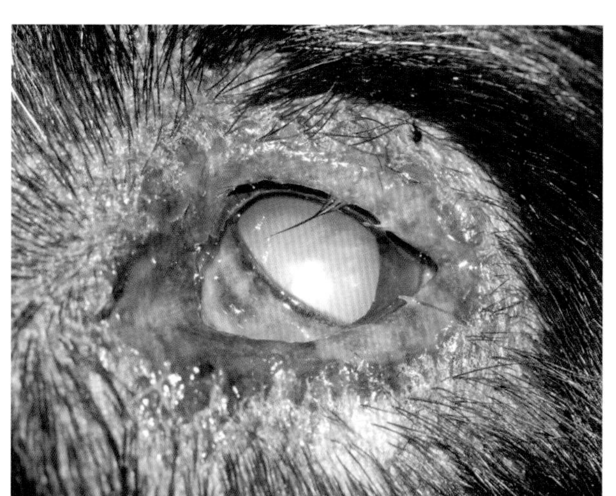

慢性异位性睑炎的可卡犬。注意色素沉着过度和继发细菌感染

患慢性睑炎的西高地白梗。眼周结痂近观

趣味提示

慢性异位性睑炎可能出现继发性脓皮症和皮脂溢。

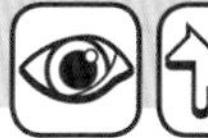     

第十九节　免疫性睑炎

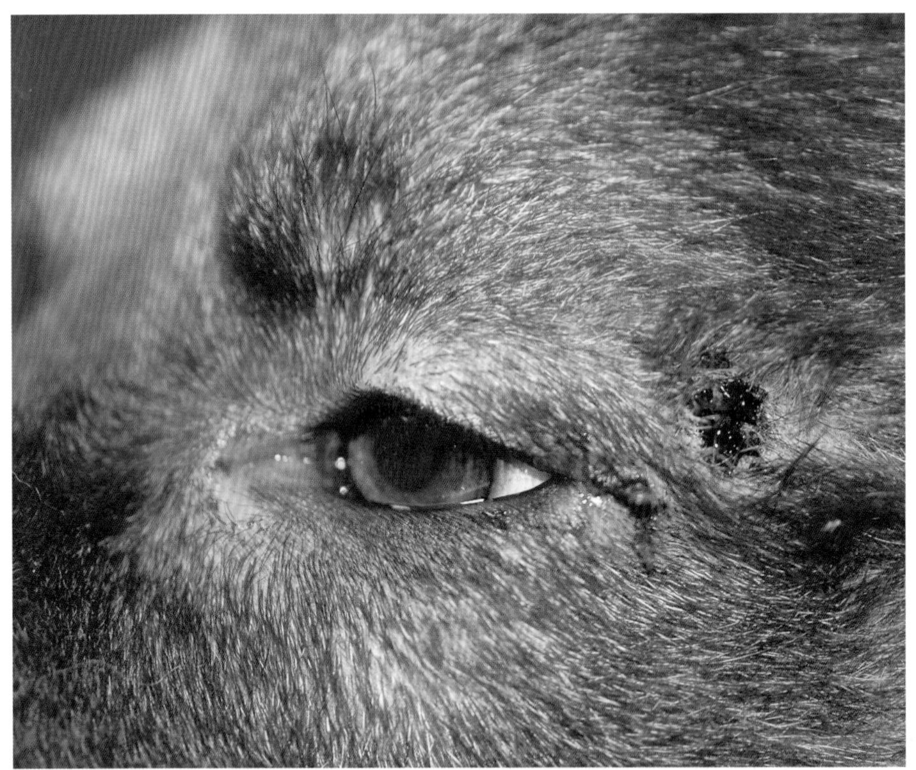

盘状红斑狼疮的3岁雌性德国牧羊犬。红斑的、溃疡的区域和脱色素近观

在盘状红斑狼疮（DLE）病患，病变在皮肤黏膜交界处和睑部。

品种倾向性

德国牧羊犬和比利时牧羊犬是易感品种。

治疗

局部使用类固醇、环孢素或他克莫司（洗液）可能有助于控制眼睑疾病。严重病例时可使用全身性类固醇（泼尼松）和脂肪酸。

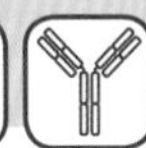

波斯猫特发性面部皮炎

特发性面部皮炎的4岁波斯猫

特发性面部皮炎的5岁波斯猫，出现红斑和溃疡性病变。严重的黑色渗出液特写

趣味提示

波斯猫特发性皮炎的精确病因尚不清楚。也称为“脏脸综合征”，对环孢素有反应提示其可能是免疫介导性疾病。

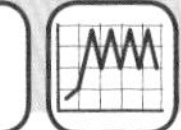

第二十节　眼睑肿瘤

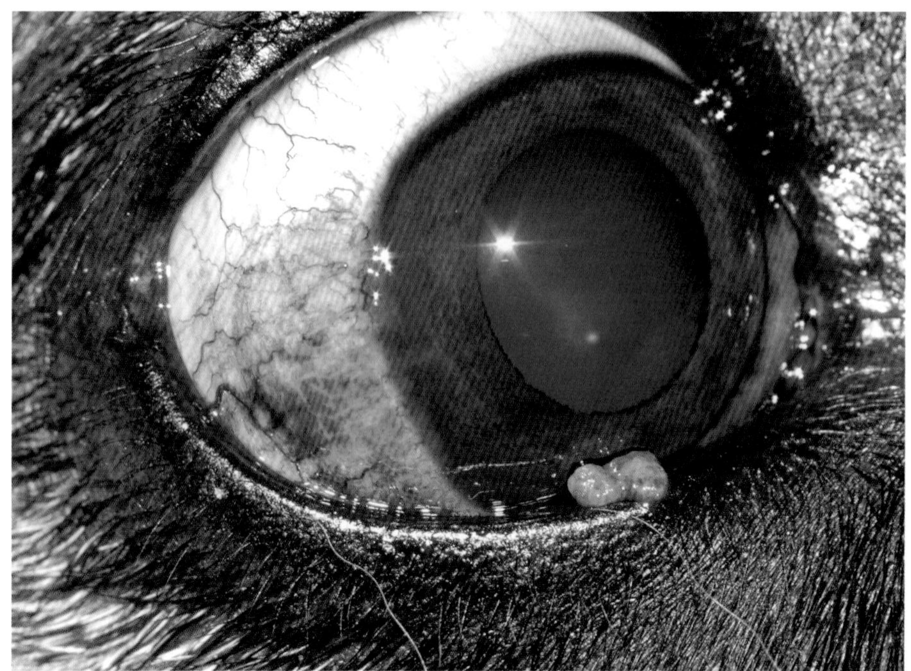

11岁德国牧羊犬的睑板腺腺瘤

重要提示

- 睑板腺的皮脂腺腺瘤在老年动物中是最常见的眼睑肿瘤，而且它是良性肿瘤。
- 它始于腺体基部，通过分泌管道生长出来。

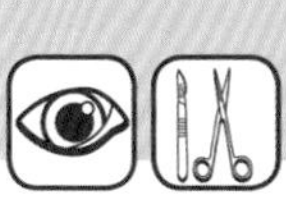 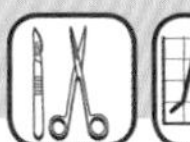 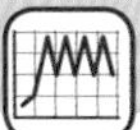 

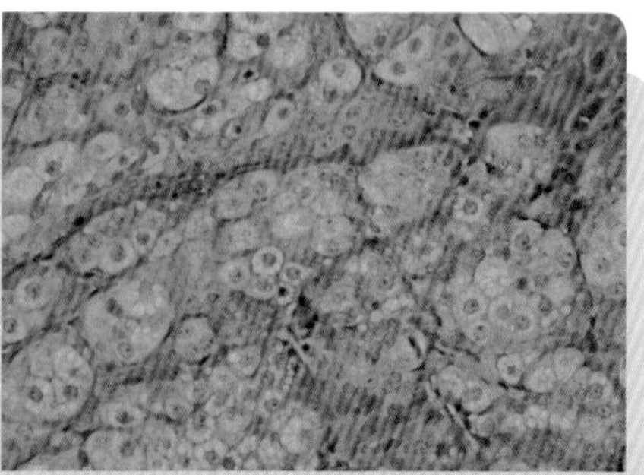

睑板腺腺瘤的组织病理学图像。由Elena Alonso Fernández-Aceytuno医生提供

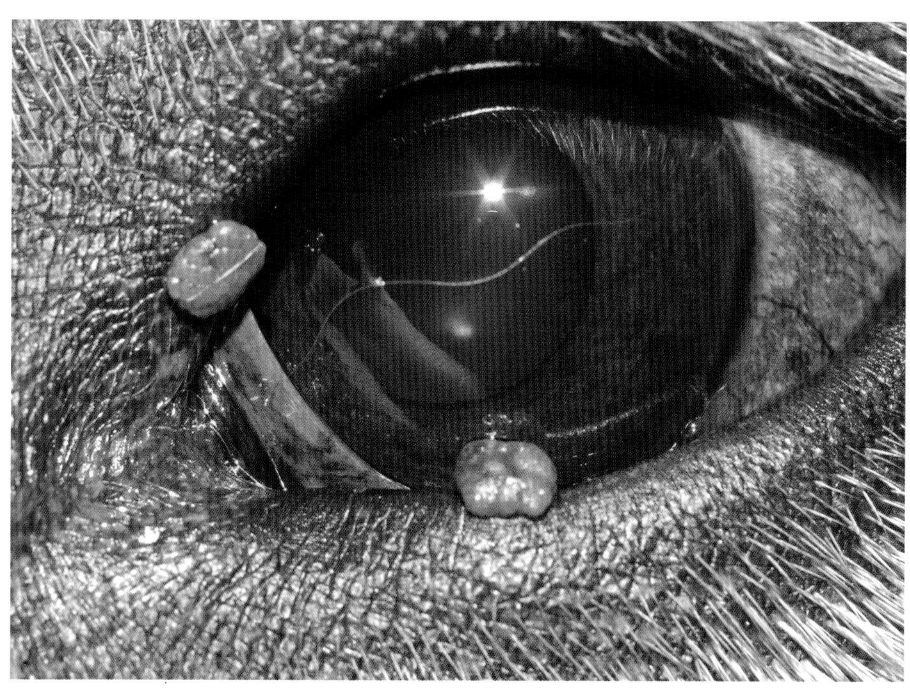
13岁杂种犬的睑板腺腺瘤

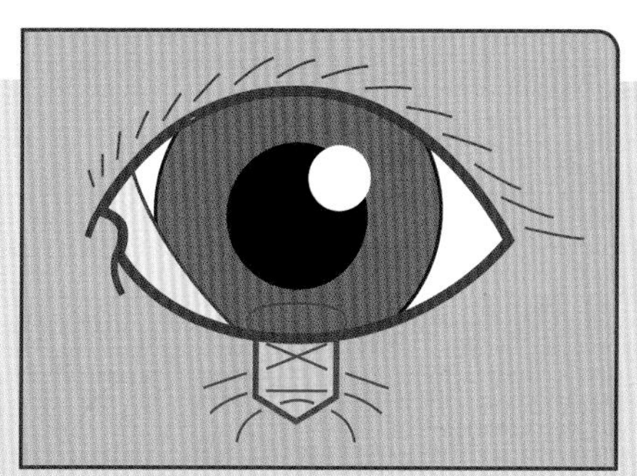
肿物切除后缝合图示

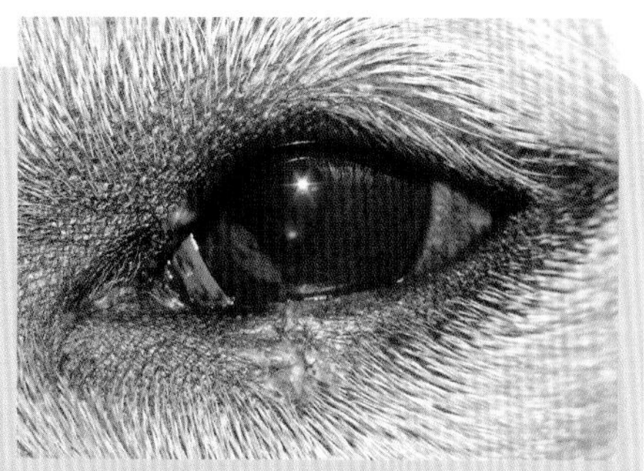
术后10天的病患

手术技术

- 如果手术切除长度少于1/4眼睑长度，可以使用V形切除或倒屋形切除。
- 8字形缝合使睑缘对合整齐。

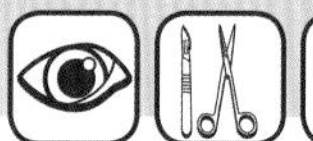

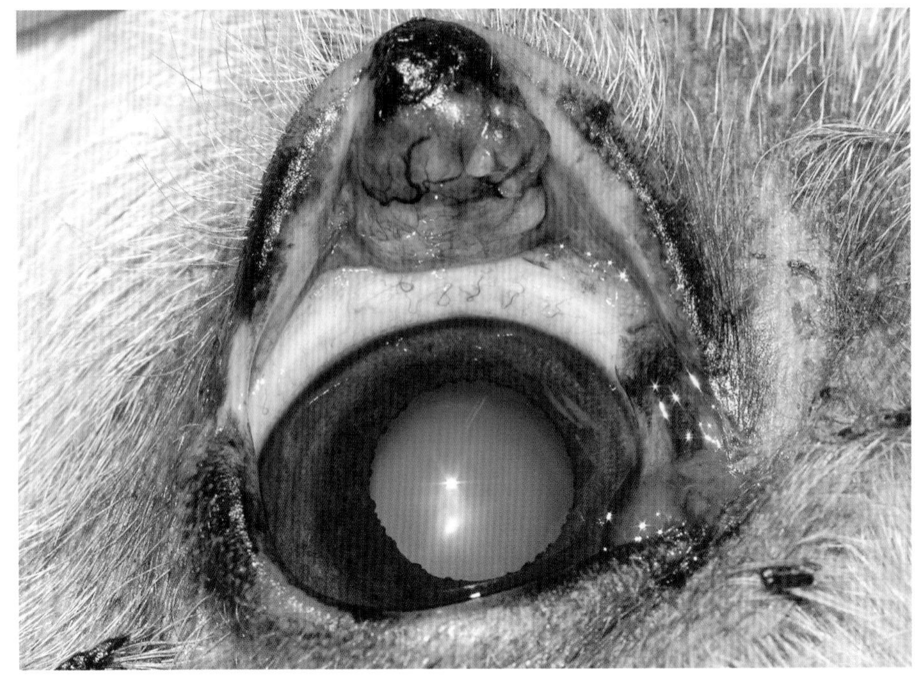

睑板腺上皮瘤的13岁杂种犬。注意肿瘤的大小

趣味提示

眼睑的皮脂腺上皮瘤被认为是低分级的恶性肿瘤，完全切除是可以治愈的。

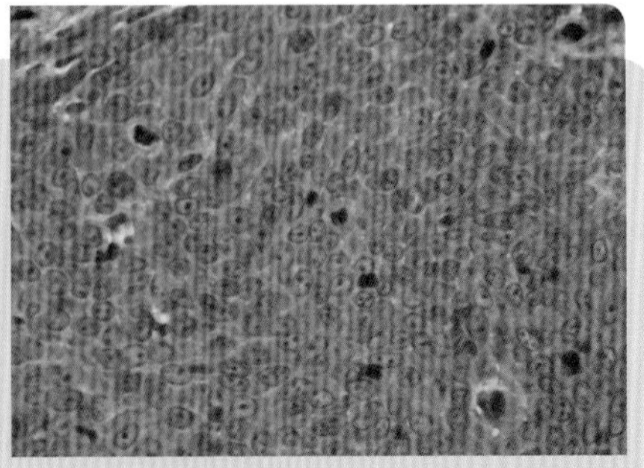

皮脂腺上皮瘤的组织病理学图像。由Elena Alonso Fernández-Aceytuno医生提供

 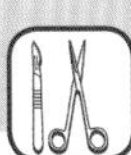  

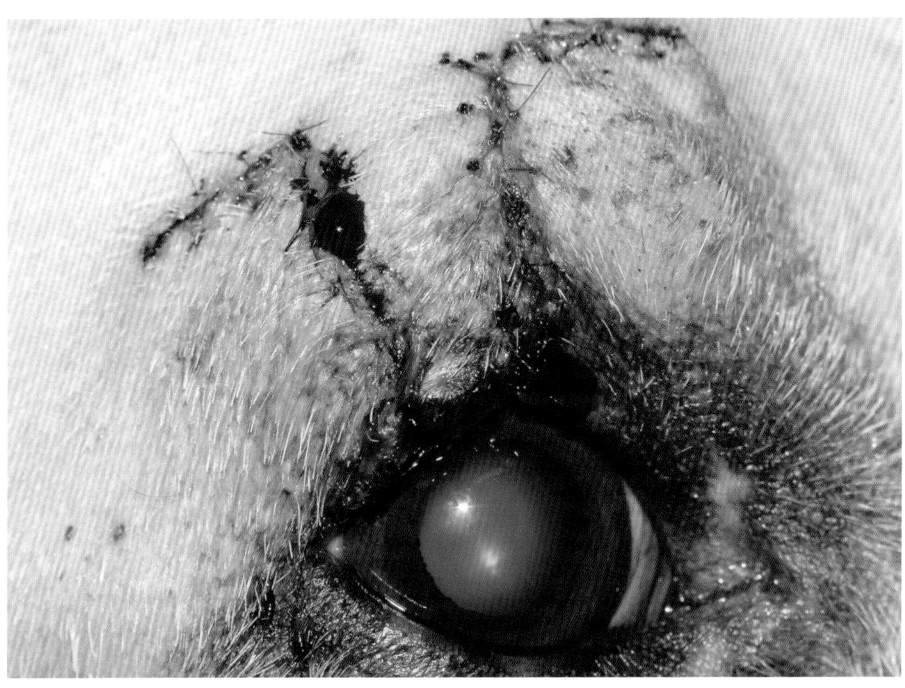

前一页上图的上皮瘤，手术切除采用H形眼睑整形术

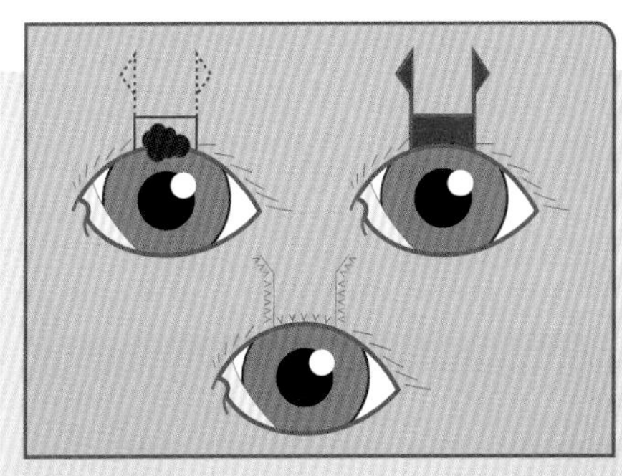

H形眼睑整形术进行肿瘤切除

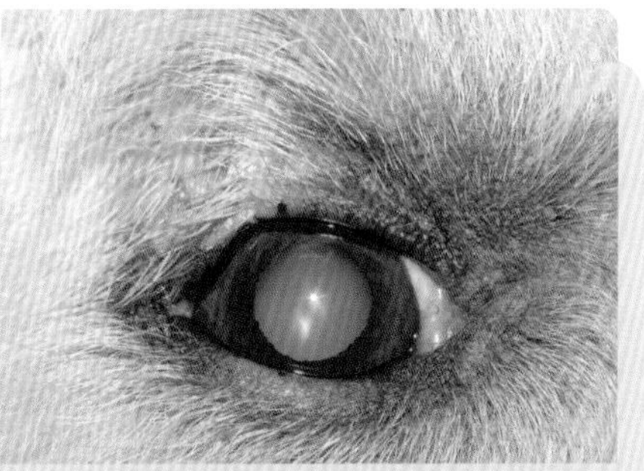

H形眼睑整形术术后2个月的结果

手术技术

- 如果手术切除的肿物超过眼睑的1/4，采用眼睑整形术。
- 对于巨大、位于中央的眼睑肿物，H形眼睑整形术是最常用的手术技术。

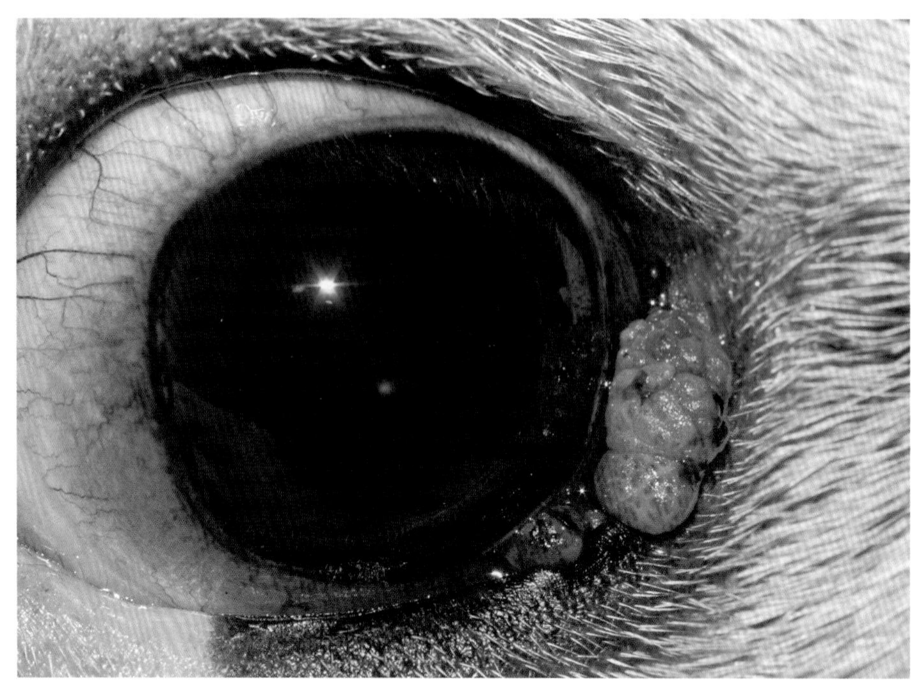

下图所示病患左眼眼睑乳头状瘤的近观

趣味提示

- 眼睑乳头状瘤见于年轻动物，一开始可能是病毒性的，可能与口腔乳头状瘤病相关。
- 可能是自限性，但通常需要手术治疗。

患眼睑乳头瘤的8月龄法国斗牛犬

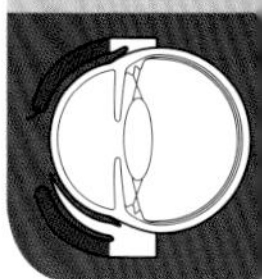

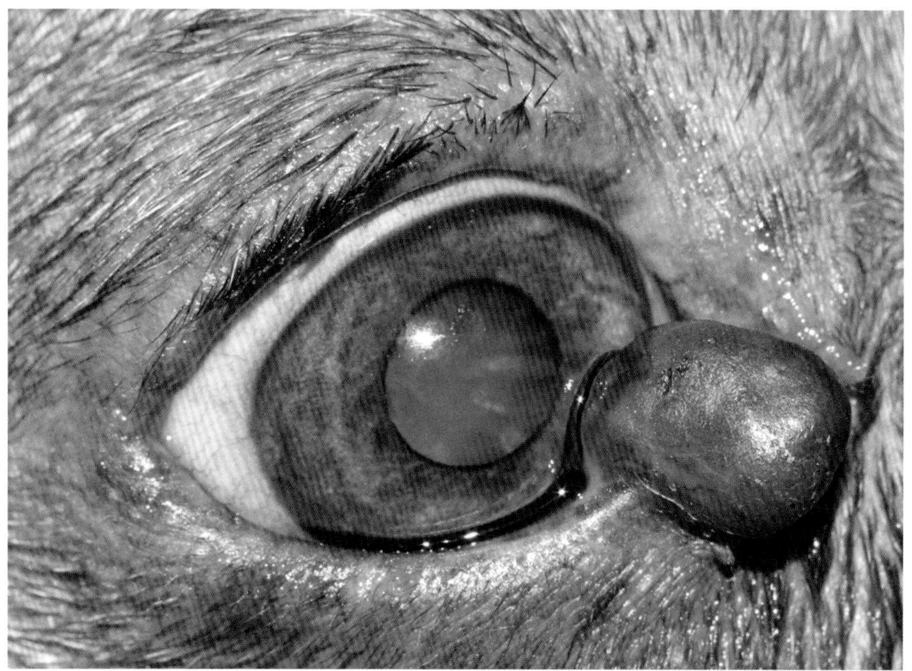

8岁比特犬下眼睑的眼睑黑色素瘤

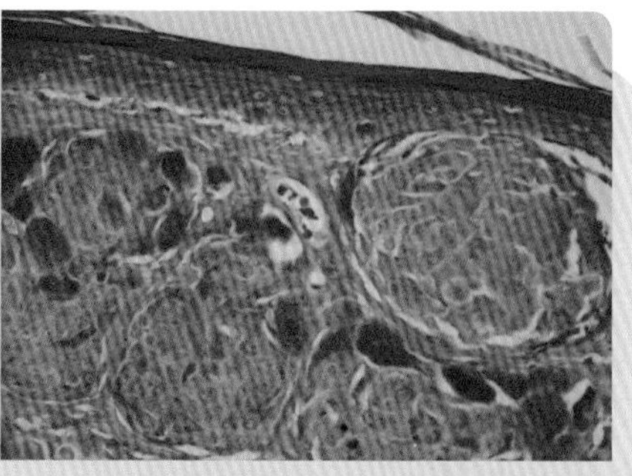

黑色素瘤的组织病理学图像。由Elena Alonso Fernández-Aceytuno医生提供

重要提示

- 犬黑色素瘤通常是组织学恶性特征（出现有丝分裂像和异形细胞）。尽管如此，（犬）眼睑黑色素瘤通常在行为学上是良性的。

 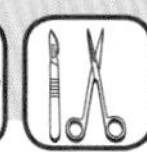  

下图所示猫的鳞状上皮癌（SCC）近观。注意上眼睑的糜烂性病灶

重要提示

- 猫的鳞状上皮癌（SCC）是恶性的而且是侵袭性的。
- 一般出现于白毛的猫中。

禁忌

不要与眼睑伤口相混淆。

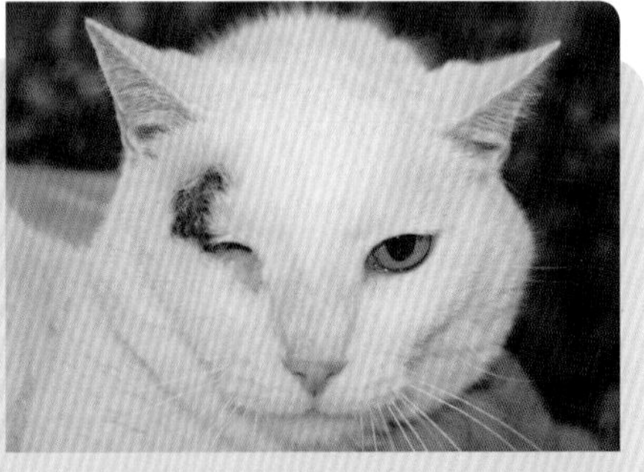

鳞状上皮癌影响右上眼睑的患猫

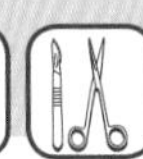

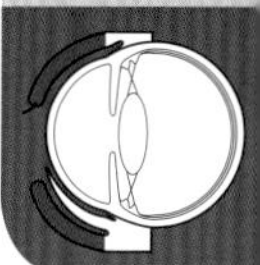

9 岁家养短毛猫上眼睑的肥大细胞瘤

i

猫的皮肤肥大细胞瘤比犬更不常见。

尽管由于分级不同而行为学不一，但这类肿物一般被认为是恶性的。

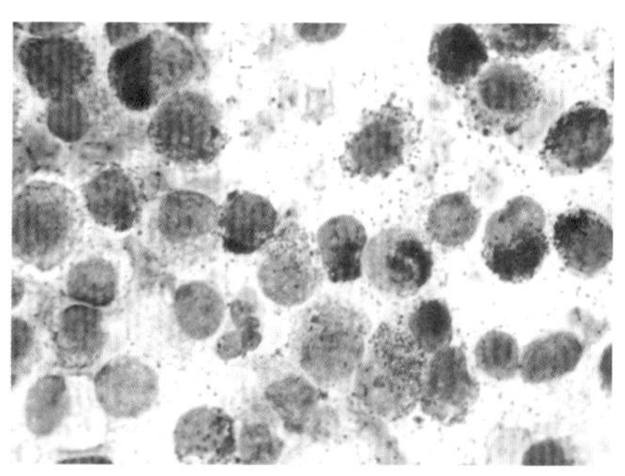

眼睑的细胞学提供了大概的诊断（100×）。图像由 Cristina Fernández Algarra 提供

  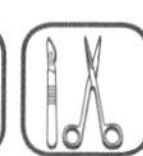 

第二十一节 双行睫

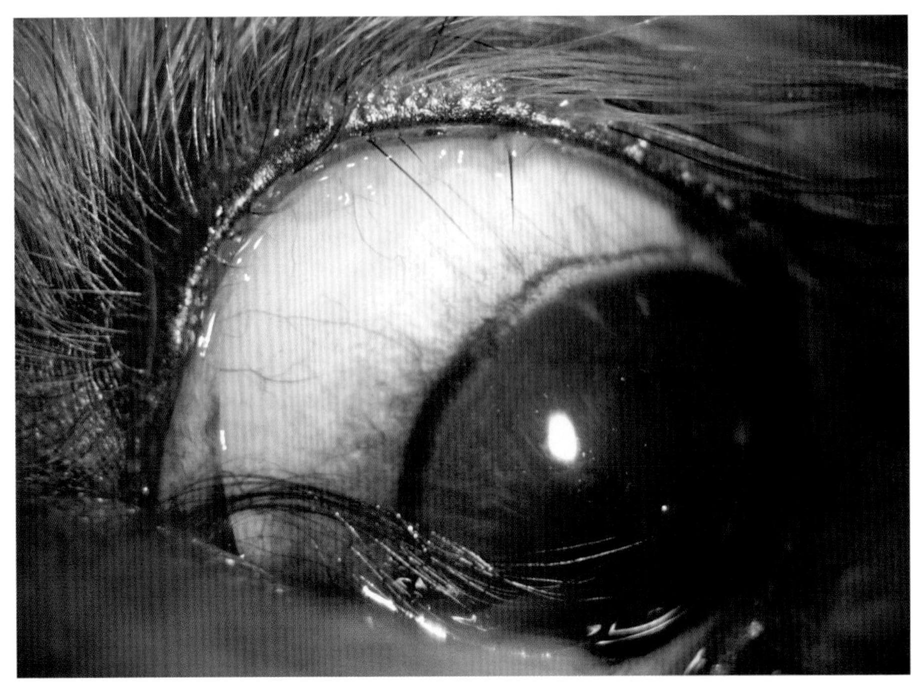

2岁西施犬的双行睫。由睑板腺分泌管冒出的异常毛发位置近观

异常部位毛囊出现的多余睫毛，朝向角膜或远离角膜生长。

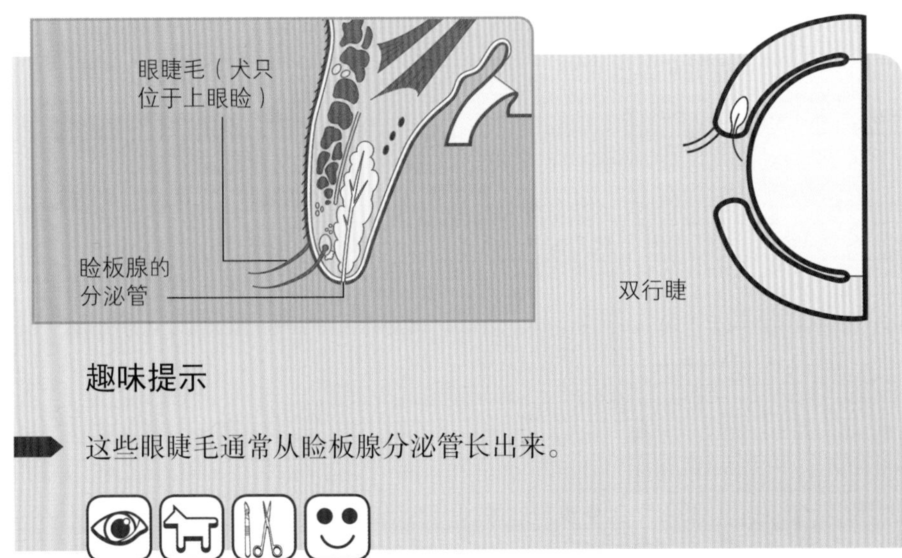

趣味提示

- 这些眼睫毛通常从睑板腺分泌管长出来。

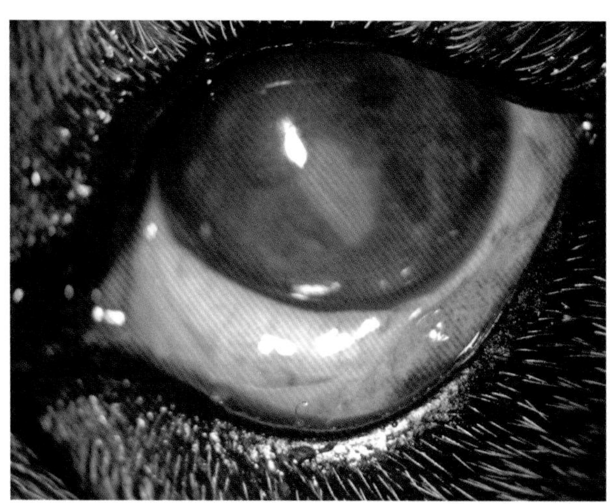

下眼睑长双行睫的2岁英国斗牛犬。毛发上的一滴眼泪帮助其定位。角膜溃疡通常和双行睫一起出现

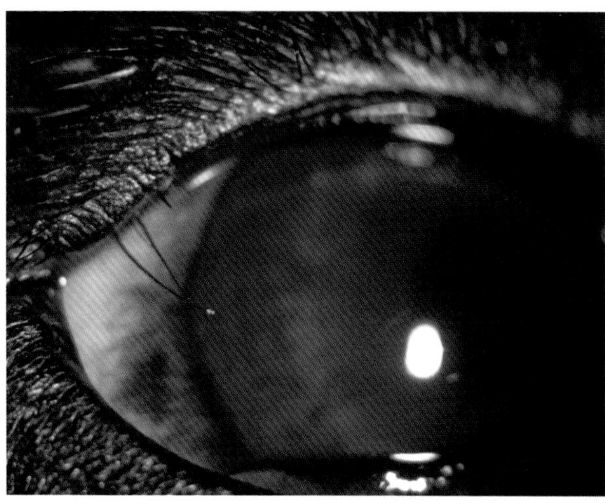

上眼睑长双行睫的4岁英国斗牛犬

品种倾向性

- 最容易得双行睫的品种有英国斗牛犬、巴哥犬、贵宾犬、西施犬和京巴犬。
- 上眼睑更容易受累及。

第二十二节　双毛症

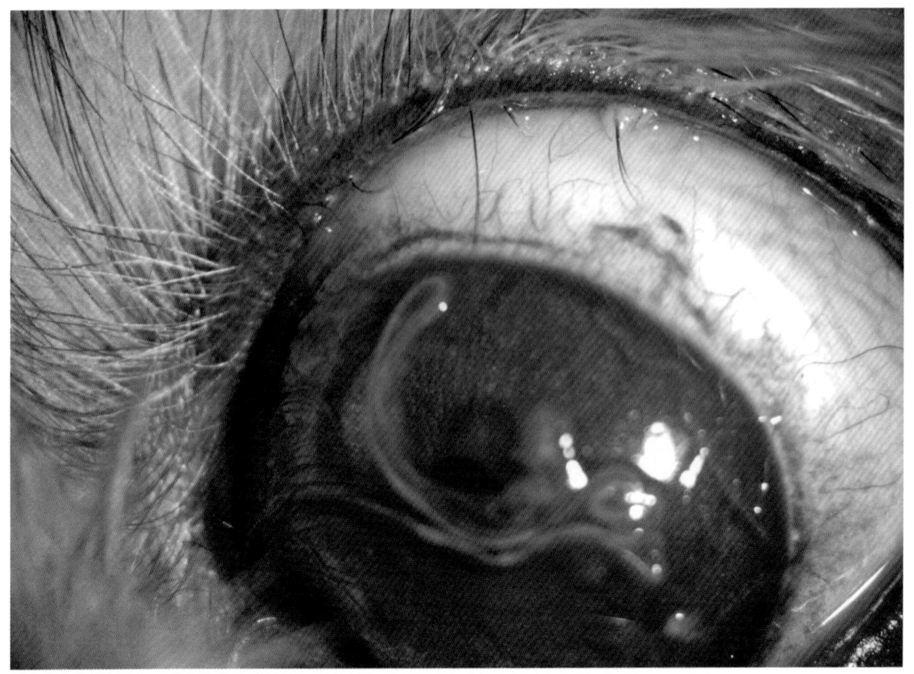

上眼睑得双毛症的西施犬

和双行睫基本上是一种病，但在双毛症中，一个睑板腺管处长出了多于一根的毛发。

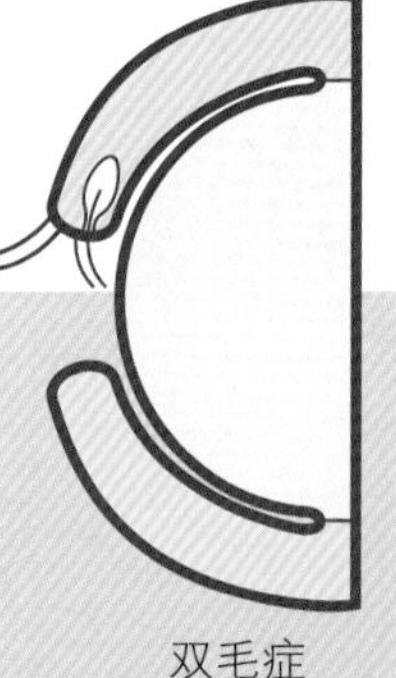

双毛症

治疗方法包括手动拔除、电脱毛或手术，取决于毛发数量和动物配合度。

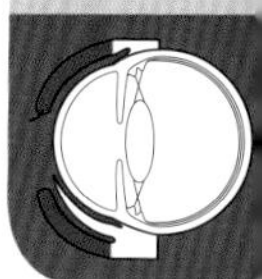

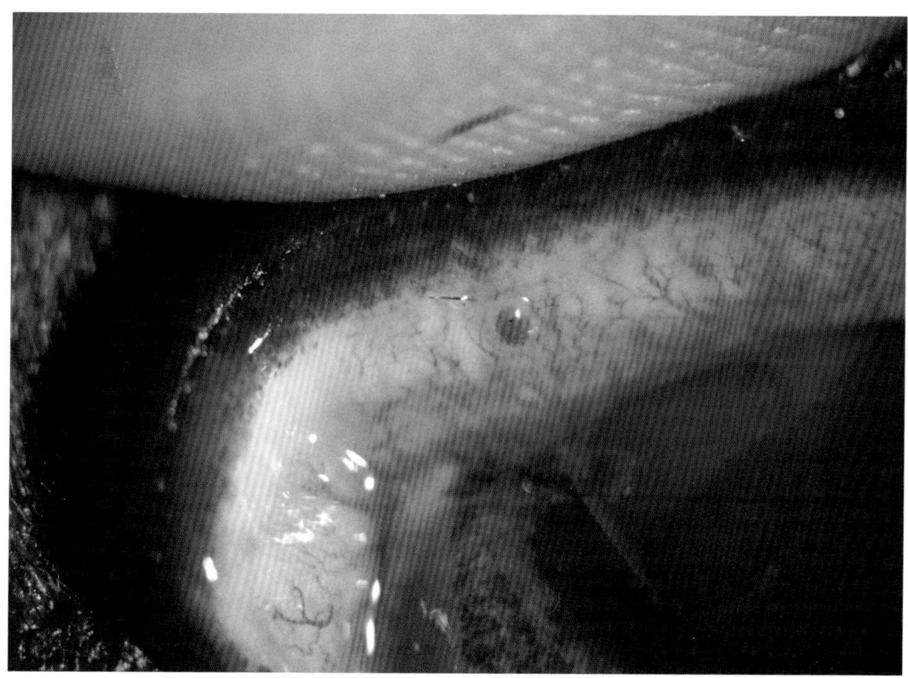

上眼睑长异位睫的法国斗牛犬

i

包含从睑板腺内的毛囊或睑结膜生长出来的毛发。不是从睑板腺分泌管生长出来，它们从结膜面长出来，而且朝向角膜生长。

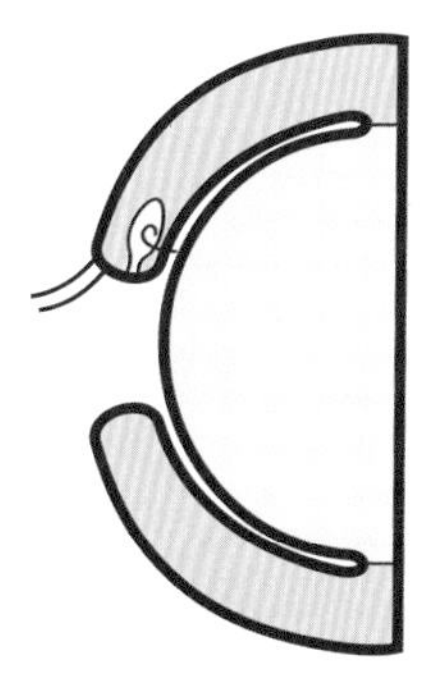

异位睫

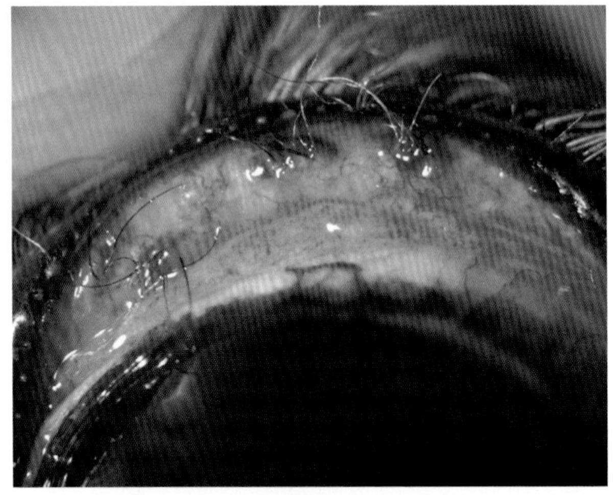

从上眼睑结膜长出来几根异位睫的1岁西施犬

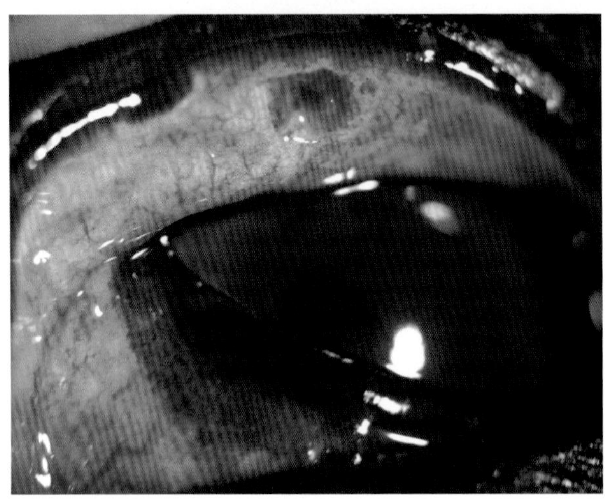

上一页中去除长毛发的睑板腺后的患犬

重要提示

- 翻好眼睑并且在睑缘4mm内查找。
- 上眼睑更常发现。
- 在患犬一生中不同的睑板腺可能多次受累及。

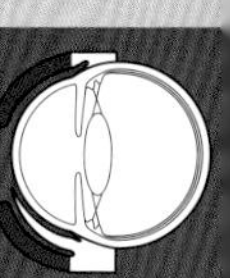

第二十三节　倒睫

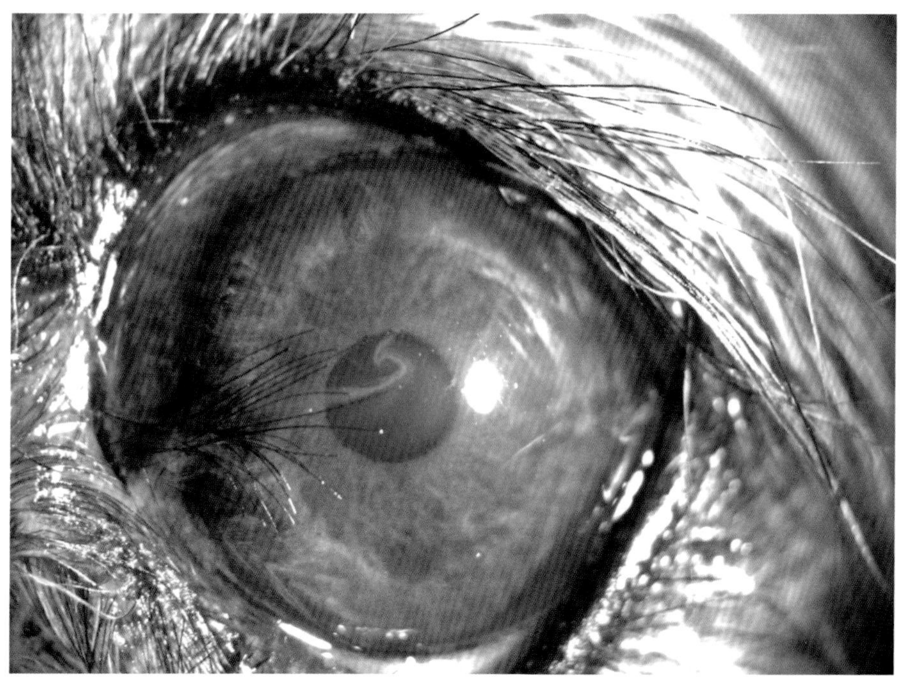

10月龄拉萨犬的倒睫，毛发从泪阜朝角膜生长

i 毛发从正常位置长出，但是朝向角膜或结膜生长，导致不同严重程度的病变。

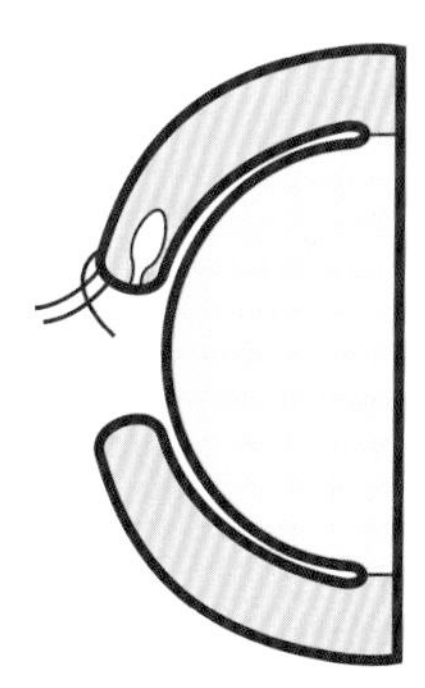

倒睫

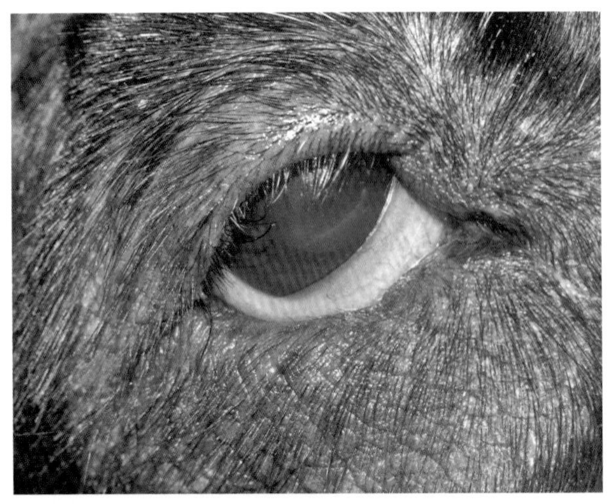

11岁英国可卡犬的倒睫。在该病例中，正常位置长出的眼睫毛长向了角膜。过度潮湿也导致了睑炎的出现

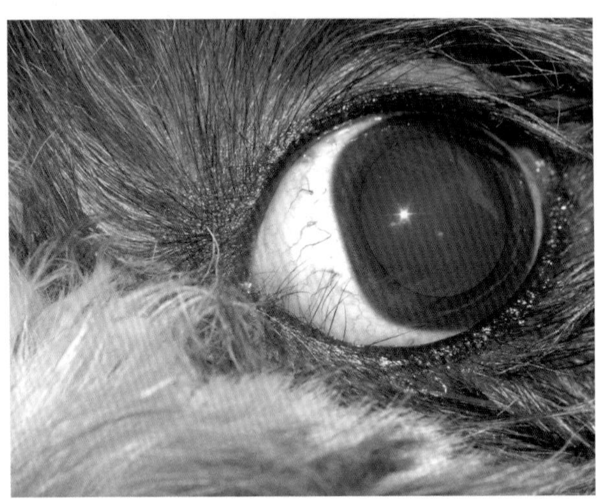

2岁拉萨犬脸上的毛发长向角膜形成倒睫

注意事项

为避免毛发长向角膜造成角膜炎必须使其改变方向；可以通过手动矫正或手术矫正（鼻褶切除术、内翻手术或泪阜切除术）。

第二十四节 睫毛粗长症

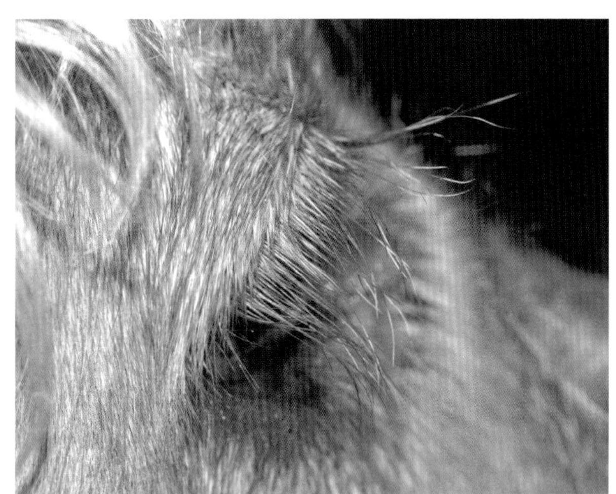

患睫毛粗长症的7岁可卡犬

英国可卡犬睫毛长度的近观

i 从正常位置长出来的极长眼睫毛。
生理条件下几乎仅限于可卡犬。

第二十五节　眼睑下垂

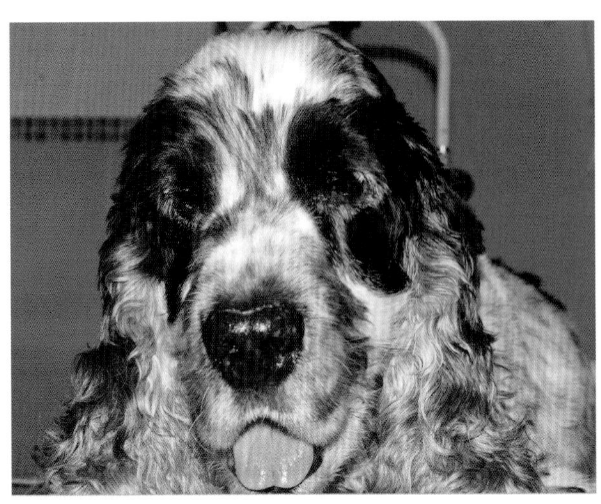

13岁英国可卡犬双眼睑睑下垂

面部摆位揭示了患犬眼睑的生理位置

i　上眼睑下垂到眼球上，可能与皮肤弹性丧失（上图）或神经性问题（霍纳氏综合征）有关。

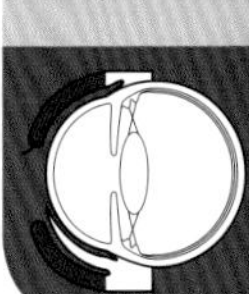

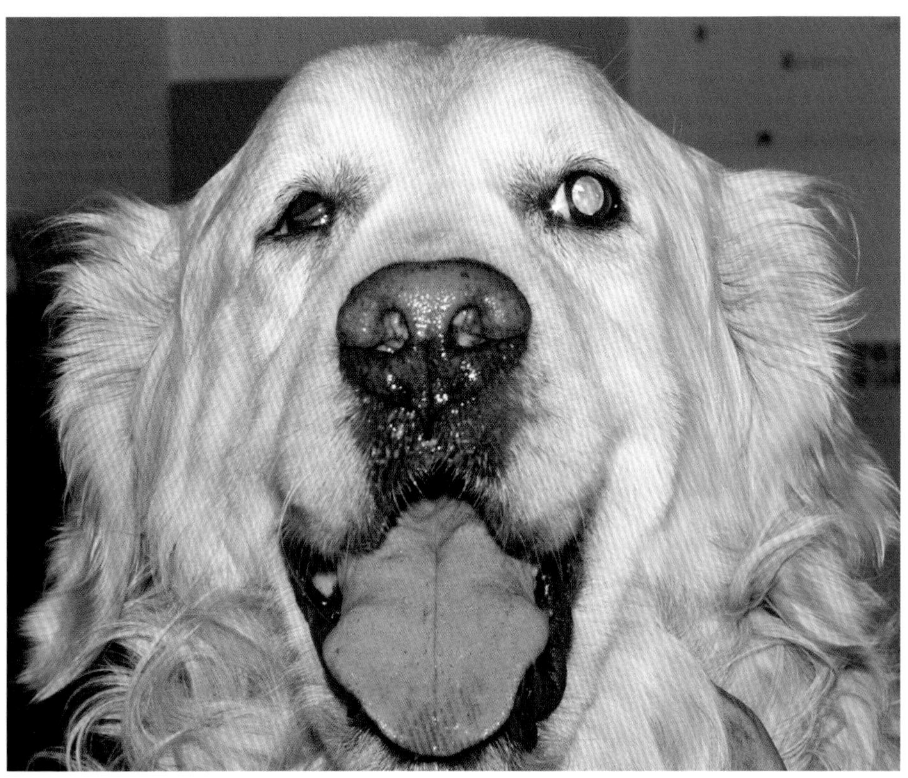

霍纳氏综合征金毛犬眼睑下垂。下垂的上眼睑和突出的第三眼睑限制了患犬的视力

重要提示

- 霍纳氏综合征时，交感神经系统功能障碍造成了眼睑下垂，同时还伴有缩瞳（主要症状）、第三眼睑突出和眼睑内陷。
- 中枢、节前或节后神经元的任何障碍或疾病都可能造成这一综合征，分别称为第一、第二、第三级霍纳氏综合征。

第二十六节 兔眼

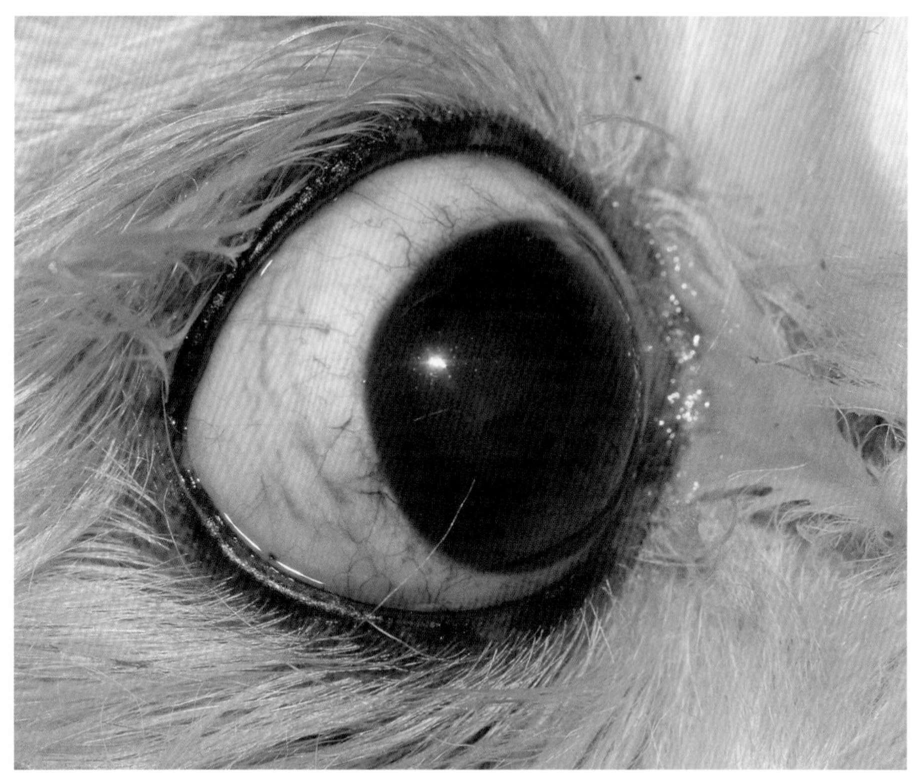

患兔眼的2岁西施犬。过度突出的眼球和慢性角膜损伤近观

生理条件下不能闭合眼睑，增加了眼表暴露的风险，并因此增加了角膜炎和结膜炎风险。

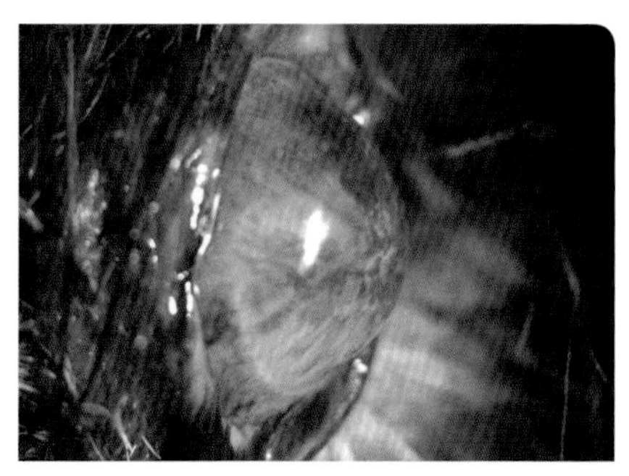

眼球形态改变也能导致兔眼。图为圆锥形角膜的病患

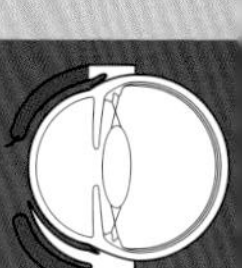

第二十七节　霰粒肿

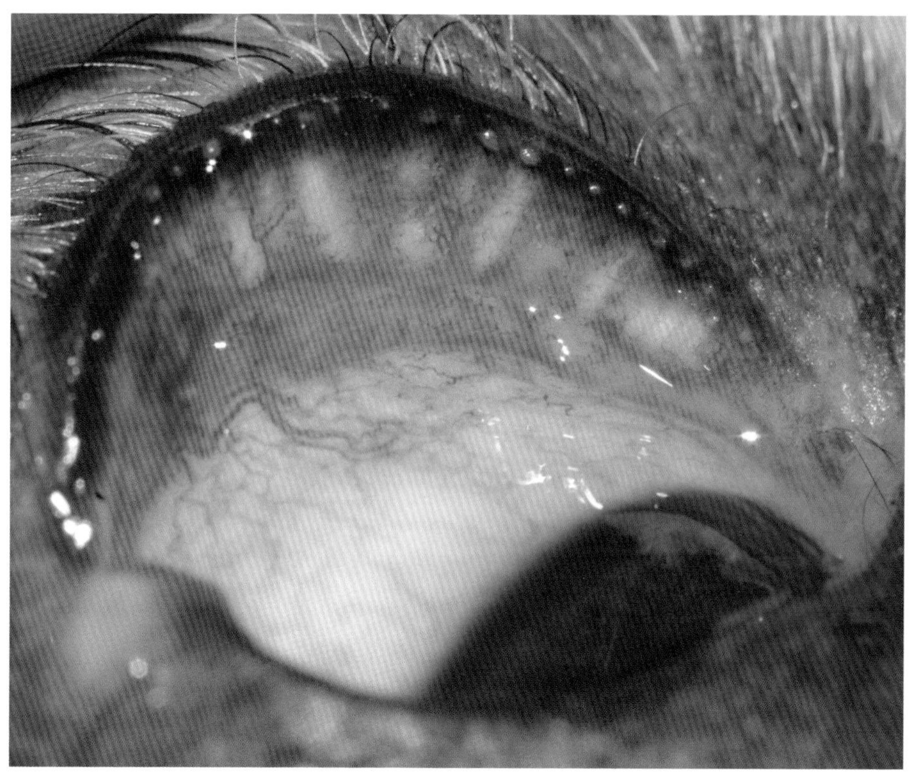

患霰粒肿的3岁马尔济斯比雄犬

一个或多个睑板腺的慢性炎症。是一种脂质性肉芽肿。与发病的腺体相对应，呈现为白色的病变外观。

趣味提示

- 急性炎症为熟知的睑板腺炎。
- 通常在使用抗生素和抗炎药物治疗后病情减弱。

第二十八节 麦粒肿

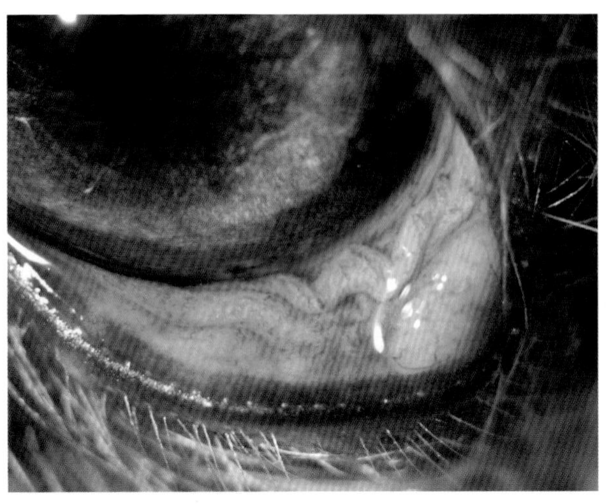

内侧麦粒肿的3岁西施犬

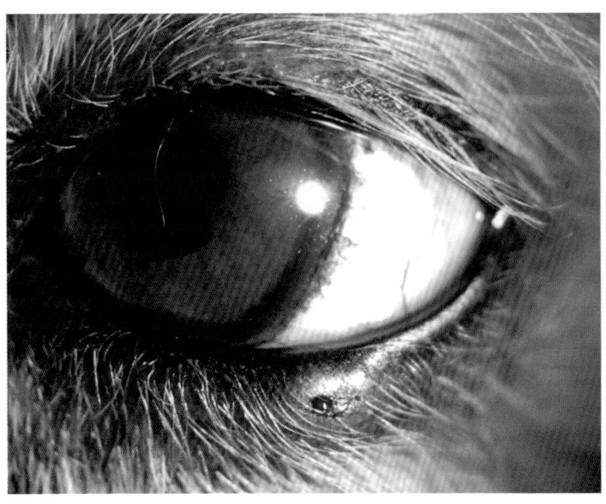

外侧麦粒肿的9岁贵宾犬

i 内侧麦粒肿被认为是睑板腺感染，而外侧麦粒肿则是蔡氏腺或莫氏腺感染。

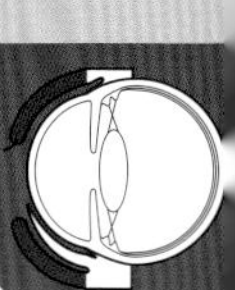

第二十九节　雀斑

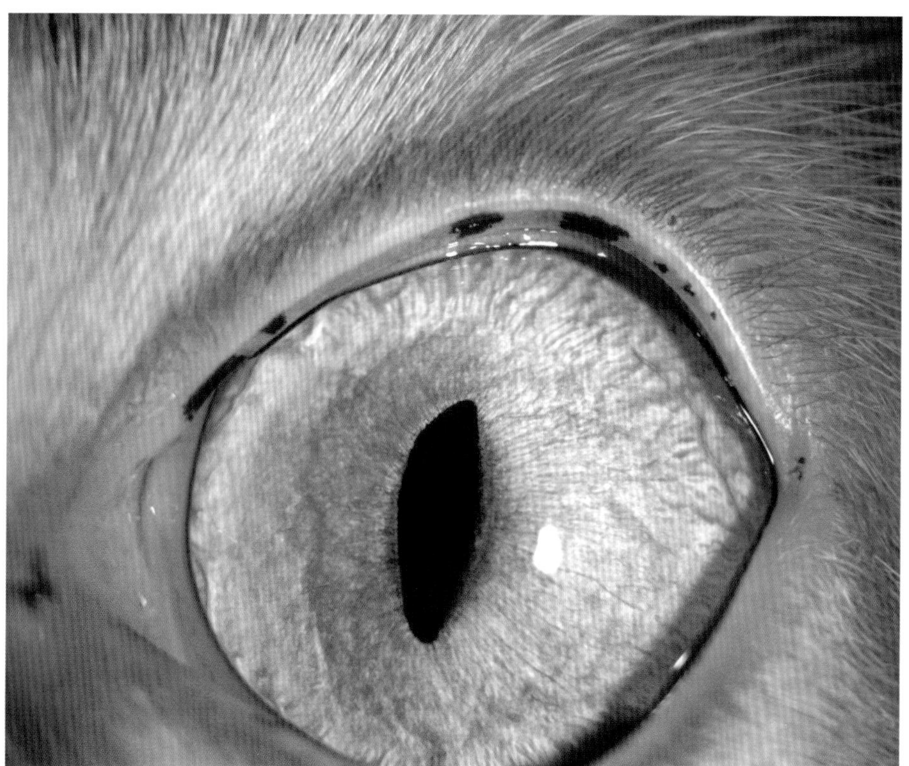

睑缘雀斑的16岁家养短毛猫

可能出现在睑缘上或嘴唇上，为无症状的疾病，特征为1～10mm长的色素或斑点。

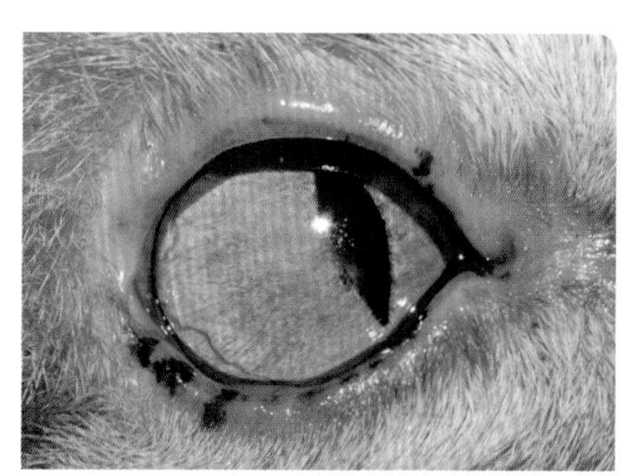

橘色的家养短毛猫的右眼及双眼睑的雀斑

第三十节 异物

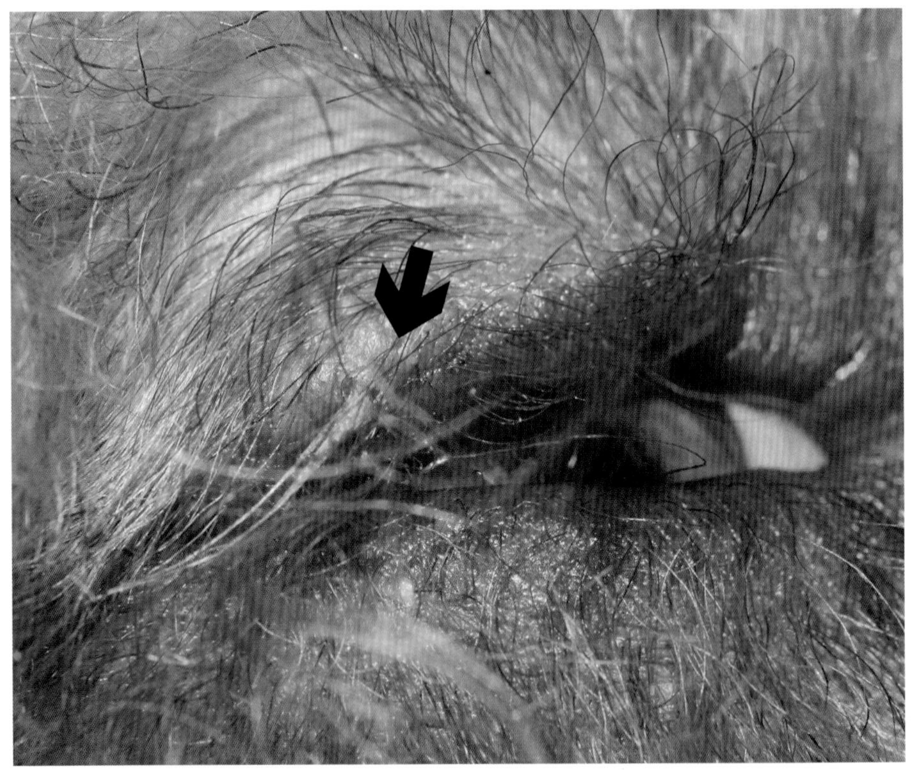

4岁的猎犬在1天的追猎后，上眼睑嵌入了一个草芒。图为眼睑炎症的近观。损伤的时间为3天

治疗

使用镊子人工移除及使用抗生素。

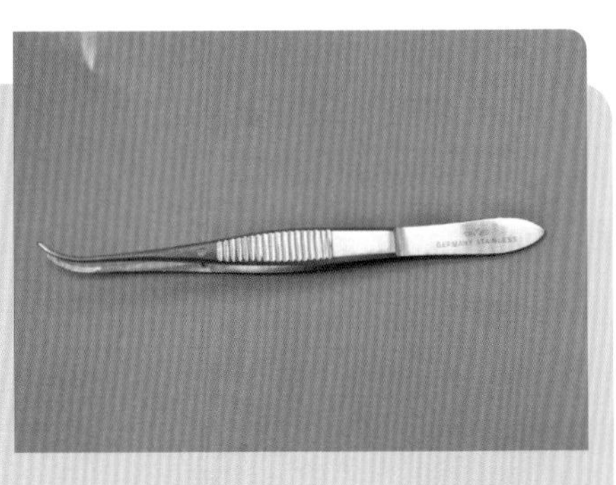

第三章 瞬膜

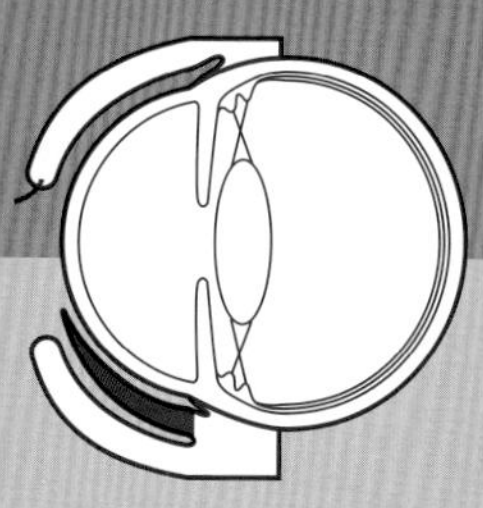

第一节 瞬膜腺脱出

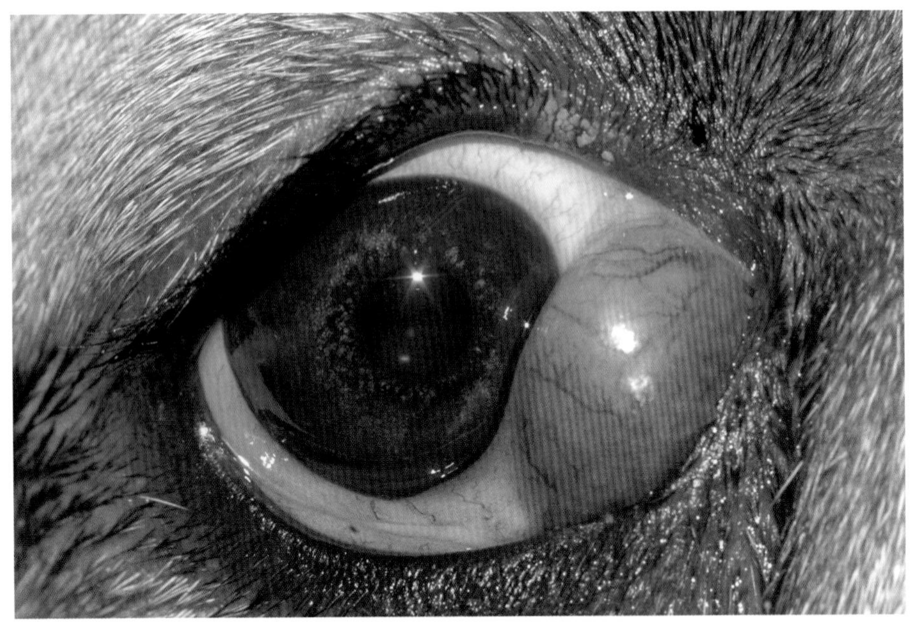

瞬膜腺（NMG）的脱出

NMG的脱出（也称为樱桃眼）。
看起来是由于固定腺体使其位于眼眶内的相关组织松弛了的原因。
腺体的增生也可能导致这种情况。

品种倾向性

最容易受影响的品种有英国斗牛犬、沙皮犬、西施犬、比格犬、京巴、那不勒斯獒犬和拳狮犬（尤其常见）。

双侧NMG脱出的3月龄英国斗牛犬

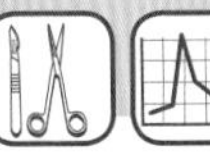

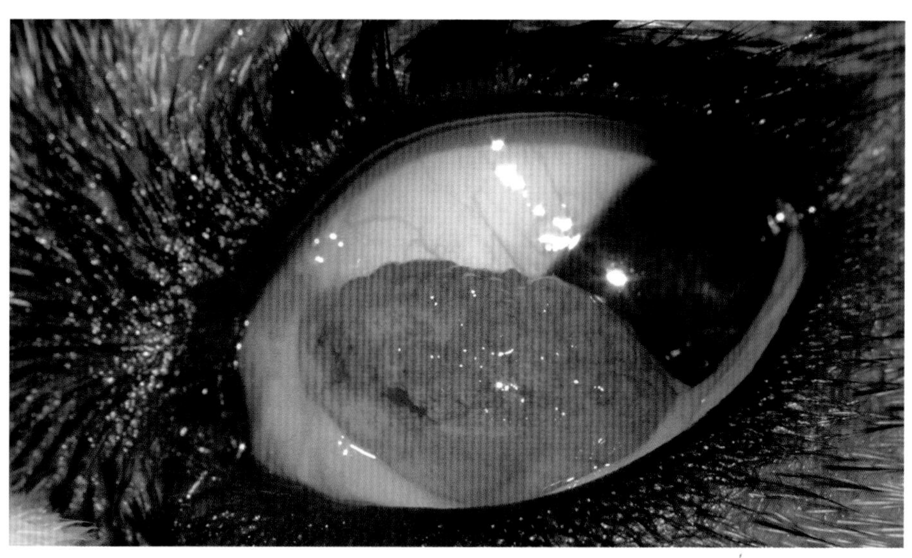

瞬膜腺脱出2个月后滤泡增生和结膜增生

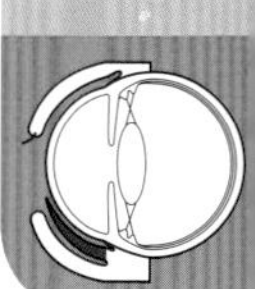

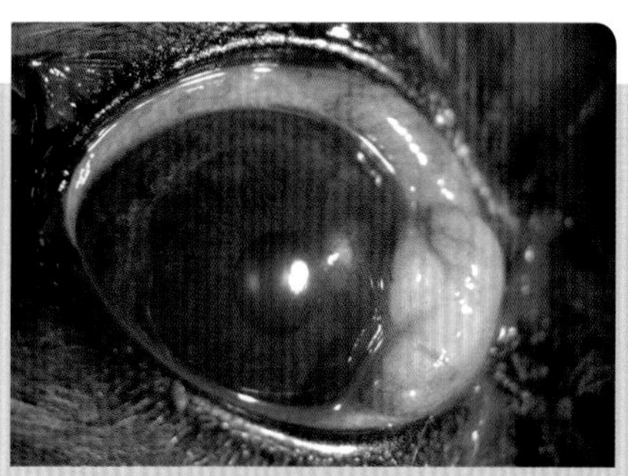

瞬膜腺部分切除

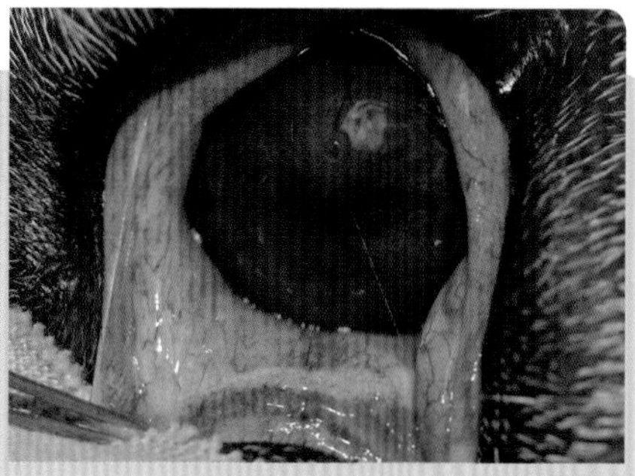

英国斗牛犬瞬膜腺完全切除术后瘢痕的特点

手术治疗

手术复位瞬膜腺应该迅速进行以避免腺体损伤。
推荐使用摩根袋式技术。

禁忌

由于有可能造成医源性干性角膜结膜炎，决不要完全切除瞬膜腺（除了肿瘤病例）。

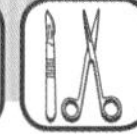

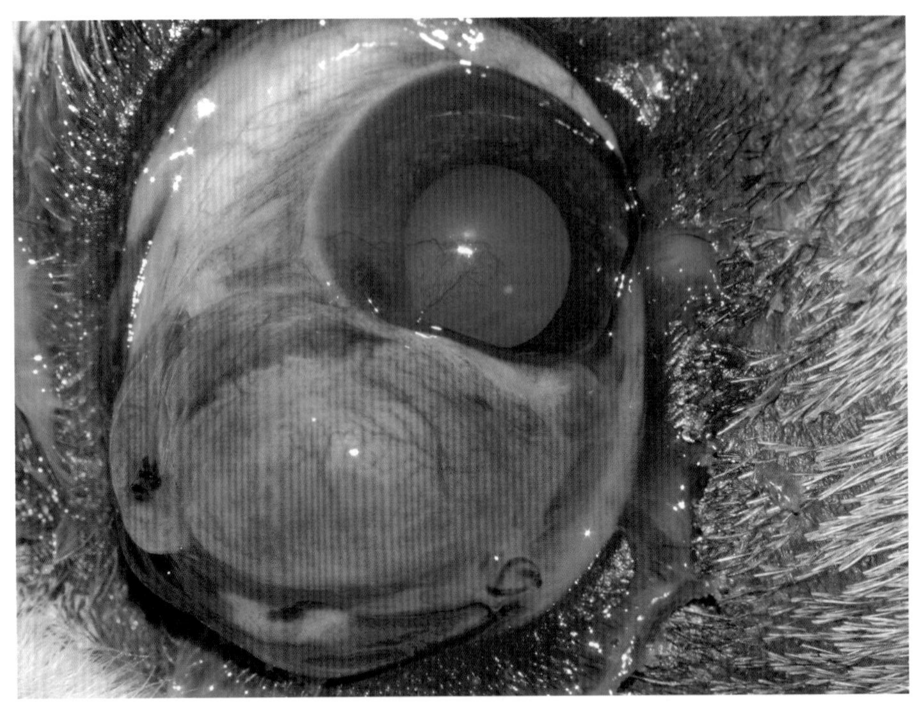

复发。术后第七天瞬膜腺脱出。注意线结

补充说明

通过做一个深的囊袋，再进行细密的简单连续缝合来使复发的风险最小化。

禁忌

线头一定不能摩擦角膜，因为可能会导致穿孔！（线头必须包埋或贯穿缝合）。

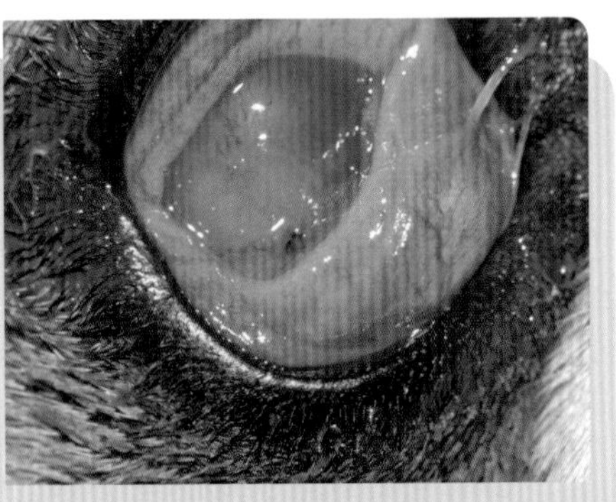

由于线结摩擦角膜导致严重的角膜损伤

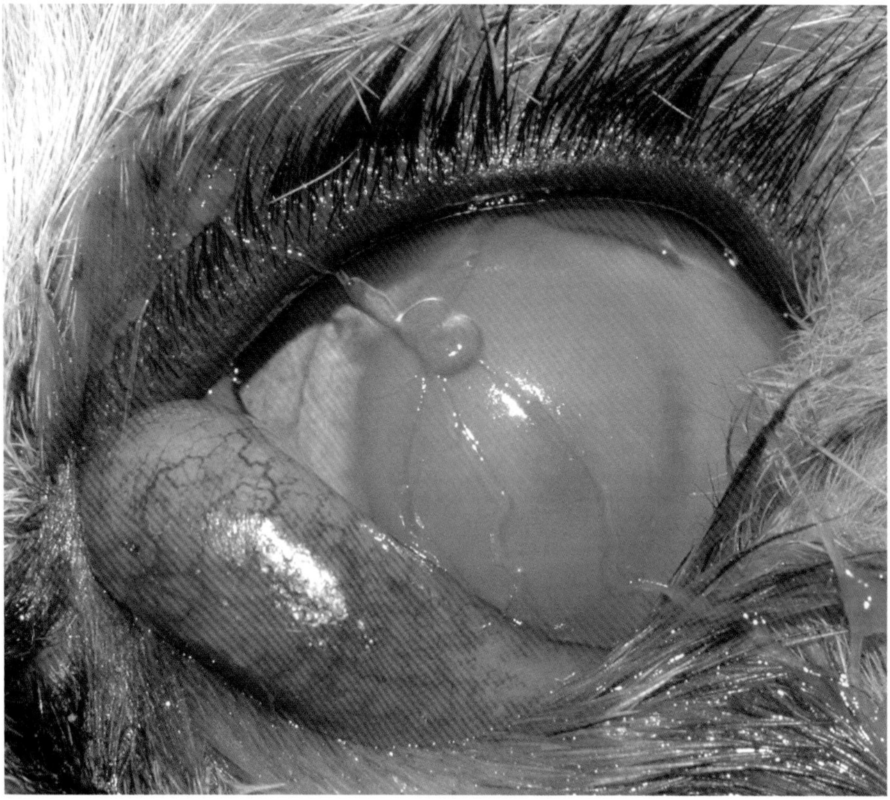

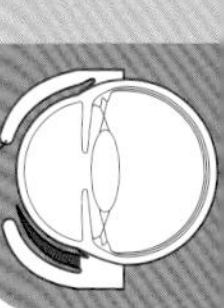

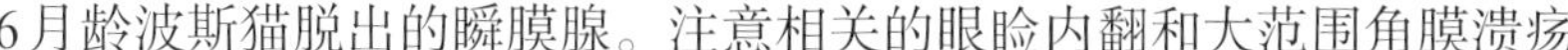

6月龄波斯猫脱出的瞬膜腺。注意相关的眼睑内翻和大范围角膜溃疡

i

猫的瞬膜腺脱出比犬更不常见。

波斯猫、喜马拉雅猫和缅甸猫都有被发现。

可能与病毒性结膜炎相关。

此猫即上图所示病例的患猫

第二节 软骨外翻

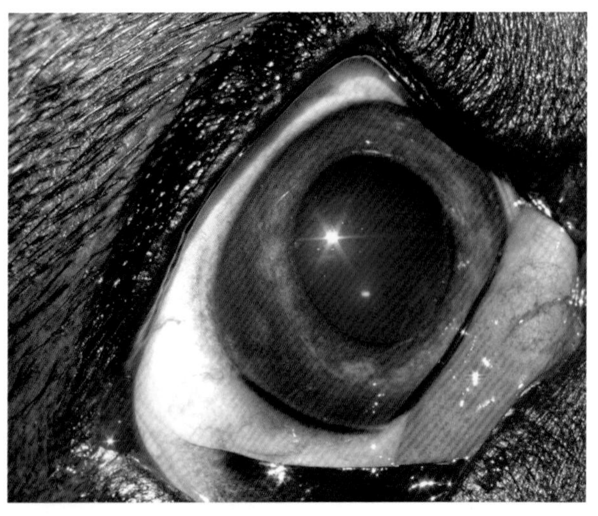

6月龄大丹犬瞬膜的软骨外翻

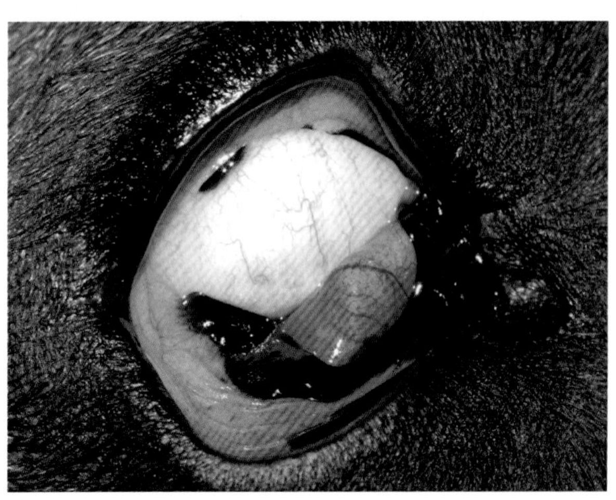

软骨外翻术前近观

这是软骨垂直部分向外翻转。它改变了瞬膜游离缘的生理位置。在某些病例中，有可能向内翻转（内翻）。

重要提示

- 不要与瞬膜腺脱出相混淆。
- 在幼年动物更常见。

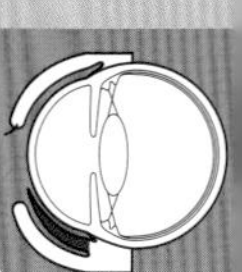

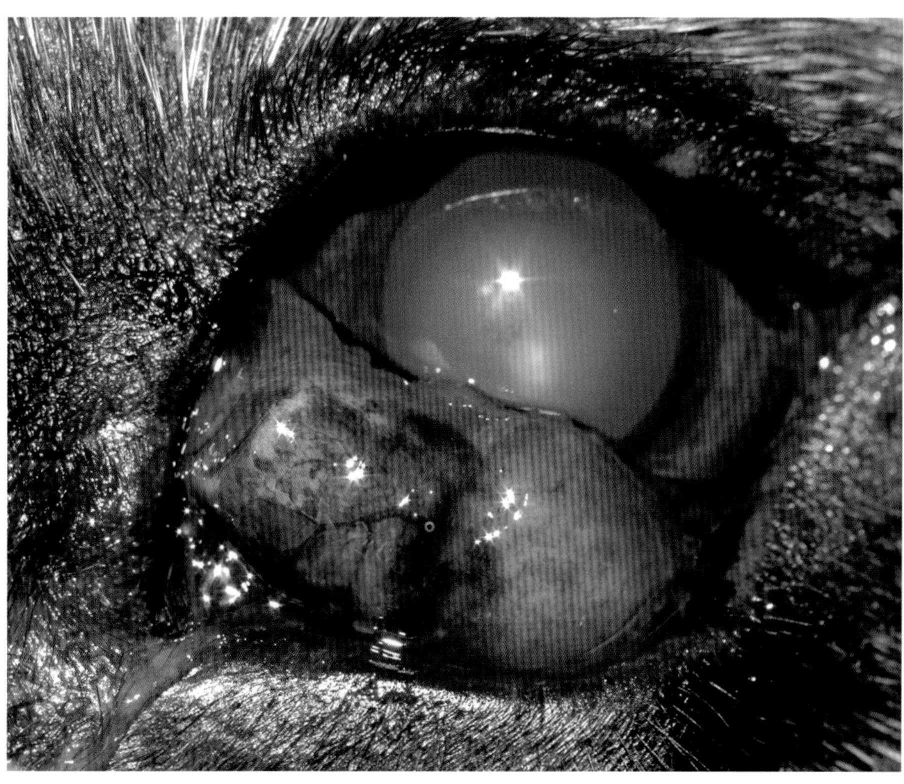

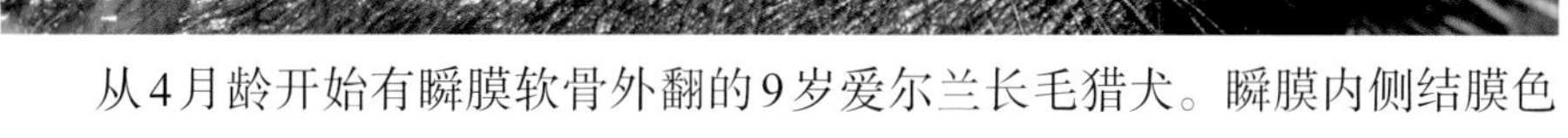

从4月龄开始有瞬膜软骨外翻的9岁爱尔兰长毛猎犬。瞬膜内侧结膜色素沉积，证明存在慢性暴露

品种倾向性

最易影响的品种有大丹犬、那不勒斯獒犬、沙皮犬、圣伯纳犬和威玛猎犬。

上一页图所示患犬受累的软骨部分。卷曲软骨的近观

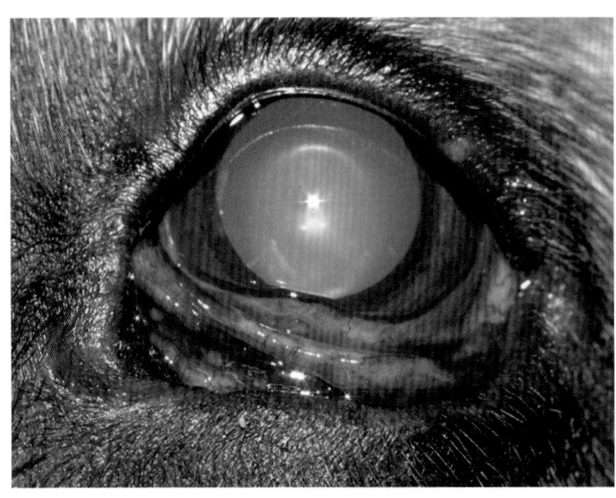

外翻被矫正后瞬膜的生理位置

手术技术

- 通过瞬膜的内侧面暴露软骨。
- 避免缝合手术造成结膜缺损。

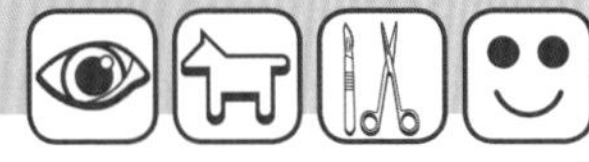

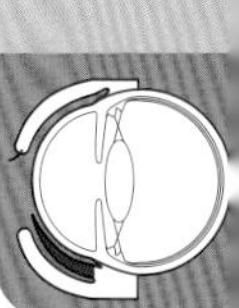

第三节　浆细胞瘤

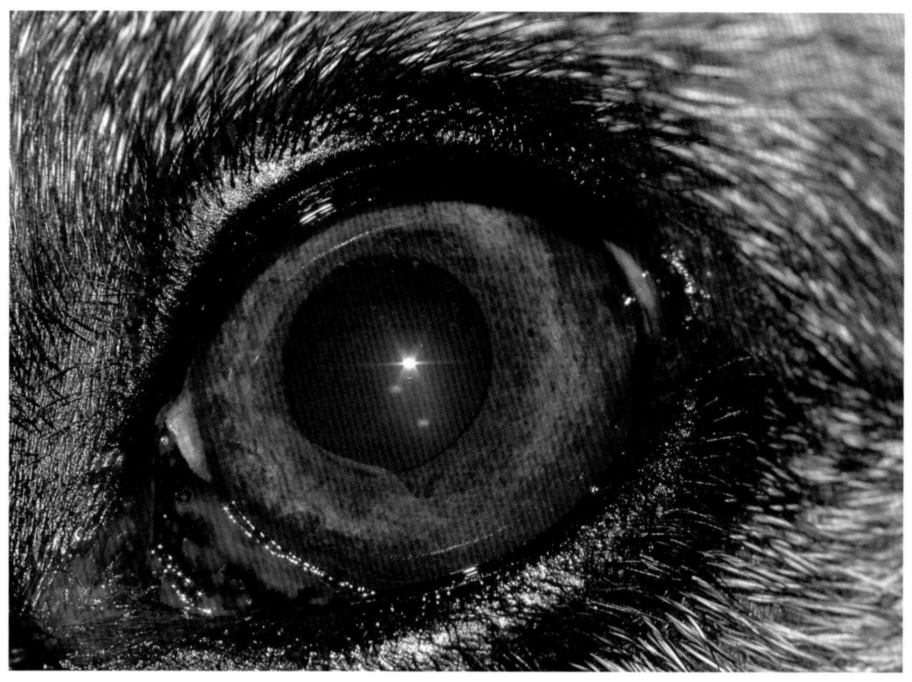

5岁德国牧羊犬的浆细胞瘤。注意瞬膜的颊侧面上显著的褪色区域

瞬膜的淋巴浆细胞浸润。

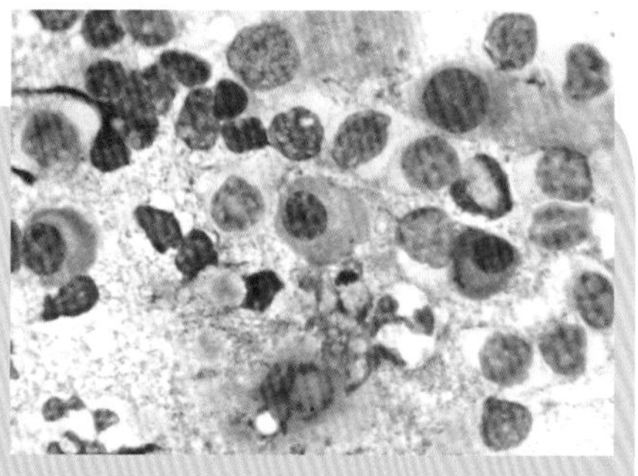

淋巴浆细胞浸润（100×，油镜）。图片由Cristina Fernández Algarra提供

重要提示

- 免疫介导性的。

品种倾向性

- 主要在德国牧羊犬、比利时坦比连犬及这些品种的杂交犬中表现。

   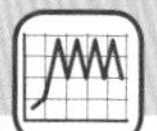 

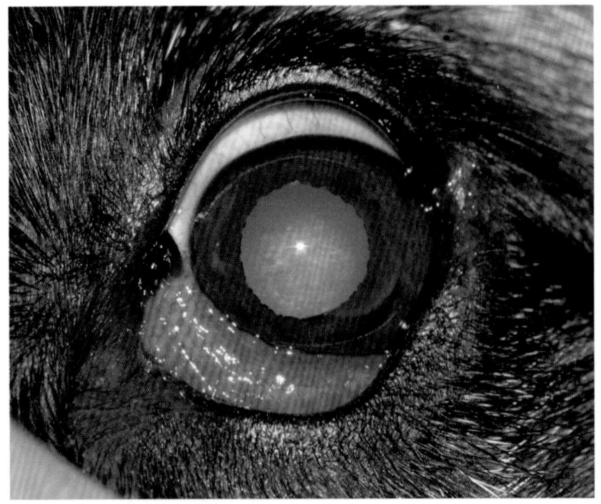

5岁德国牧羊犬的淋巴浆细胞浸润。褪色和严重炎症的近观

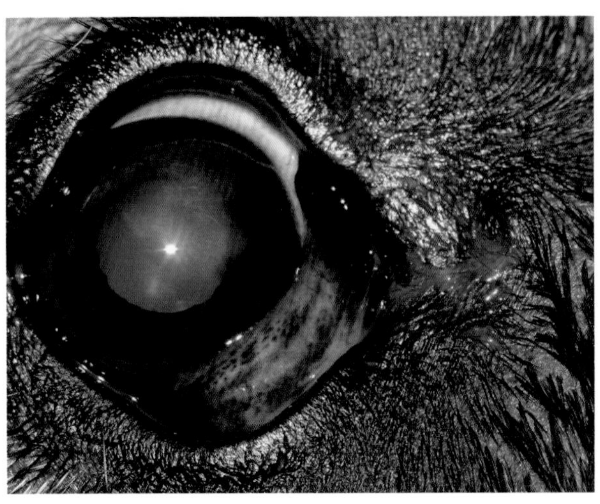

患有浆细胞瘤的7岁德牧。注意瞬膜不平滑的外表面和褪色

治疗

- 药物治疗是建立在局部使用类固醇（地塞米松）和环孢素的基础上的。
- 因为复发很常见，治疗应该是长期的。

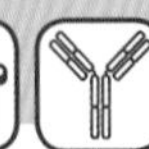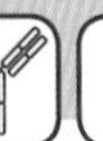

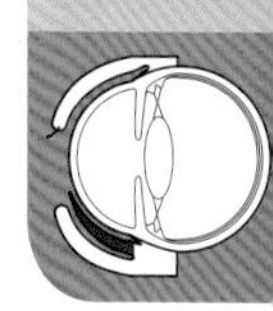

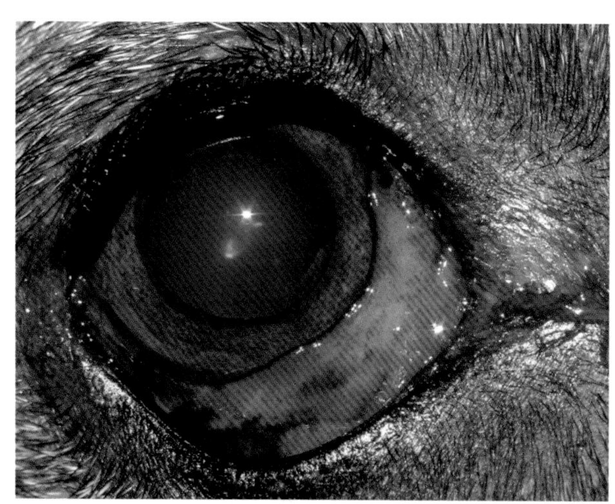

4岁德国牧羊犬的浆细胞瘤

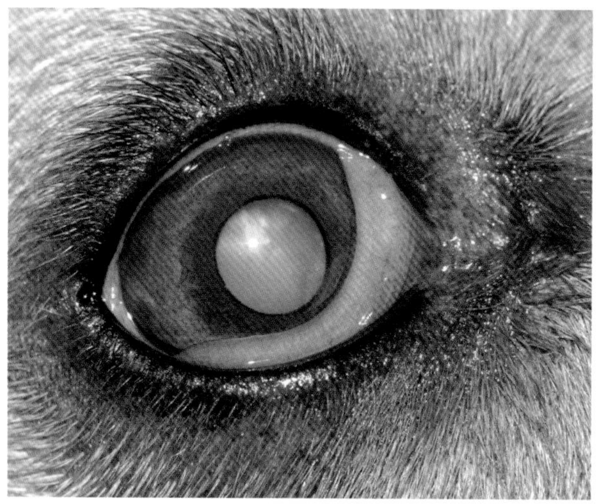

2岁比格犬瞬膜游离缘褪色

重要提示

不要把淋巴浆细胞浸润与瞬膜游离缘褪色相混淆。

第四节 滤泡性结膜炎

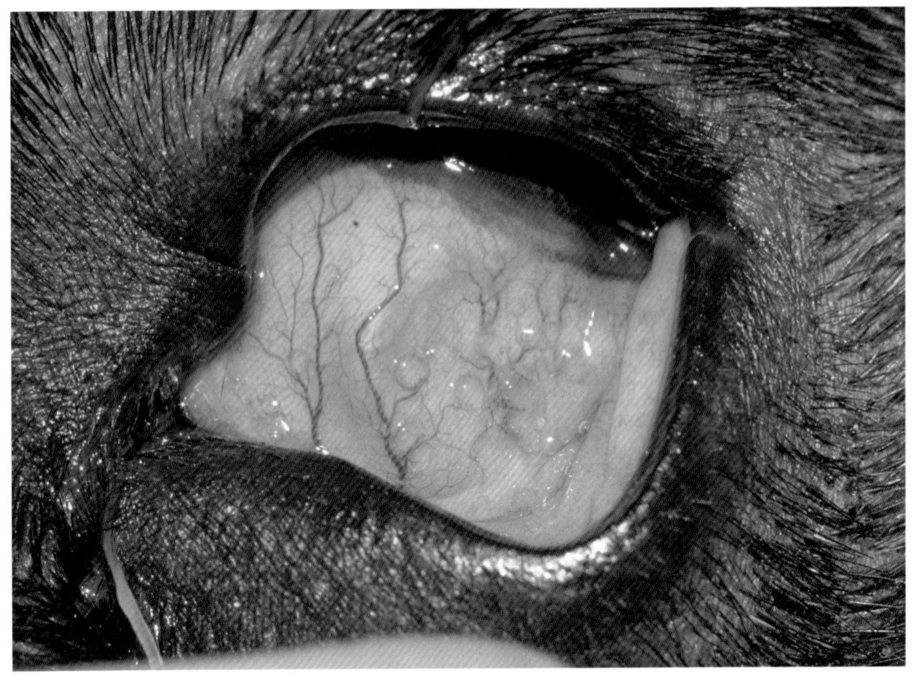

10月龄拳狮犬的滤泡性结膜炎

结膜炎症伴发淋巴滤泡增生，可能影响瞬膜的内侧面和外侧面。

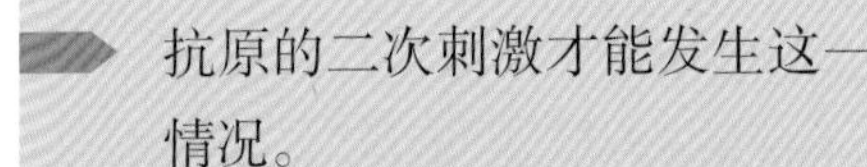

抗原的二次刺激才能发生这一情况。

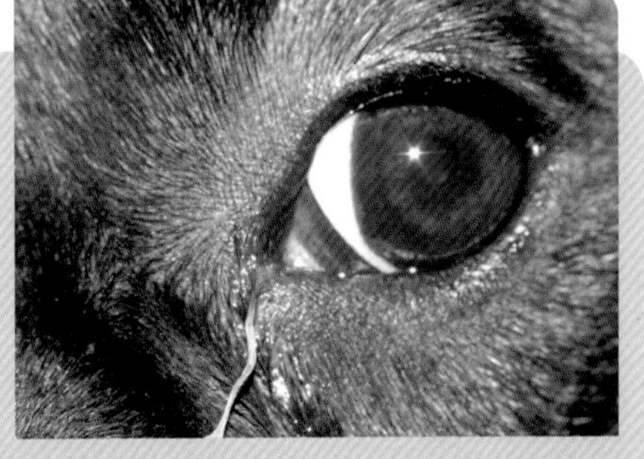

上图所示病例的患犬。滤泡性结膜炎一般伴有黏性眼部分泌物

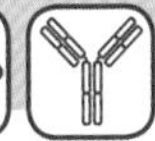

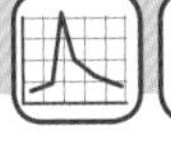

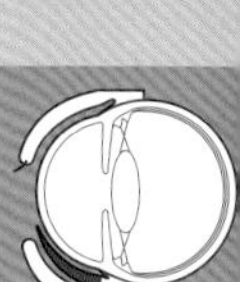

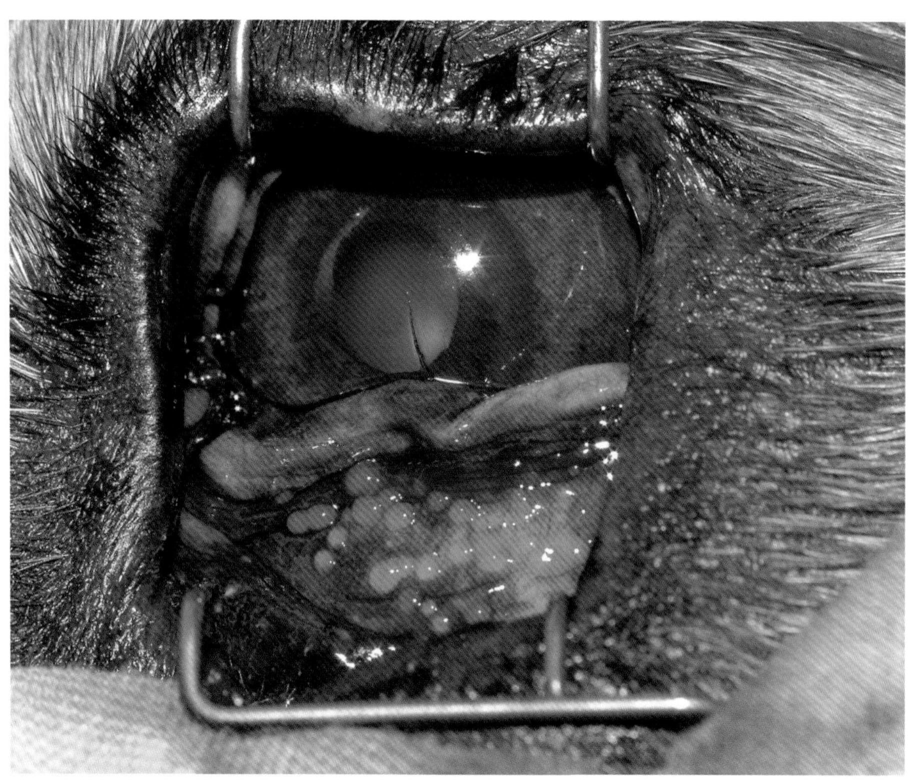

滤泡性结膜炎。增生的淋巴滤泡近观

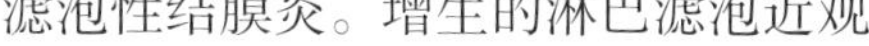

治疗

- 轻微患者可以使用局部类固醇。
- 严重病例建议滤泡刮除和药物治疗。

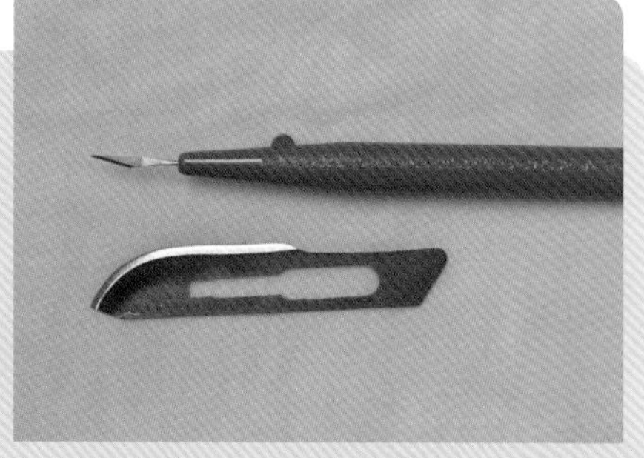

手术刀片和狭缝刀

 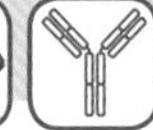    

第五节　利什曼原虫引起的肉芽肿

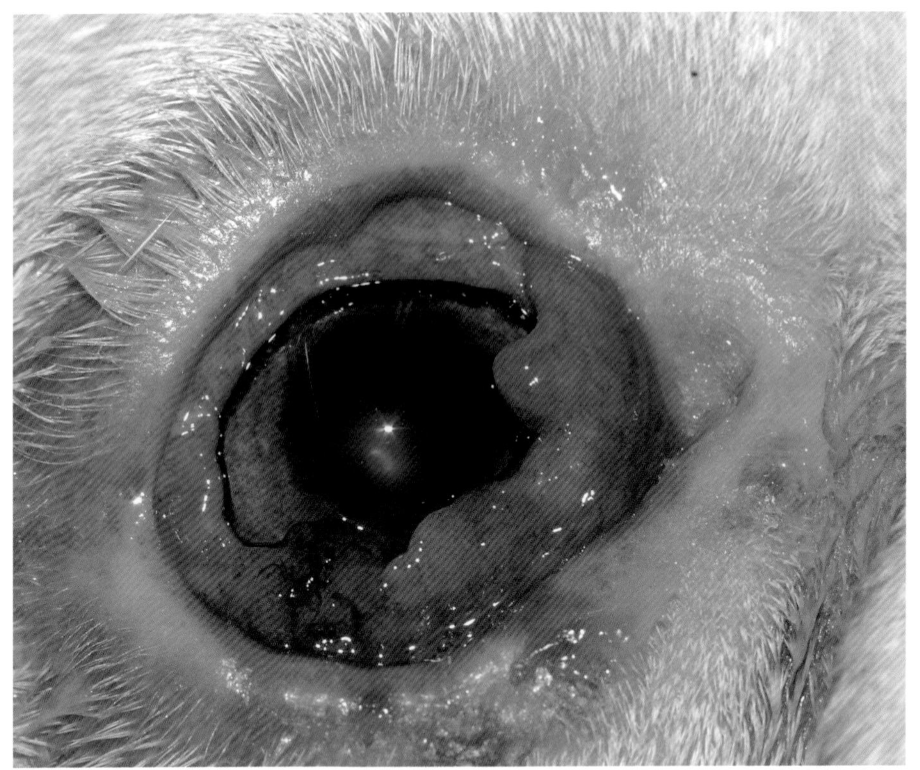

白色拳狮犬由于利什曼原虫导致的瞬膜病变。瞬膜和眼睑的肉芽肿近观

上图所示病例的患犬，双侧病变

趣味提示

在这类病例中考虑细针抽吸和/或活检。

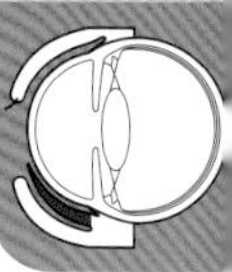

第六节　撕裂/撕碎

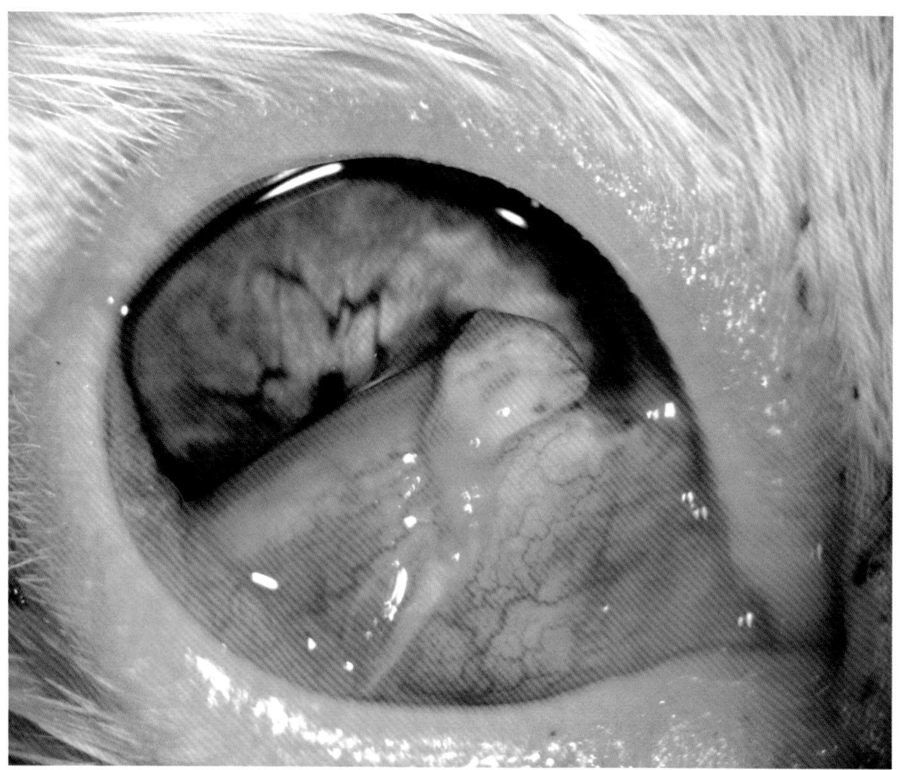

一只猫与另一只猫打架抓伤造成的瞬膜撕裂

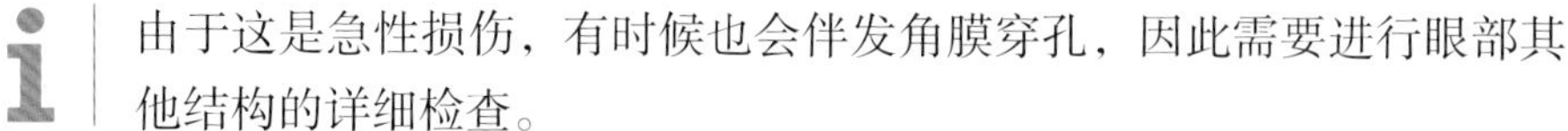

由于这是急性损伤，有时候也会伴发角膜穿孔，因此需要进行眼部其他结构的详细检查。

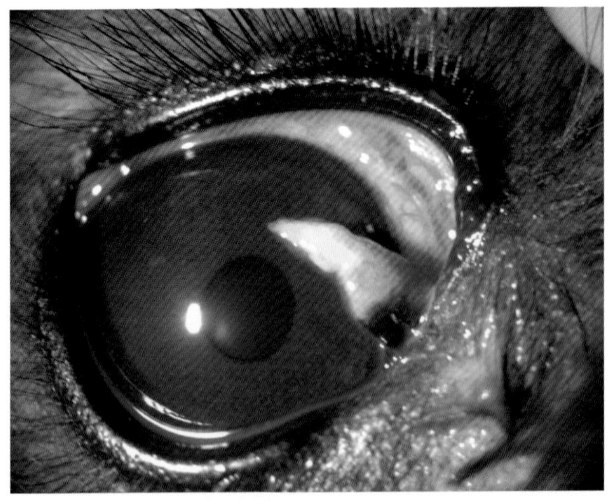

2岁约克夏与猫打架造成的瞬膜撕裂

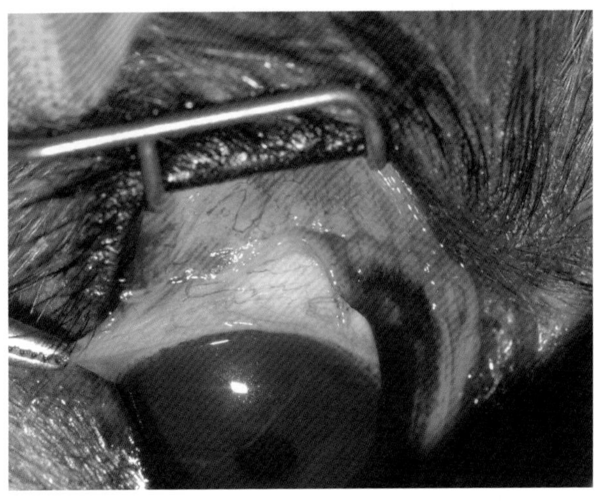

上图病例的患犬瞬膜游离缘的手术重建

手术技术

- 如果撕裂伤及瞬膜的软骨及其功能，则推荐进行重建。
- 如果软骨损伤不是全层的，或者轻微结膜撕裂伤的病例，手术不是必需的。

  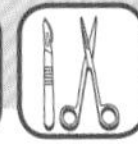  

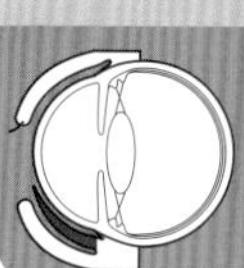

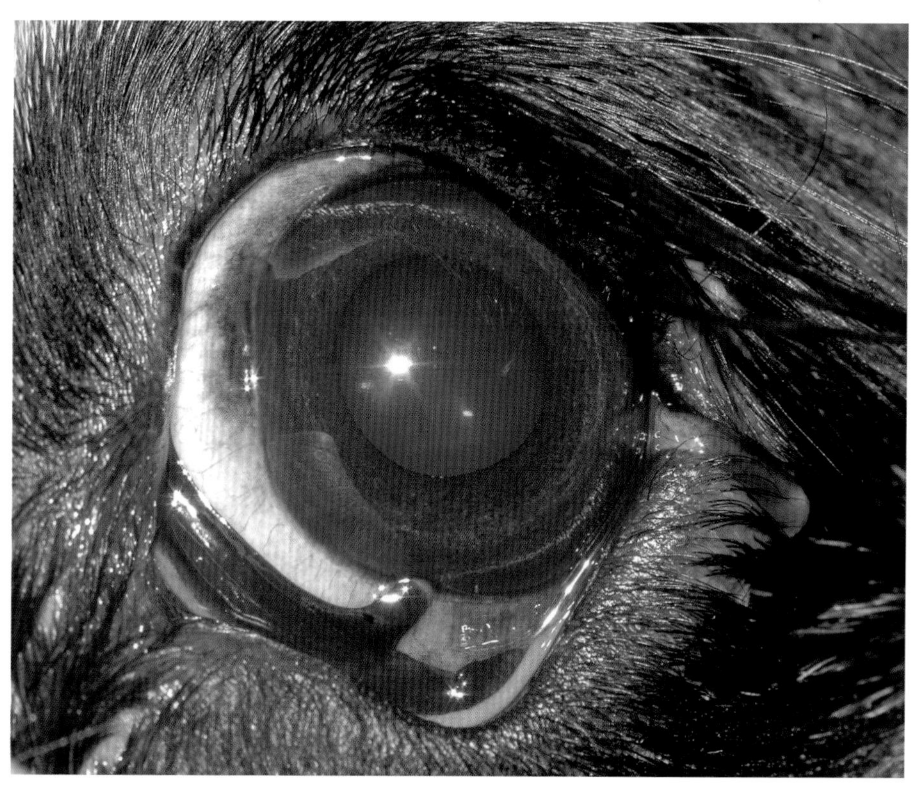

一只犬的瞬膜轻度撕裂；

注意瞬膜的游离缘缺损。伤口已经导致了软骨组织部分缺失，但不影响瞬膜的活动；

病因：猫抓伤

发生后5天的病变。

没有给这个瞬膜进行手术，仅去除了外侧眼睑区域一小部分残留的睑结膜。

第七节　瞬膜突出

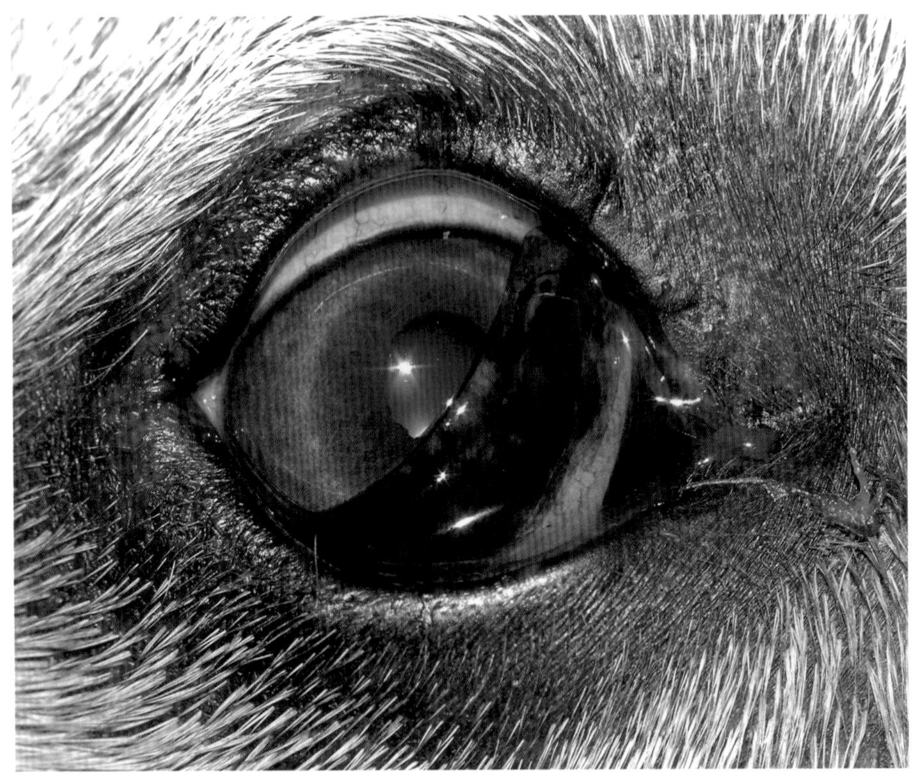

一只犬瞬膜轻度突出

瞬膜向上移位，部分或全部覆盖角膜。
也被熟知为脱垂。
可能单侧、双侧发生。

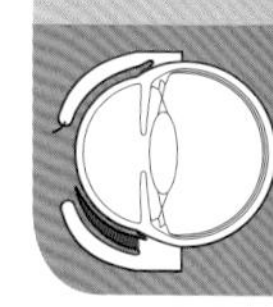

由于霍纳氏综合征导致瞬膜突出的猫

上图所示病例的患猫愈合后

i 霍纳氏综合征涉及交感神经障碍，表现的临床症状包括缩瞳、瞬膜突出、眼睑下垂和眼球下陷。

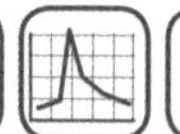

患有霍纳氏综合征的6月龄小猫双侧瞬膜突出

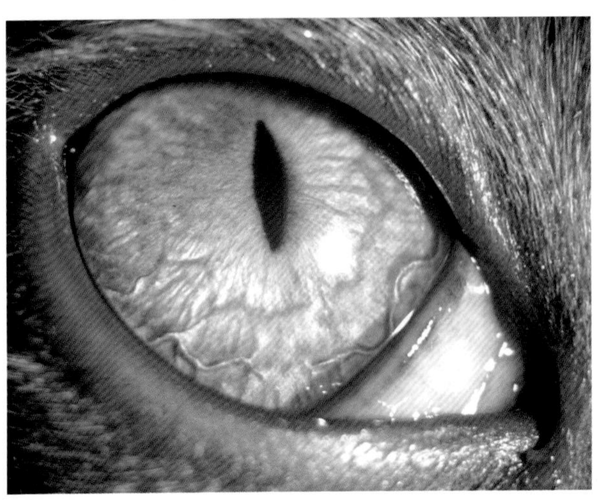

患猫右眼瞬膜突出近观

霍纳氏综合征由交感神经的节后神经支配异常导致，更容易影响青年猫（2岁以内）。一般最终自愈。

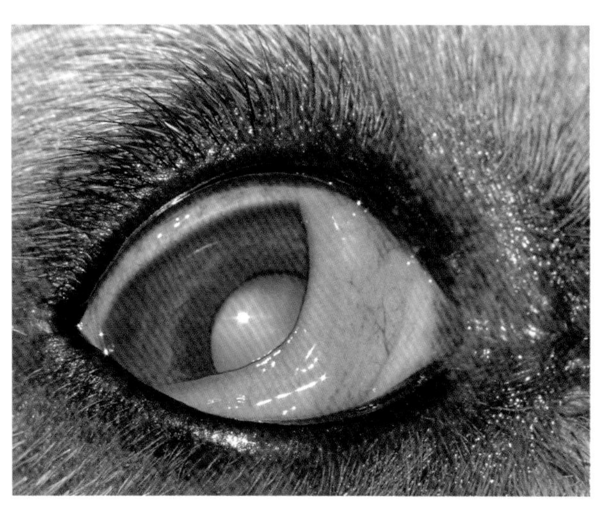

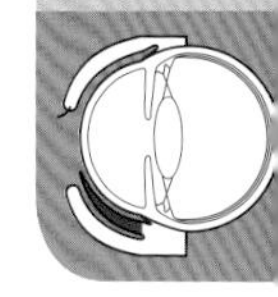

一只晶状体诱发性葡萄膜炎的比格犬瞬膜突出

葡萄膜炎导致的睑痉挛近观

i 瞬膜突出和眼球内陷是疼痛疾病（葡萄膜炎和角膜溃疡）的常见临床表现。

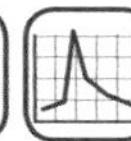

患眼眶疾病的拳狮犬瞬膜突出

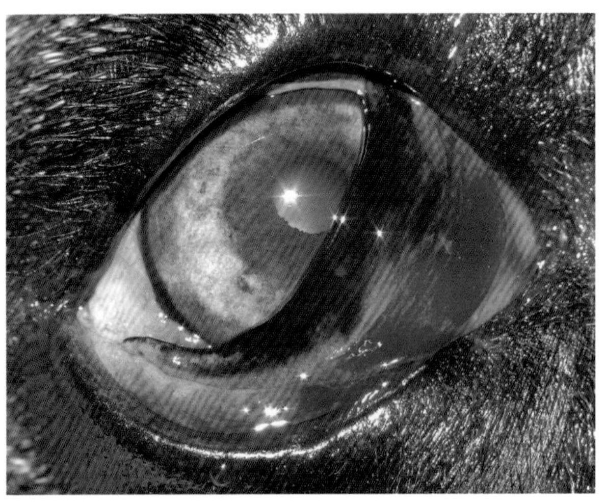

上图中拳狮犬瞬膜突出的近观。该患犬有眼眶的骨肉瘤

i 肿瘤、球后脓肿和蜂窝织炎容易伴发瞬膜突出。

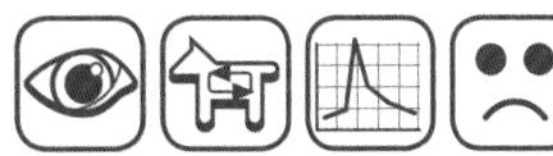

第八节 肿瘤

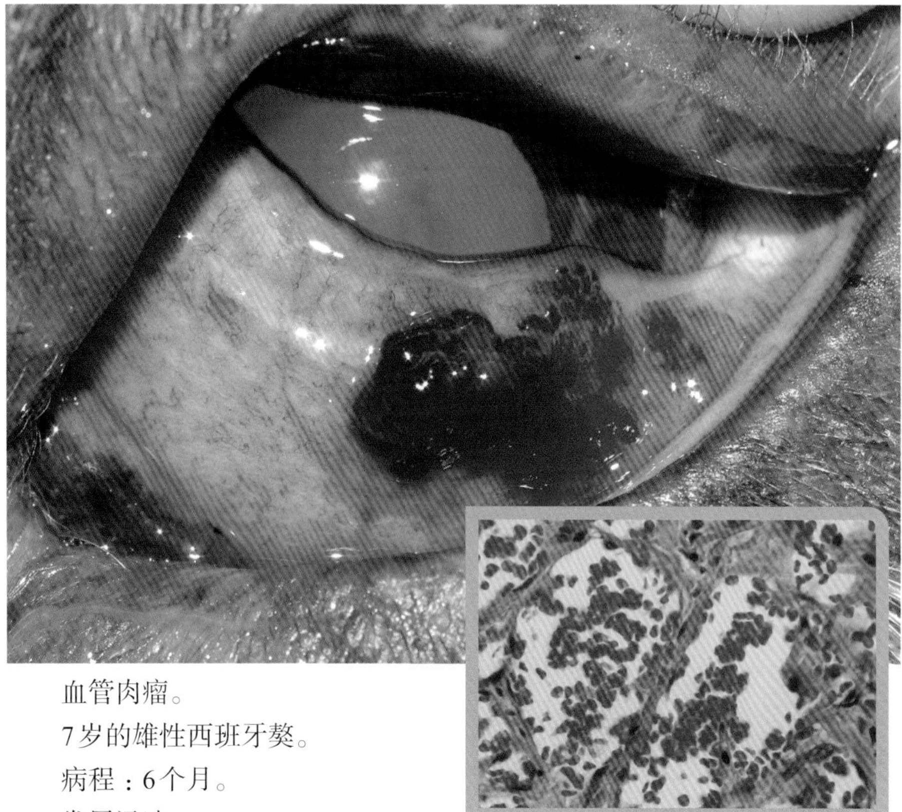

血管肉瘤。
7岁的雄性西班牙獒。
病程：6个月。
发展迅速。
手术治疗：切除

组织学图像由Dr Elena Alonso Fernández-Aceytuno提供

重要提示

- 术前超声检查（肝脏、心脏和脾）和胸部X线检查。
- 监测复发。

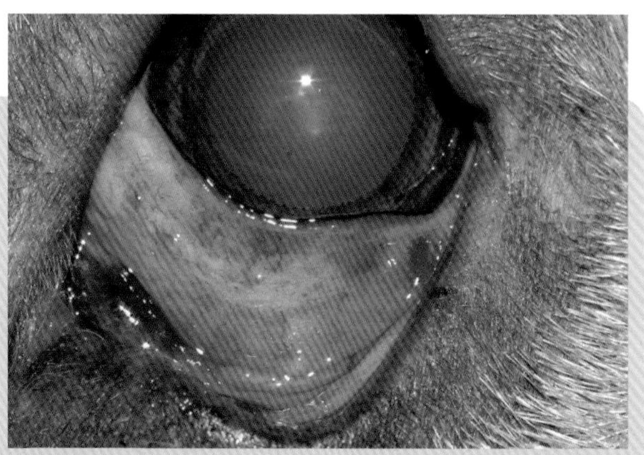

治疗5个月后的患犬

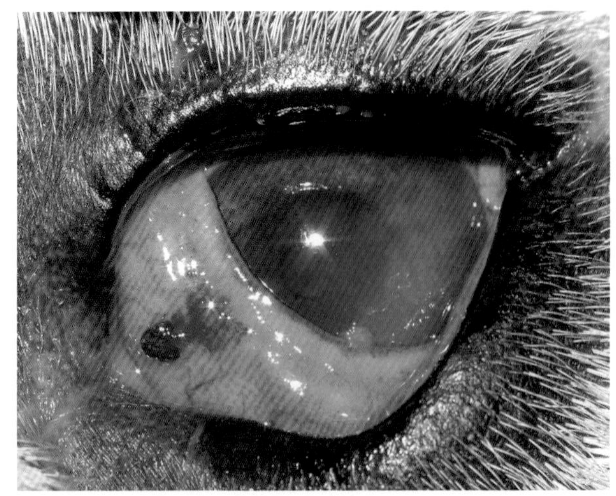

9岁拳狮瞬膜的血管瘤

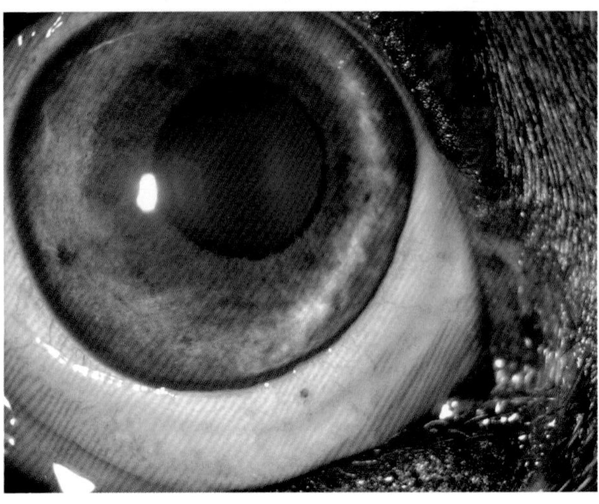

拳狮瞬膜血管瘤发生7天后

瞬膜的血管瘤和血管肉瘤在犬非常罕见。太阳射线（UV）是可能的风险因素。

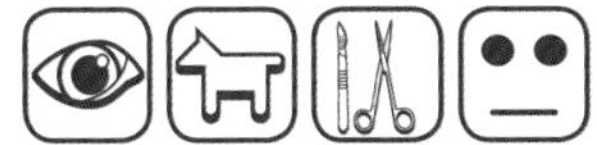

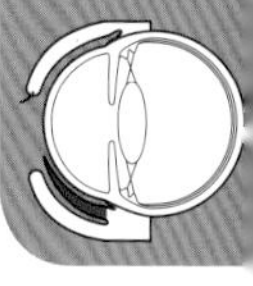

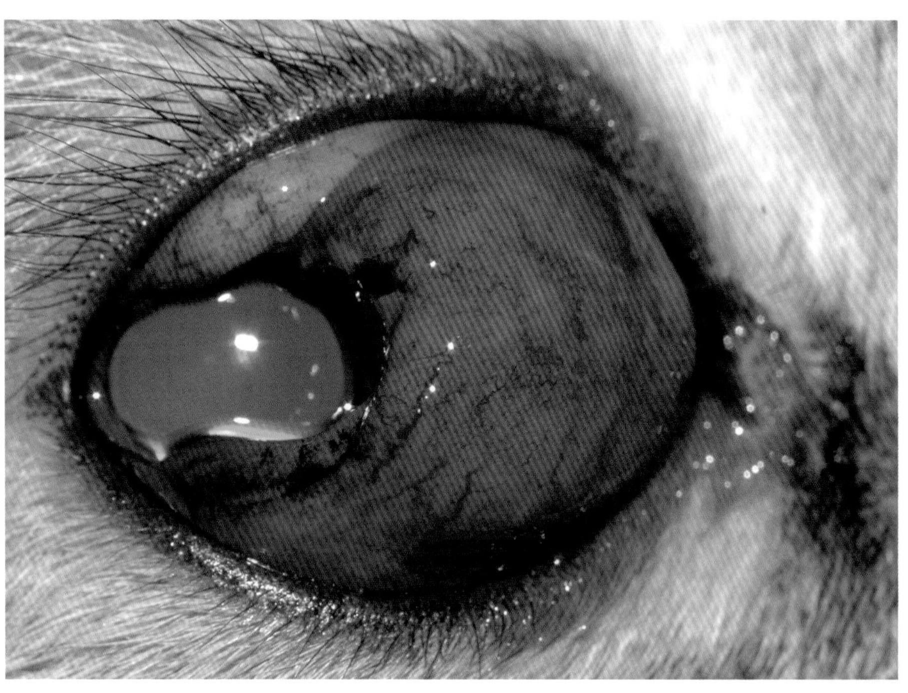

13岁家养猫瞬膜的淋巴肉瘤

i 瞬膜最常见的肿瘤是腺癌、鳞状细胞癌、黑色素瘤、血管瘤、血管肉瘤和淋巴肉瘤。

上图所示病例的患猫

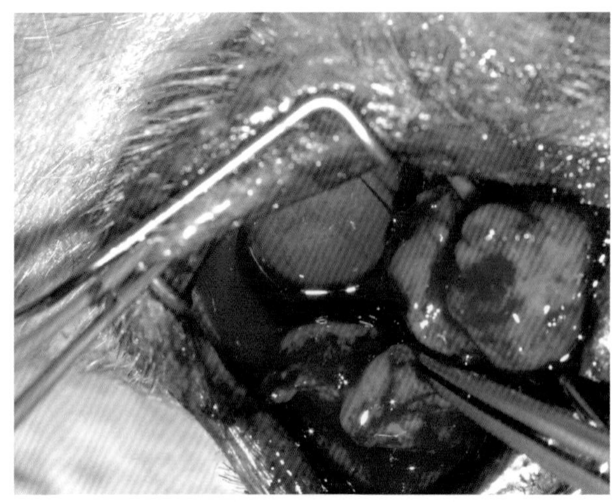

15岁约克夏梗的瞬膜腺腺癌

手术摘除患犬的腺癌

瞬膜腺腺癌是最常见的肿瘤（脑海中记住瞬膜腺肿瘤发病率低）。可能是原发的或转移的。

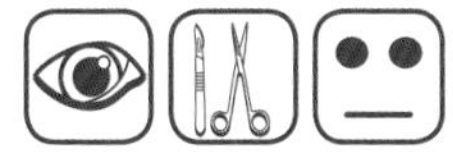

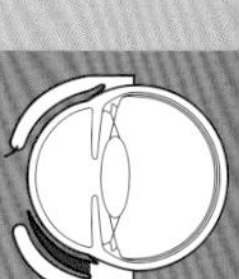

第九节　异物

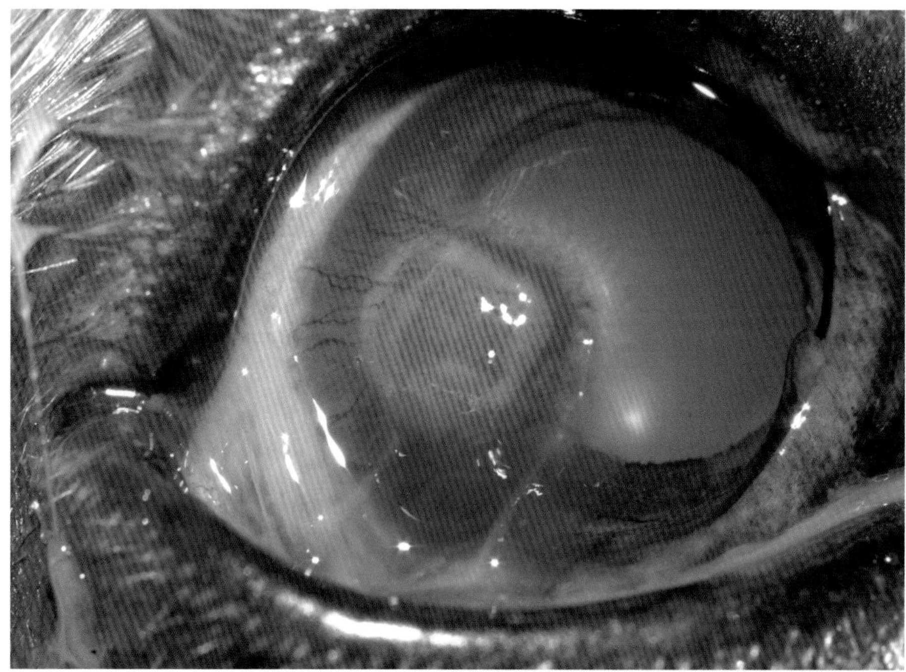

瞬膜下的草芒。草芒（颞侧）和它造成的角膜损伤的近观

趣味提示

- 脓性眼部分泌部可能预示着植物性异物的存在。
- 睑痉挛的程度非常多样。

6天后的患犬

   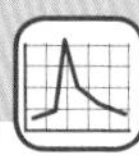 

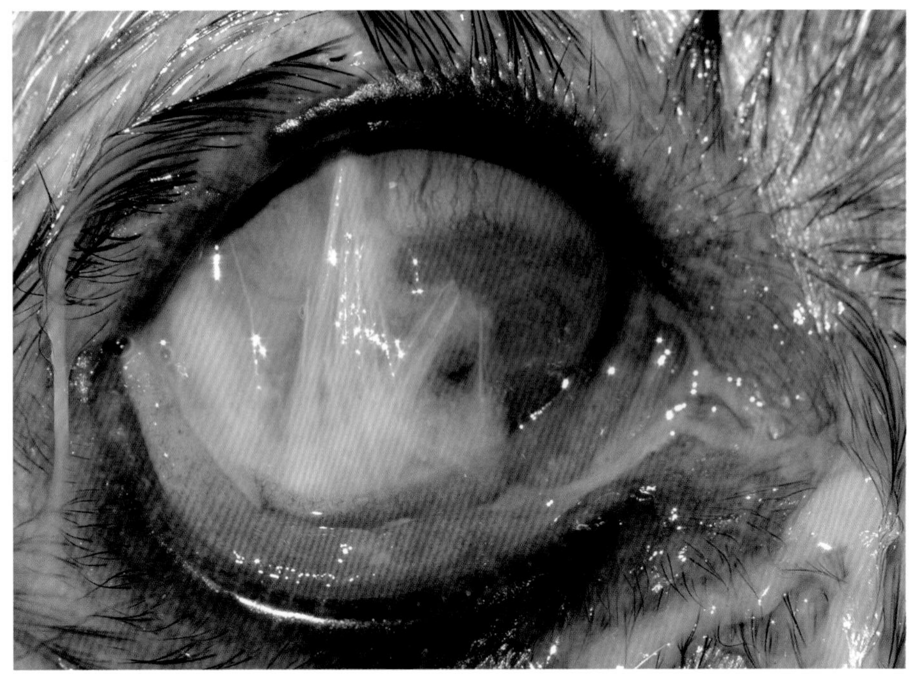

瞬膜下的草芒。
损伤病程：15天。
严重角膜损伤

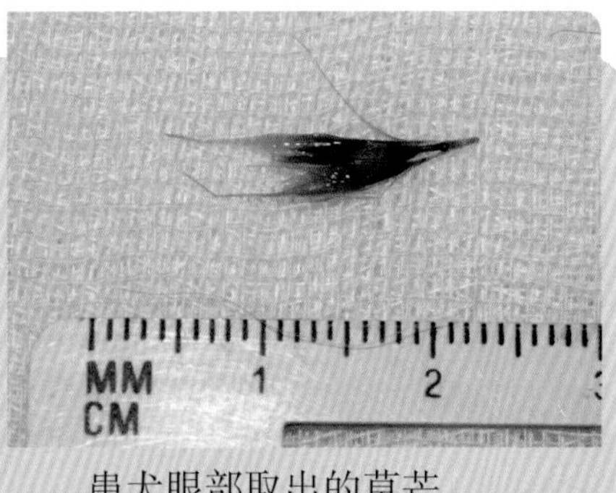

患犬眼部取出的草芒

重要提示

- 移除嵌入深部结膜的草芒的操作应该在镇静下进行。

禁忌

- 不要从一侧牵扯草芒，有角膜透创的风险。

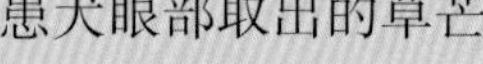

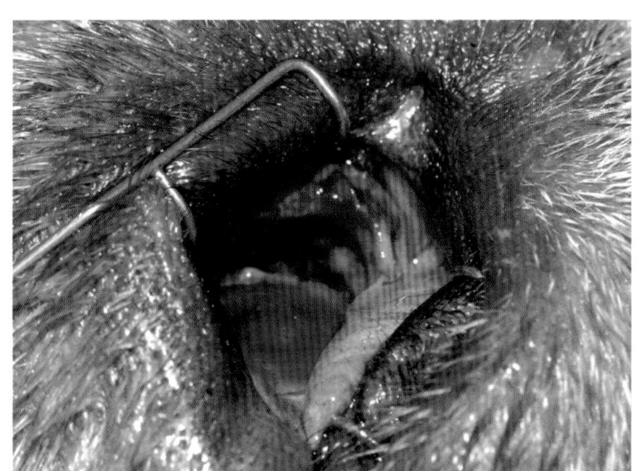

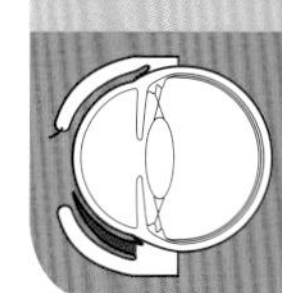

使用夹钳外翻瞬膜可能显露出异物

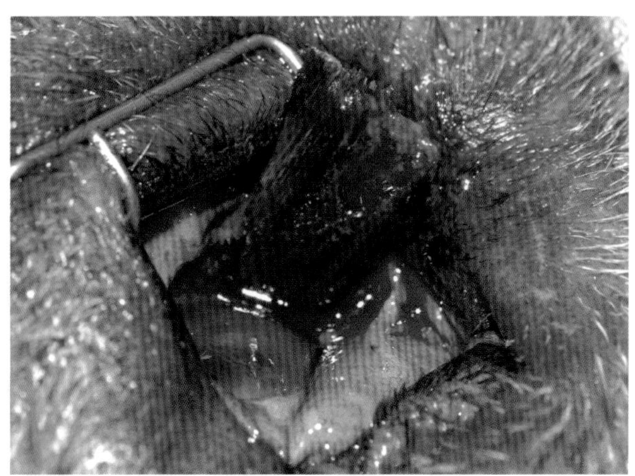

从瞬膜下移除异物（岩蔷薇枝条）。患犬处于全麻状态下

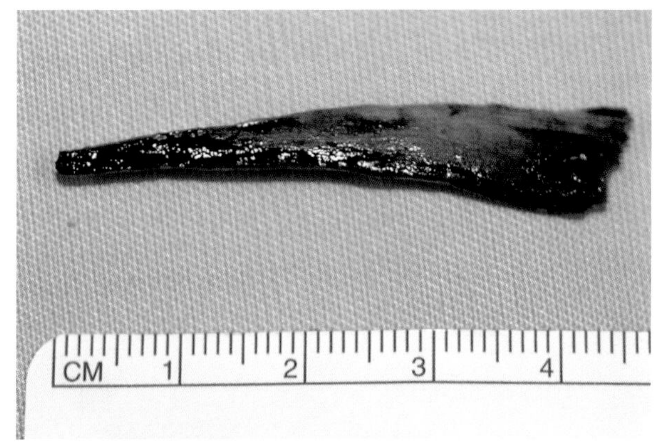

异物

第十节 瞬膜游离缘褪色

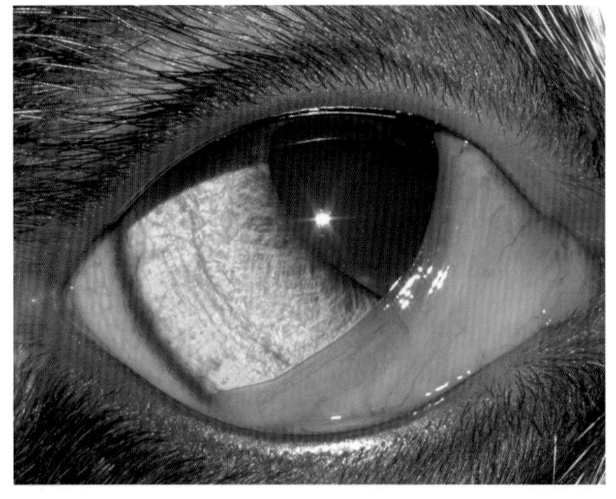

一只猫瞬膜游离缘褪色

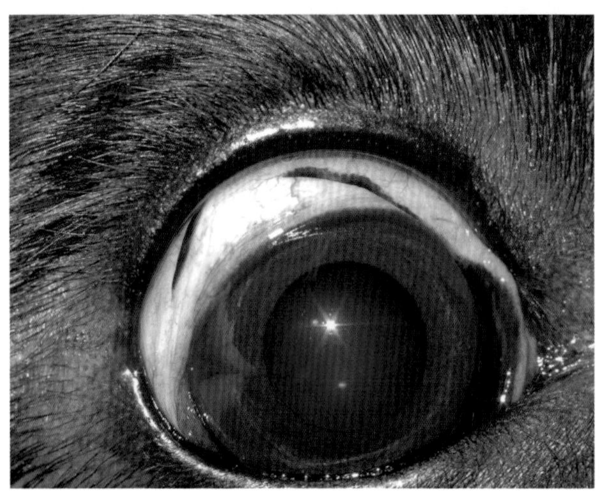

一只可卡犬的瞬膜。瞬膜游离缘褪色和瞬膜背侧延伸（该品种特点）

趣味提示

- 瞬膜游离缘褪色不认为是病变。
- 可能是单侧或双侧的。
- 影响犬和猫，与被毛颜色和年龄相关。

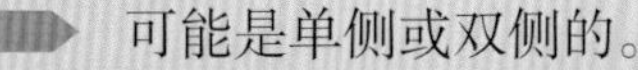

第四章
结 膜

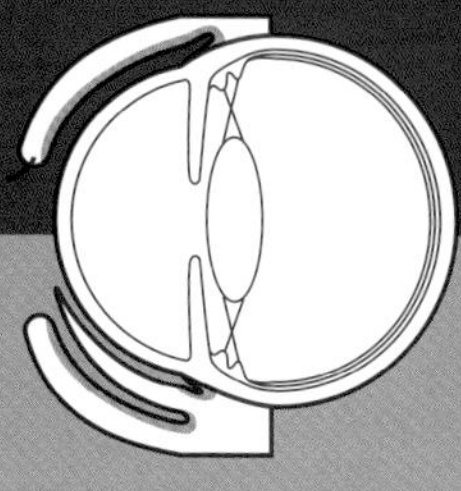

第一节　结膜皮样囊肿

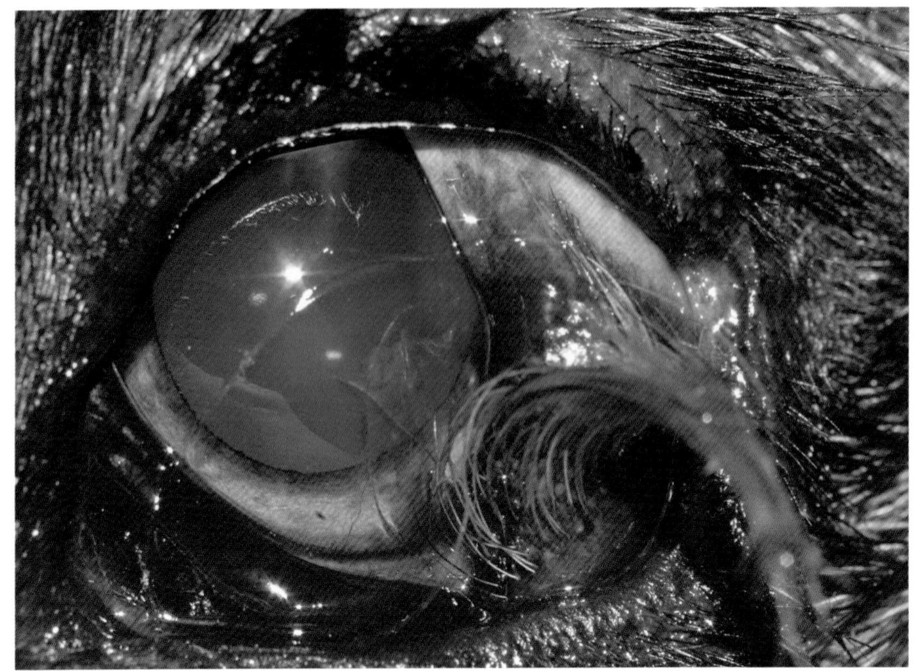

下眼睑睑结膜皮样囊肿的13月龄德国牧羊犬。注意角膜损伤

结膜和角膜皮样囊肿最常见。

趣味提示

- 需要移除大面积结膜以避免复发。

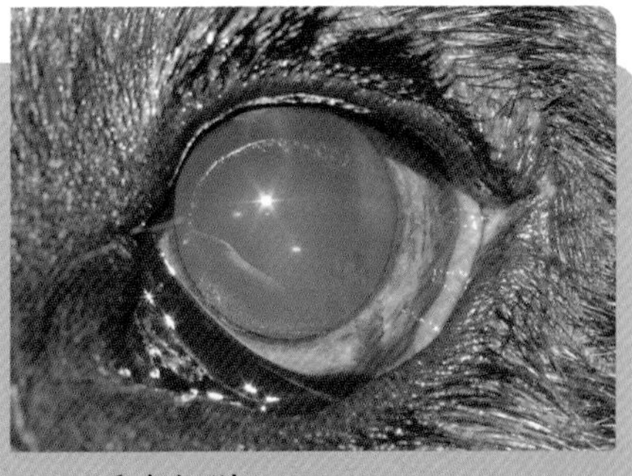

手术切除。
2个月后的患犬

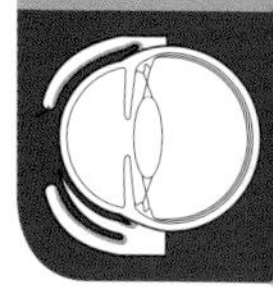

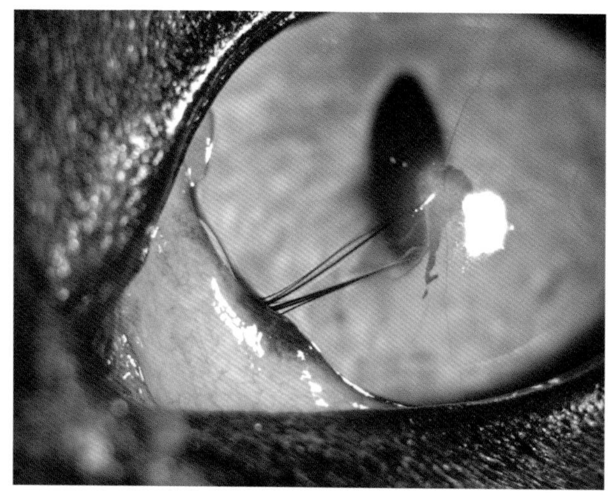

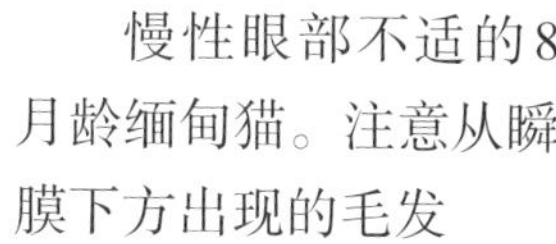

慢性眼部不适的8月龄缅甸猫。注意从瞬膜下方出现的毛发

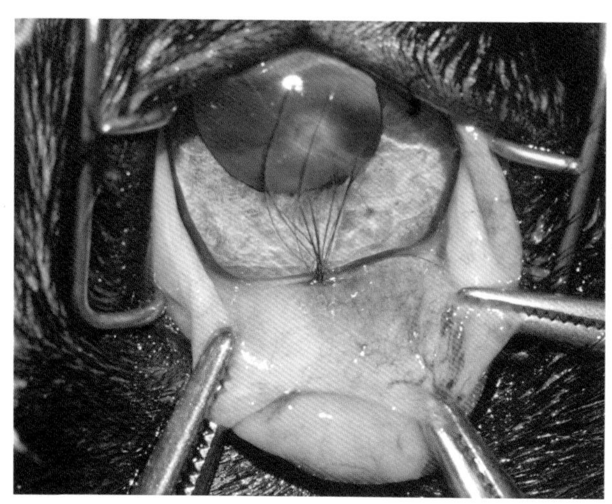

全麻状态下外翻瞬膜显露一处皮样囊肿，它位于球结膜，毗邻角巩膜缘

i

猫的皮样囊肿不太常见，但已在缅甸猫、伯曼猫和短毛品种中有过报道。

治疗方式一致：切除。

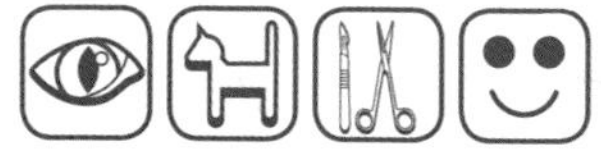

第二节 结膜囊肿

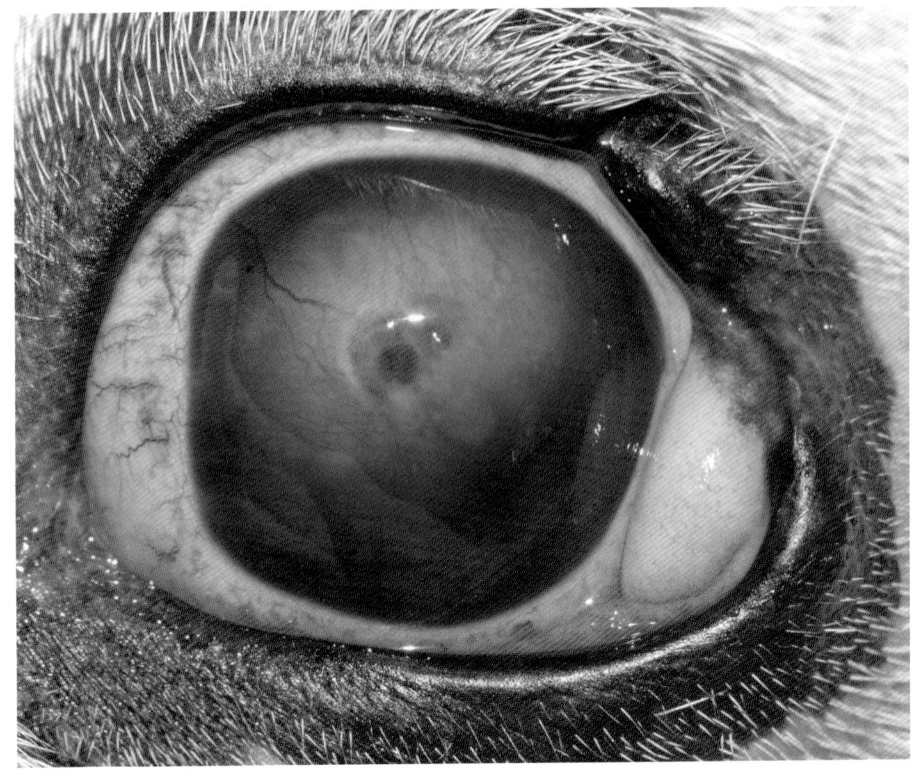

结膜囊肿的7月龄法国斗牛犬。
球结膜和睑结膜病变。
角膜损伤继发于一处异位睫

i 结膜囊肿是充满液体的上皮包囊。

- 可能影响睑结膜或球结膜，以及瞬膜的结膜。
- 治疗方式是手术切除。

第三节　结膜炎

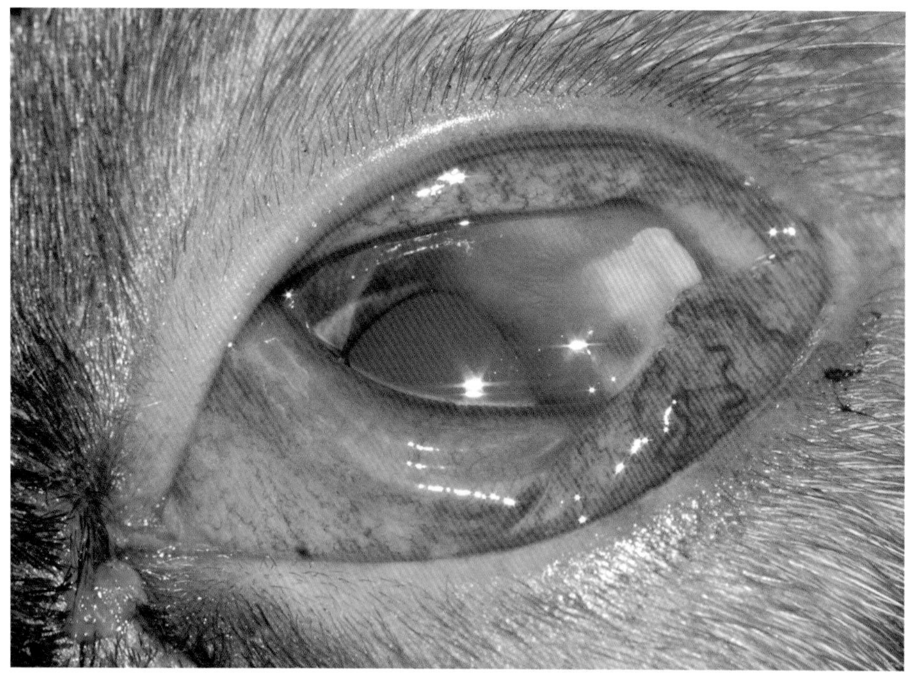

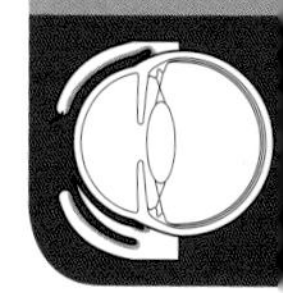

猫嗜酸性结膜炎。
病程：45天。
严重的结膜充血和过度生长

趣味提示

- 这一角膜结膜疾病的病因不明，可能与免疫相关。猫疱疹病毒I型已经从患猫中分离出来。

治疗

- 局部激素和/或环孢素。

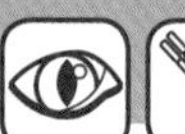 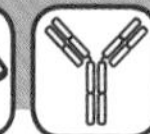  

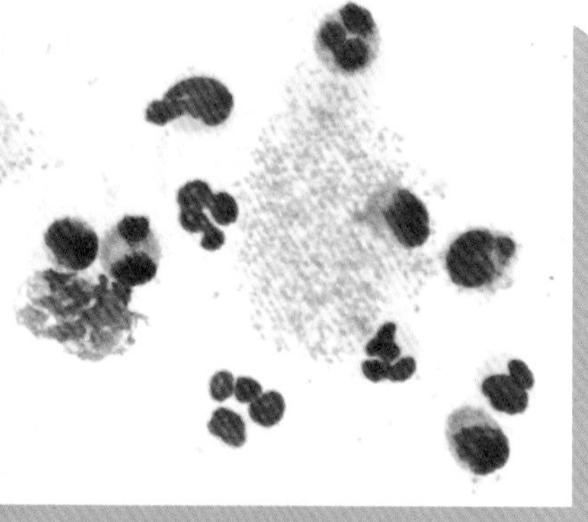

猫嗜酸性结膜炎中的嗜酸细胞（100×，油镜）。图像由Cristina Fernández Algarra提供

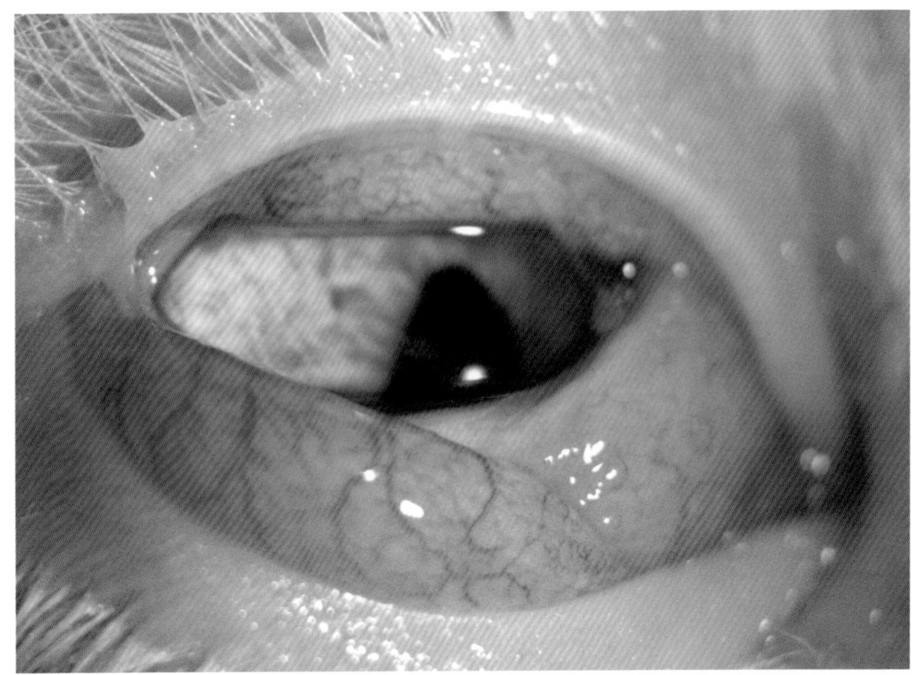

1岁猫衣原体导致的急性结膜炎。
病程：2天。
水肿和结膜充血近观

重要提示

- 急性期可能表现为单侧眼部不适、泪溢。
- 水肿是示病性症状。

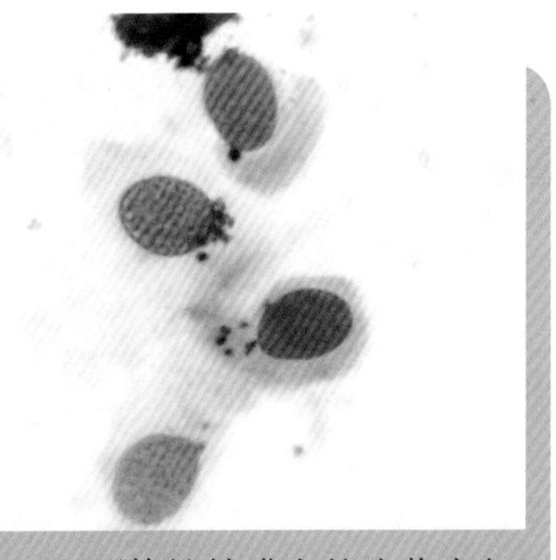

衣原体性结膜炎的胞浆内包涵体（100×，油镜）。图像由Cristina Fernández Algarra提供

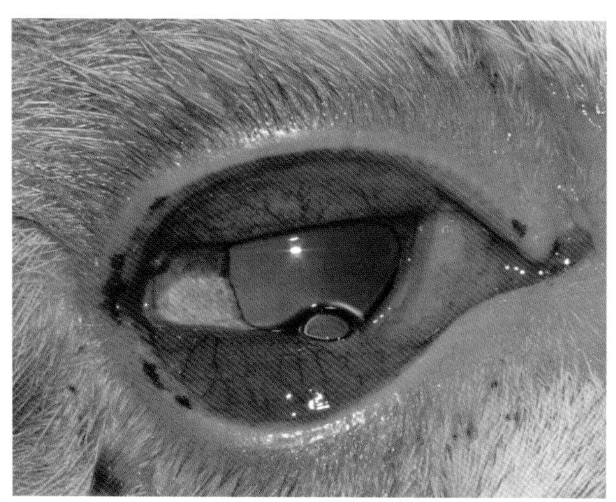

患有猫属衣原体性结膜炎的一只猫的右眼。注意结膜充血、水肿和瞬膜突出

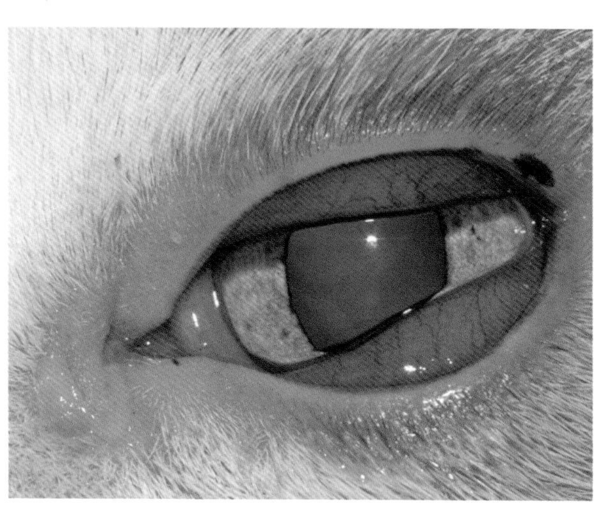

右眼发病6天后的左眼表现

- 疾病晚期会表现为双侧发病，通常在单侧病变发生后的5～8天。
- 可能伴有轻度呼吸道疾病。
- 治疗选择是局部四环素。

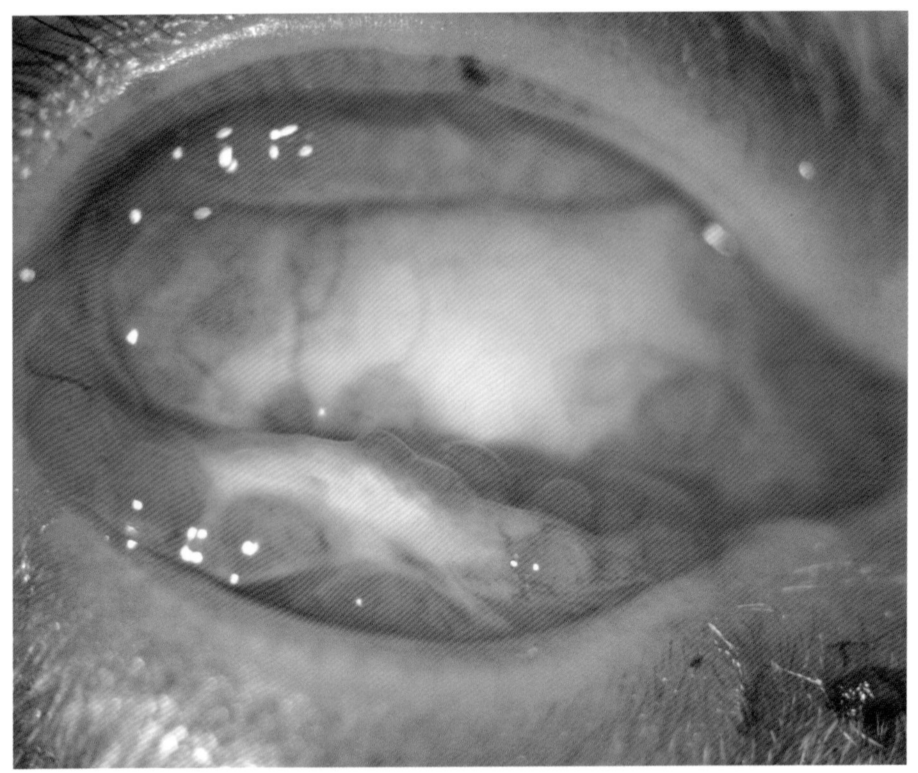

衣原体结膜炎的14月龄家养短毛猫。
病程：18天

滤泡的出现和结膜增生表明疾病进入慢性期。

治疗

- 每天局部使用4～6次四环素类药物将改善临床症状。
- 对药物治疗无效的病例施行淋巴滤泡刮除术。

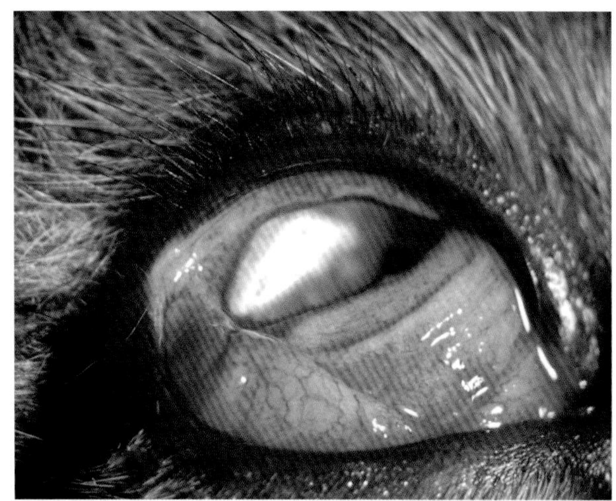

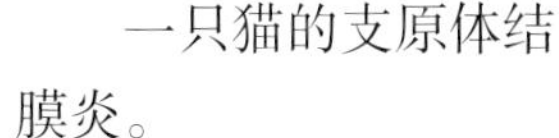

一只猫的支原体结膜炎。

病程：8天。

单侧发病

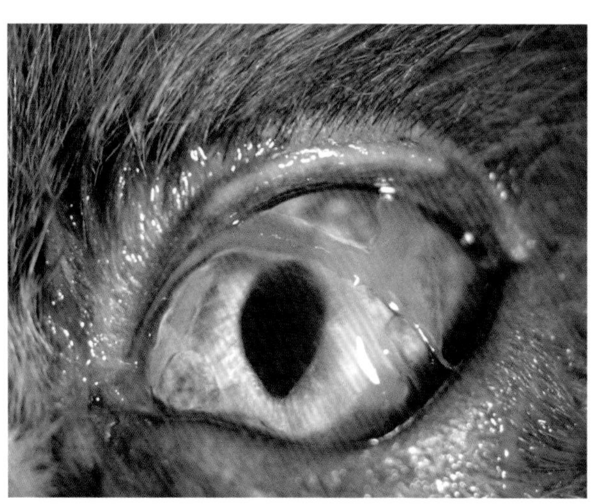

一只猫由于猫支原体导致的慢性结膜炎

趣味提示

- 急性期表现为结膜增厚和充血。
- 慢性期表现包括黏脓性分泌物和假膜性分泌物。

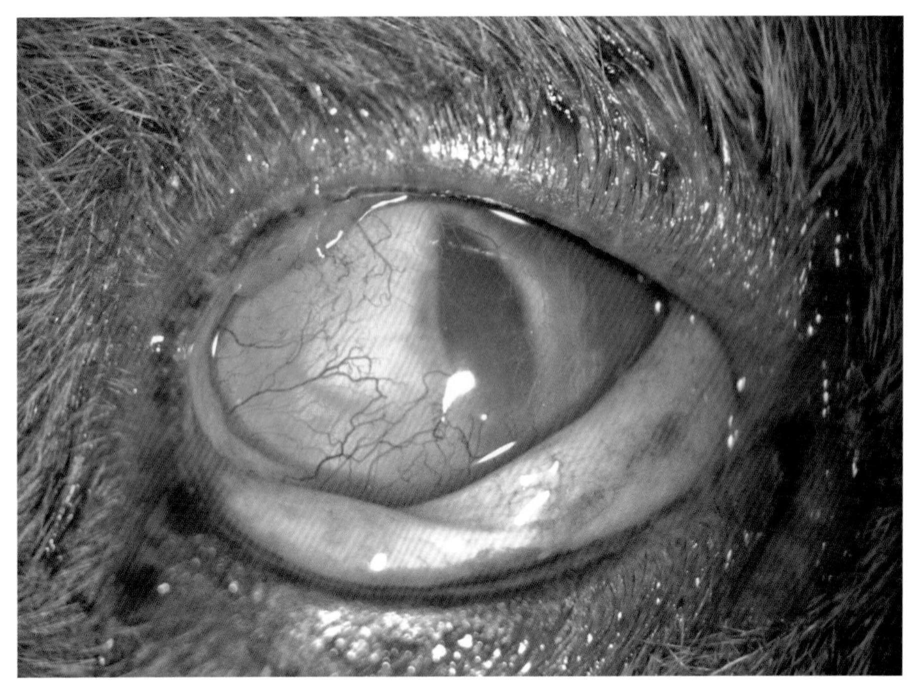

猫疱疹性结膜炎。
病程：2个月。
结膜充血、瞬膜突出和眼部分泌物

重要提示

- 猫疱疹病毒I型是绝大多数猫结膜炎的发病病因。
- 在幼年动物可能和严重的呼吸道疾病一起出现。

   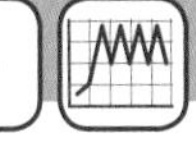 

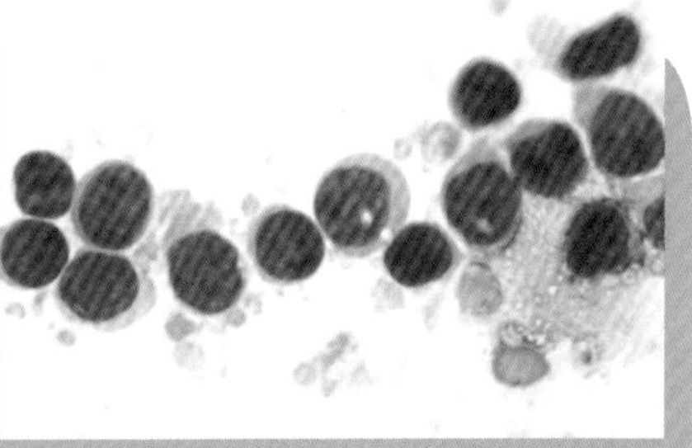

病毒性结膜炎时淋巴细胞反应性增加。患疱疹病毒病时很常见（100×，油镜）。图像由Cristina Fernández Algarra提供

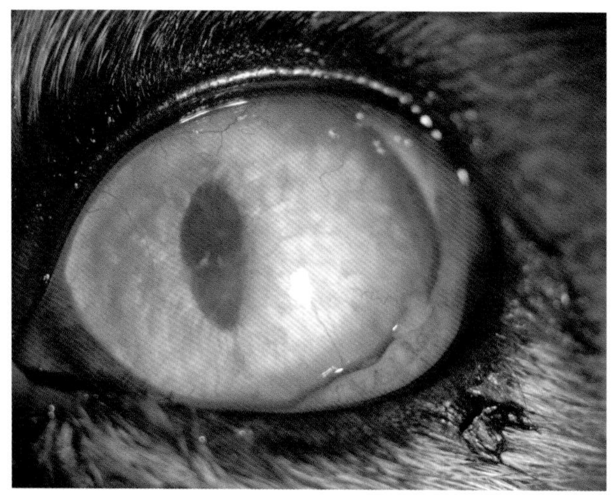

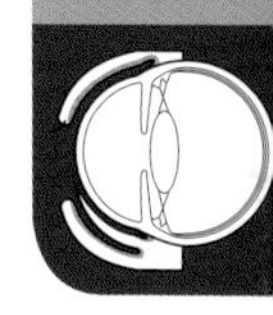

疱疹病毒性结膜炎的家养短毛猫。眼部分泌物和结膜过度生长近观。角膜新生血管表示存在角膜炎

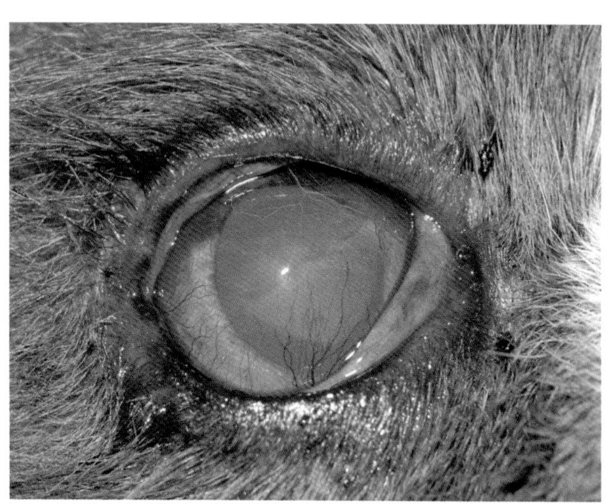

慢性疱疹性结膜炎。病程：7个月

趣味提示

任何一只猫如果同时有结膜炎和角膜炎，并且对治疗反应很差，都需要考虑猫疱疹病毒I型。

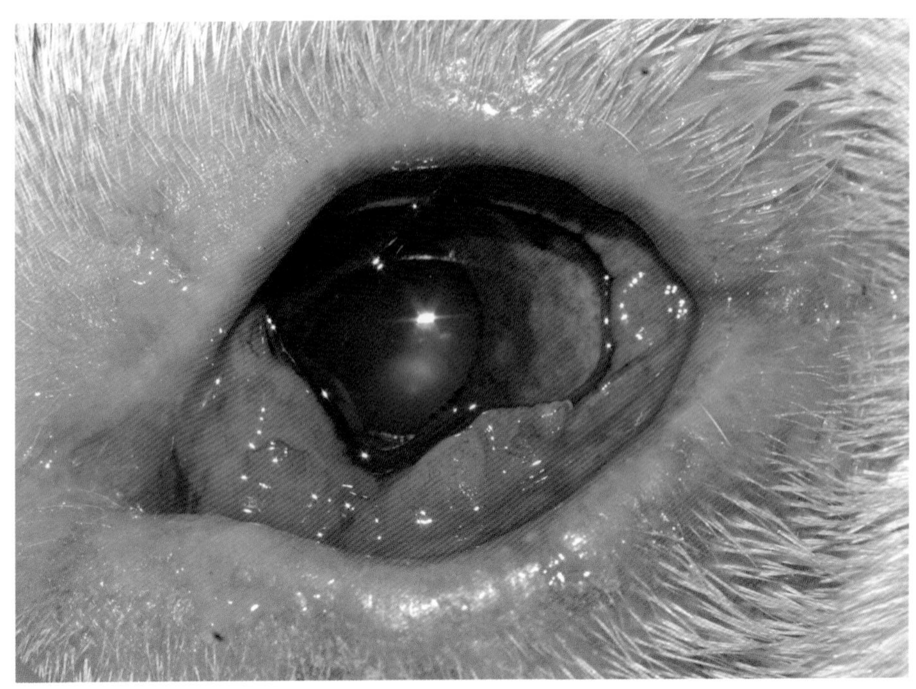

一只犬由于利氏曼原虫导致的结膜炎。
充血和结膜过度生长，以及肉芽肿提示这一寄生虫疾病

该病例中，需要进行细针抽吸和/或活检来诊断。很容易和鳞状上皮癌混淆

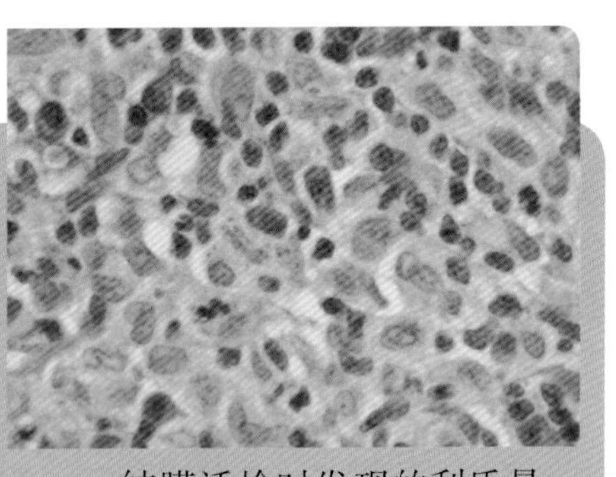

结膜活检时发现的利氏曼原虫。图像由Dr Elena Alonso Fernández-Aceytuno提供

第四节　干燥性角膜结膜炎

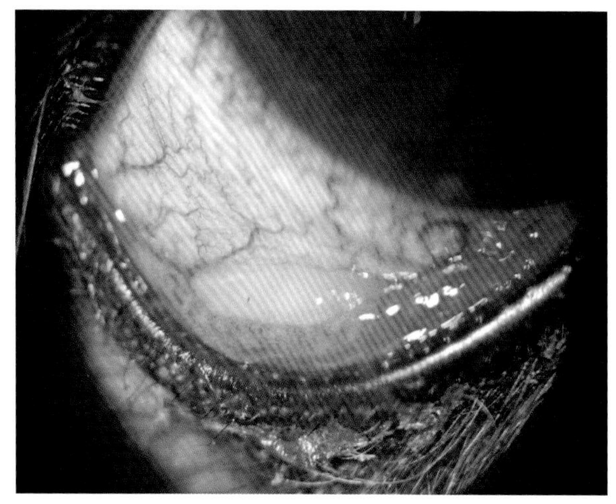

患干燥性角膜结膜炎（KCS）的犬。

结膜充血和黏液是这一疾病最常见的临床表现

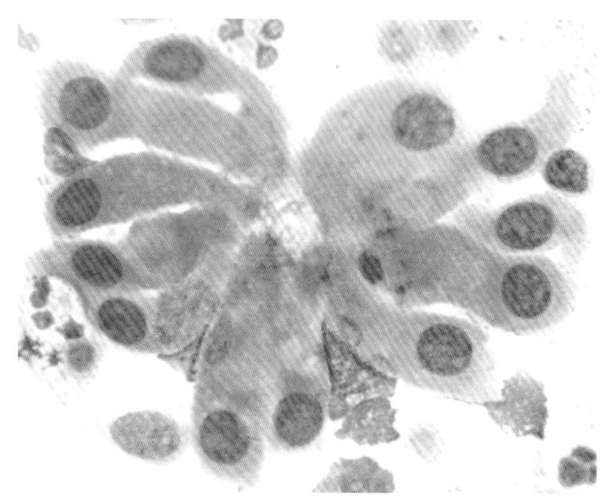

干燥性角膜结膜炎，产黏液细胞（100×，油镜）。图像由Cristina Fernández Algarra提供

趣味提示

- 泪液产生缺乏相关的结膜炎通常伴有黏液产生。
- 不要和脓性分泌物混淆。

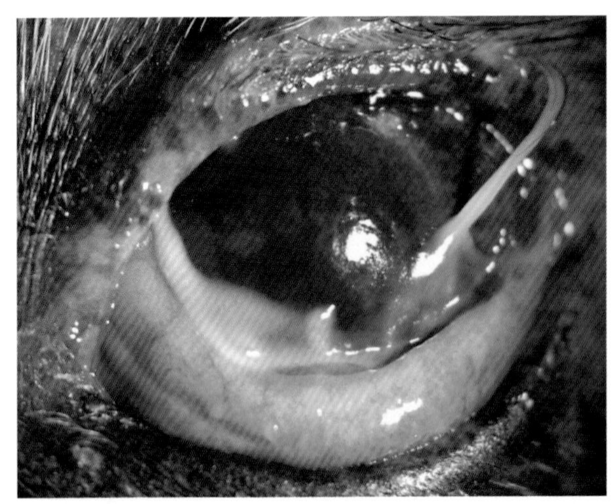

一只犬的慢性干燥性角膜结膜炎（KCS）。

黏液和结膜过度生长的近观

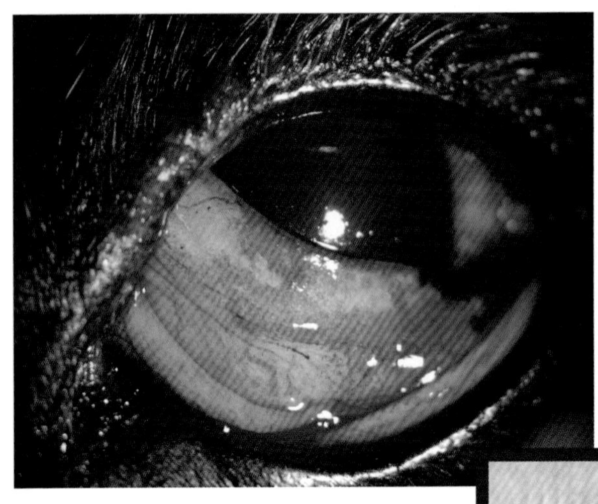

玫瑰红染色能区分结膜的变性细胞，是一种重要的染色方法。

这是慢性干燥性角膜结膜炎的患犬

一次性玫瑰红染色试纸，用于慢性干燥性角膜结膜炎的早期诊断

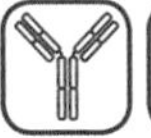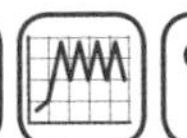

第五节　睑球粘连

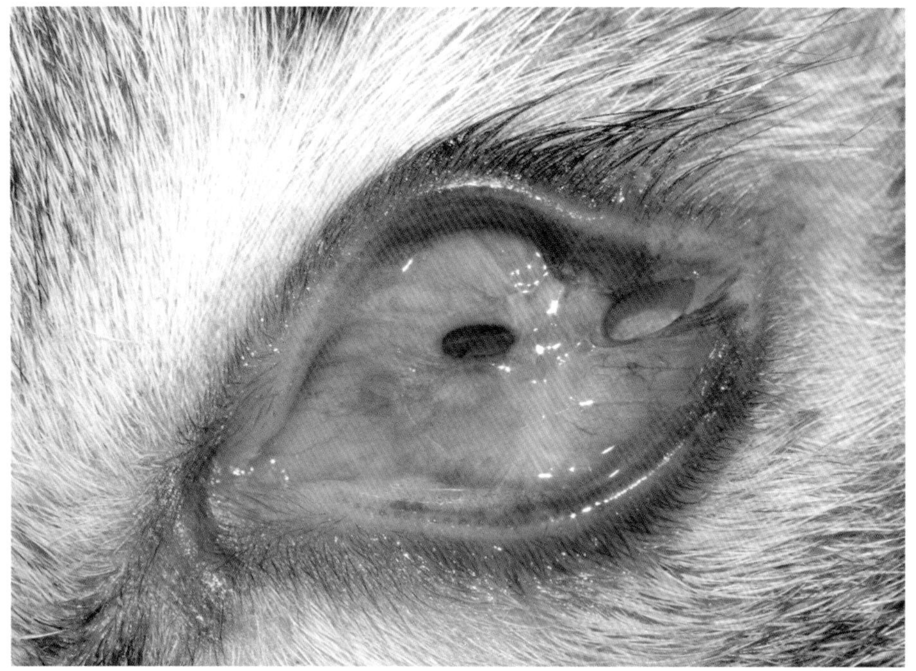

睑球粘连的5月龄家养短毛猫。在结膜的缺口下可以看到角膜

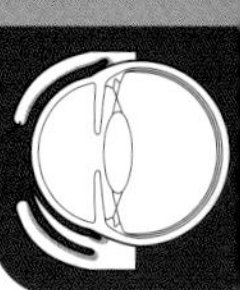

这是一种结膜和角膜或不同区域结膜粘连的疾病。

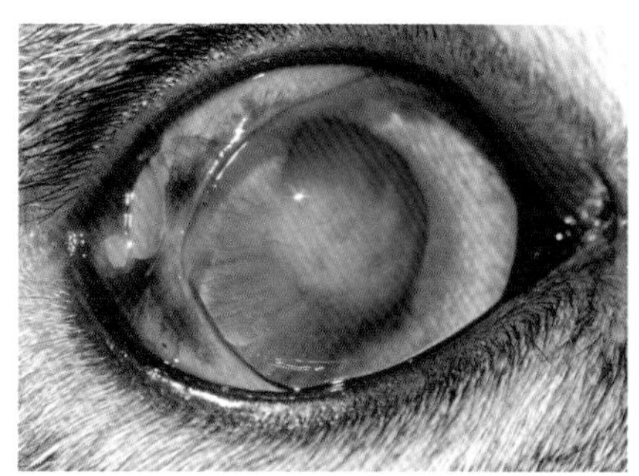

颞侧区域睑球粘连

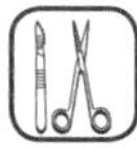

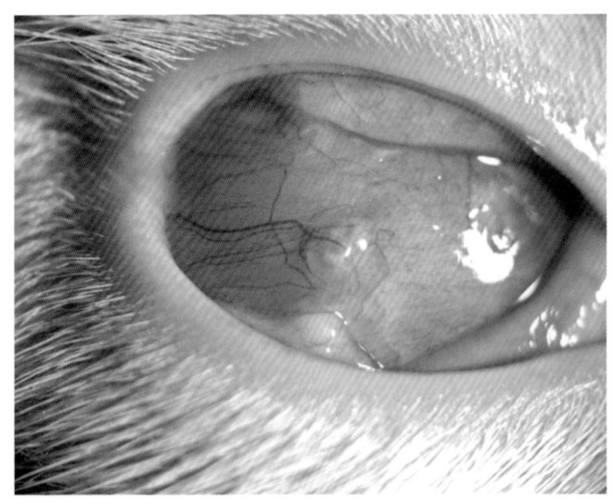

睑球粘连的6月龄的猫。结膜和角膜互相紧密粘连

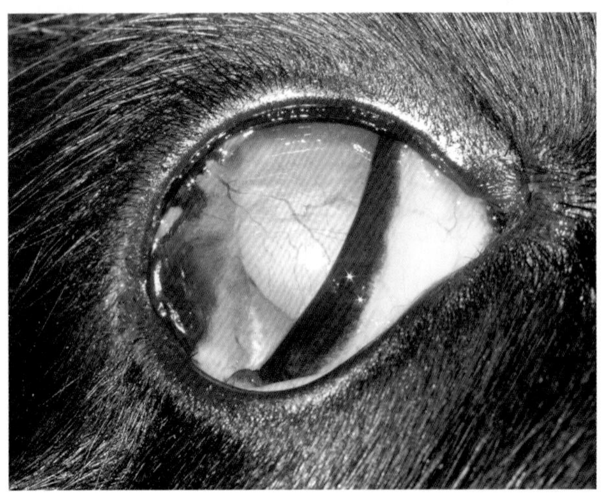

睑球粘连色素化表明慢性病程

重要提示

- 绝大多数有睑球粘连的猫有疱疹病毒Ⅰ型感染。
- 很难治疗，术后复发很常见。

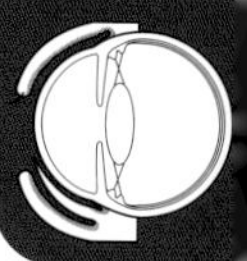

第六节　药物斑块

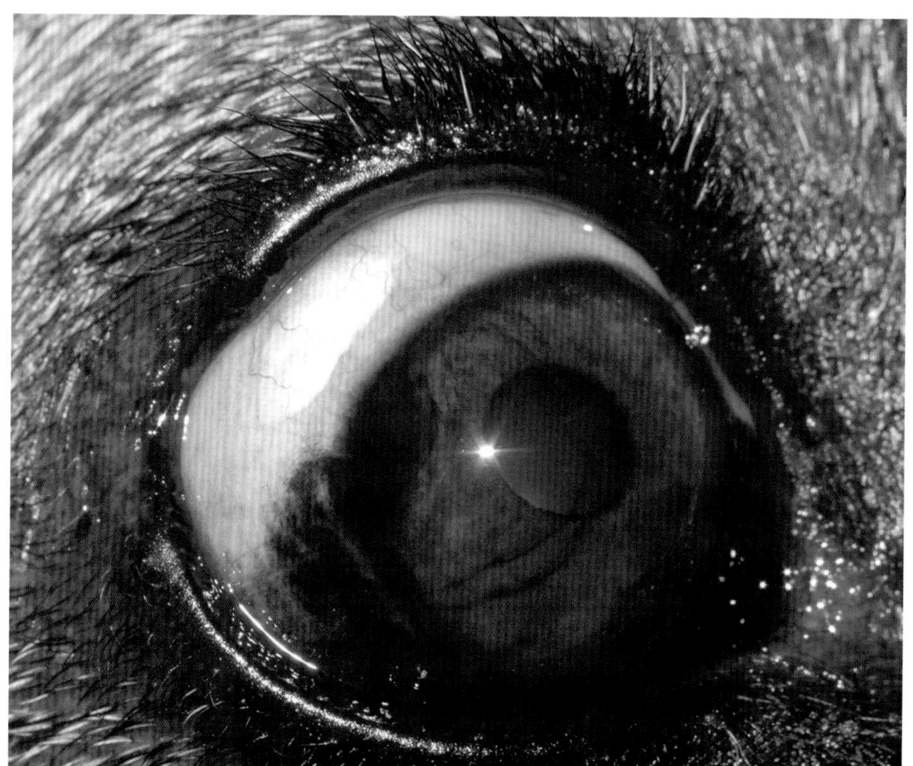

结膜下注射醋酸甲强龙6个月后，一只犬的药物斑块

i 某些病例中，结膜下药物沉积物可能残留于球结膜下。

第七节　黏蛋白增多症

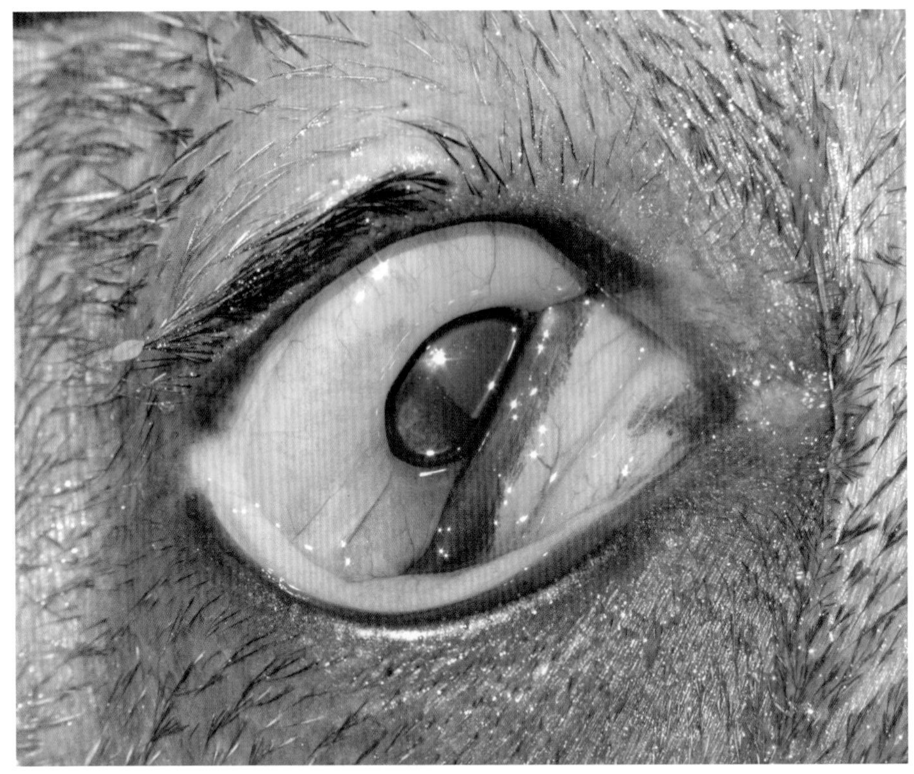

一只沙皮幼犬结膜黏蛋白增多症

重要提示

- 不要和结膜水肿相混淆。
- 可能由于该品种黏蛋白浓度高。
- 随着年龄增长而痊愈。

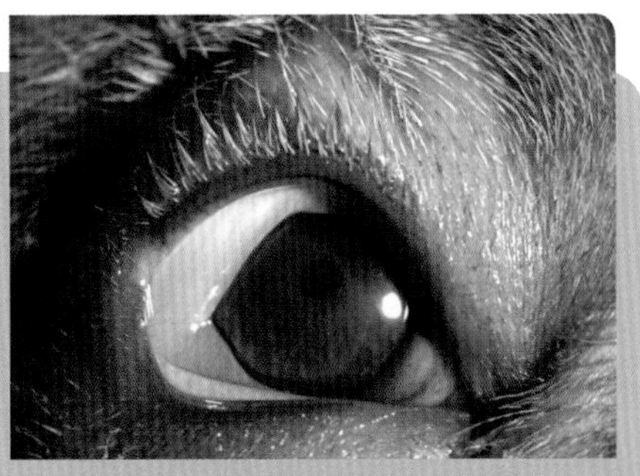

结膜黏蛋白增多症是沙皮犬特发疾病

第八节　出血

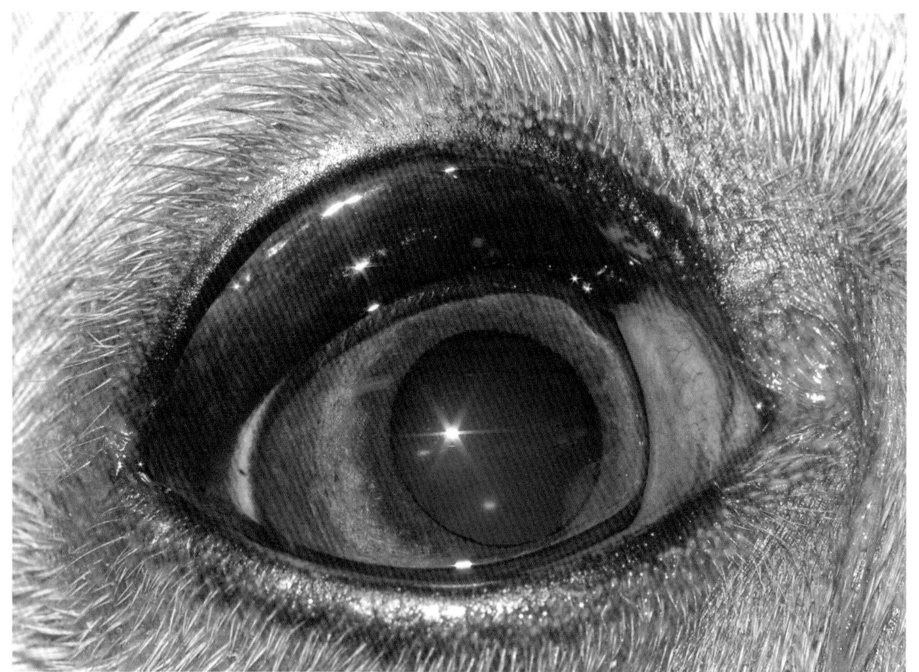

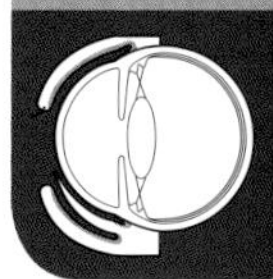

一只犬被球撞击脸部造成结膜下出血。
病程：30分钟

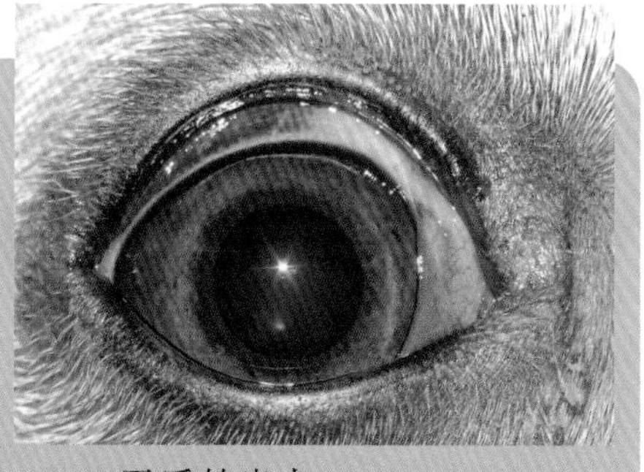

3天后的患犬

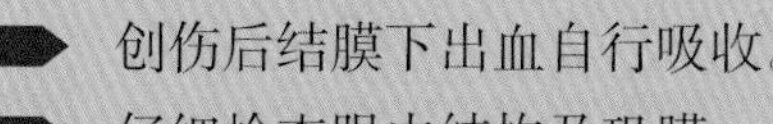

- 创伤后结膜下出血自行吸收。
- 仔细检查眼内结构及巩膜。

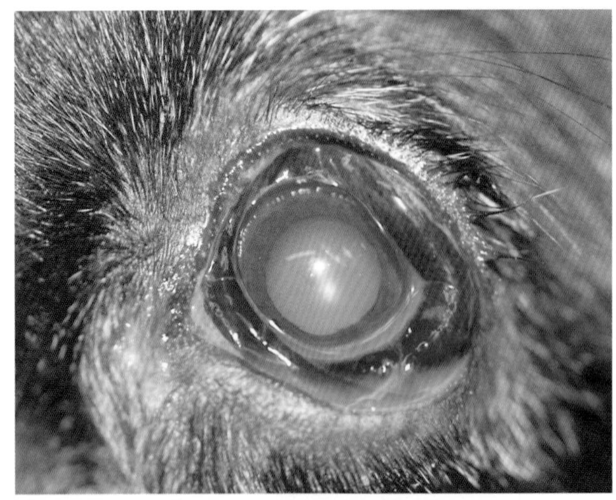

淋巴瘤患犬结膜下大量出血

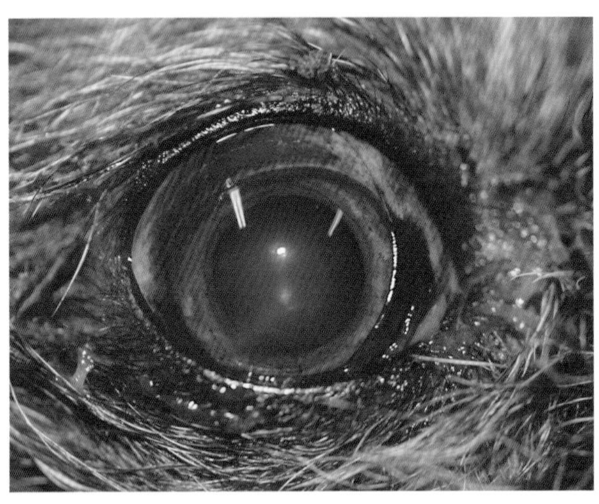

患有埃里希体的犬结膜下出血

结膜

重要提示

- 结膜出血通常和系统性疾病相关。
- 区分是由于寄生虫疾病、肝病、凝血状态改变还是肿瘤导致的至关重要。

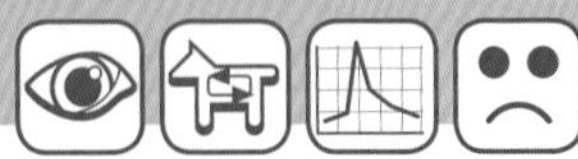

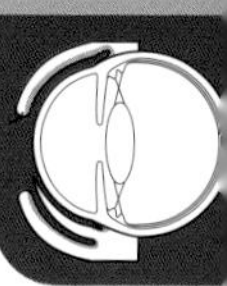

第九节　球结膜水肿

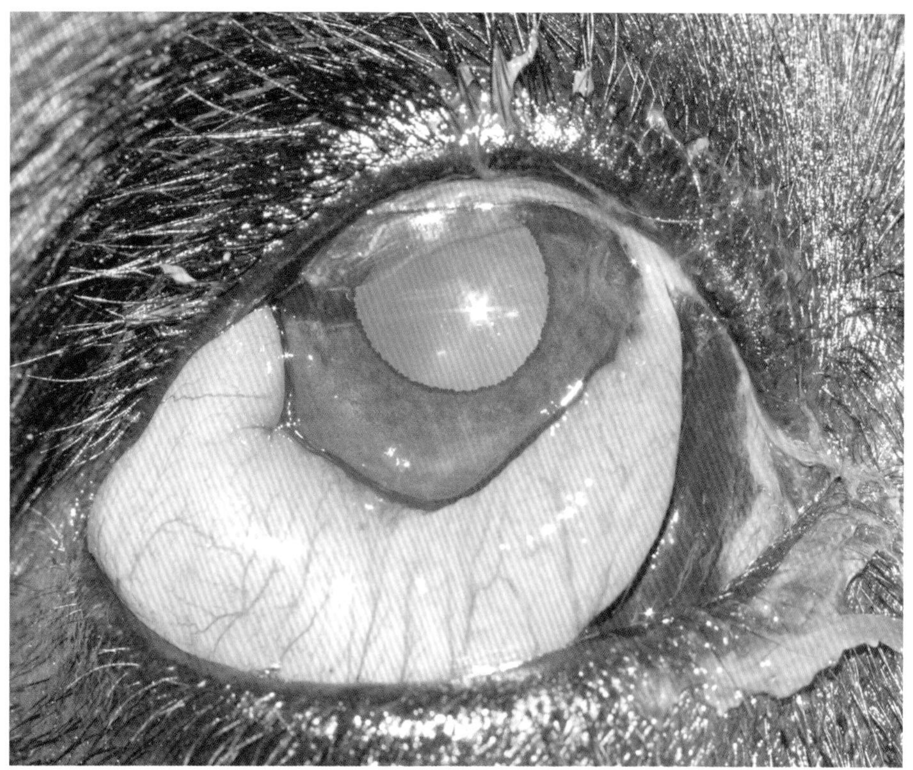

患有眼眶疾病（肿瘤）的拳狮犬急性结膜水肿。
病程：24小时

i　结膜水肿，主要与炎性疾病相关。

水肿的其他原因

- 过敏。
- 寄生虫疾病（弓形虫、利氏曼原虫）。
- 创伤。

- 感染（葡萄球菌、链球菌）。

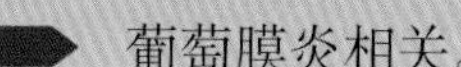

- 葡萄膜炎相关。

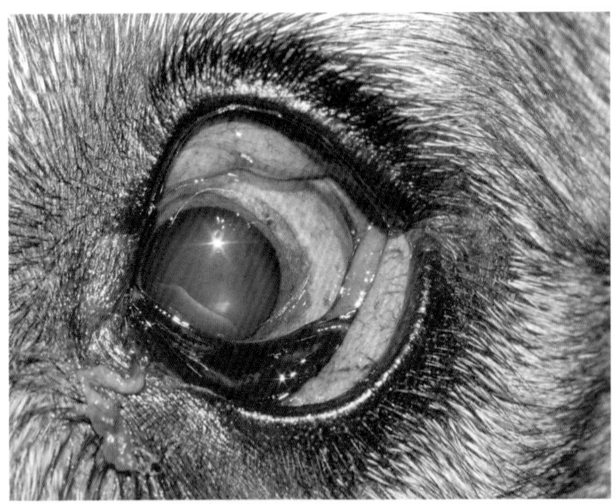

一只犬由于昆虫叮咬导致单侧结膜水肿

患犬照片

i 面部过敏反应可能包含结膜水肿（球结膜和/或睑结膜）。

治疗

- 开始使用全身性皮质类固醇。如果需要，可以加上局部皮质类固醇。

第十节　创伤

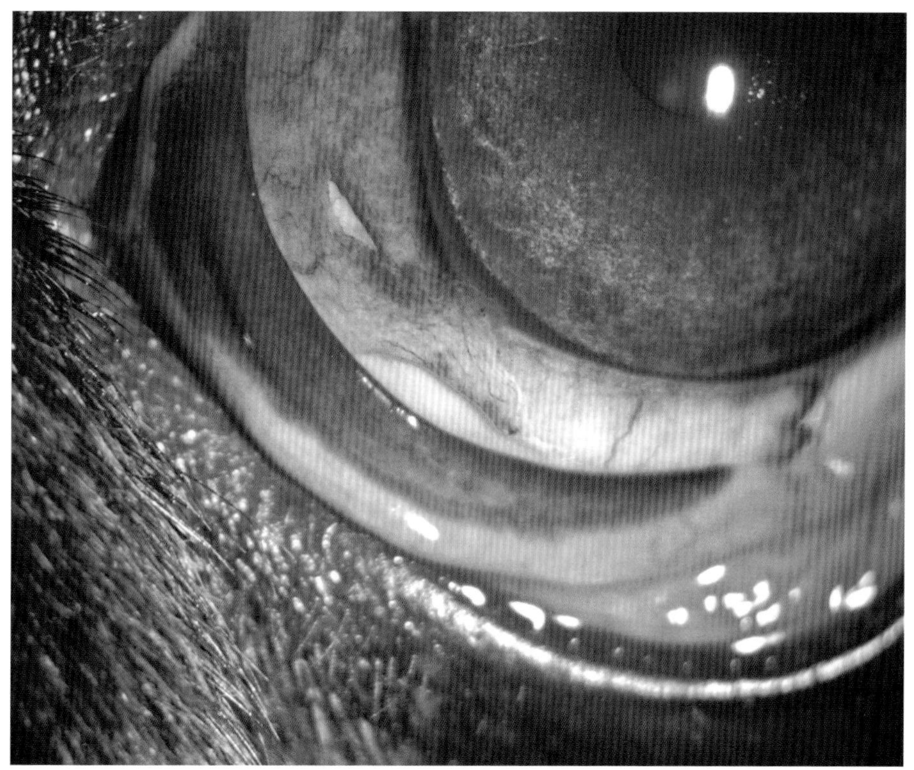

一只法国斗牛犬被猫抓伤造成球结膜撕裂。

病程：2小时

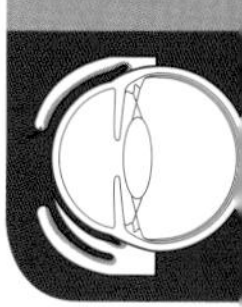

禁忌

- 小的结膜撕裂伤不需要手术重建，结膜会痊愈得很好。

重要提示

- 过度结膜撕裂时，坏死组织需要去除，使用可吸收材料进行结膜重建。注意缝合线不能摩擦角膜。

第十一节 肿瘤

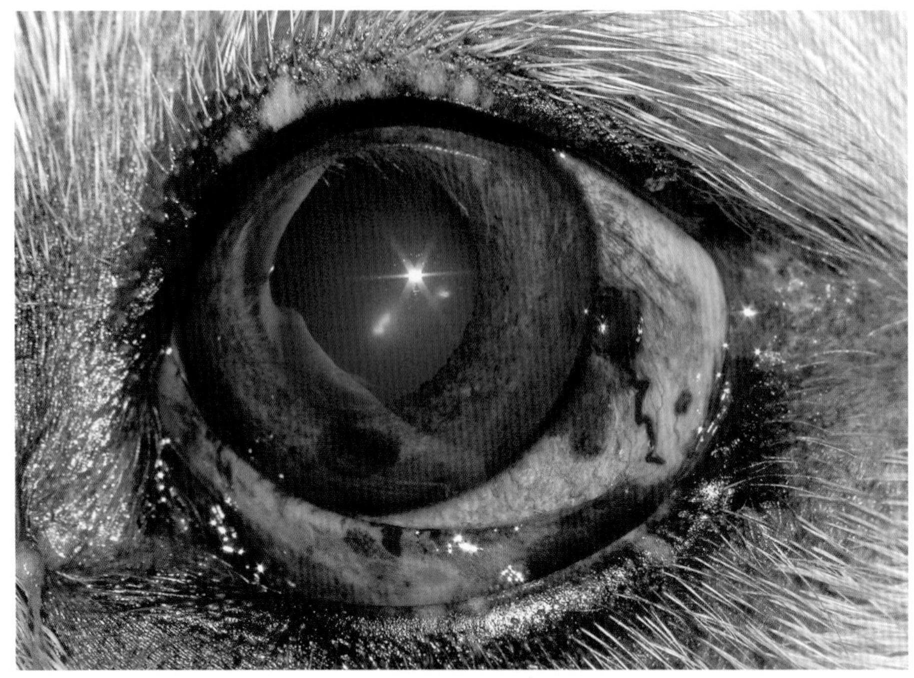

11岁犬的结膜血管瘤，它们看起来像增高的红色血管化团块

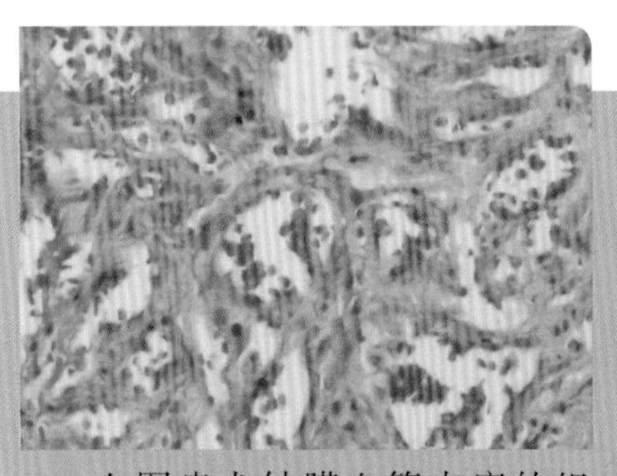

上图患犬结膜血管肉瘤的组织病理学图像。图像由Dr. Elena Aloso Fernández-Aceytuno提供

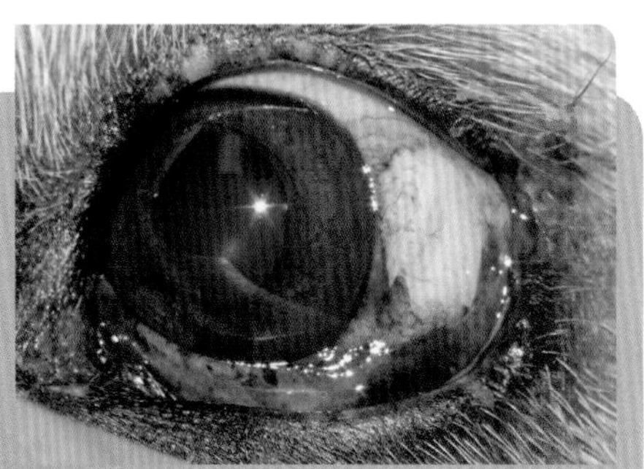

手术后当时的患犬

- 结膜肿瘤通常手术治疗。
- 某些病例也提示使用激光或冷冻方法。

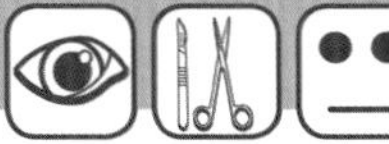

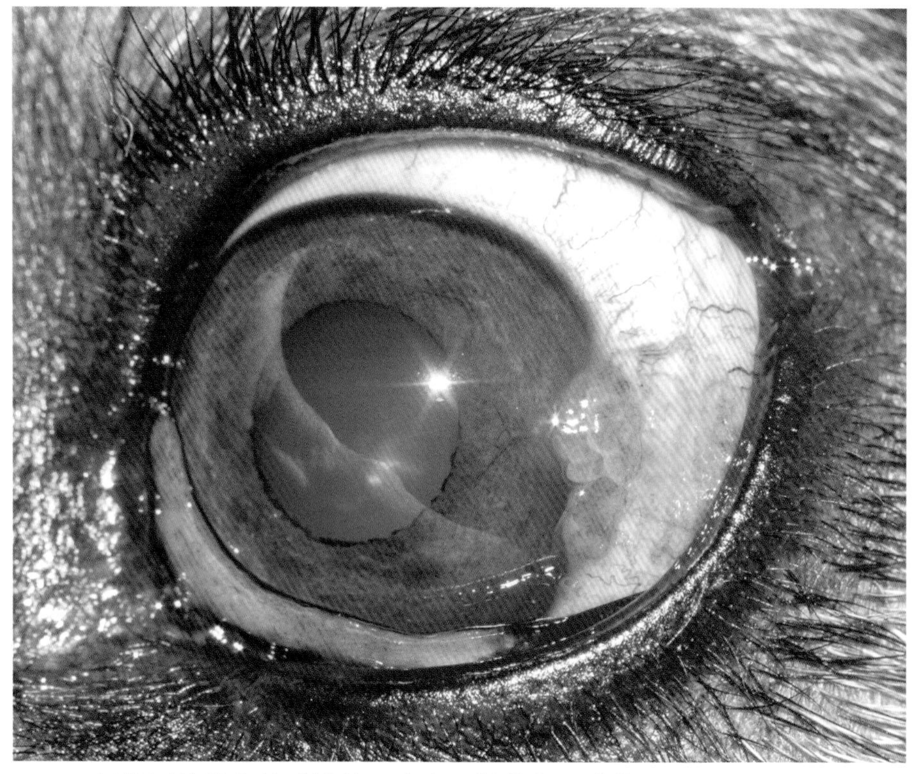

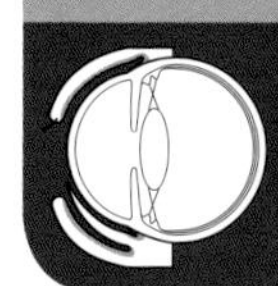

一只德国牧羊犬结膜鳞状上皮癌，侵袭角巩膜缘。
病程：4个月

趣味提示

- 最常见的结膜肿瘤是血管瘤、血管肉瘤、鳞状上皮癌和黑色素瘤。
- 肥大细胞瘤、乳头状瘤和纤维肉瘤（均包括在内）也有过报道。

  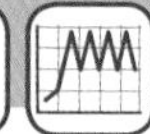 

第五章
角膜和巩膜

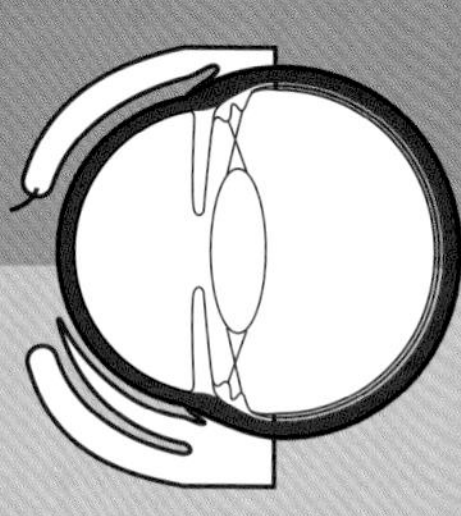

第一节 浅层角膜溃疡

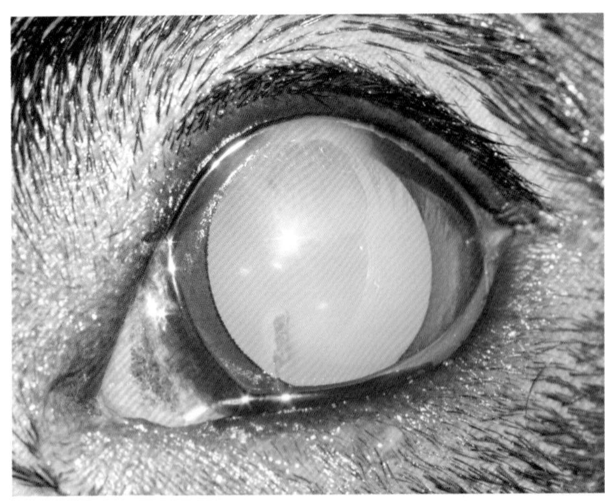

法国斗牛犬角膜背侧的浅表溃疡。

病程：4天。

病因：上眼睑异位睫

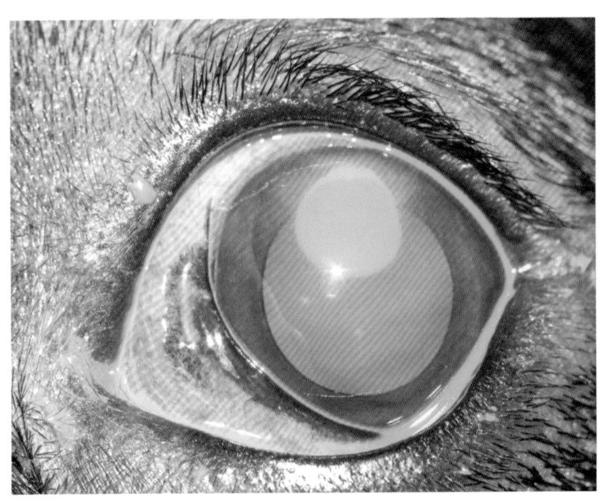

角膜基质荧光素吸收。与上图为同一只眼

浅表溃疡性角膜炎是一种与浅层上层组织缺失相关的角膜表面（上皮和浅层基质）炎症。

重要提示

- 荧光素诊断是重要的诊断方法。
- 荧光素（一种亲水染料）被角膜基质吸收表明角膜上皮缺失（角膜上皮是疏水的）。

   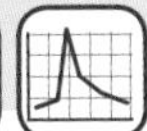 

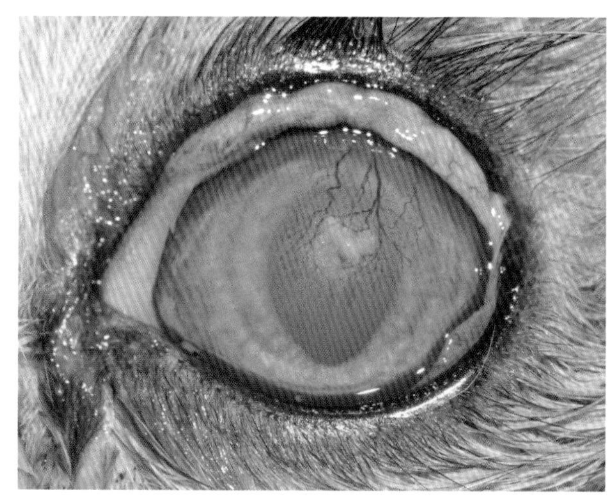

一只有疱疹性角膜炎的猫浅层角膜溃疡。新生血管近观。透明度不足提示角膜溃疡

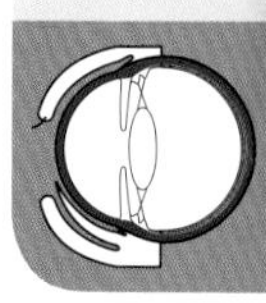

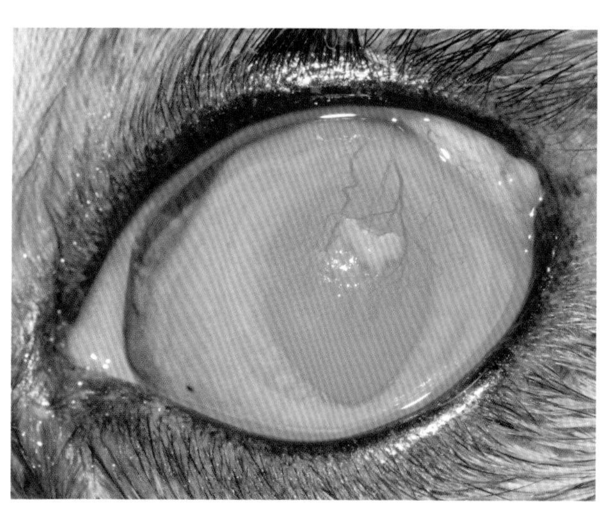

猫角膜溃疡时结膜水肿比犬溃疡时更明显。大范围荧光素着色

禁忌

作为基本原则，角膜溃疡时不要使用局部皮质类固醇。

   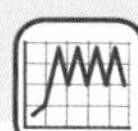 

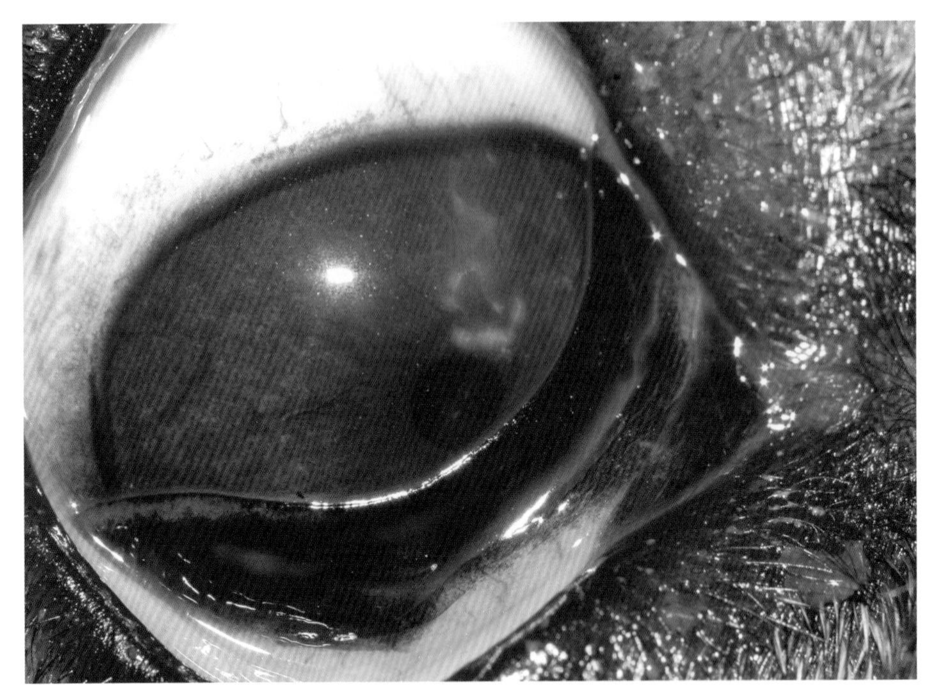

犬由于植物异物导致浅层角膜溃疡。
病程：3天

永远要选择最适合消除溃疡病因的方式。

治疗

治疗浅层溃疡性角膜炎最常用的局部抗生素有氯霉素和妥布霉素。

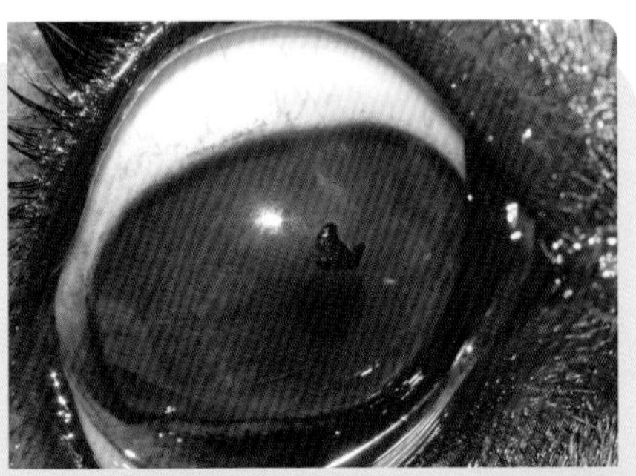

就在移除前，与角膜粘连的异物近观

     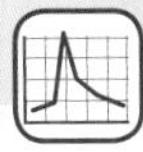 

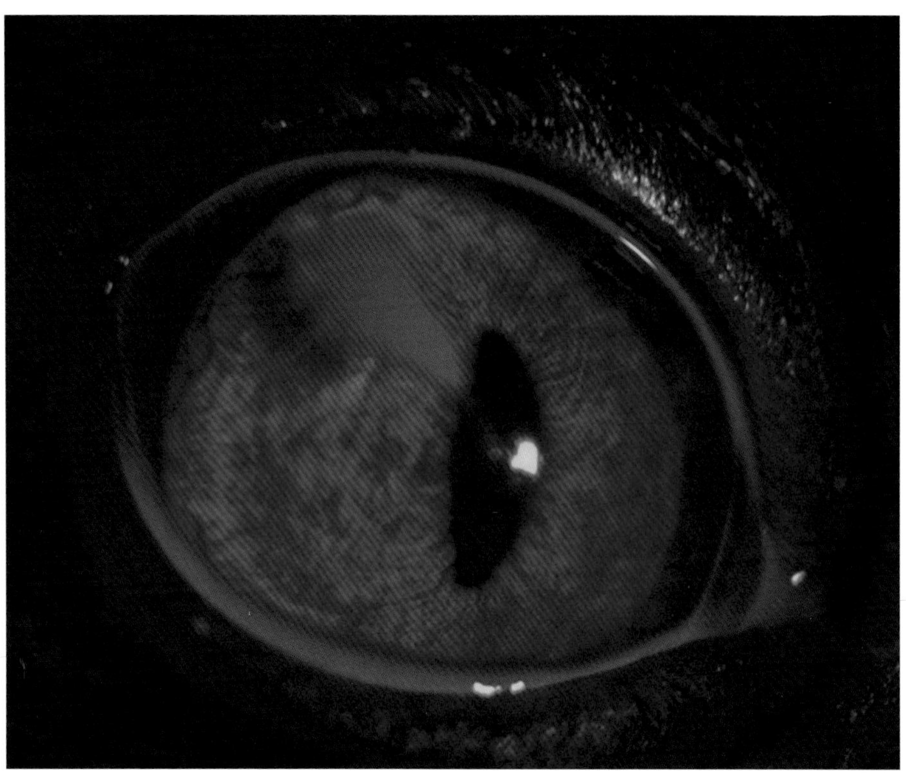

钴蓝滤光下看到的猫创伤性角膜溃疡

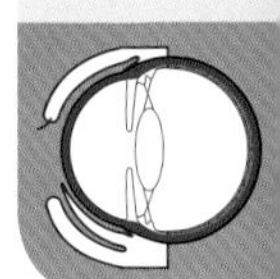

浅表角膜溃疡时钴蓝滤光非常有助于突出荧光素着色。

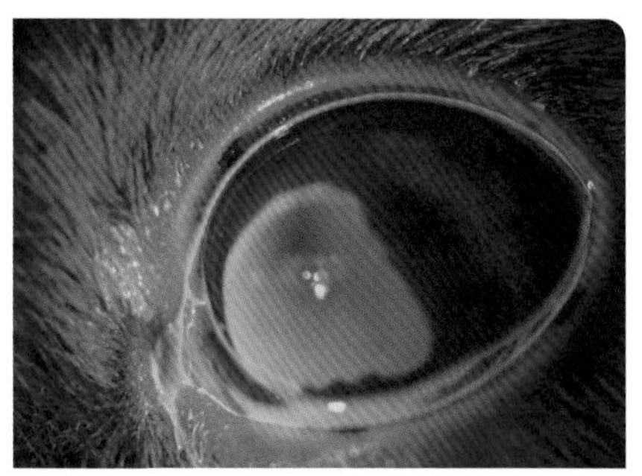

波斯猫浅层角膜溃疡的同时有猫角膜变性

第二节 惰性角膜溃疡

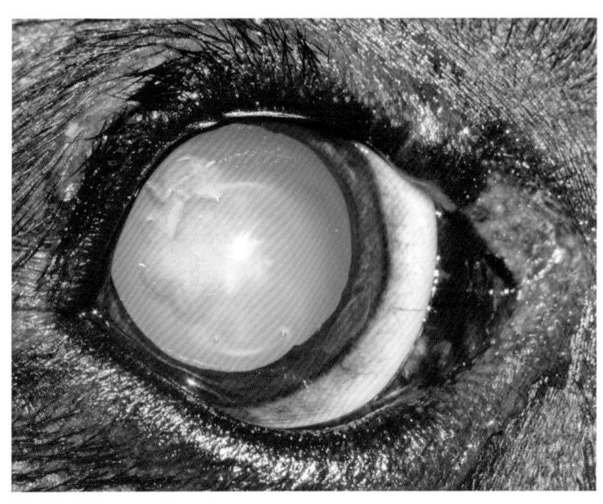

9岁拳狮犬角膜溃疡伴游离唇。注意非粘连上皮组织的“疏松唇”

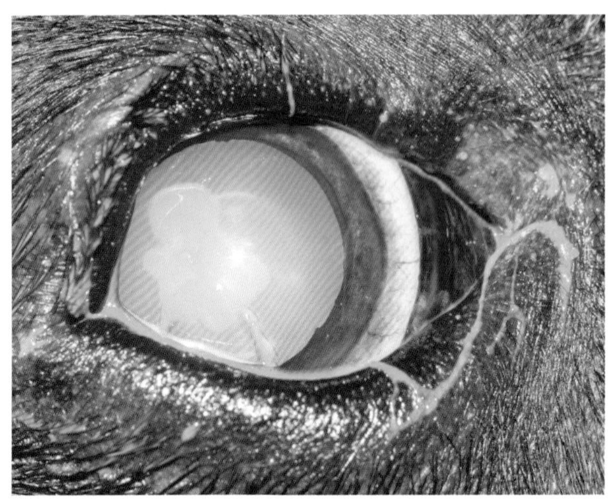

荧光素浸润到溃疡边缘下方，超出病变范围

i 取名为难治的或惰性的浅层溃疡是因为它们对药物治疗的抗性。

重要提示

主要是因为基底上皮细胞和下方的基质黏附较差。

   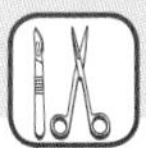 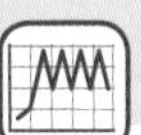 

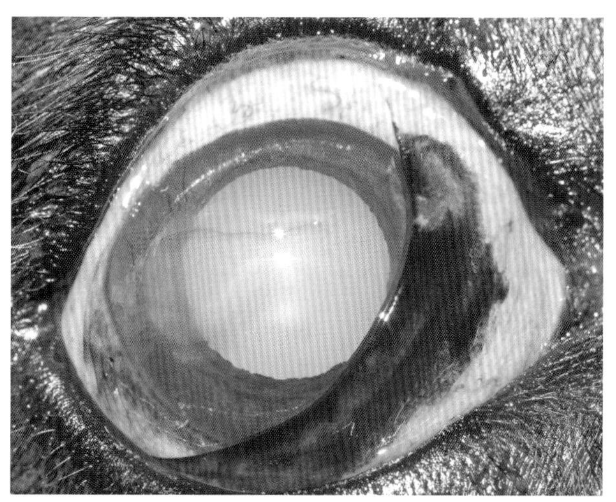

7岁拳狮犬的惰性角膜溃疡。

病程：30天。

新生血管是慢性的表现

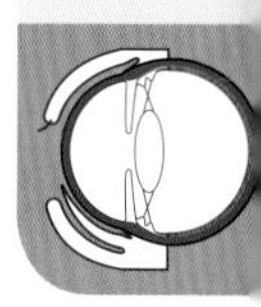

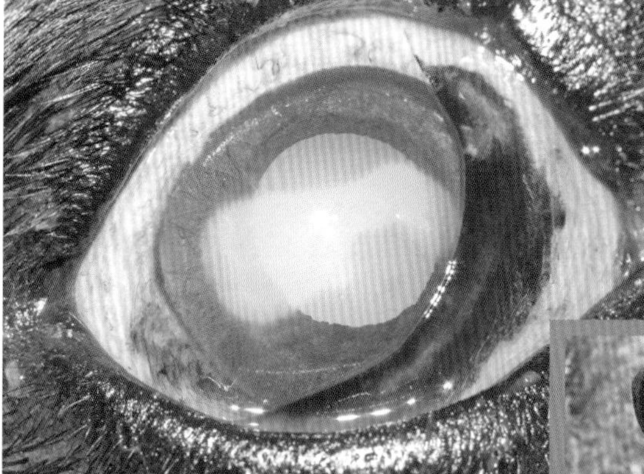

上图患犬角膜荧光素着色

拳狮是最容易患这种类型溃疡的品种

趣味提示

- 拳狮犬是最容易患这种类型溃疡的品种；因此，这种溃疡也称为“拳狮溃疡”。
- 老年动物比年轻动物更常见。

   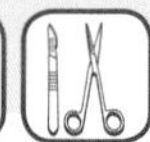  

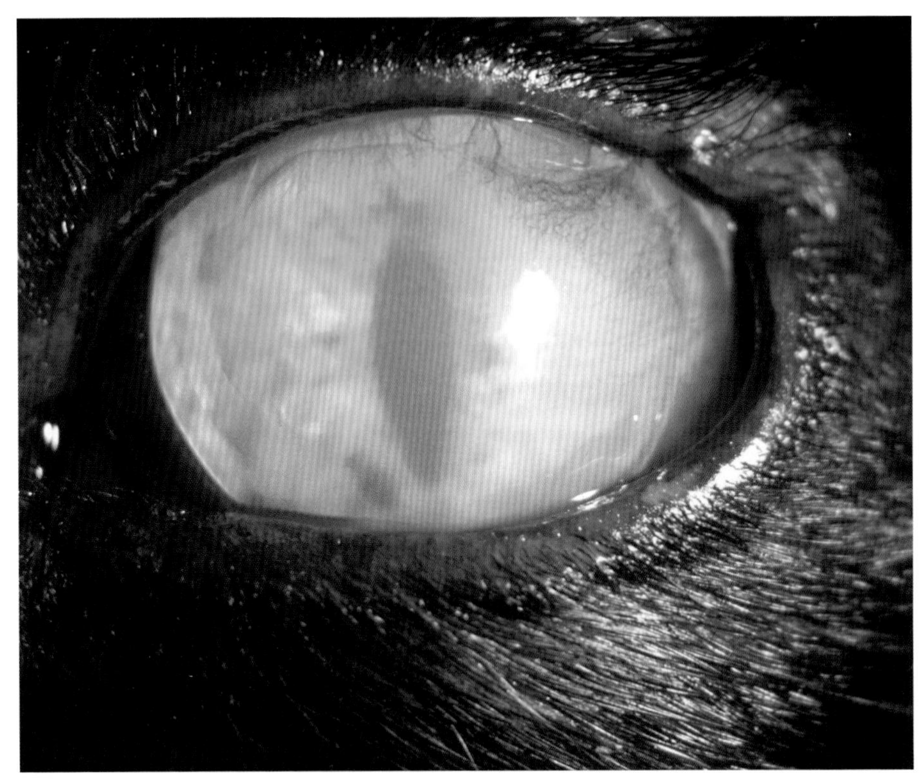

猫角膜溃疡伴游离唇。
疏松上皮边缘近观

猫的惰性角膜溃疡比犬更不常见，绝大多数病例与猫疱疹病毒Ⅰ型相关。

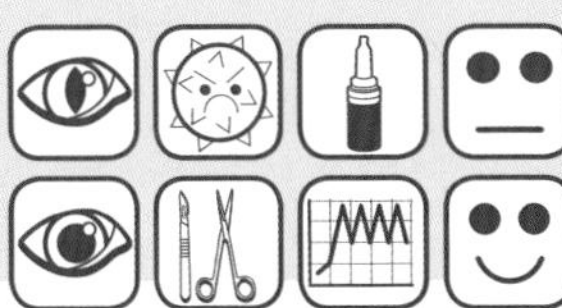

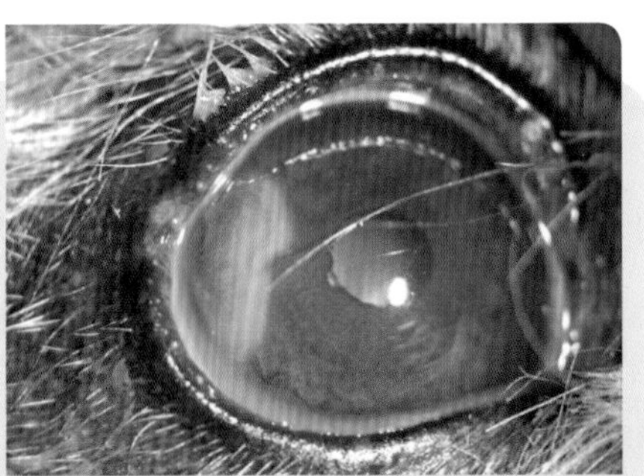

西高地白梗眼部颞侧区域惰性角膜溃疡。荧光素染色进入疏松上皮边缘下方

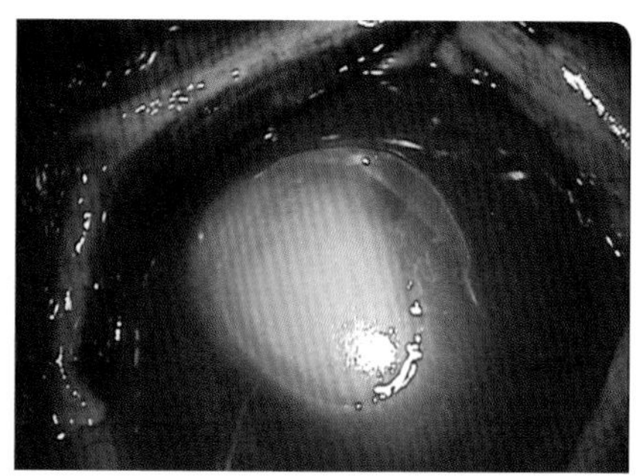
拳狮犬惰性角膜溃疡（术前）

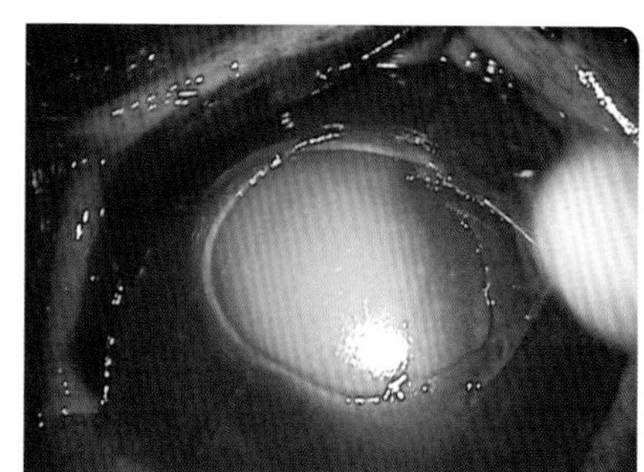
使用棉签进行疏松角膜上皮清创（全麻下）

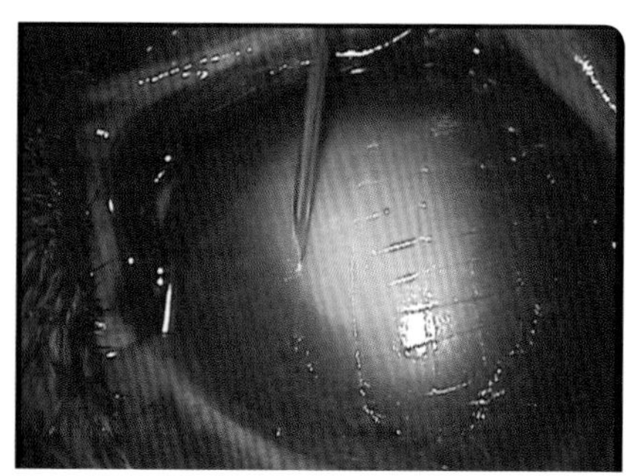
使用25G针头进行格状切开

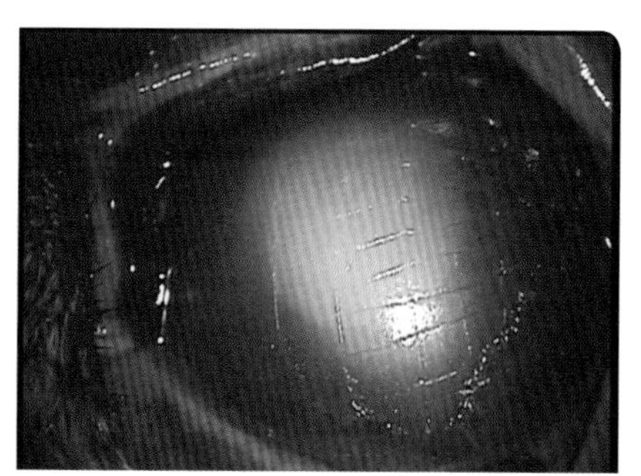
手术后

禁忌

不要对猫进行角膜切开，可能导致角膜坏死。单纯进行疏松上皮清创就好。

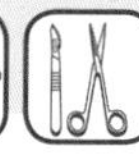
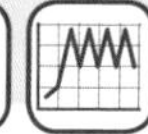

第三节 基质溃疡

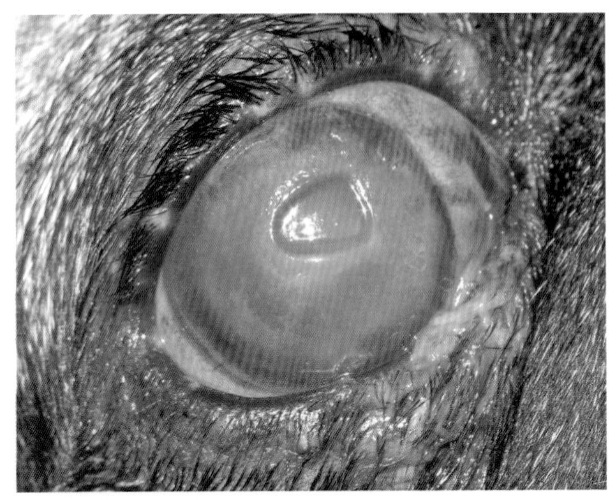

2岁巴哥的基质溃疡性角膜炎。角膜组织缺损、水肿和弥散性炎症反应近观。

病程：14天

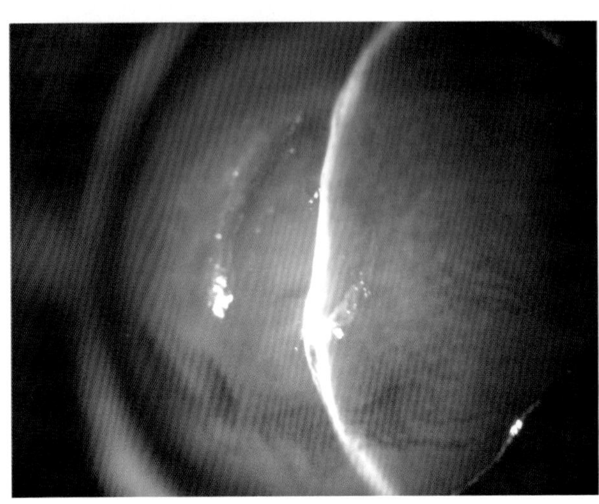

上图患犬的裂隙灯照片。注意角膜弧线的缺损，提示一半基质缺损

重要提示

- 基质溃疡通常伴随严重的葡萄膜炎反应。这种类型溃疡的特点是角膜损伤继发葡萄膜炎。

   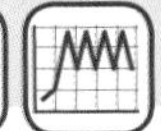 

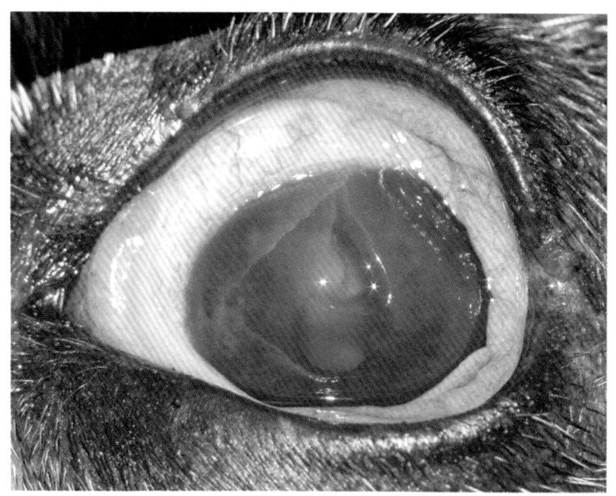

犬基质溃疡6小时后。

猫抓伤造成角膜基质一半缺损。

几小时后，角膜水肿和葡萄膜炎出现

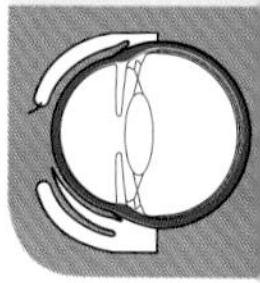

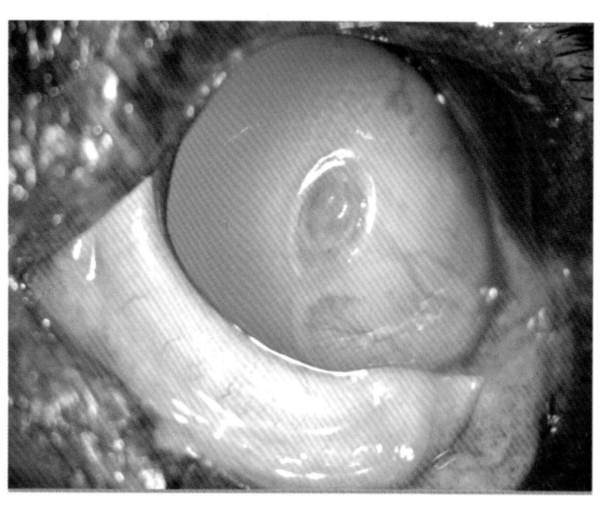

英国斗牛犬基质溃疡性角膜炎瘢痕形成中。溃疡是由下眼睑的内翻导致的

i 如果药物治疗非常迅速而且频繁（开始时1 ~ 2小时/次），而溃疡也不是很深，那就会完成瘢痕化。

如果在一开始的24小时内不按预想的方向发展，考虑角膜手术。

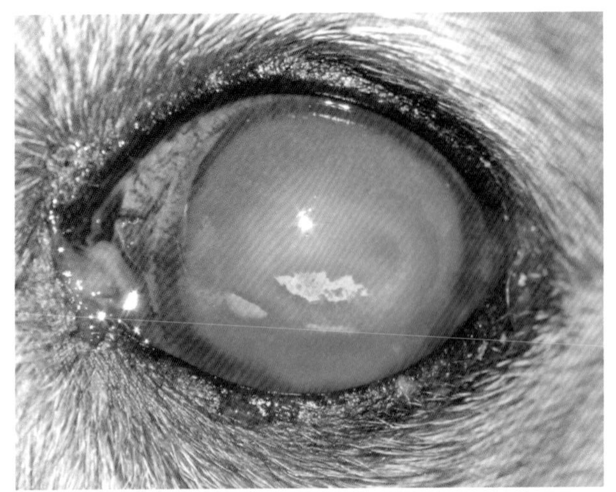

6岁西施基质溃疡性角膜炎。

病程：35天。

与葡萄膜炎相关的角膜缘环状血管和角膜水肿。

病因：由于暴露导致的基质溃疡

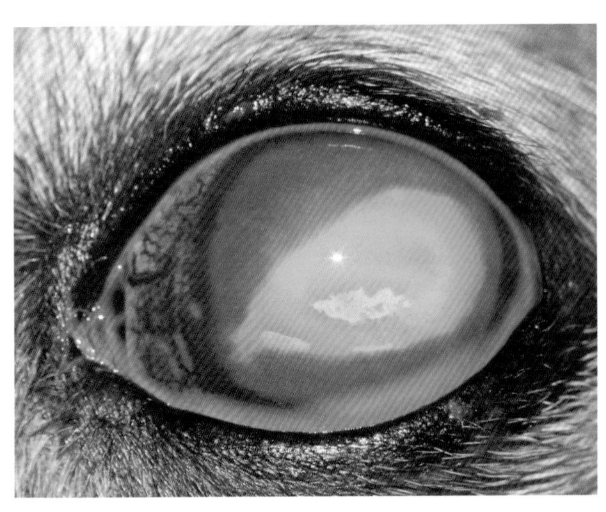

荧光素活力染色勾勒出全角膜水肿的基质损伤范围

趣味提示

为了加速角膜的再生，药物治疗这种类型溃疡时还要考虑使用自体血清、透明质酸或硫酸软骨素（除局部抗生素外）。

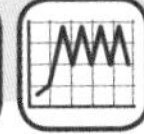

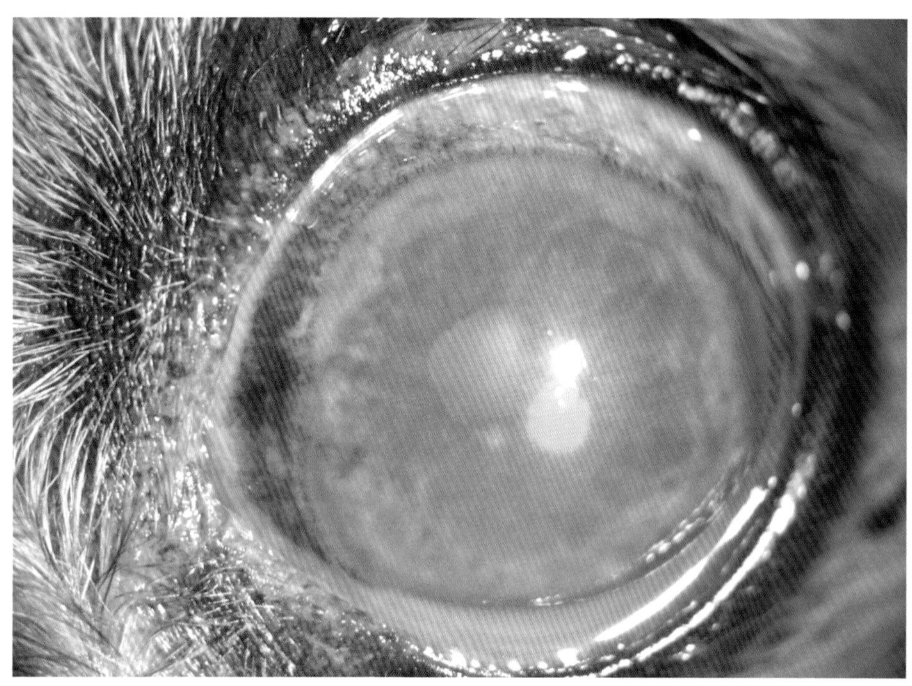

3岁西施中央基质溃疡。
病程：24小时

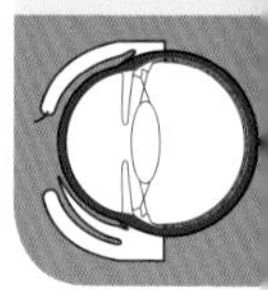

重要提示

短头品种犬（巴哥犬、西施犬、拉萨狮子犬、京巴犬、法国斗牛犬等）的中央基质溃疡需要密切监测，甚至每天一次，因为在几个小时内快速发展成深层溃疡的风险较高。

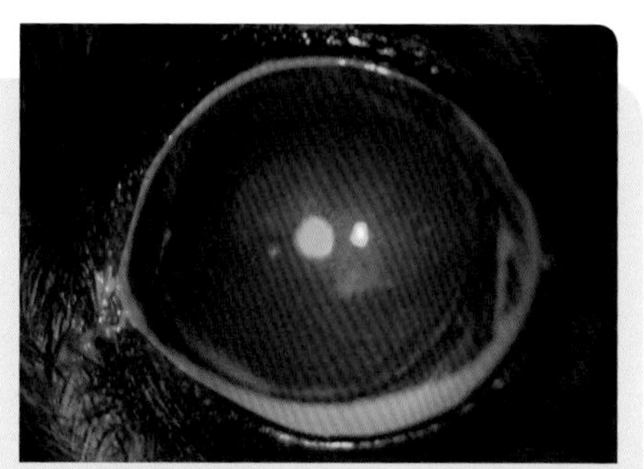

使用荧光染色和钴蓝滤光灯照射患犬病变部分近观

第四节 深层角膜溃疡

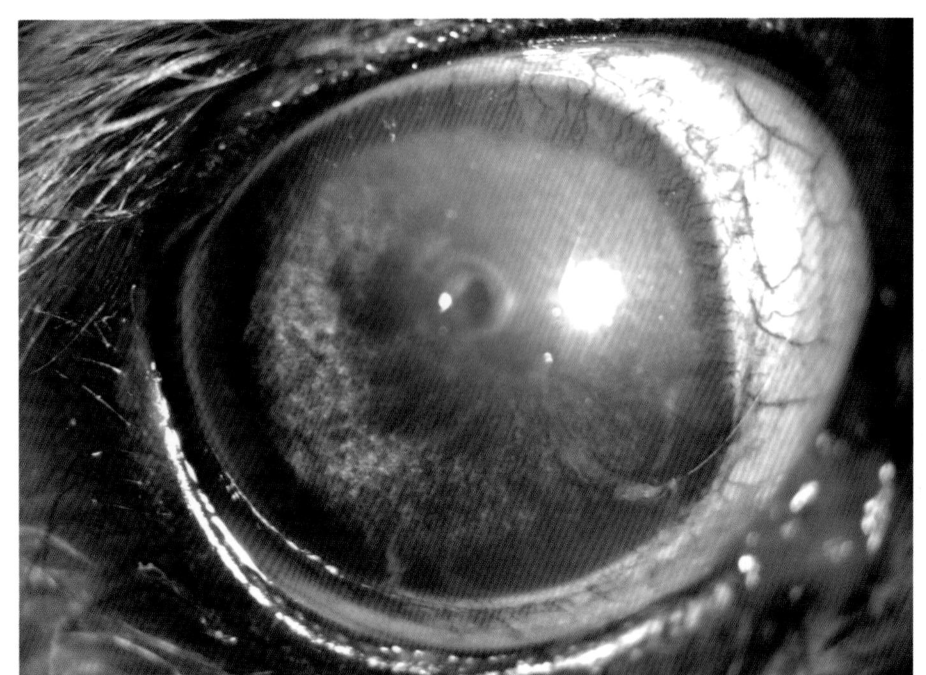

2岁拉萨狮子犬的中央深层角膜溃疡。
病程：2天。
该动物表现为畏光和睑痉挛

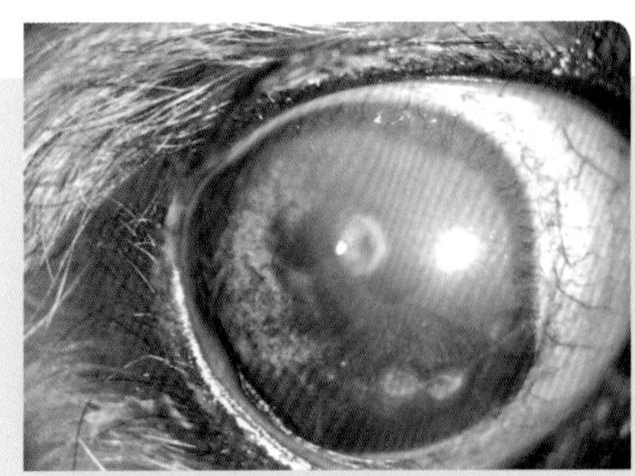

荧光素在角膜深层基质着色

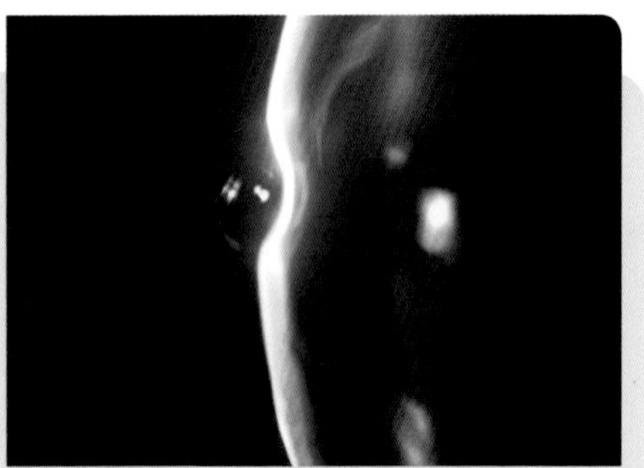

裂隙灯检查确认角膜缺损达2/3基质厚度

在一些病例我们可以尝试药物治疗，但大部分需要角膜手术。

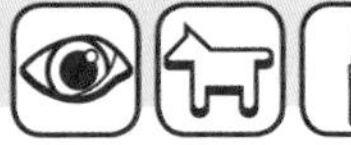

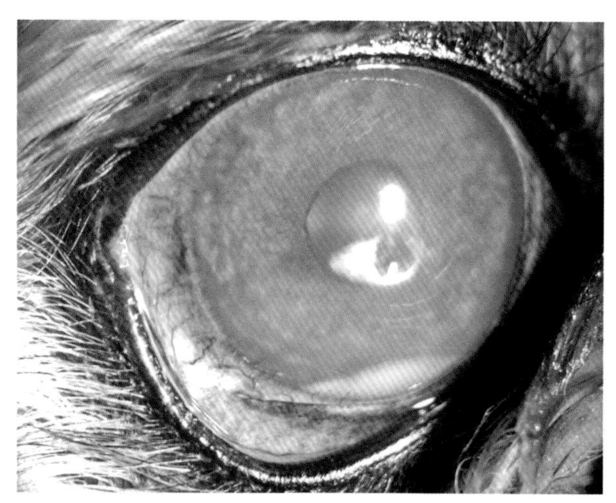

短头患犬的深层角膜溃疡。当角膜损伤持续发展时，葡萄膜炎症反应也变得更加严重，出现了前房积脓和角膜水肿

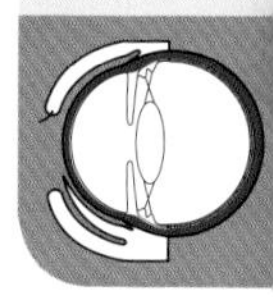

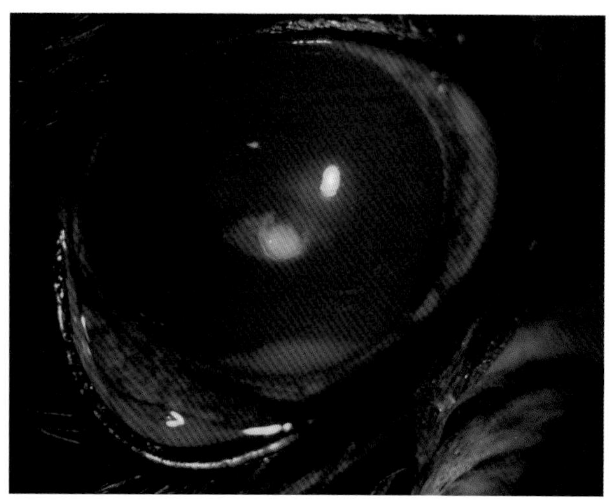

上图患犬角膜病变近观。注意溃疡周围的角膜营养障碍

重要提示

当角膜损伤持续发展时葡萄膜炎变得更加严重。前房积脓可能是有菌的或无菌的（是否包含有细菌）。

    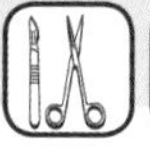 

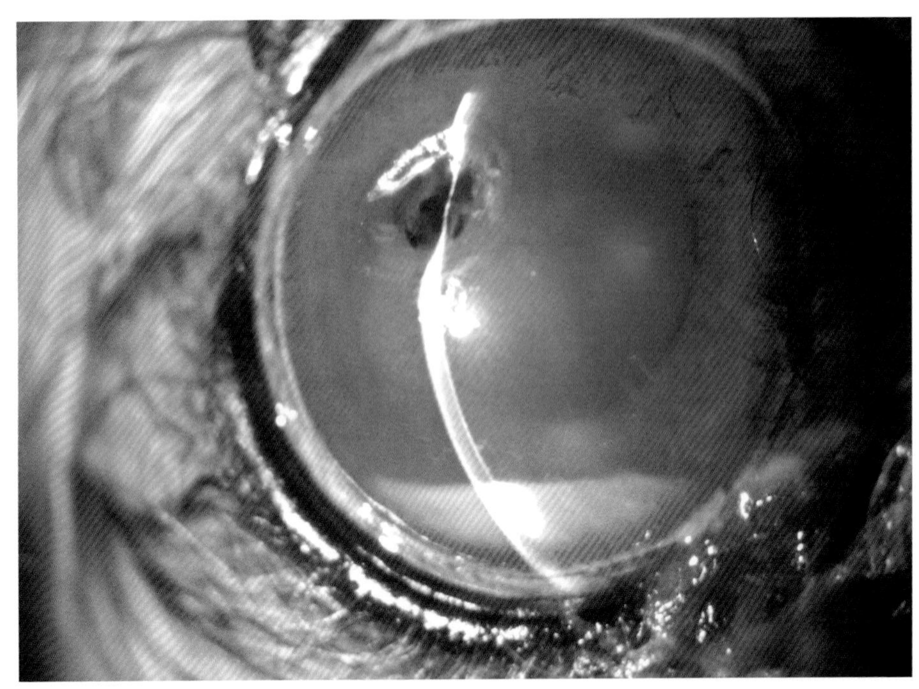

上图患犬的裂隙灯照片。溃疡深度（后弹力层前）和前房的积脓近观

急症

- 由于快速恶化和穿孔的风险，这些溃疡需要紧急手术。

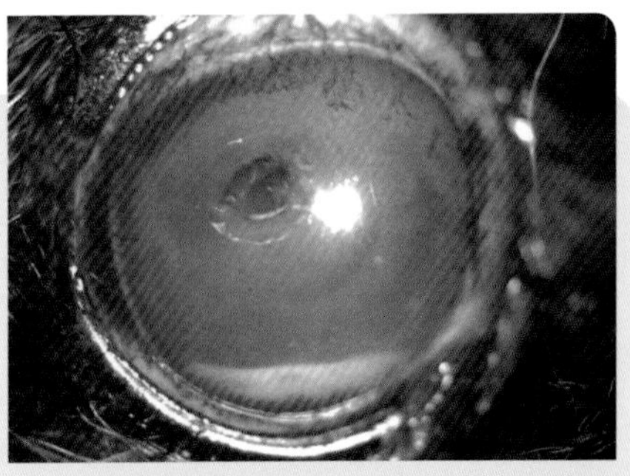

深层溃疡36小时后，严重的眼内损伤（葡萄膜炎）

    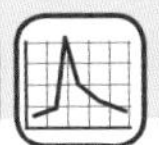 

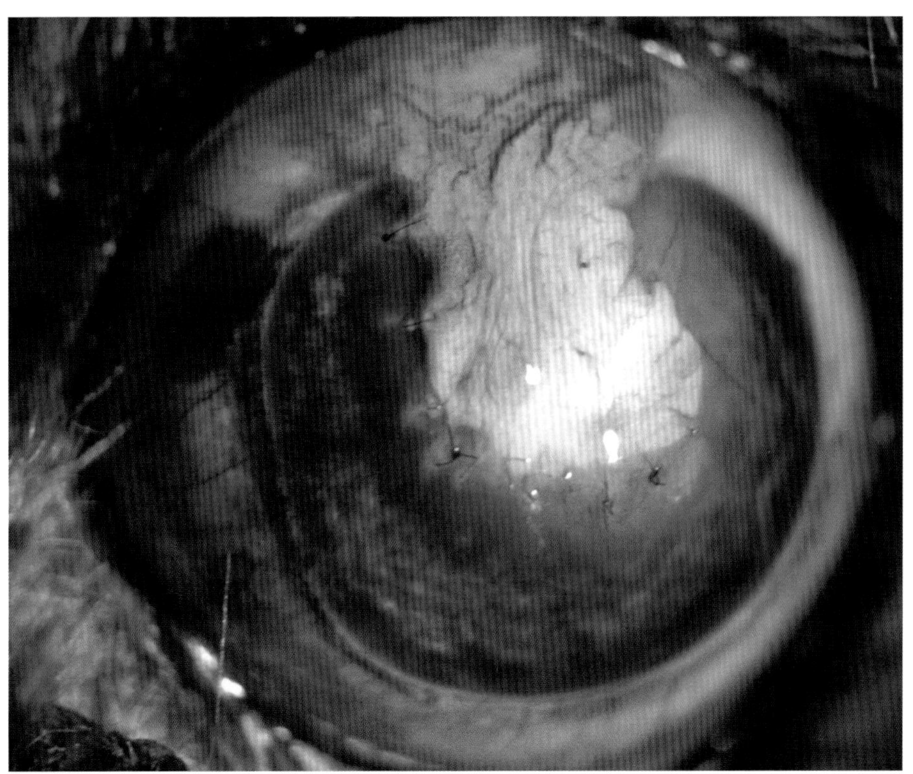

球结膜瓣与角膜缝合治疗深层角膜溃疡（术后20天）。9-0尼龙缝线简单结节缝合

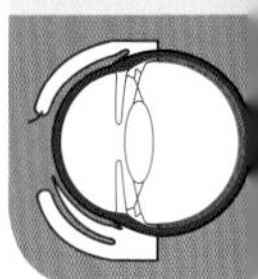

重要提示

- 治疗深层角膜溃疡时更喜采用的手术方法取决于术者的显微外科熟练度和角膜的状态。
- 治疗可能包括结膜瓣（带蒂、桥状或360°）、角膜结膜瓣移位或使用生物材料（猪小肠黏膜下层、新鲜或冷冻角膜等）。

  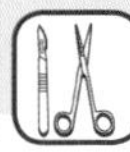 

第五节　后弹力层膨出

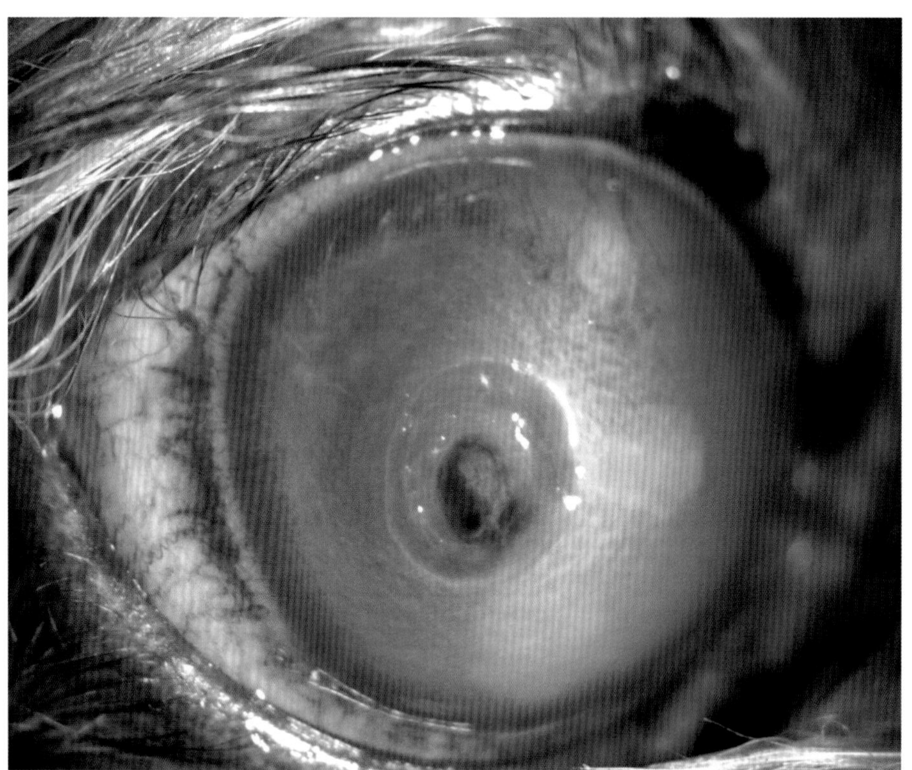

犬角膜后弹力层膨出，注意在溃疡缺损处角膜基质缺失，可见层为后弹力层

这是最深的角膜溃疡类型，意味着穿孔前。

此部分角膜，由于神经末梢几乎完全缺失，因此病变疼痛感比浅表溃疡更弱。

急症

必须进行手术治疗。

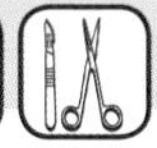

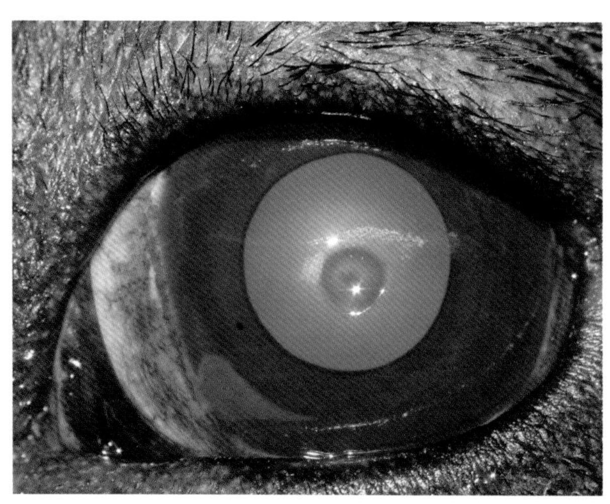

3岁法国斗牛犬后弹力层膨出。中央深层溃疡区域基质全缺失。

病程：2天

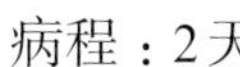

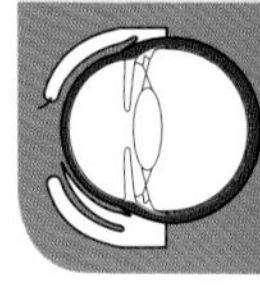

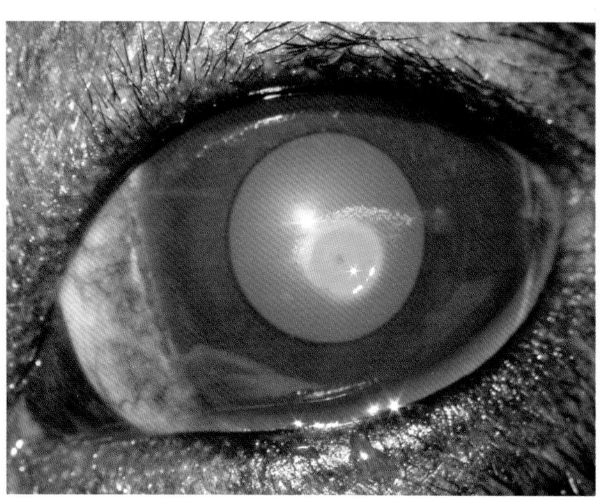

荧光素只会吸收进入基质，所以溃疡中央是不着色的（后弹力层膨出）

趣味提示

因为后弹力层（角膜内皮的基底膜）是疏水的，荧光素（亲水性染料）不会被其吸收。

   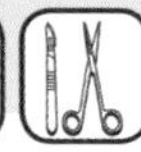  

第六节 角膜穿孔

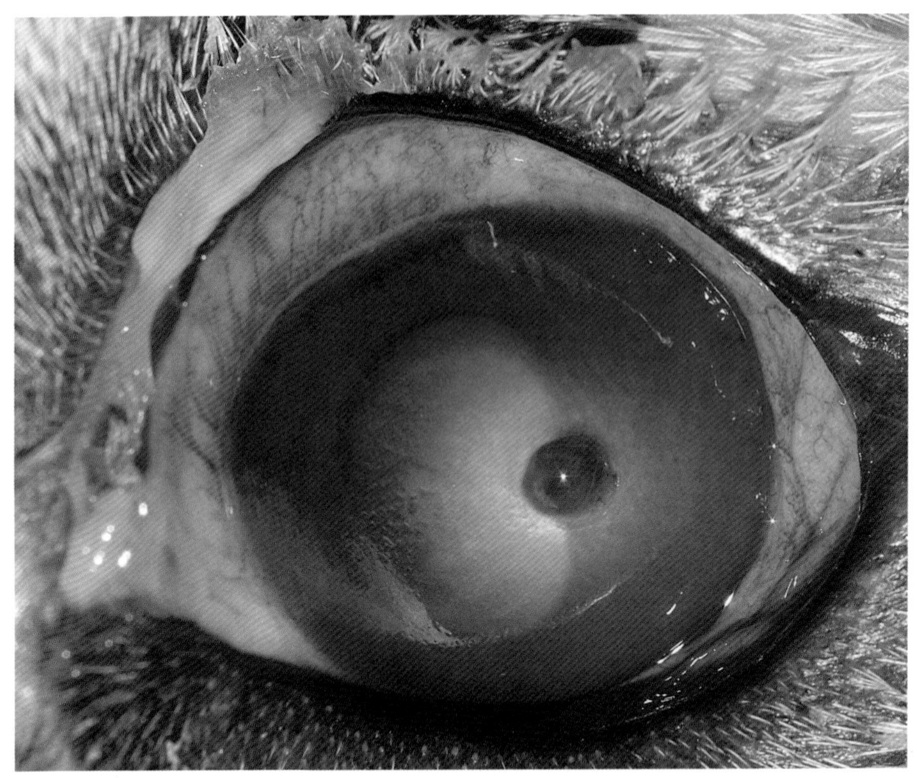

犬创伤性角膜穿孔。
从角膜缺损区可看见嵌顿的虹膜

趣味提示

- 瞳孔形态不规则可辅助诊断。

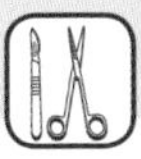

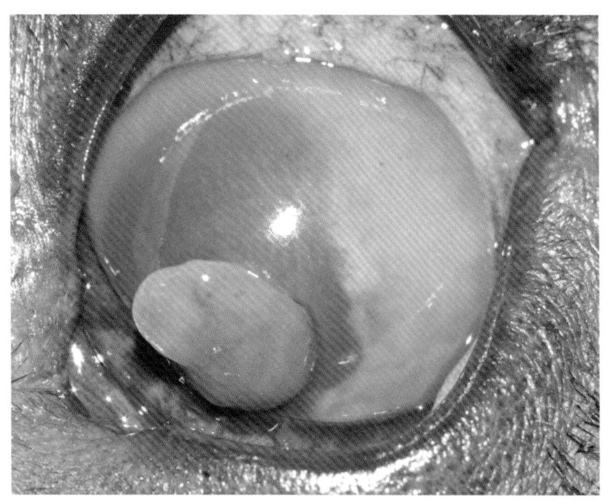

捕猎一天后的猎犬角膜穿孔。覆盖于疝出虹膜表面的纤维素栓子近观。

病程：12小时

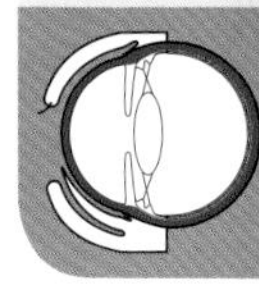

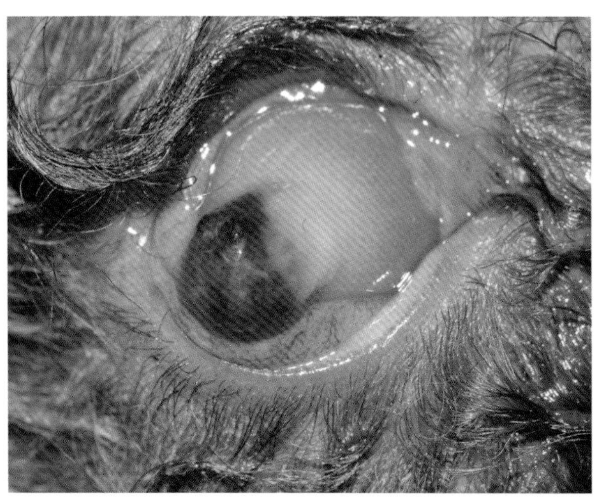

角膜穿孔24小时后。通过伤口可见严重球内损伤和葡萄膜组织缺失。图为猫抓伤

i　角膜穿孔最常见的病因是直接创伤：霰弹、木棍和猫抓伤。

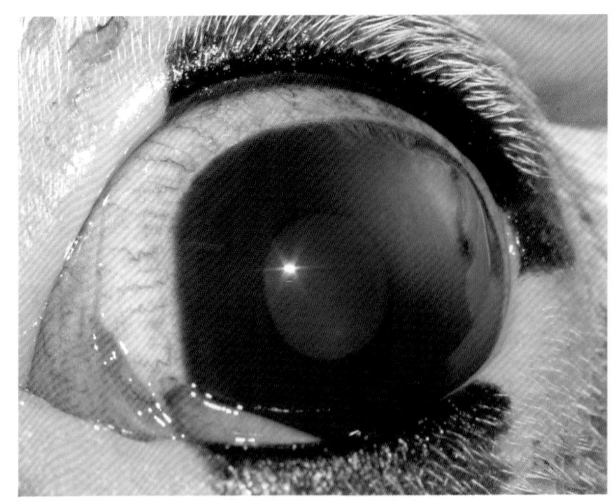

法国斗牛犬因猫垂直抓伤导致的角膜穿孔。

前房的血液（前房积血）提示球内损伤的范围

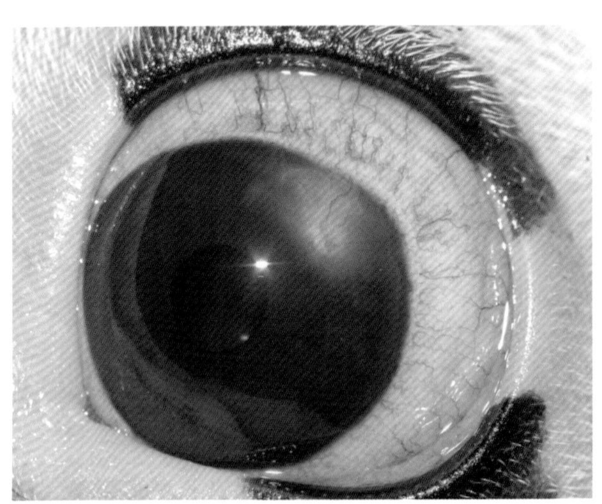

25天后的患犬眼部

在角膜穿孔但没有虹膜脱垂的病例，先进行药物治疗。通常在穿孔区域形成纤维素栓子，阻止前房液体的流失。

重要提示

- 使用托吡卡胺最小化粘连的风险。

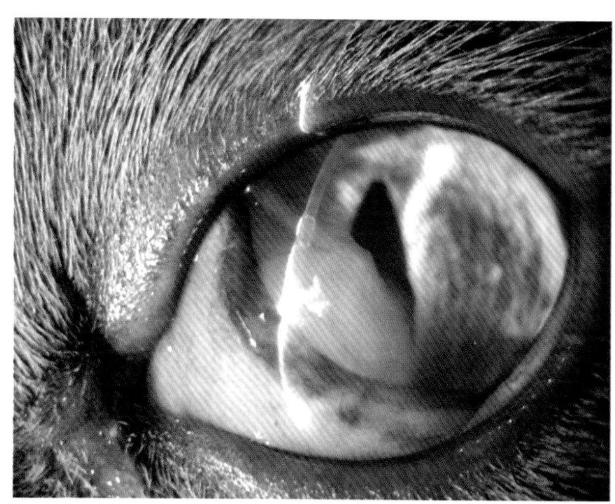

水平抓伤导致角膜穿孔。

猫打架时常见的病变

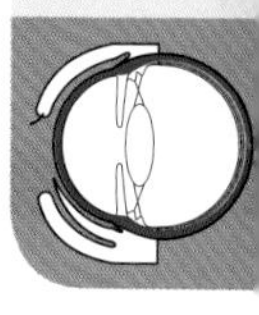

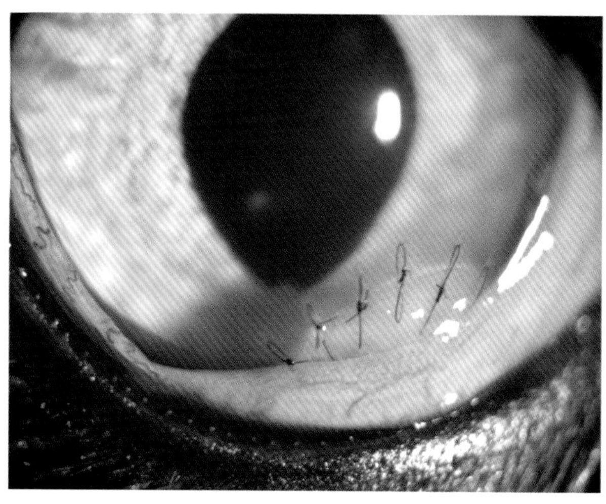

对类似于上图的猫角膜穿孔进行手术重建

手术技术

- 进行角膜缝合时，不要穿透角膜内皮（包含2/3角膜厚度）。
- 一定要使用黏弹剂。
- 测试脱垂组织的活力。

    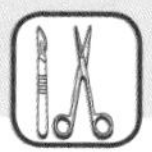  

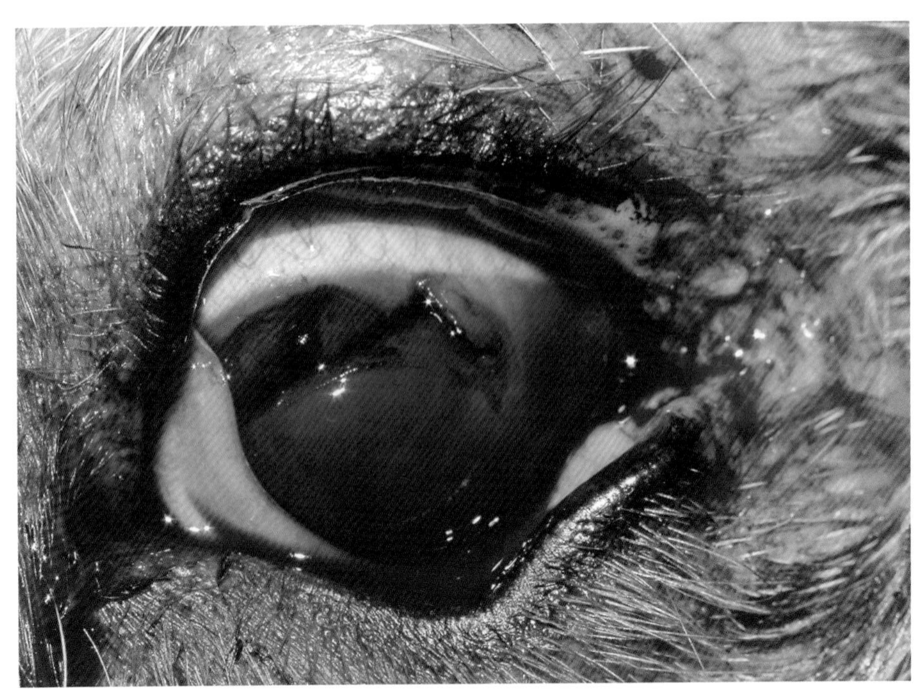

角膜穿孔、虹膜疝出及严重眼内出血。
病因：枪伤。注意睑缘（颞侧区域）由于弹片造成的烧伤

重要提示

- 角膜穿孔时，在考虑重建手术时要仔细评估眼内的损伤。

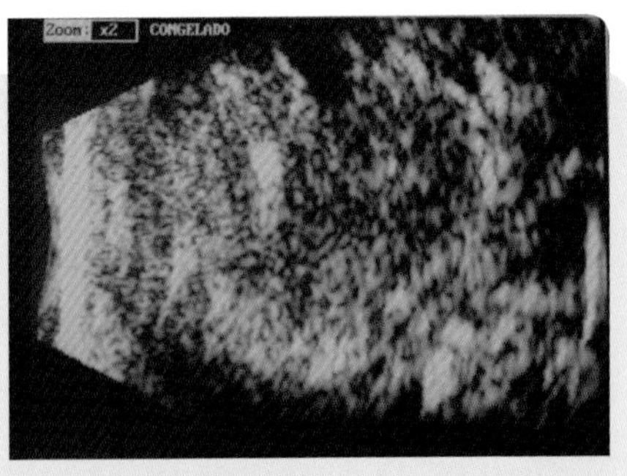

患犬眼部超声。组织严重破坏，玻璃体出血

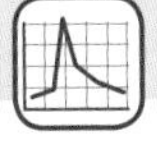

第七节 溶解性角膜溃疡

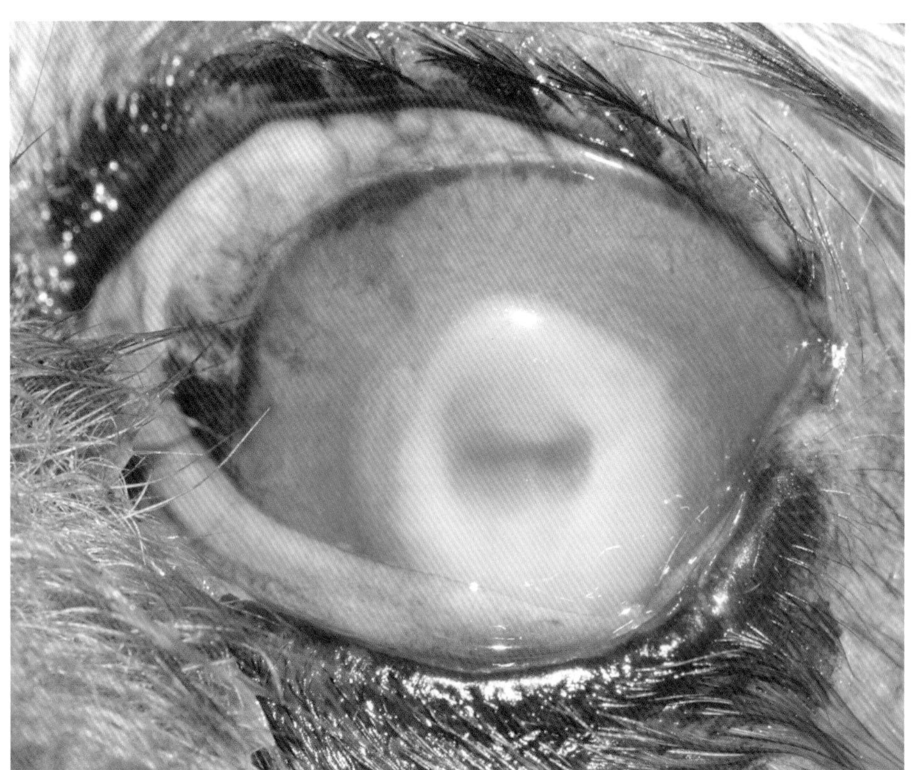

京巴犬复杂溶解性角膜溃疡。液体角膜基质特征性外观

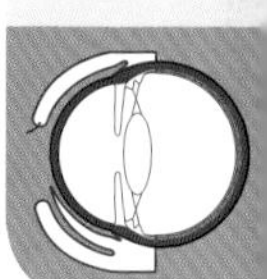

i 蛋白酶和胶原酶（可降解角膜基质的酶）导致角膜胶原纤维的快速破坏。假单胞菌在这种病例里是最常见的。

    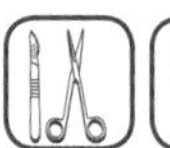 

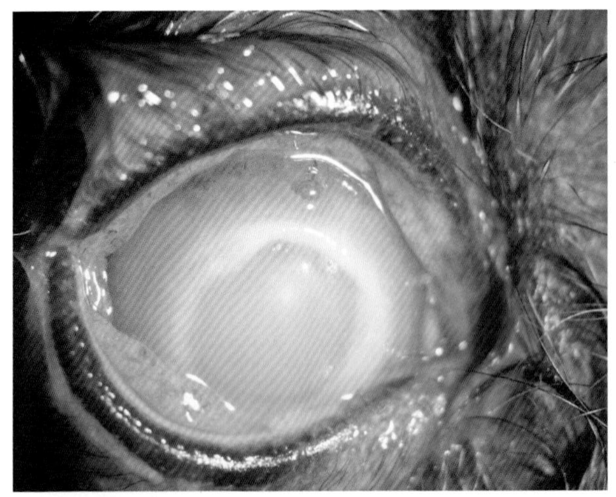

局部皮质类固醇治疗的犬出现复杂溶解性溃疡。全角膜降解

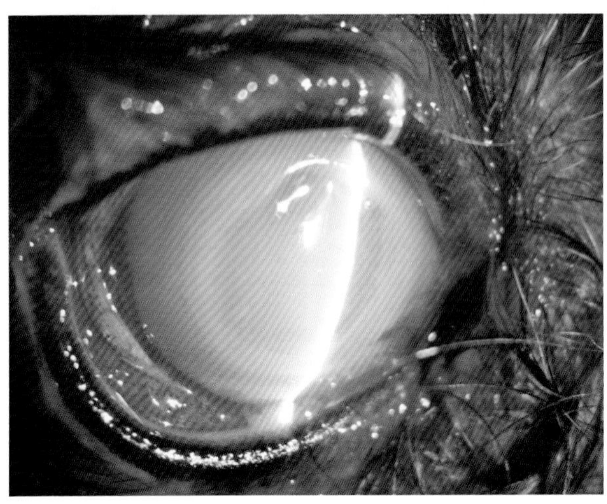

裂隙灯照片。显示溃疡深度近观

禁忌

在溃疡的角膜上局部使用皮质类固醇会加速角膜的变性和胶原溶解。

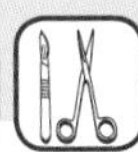
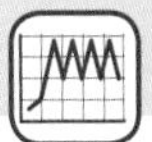

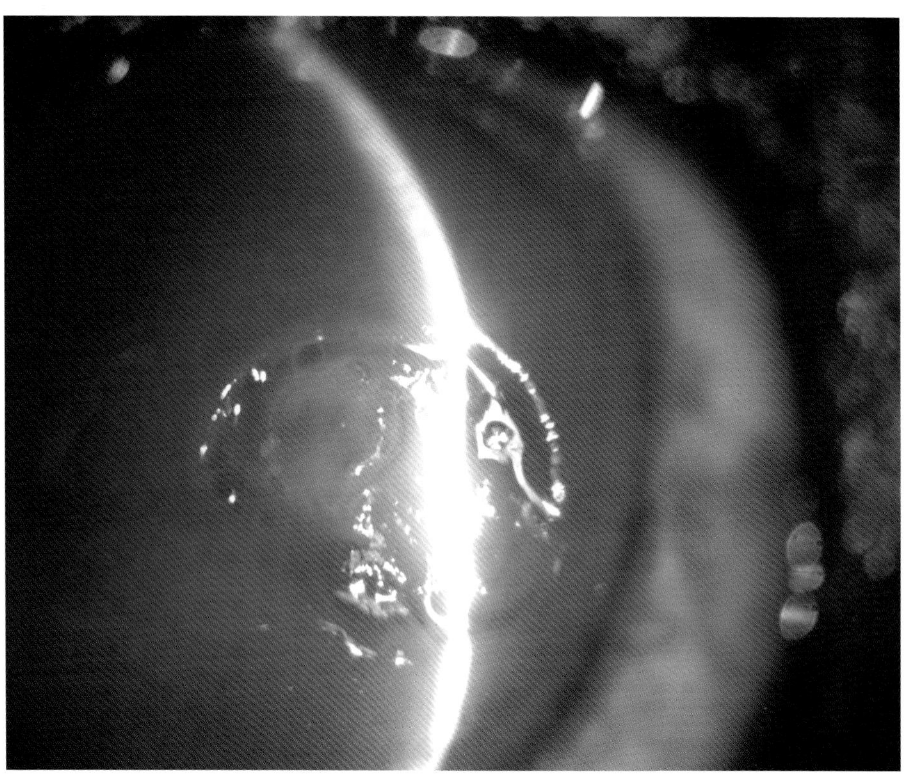

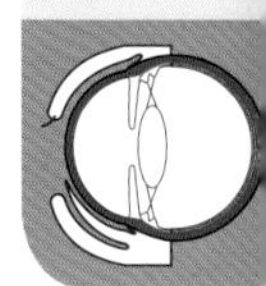

由蛋白酶和胶原酶造成的角膜的酶解损伤继发大疱性角膜病。
该患病动物之前使用局麻药治疗了7天

禁忌

- 局麻药仅作为诊断意图时使用，永远不要用作角膜治疗药物，因为局麻药有角膜毒性。

治疗

- 这种类型的溃疡需要增加抗胶原溶解酶的药物，比如NAC（*N*-乙酰半胱氨酸）和自体血清。

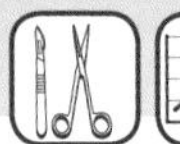

角膜和巩膜

第八节　慢性浅表性角膜炎

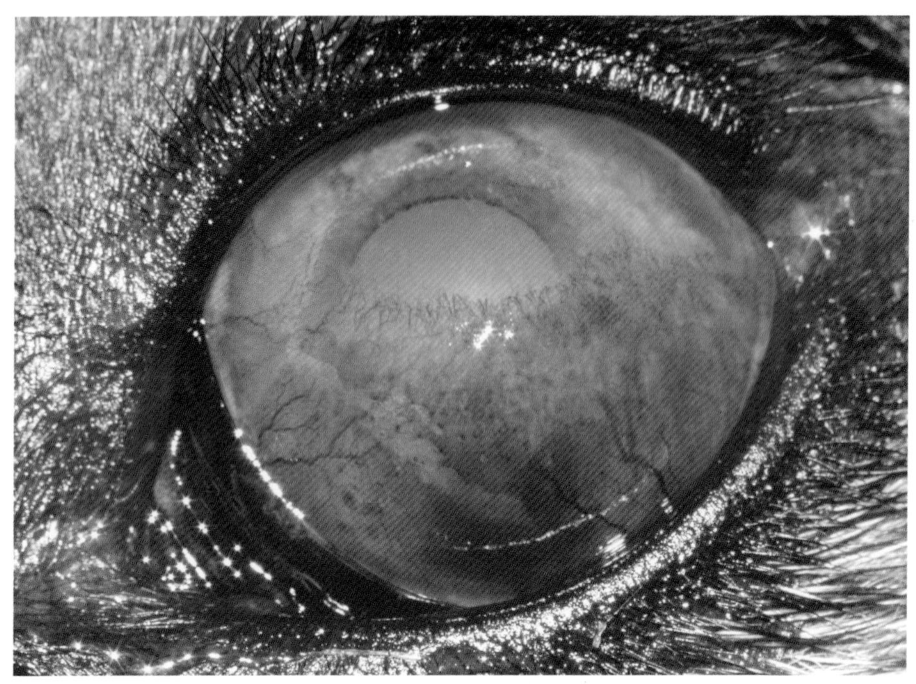

慢性浅表性角膜炎（CSK）伴新生血管、细胞浸润和色素化。
病程：3个月。
下图患犬的左眼

i　浅层角膜（上皮、基底膜和基质）炎症特征为新生血管、细胞浸润和/或色素沉着。

双眼CSK的德国牧羊犬

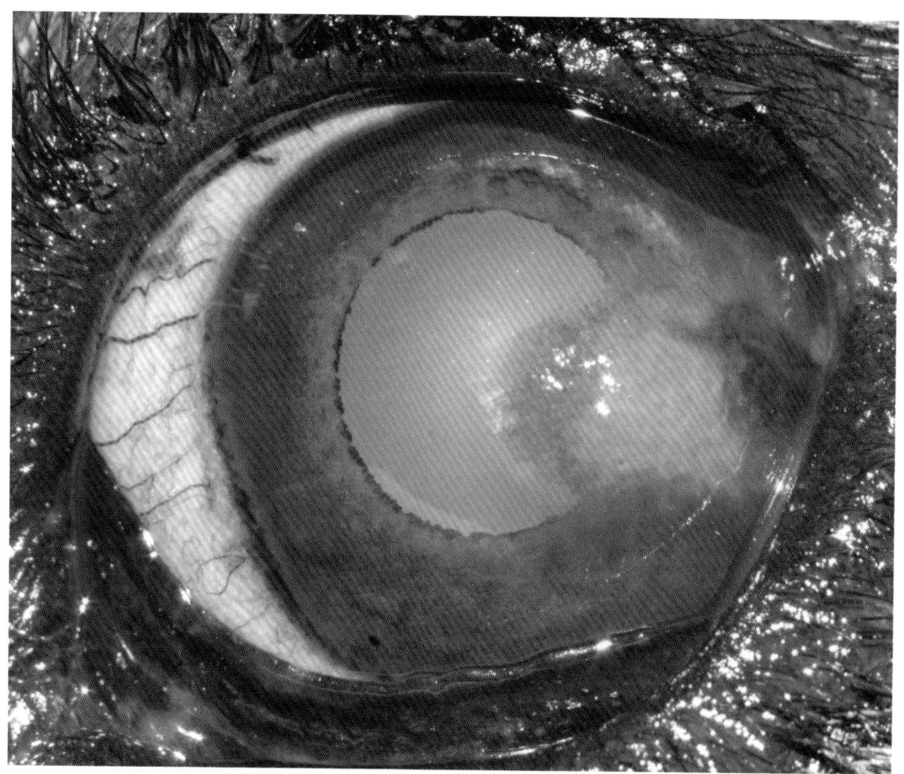

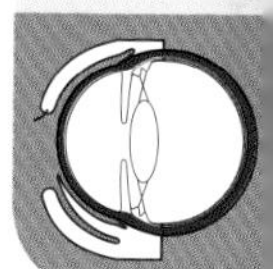

4岁德国牧羊犬的慢性浅表性角膜炎。
角膜颞侧的病变。
细胞浸润和血管近观。
病程：25天

品种倾向性

德国牧羊犬是最常见的患病品种，然后是比利时坦比连犬。它们的杂交犬也会受CSK的影响。

重要提示

患犬越年轻，疾病越严重。
太阳的紫外线加重其炎症病程。

    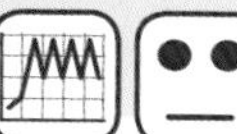

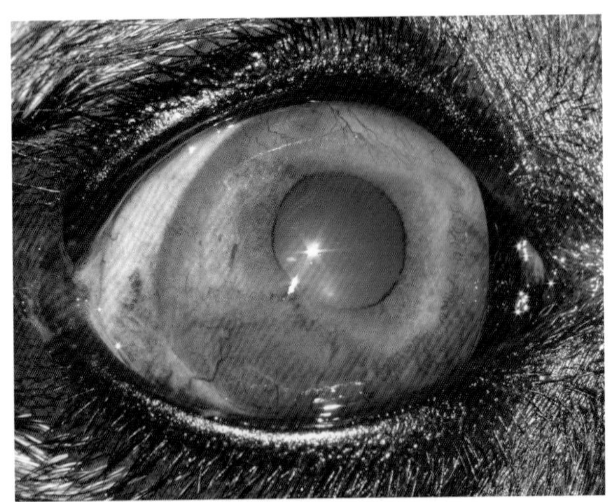

CSK的急性期角膜有血管长入。
7岁的德国牧羊犬

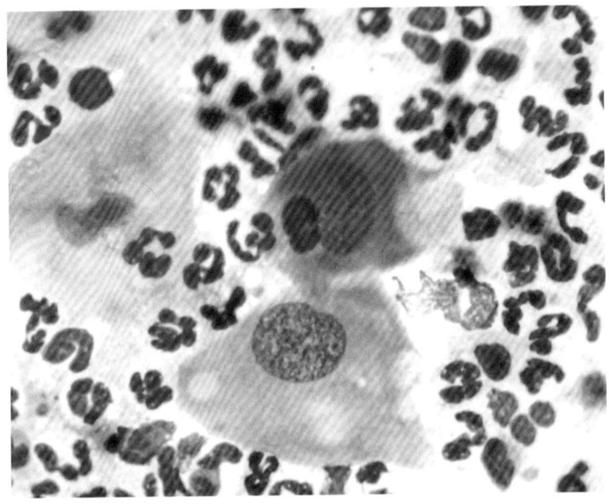

CSK。原发性嗜中性粒细胞炎症反应。
细胞学图像由Cristina Femández Algarra提供

- 在绝大多数病例，角膜血管侵入由颞侧区域开始。之后血管可能蔓延至整个角膜。
- 一般影响浅表的基质。

  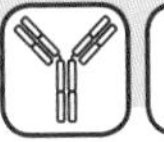   

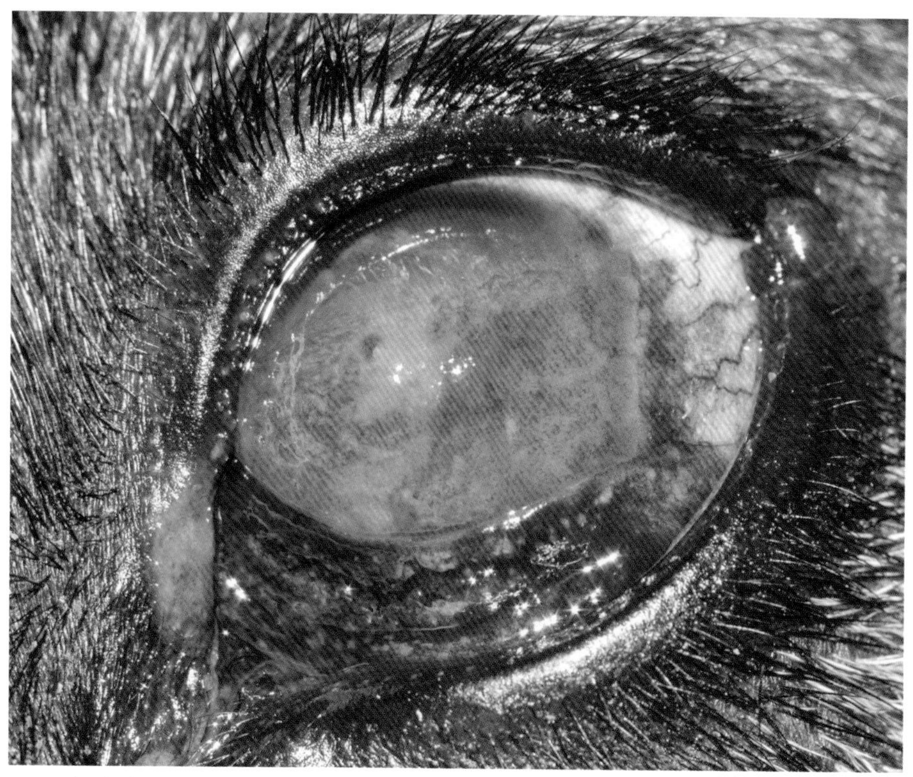

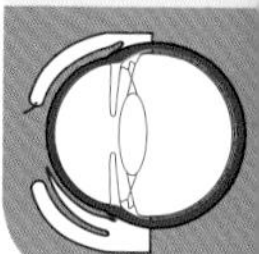

有非常严重CSK的德国牧羊犬角膜细胞浸润和血管浸润。该患犬同时还有瞬膜的淋巴浆细胞性炎症

i 在这些病程中最常见的细胞是成纤维细胞、巨噬细胞和角膜细胞。细胞浸润发生在炎症反应过程中。

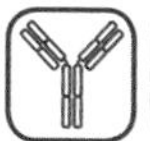

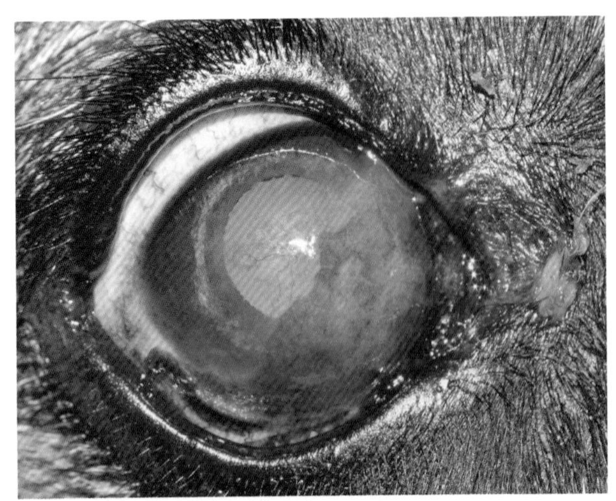

晚期CSK。角膜基质中长入色素。

病程：4个月，未进行药物治疗

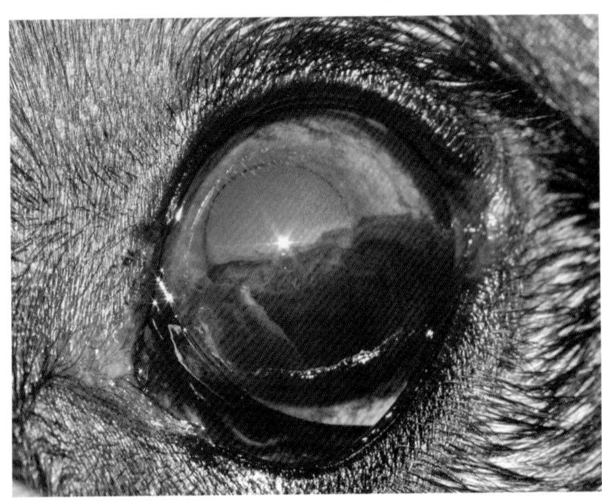

CSK的德国牧羊犬色素期。成功的药物治疗逆转了新生血管和细胞浸润，但是不能完全消除黑色素

治疗

- 药物治疗主要基于局部免疫抑制剂；皮质类固醇、0.2%环孢A或0.02%他克莫司。
- 在严重病例时，用药方式考虑结膜下和/或全身。

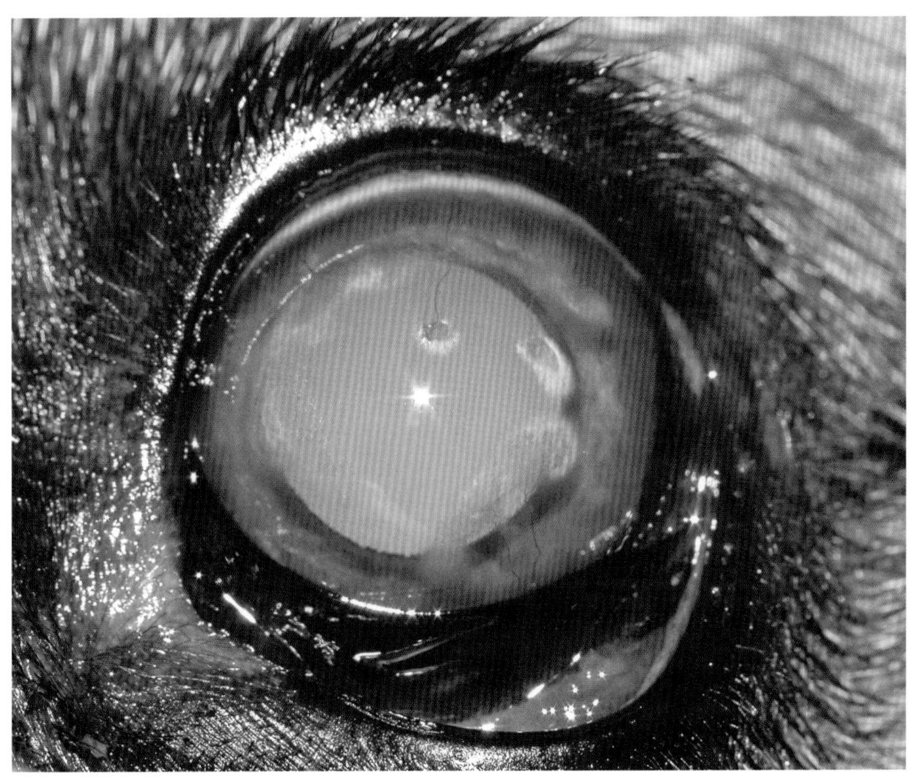

有CSK的德牧

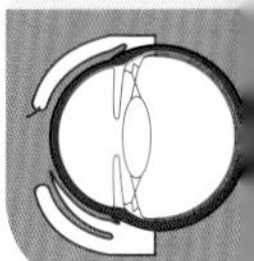

在某些CSK的晚期病例，虽然罕见但是也会出现角膜基质的胆固醇沉积。

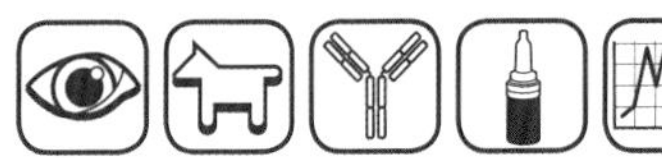

第九节　干燥性角膜结膜炎

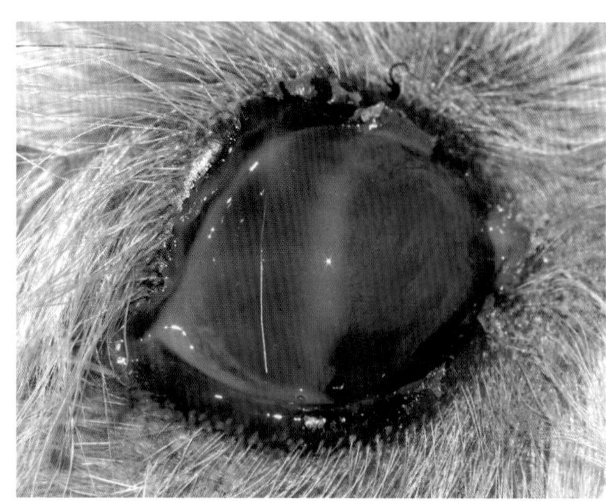

6岁西高地白梗严重干燥性角膜结膜炎（KCS）。

病程：2个月。

黏性分泌物，睑缘上的硬痂和角膜新生血管近观

上图患犬

角膜前泪膜的质量和/或数量异常导致的角膜（和结膜）的炎性疾病。

角膜上的黏液是KCS的特征性病变。

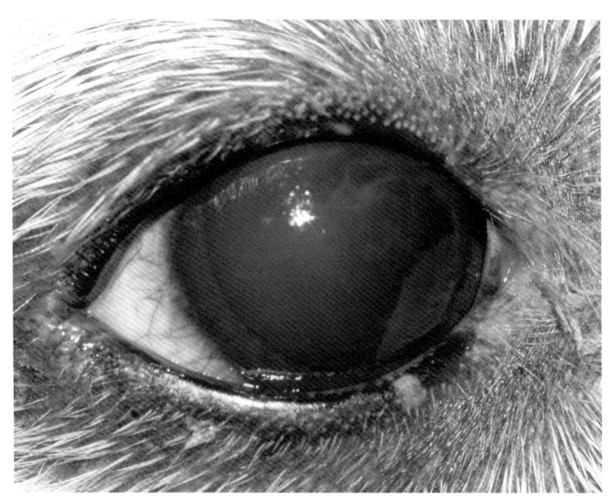

角膜上缺乏光泽是KCS的早期症状。

2岁杂种犬的轻度KCS

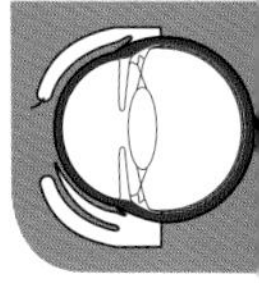

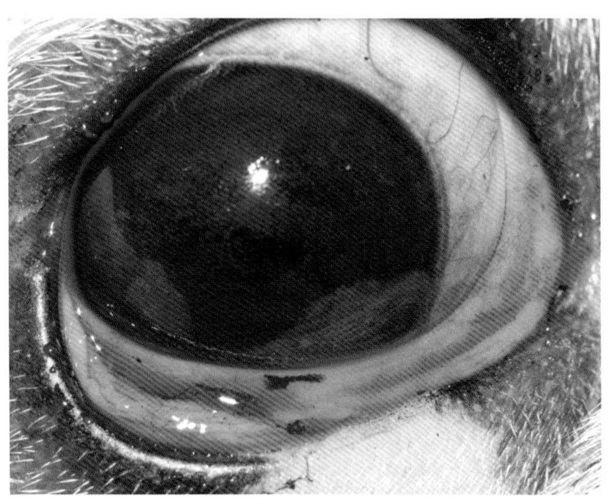

玫瑰红是常用于早期KCS诊断的重要染色剂。

角膜受累区域的着色近观

i 正常角膜是透明、平滑、有光泽和无血管的。当KCS发展时，角膜会丧失这些特征。

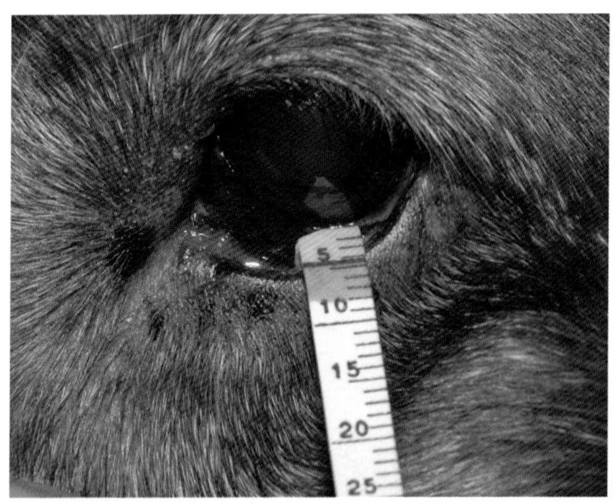

可卡犬的轻度KCS。施氏（简单的）泪液测试结果低于8mm/min考虑是异常的

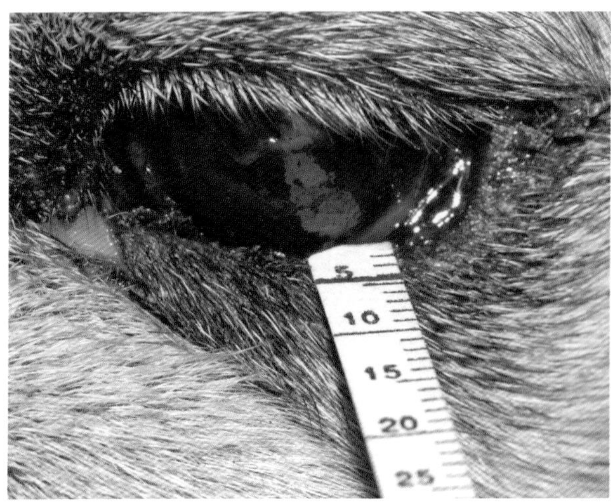

1例英国斗牛犬严重的KCS。

非常严重的分泌减少。

施氏泪液测试结果0mm/min

重要提示

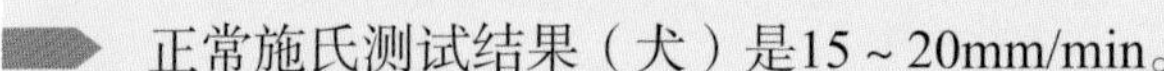

- 正常施氏测试结果（犬）是15 ~ 20mm/min。
- 患犬怀疑KCS：施氏测试结果是8 ~ 10mm/min。
- KCS患犬：施氏测试结果<8mm/min。

    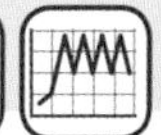 

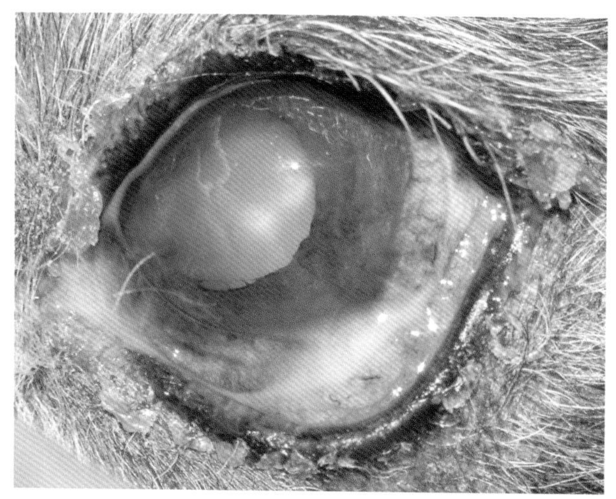

1例西高地白梗的KCS。黏性分泌物和结膜增生、充血的近观。角膜损伤是轻微的

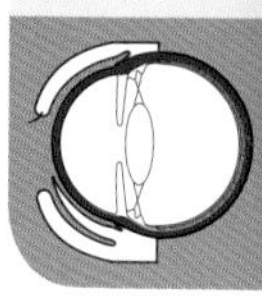

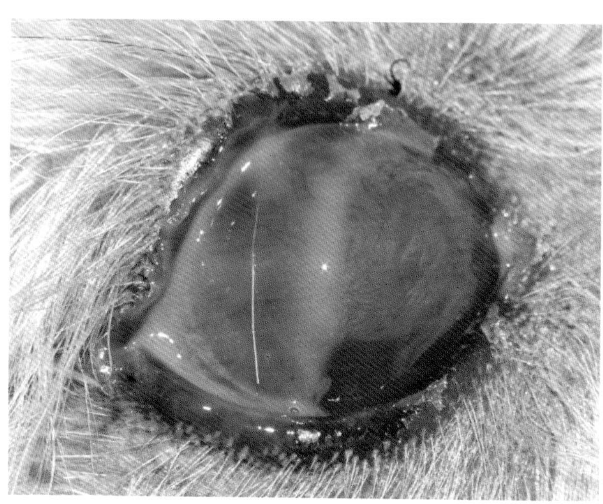

另1例西高地白梗的中度KCS。

注意黏液和角膜新生血管

品种倾向性

最容易受KCS影响的品种是西高地白梗、约克夏、英国斗牛犬、可卡犬和西施犬。

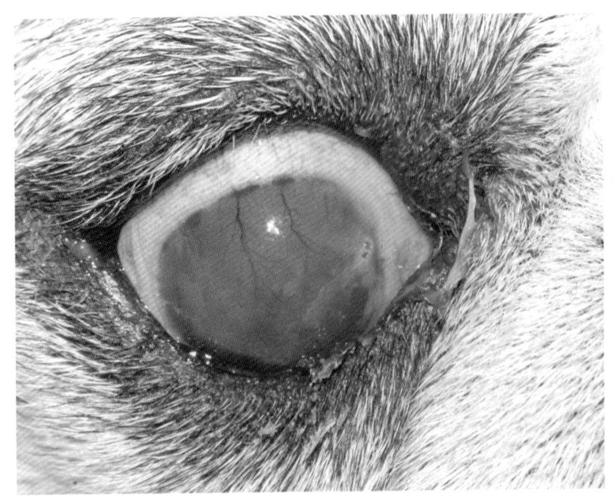

1例2岁英国斗牛犬严重的单侧KCS。这是因为摘除了瞬膜腺腺体（NMG）。

角膜血管侵入近观

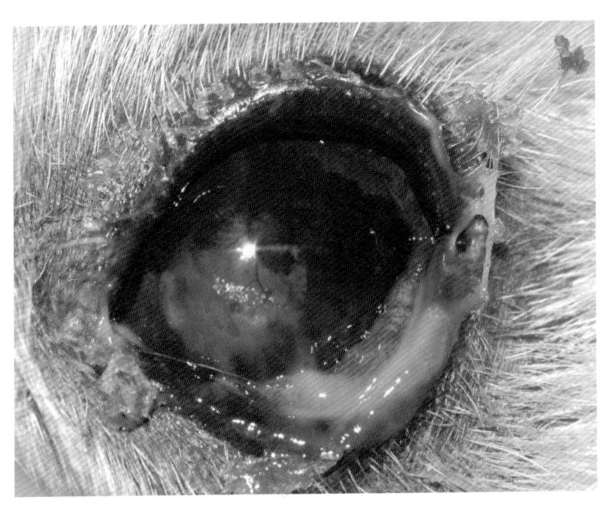

晚期KCS的西高地白梗。出现结膜充血、增生和黏液。角膜上也可以看见新生血管和色素

禁忌

- 因为可能会导致医源性的KCS（主要在易发品种），不要切除NMG。

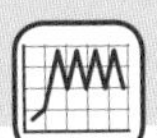

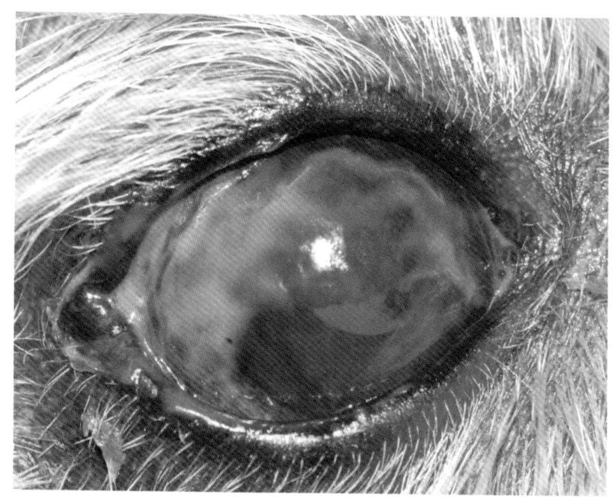

非常严重KCS的西高地白梗。

视力受损。

注意黏液下大量黑色素

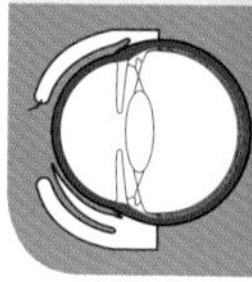

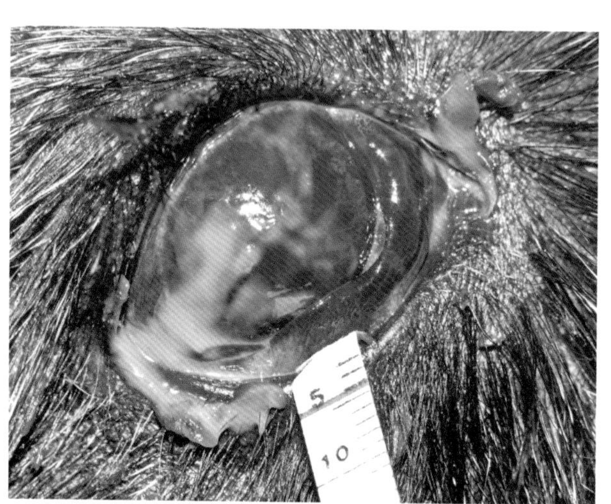

1例可卡的严重KCS。

完全没有分泌泪液。

全角膜色素浸润。眼睛失明

i　KCS病例，患病动物视力预后与角膜基质的色素浓度相关。

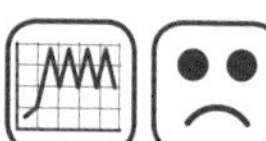

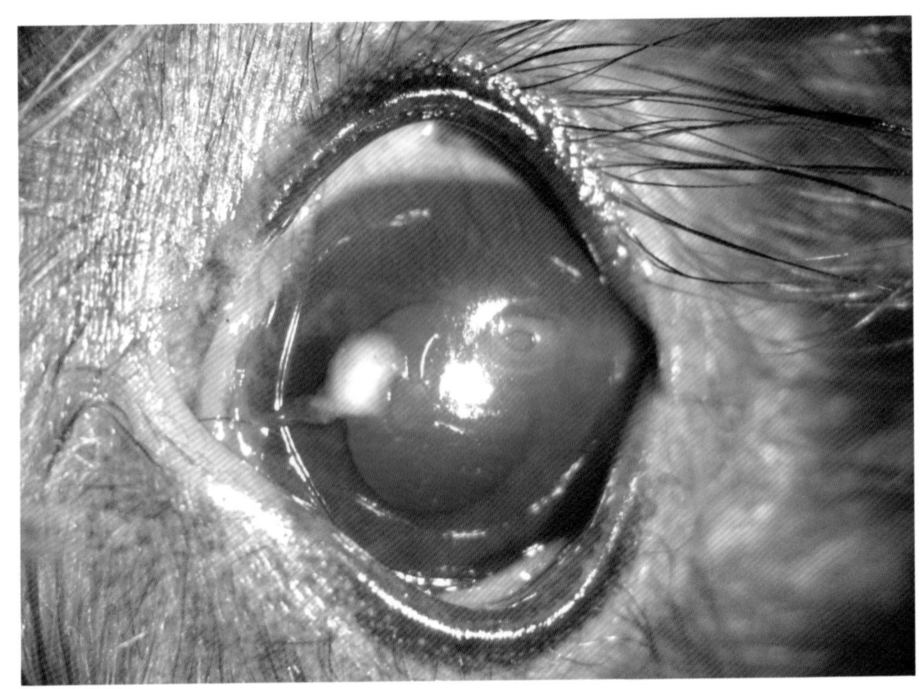

约克夏继发于严重KCS的角膜基质溃疡

KCS的患病动物因为泪液的严重分泌不足，可能由于角膜病变（基质溃疡或穿孔）或呼吸道问题（鼻孔堵塞）前来就诊。

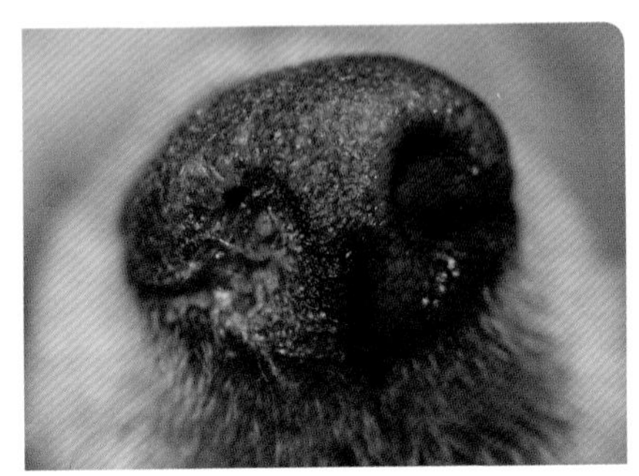

1例杂种犬KCS的干燥、堵塞的鼻孔

第十节　色素性角膜炎

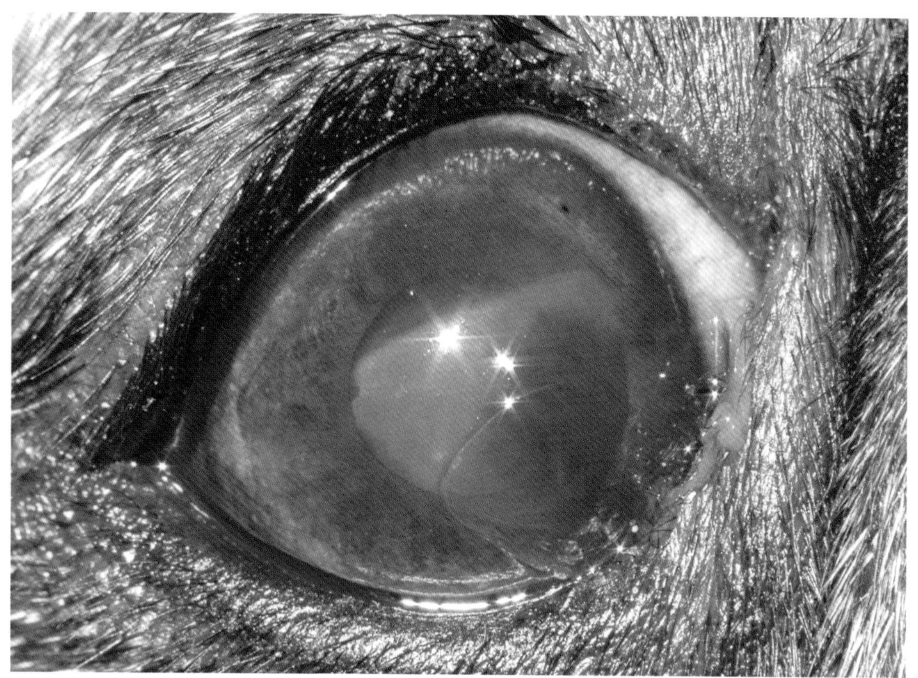

1例3岁巴哥犬的色素性角膜炎。这一角膜病变的特征是角膜鼻侧区域的色素侵入

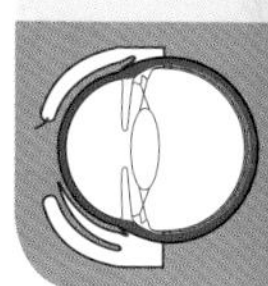

长期暴露于刺激因素中导致的角膜炎性疾病，并发黑色素沉积、轻微角膜水肿和新生血管生长。

患色素性角膜炎的巴哥犬

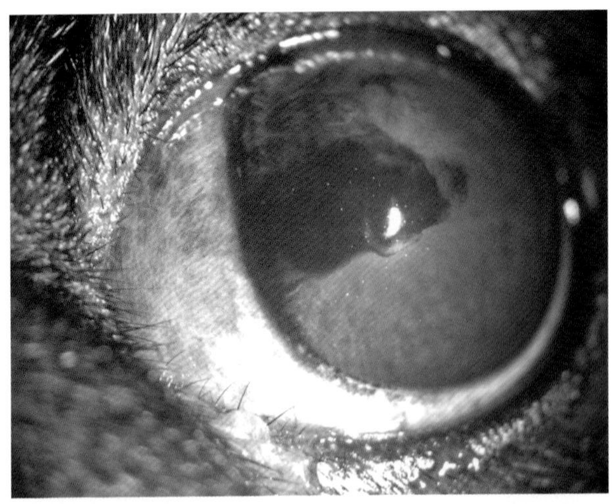

1例3岁巴哥犬的色素性角膜炎。巨睑裂（睑裂过大）、内眦内翻、眼球突出和兔眼是这一角膜疾病的风险因素

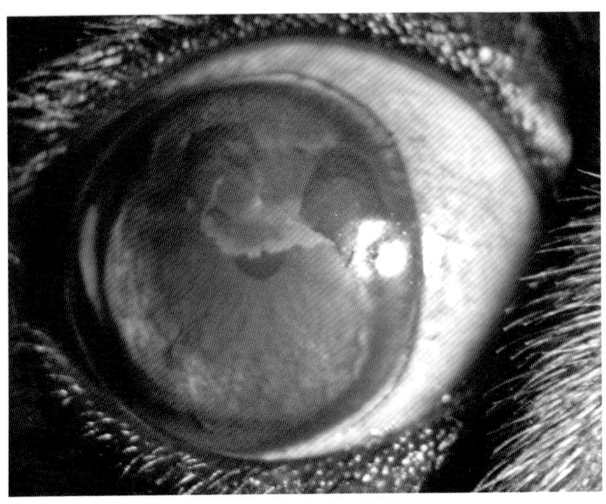

1例巴哥犬色素性角膜炎轻微角膜水肿、新生血管和色素浸润近观。与鼻褶毛发接触可加重临床症状

    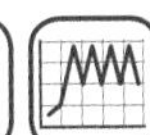 

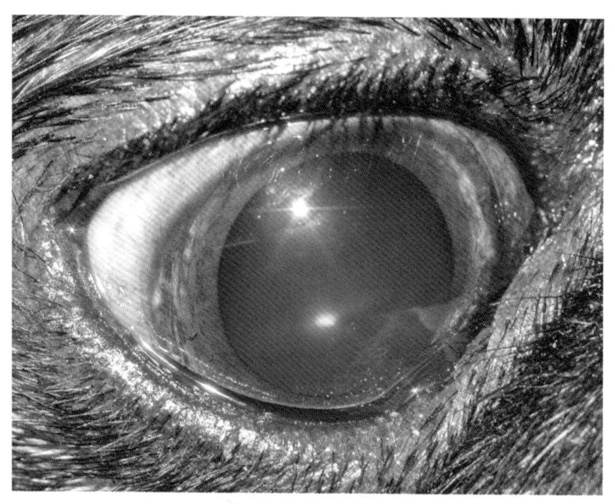

1例3岁巴哥犬的色素性角膜炎。内眦内翻和鼻褶倒睫刺激鼻侧角膜近观

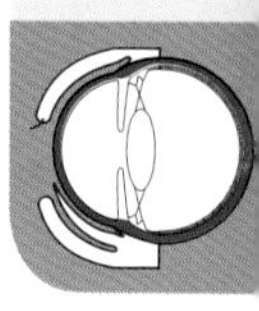

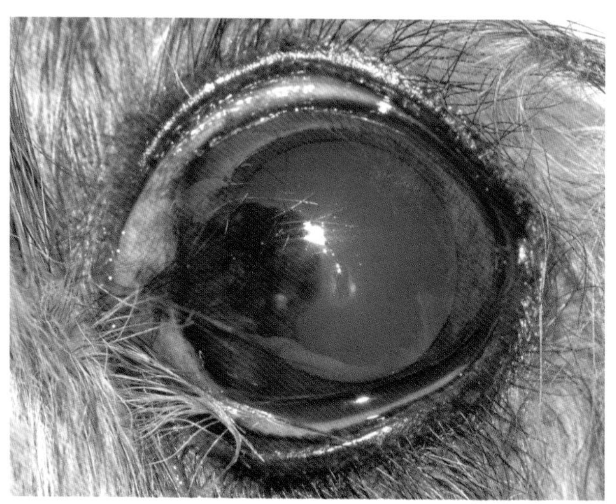

色素性角膜炎的西施犬。除了眼球突出和巨睑裂，面部毛发的摩擦加重了患犬的病情

品种倾向性

色素性角膜炎风险最高的品种有巴哥犬、西施犬、拉萨狮子犬和京巴犬。

   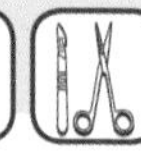  

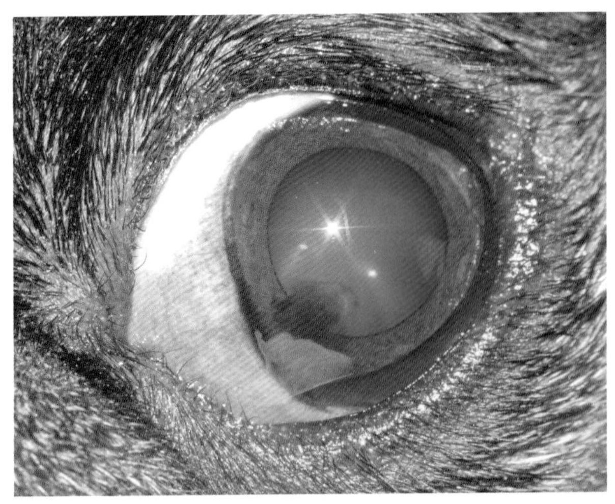

轻度色素性角膜炎时的色素浸润

疾病早期视觉功能是不受影响的。注意双眼完好的毯部反光

重要提示

疾病早期使用环孢素A（局部）和人工泪液可最小化角膜上黑色素的沉积。

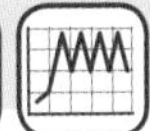

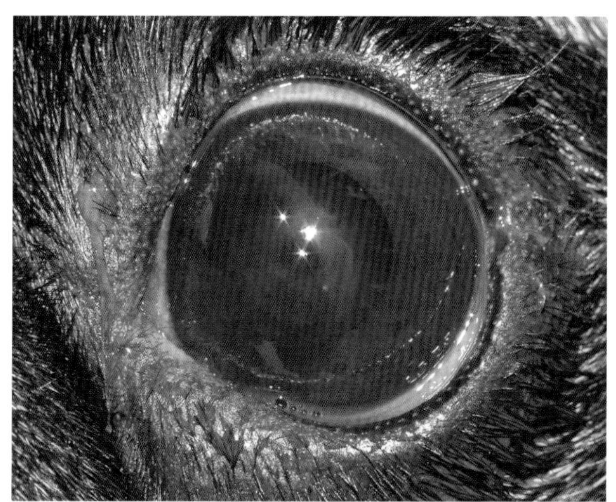

1例巴哥犬的中度色素性角膜炎。

随着疾病发展，从角膜鼻侧区域侵入的色素导致视觉受损。

病程：2年

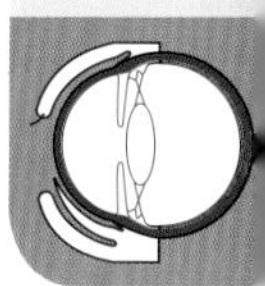

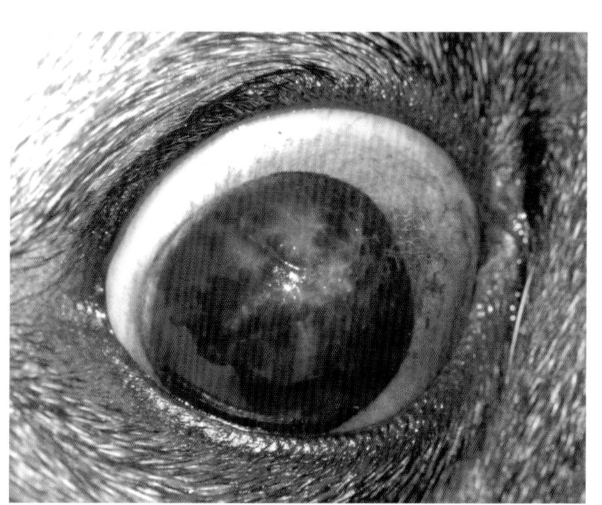

1例巴哥犬严重的色素性角膜炎。色素侵入几乎整个角膜。该患犬巨睑裂近观

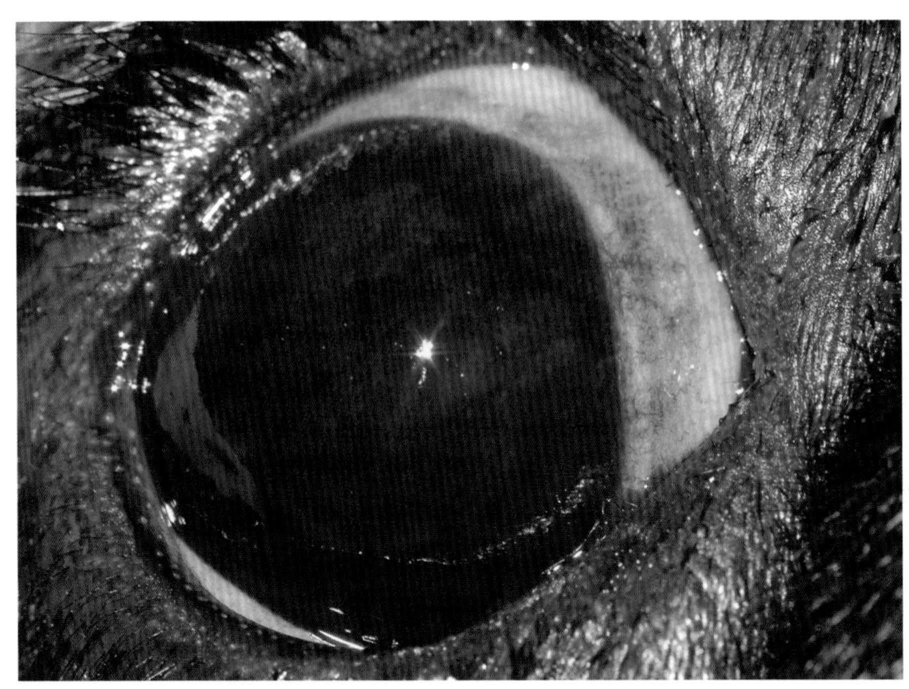

严重色素性角膜炎（眼睛失明）。色素侵入整个角膜。疾病末期

上图的患犬。侵入的色素阻挡了毯部的反光

重要提示

- 该疾病的快速诊断是避免失明的关键。
- 所有的短头品种（尤其巴哥）应该在刚出生的几个月进行裂隙灯检查来发现角膜黑色素的沉积。

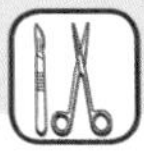
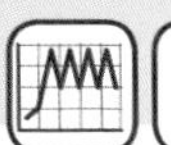

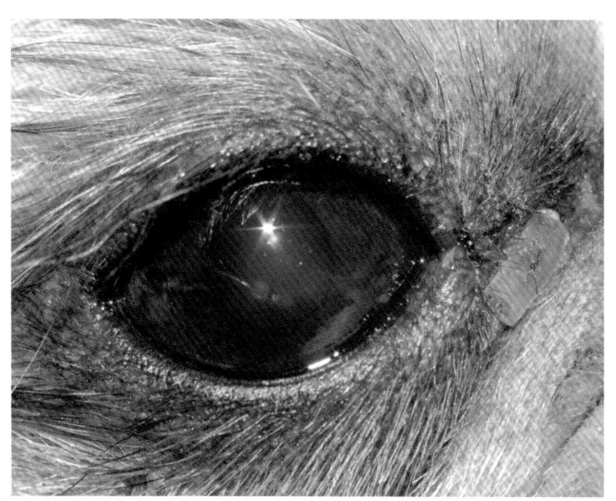

内眦成形术是有色素性角膜炎患犬可选择的手术。

术后的西施犬

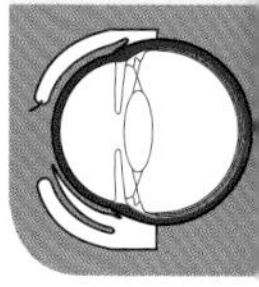

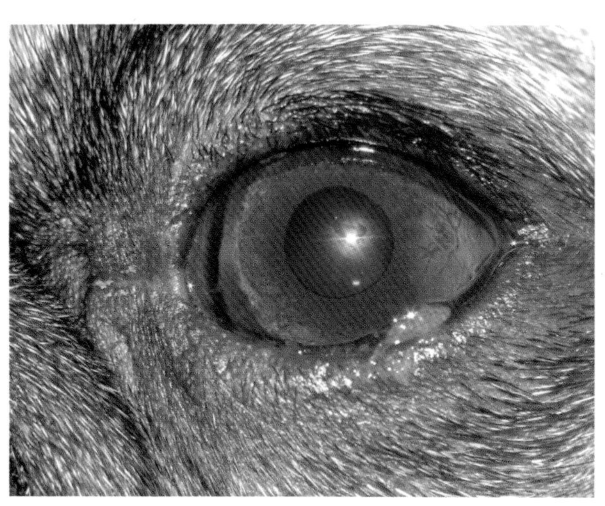

手术治疗的巴哥犬

内眦成形术后内眦的瘢痕近观

手术技术

最常见的技术是内眦成形术，由Roberts-Jensen发明。该手术减少了睑裂的长度，矫正了内眦的内翻，保护角膜不与面部或鼻褶接触，改善了角膜前泪膜的分布。结果就是消除了慢性刺激角膜的所有因素。

色素性角膜炎的巴哥犬内眦成形术后。注意更小的睑裂

该西施犬使用Roberts-Jensen技术进行内眦成形术

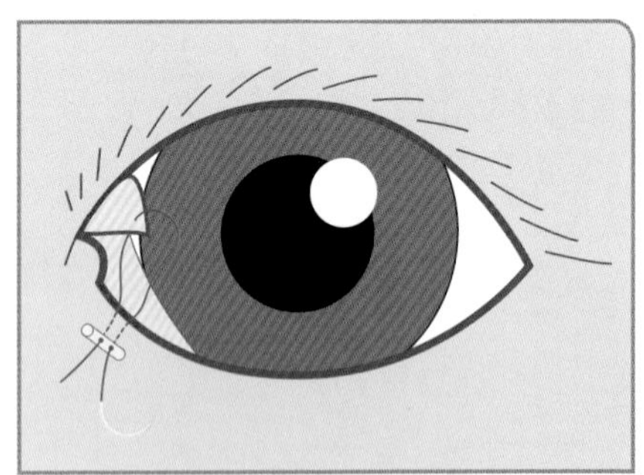

手术技术图解

手术技术

- 进行内眦成形术（Roberts-Jensen）时，制作上眼睑结膜瓣并通过下眼睑结膜插入提前通过分离皮肤和眼轮匝肌形成的囊袋中。
- 要非常小心，不要损伤下泪点或泪小管。

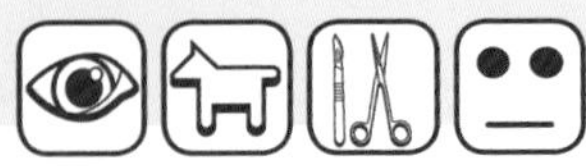

第十一节　猫嗜酸性角膜炎

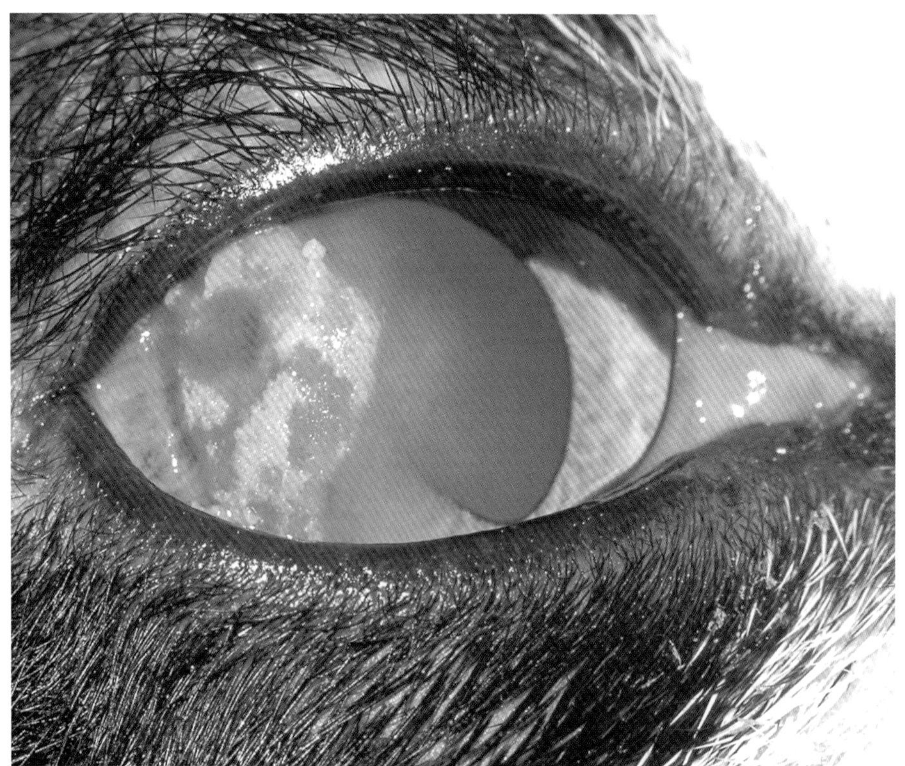

猫嗜酸性角膜炎。4岁家养短毛猫。
病程：3个月，伴泪溢和睑痉挛

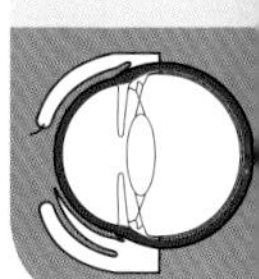

- 猫角膜外层出现白色斑块，同时还有新生血管，应该怀疑猫嗜酸性角膜炎。
- 最常位于角膜的背颞区域。

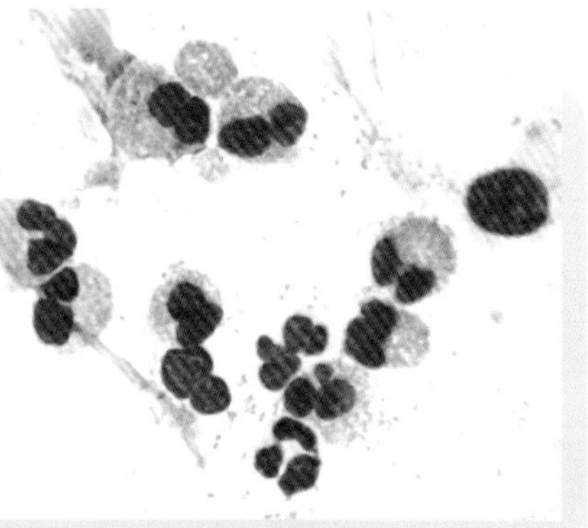

上图患猫取样细胞学图像。嗜酸性粒细胞群近观。
图像由Cristina Fernández Algarra（100×，油镜）提供

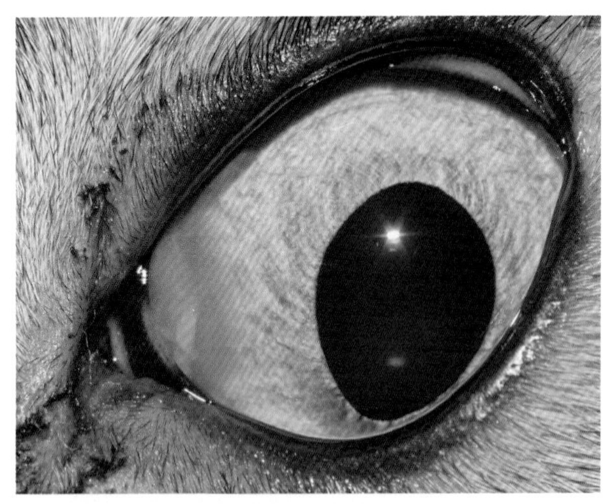

猫嗜酸性角膜炎。

角膜鼻侧区域的病变比颞侧更不常见，但临床症状是类似的（细胞浸润和新生血管）

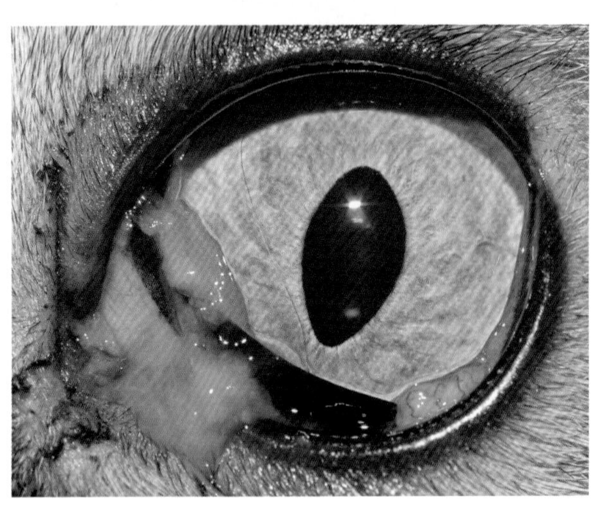

浆液性或黏液性分泌物和睑痉挛是最常见症状

定性诊断基于角膜细胞学结果。

嗜酸性粒细胞（包括脱颗粒的）、浆细胞和肥大细胞在这些患猫中是最常见的细胞。

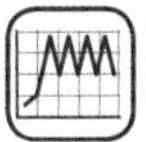

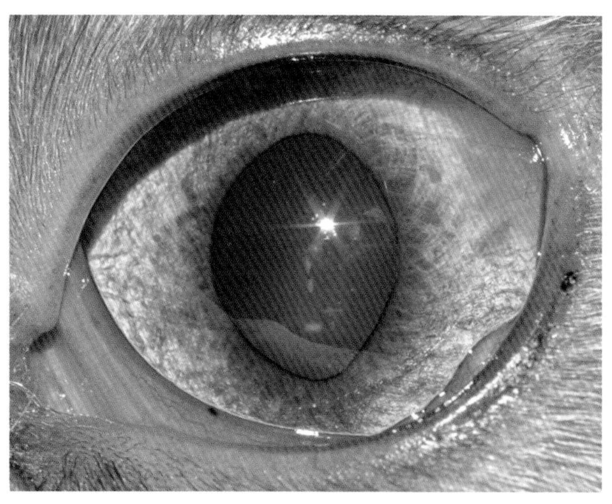

1例暹罗猫轻度嗜酸性角膜炎。颞侧区域。血管和细胞浸润。

病程：10天

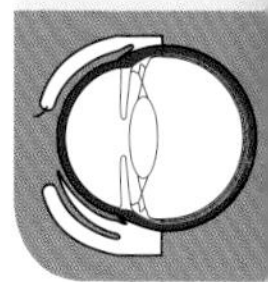

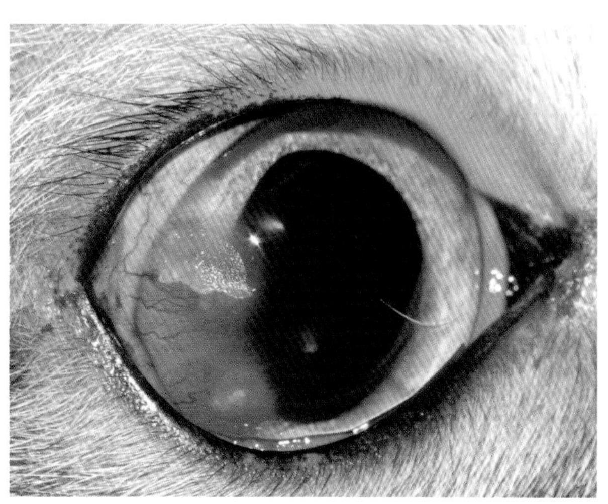

中度嗜酸性角膜炎。细胞浸润、水肿和白色斑块是疾病发展的表现。

病程：35天

i 该角膜疾病的平均发病年龄是4 ~ 6岁。发病通常是单侧的，但也可能是双侧的。

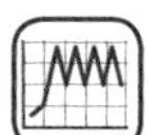

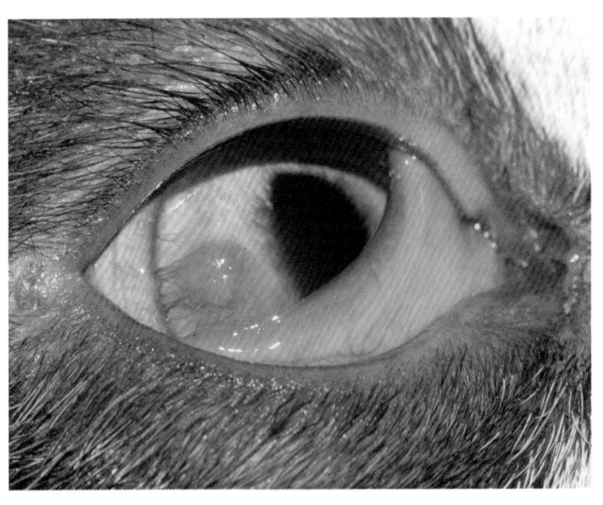

1例猫嗜酸性角膜炎基质细胞浸润和新生血管长入

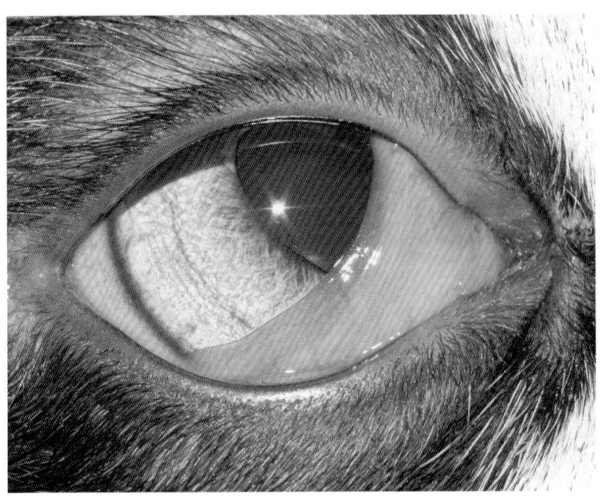

上图所示患猫使用地塞米松眼药水治疗15天后

- 猫嗜酸性角膜炎可选择的药物有局部皮质类固醇（地塞米松优先）和局部0.2%环孢素A（如果可以耐受）。
- 复发很常见。

第十二节　角膜营养障碍

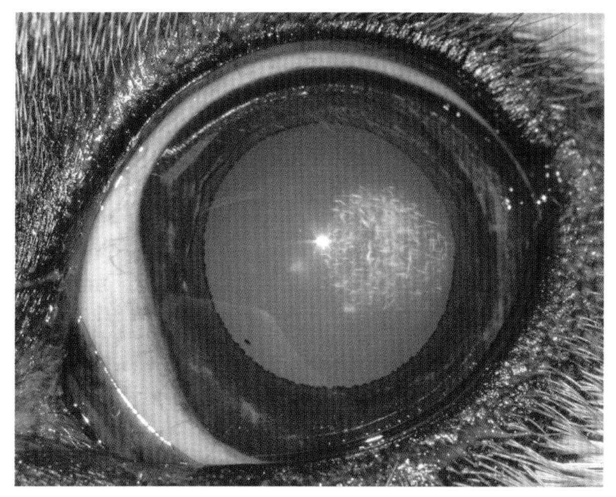

1例4岁比格犬角膜中央基质营养障碍。
病程：30天

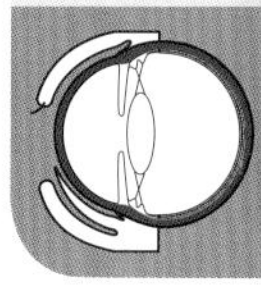

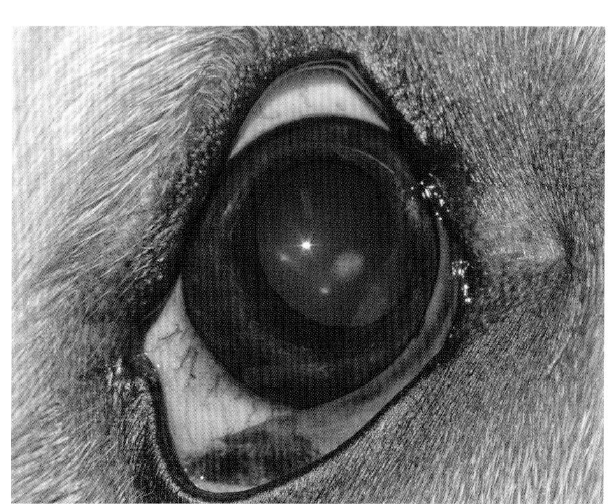

角膜基质营养障碍的2岁拉多，椭圆形的病变

i　角膜营养障碍是角膜的非炎性疾病，通常双眼发病、渐进性，以呈现白色斑块（磷脂或胆固醇）为特征。

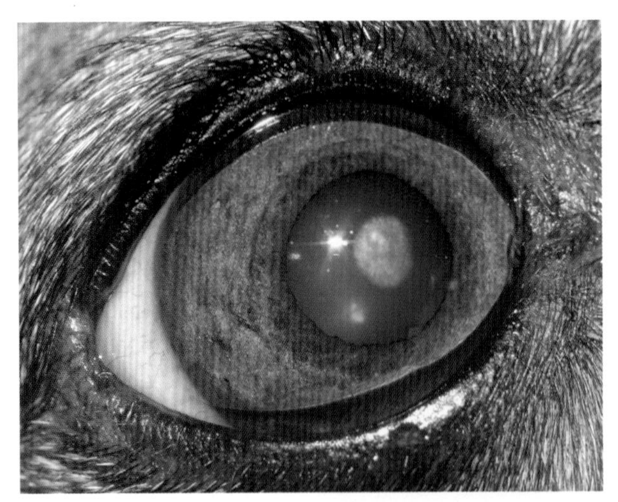

1例2.5岁比格犬右眼轴向角膜营养障碍

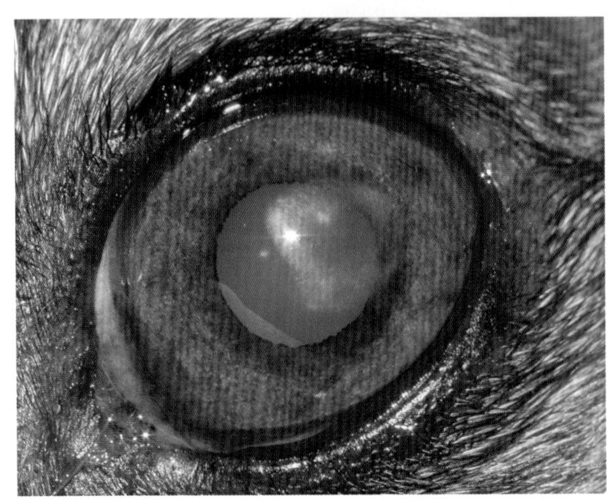

上图患犬左眼角膜营养障碍

重要提示

- 原发性角膜营养障碍一般表现双眼和对称发病。不同的眼睛病变大小可能不同。

品种倾向性

- 角膜营养障碍已经在比格犬、西伯利亚哈士奇、可卡犬和万能梗中有过报道。

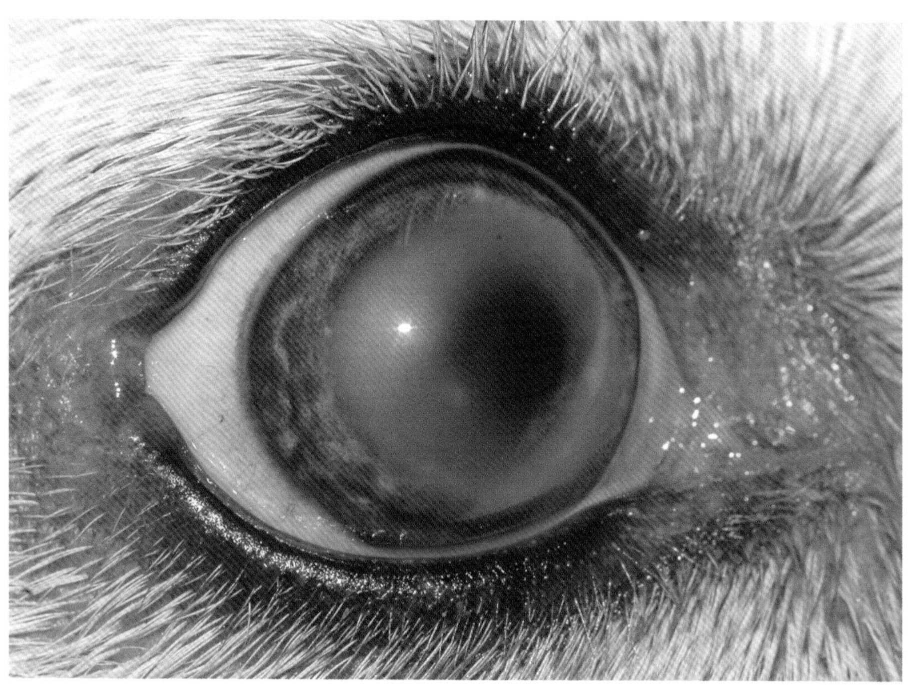

1例5岁哈士奇脂质性角膜基质营养障碍。
该品种中病变通常是环状的

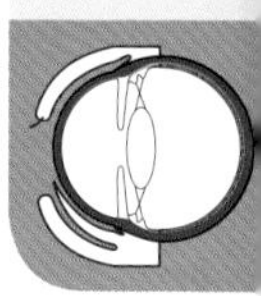

哈士奇角膜这种无血管的疾病是双侧的，有遗传因素影响。

上图的患犬。
注意双侧角膜浑浊

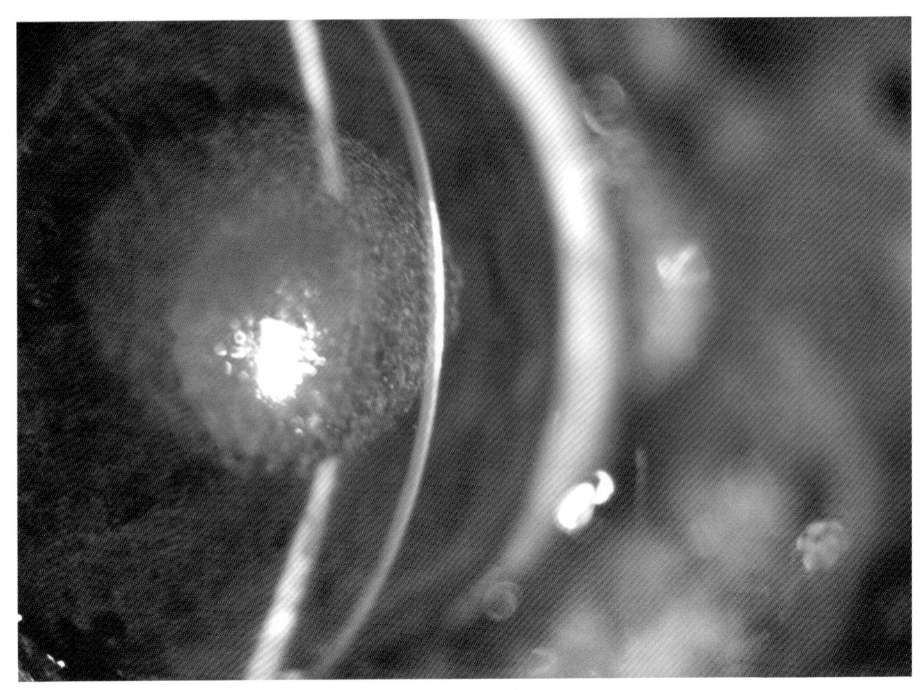

下图角膜近观。注意营养障碍基质的定位。
裂隙灯照片

趣味提示

裂隙灯是角膜病变适当定位的重要工具。

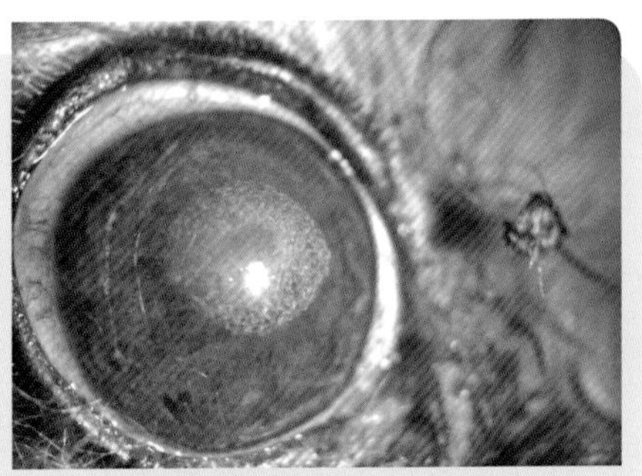

万能梗角膜基质营养障碍。
轴向定位和晶状体样外观

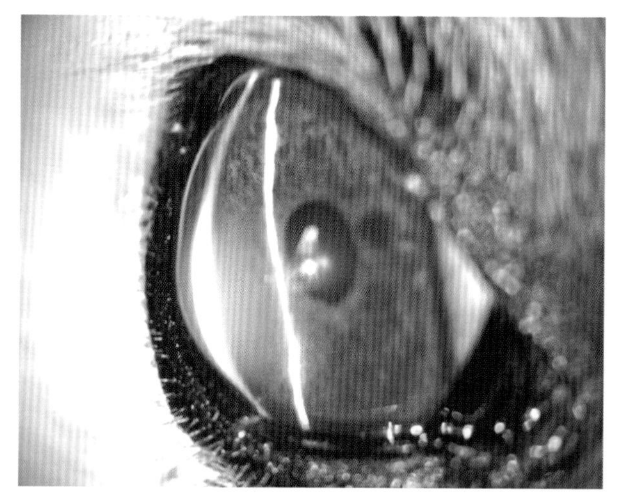

13岁猎狐梗角膜内皮营养障碍

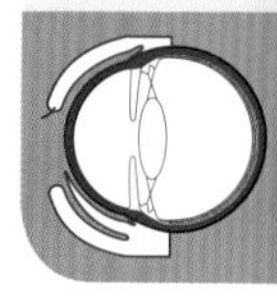

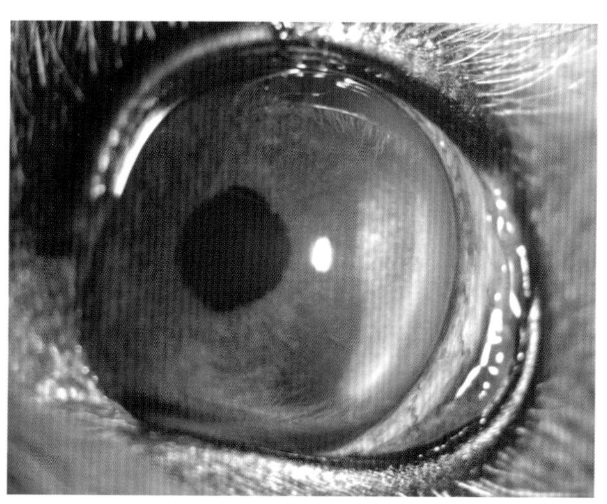

角膜颞侧区域渐进性内皮营养障碍。14岁猎狐梗。图片提示年龄相关性虹膜萎缩

品种倾向性

- 角膜内皮营养障碍已经在猎狐梗、波士顿梗和猎肠犬中有报道。
- 是一个自发的渐进性疾病，容易开始于颞侧区域，可能影响整个角膜，进而导致失明。

  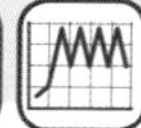 

第十三节 角膜变性

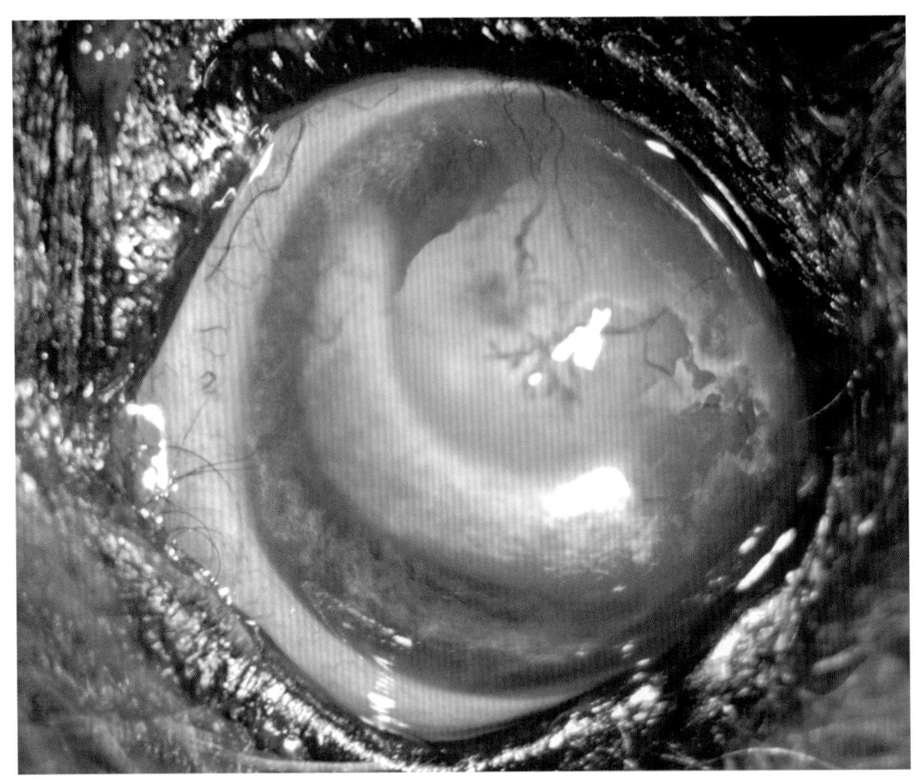

1例14岁杂种犬角膜变性。
注意新生血管、水肿和角膜沉积物

角膜变性是1种炎性角膜疾病，继发于慢性角膜损伤或系统性疾病。可能是单侧或双侧，一般比较反常。

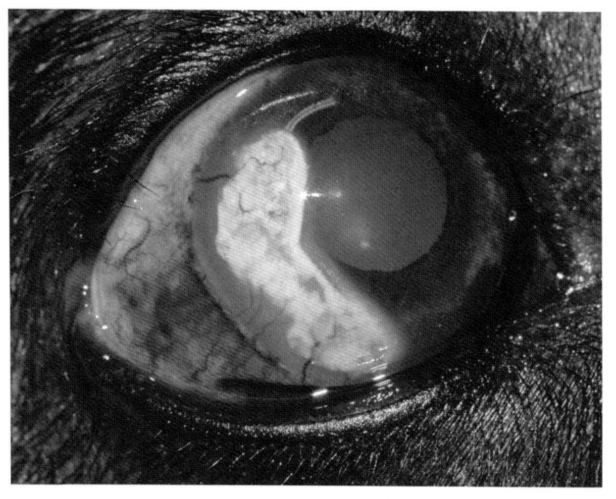

有甲状腺机能低下的德国牧羊犬杂种犬右眼的角膜变性

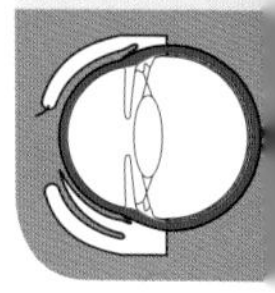

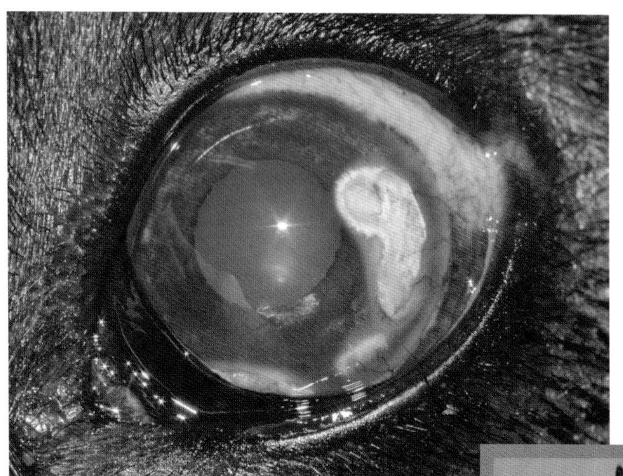

左眼有相同的角膜变性症状（新生血管、沉积物和水肿）

患犬，双侧角膜变性

重要提示

与角膜变性相关的系统性疾病有甲状腺机能低下（报道于可卡犬和德国牧羊犬）、肝病和内分泌疾病（库兴氏综合征和糖尿病）。

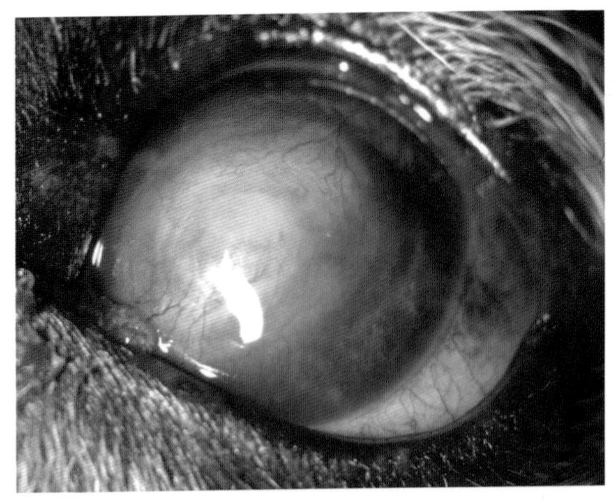

1例犬严重溃疡性角膜炎继发的大范围角膜变性

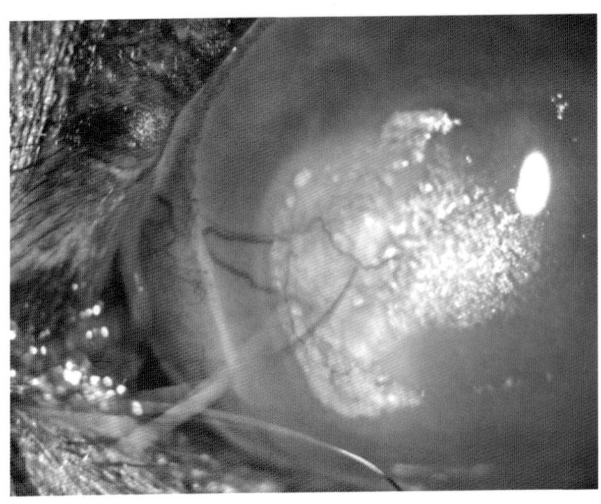

1例角膜变性的15岁犬新生血管和钙质沉积

i 角膜变性可能出现在对慢性炎性过程（角膜溃疡、手术、巩膜表层炎等）的反应中。

在这些角膜沉积物中可能分离出钙质和脂质。

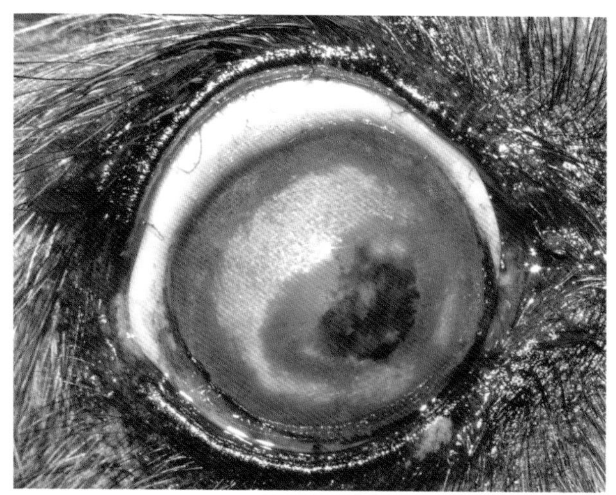

慢性角膜变性的13岁杂种犬。新生血管、色素沉积和色素浸润近观。

病程：2年

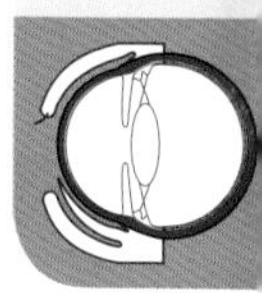

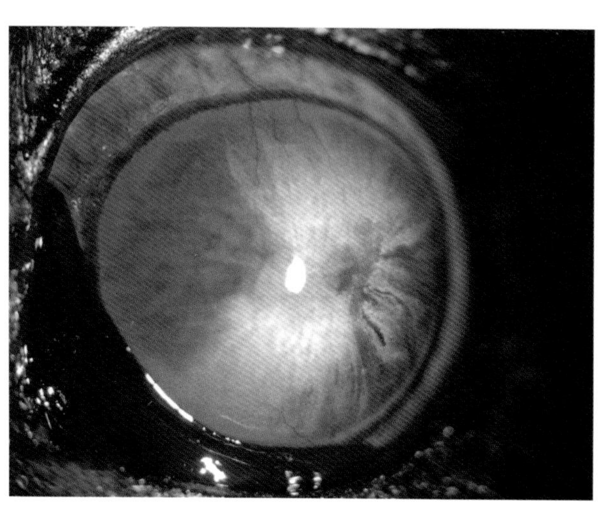

非常晚期角膜性的15岁杂种犬。严重视力受损

重要提示

- 色素的出现是慢性的表现。
- 药物治疗是为了消去血管和色素沉积（使用环孢素A、他克莫司）以及养护角膜（使用自体血清、人工泪液）。
- 极端病例可能需要手术（角膜移植术）。

  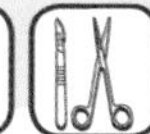  

第十四节　角膜水肿

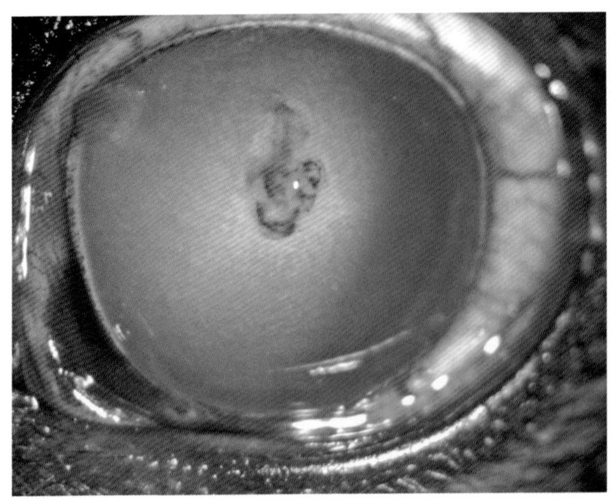

被猫抓伤的犬角膜水肿。上皮屏障的破坏使得液体可以进入角膜基质

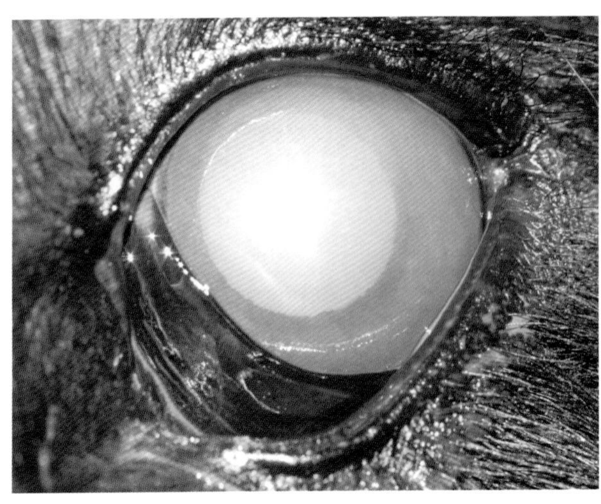

继发于葡萄膜炎的内皮损伤造成房水进入基质。慢性葡萄膜炎的犬弥散性角膜水肿

任何上皮的损伤或内皮泵的失效都造成液体进入角膜基质。

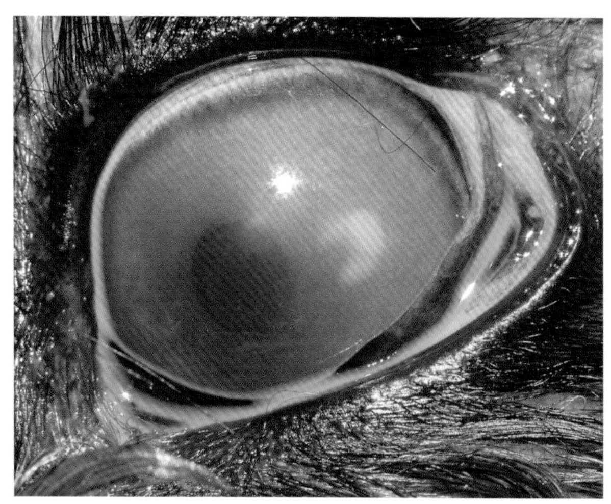

角膜与松树列队毛虫接触继发急性葡萄膜炎、急性角膜水肿

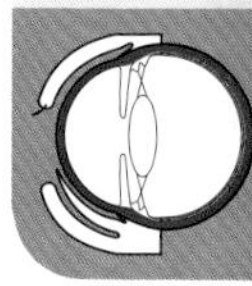

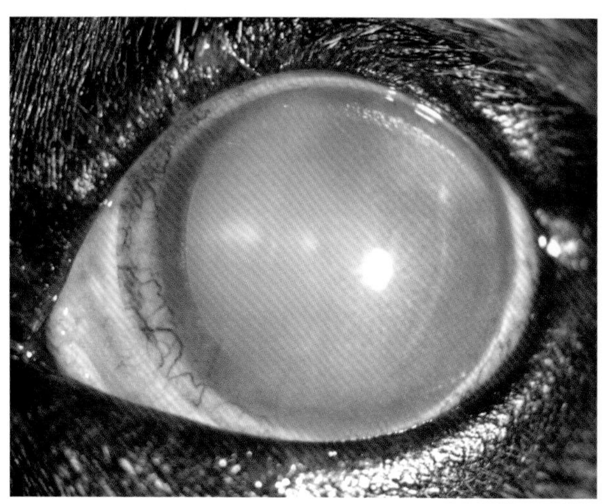

急性青光眼导致内皮损伤继发的水肿

i 角膜水肿最常见的原因是溃疡、葡萄膜炎、青光眼和晶状体前脱位。

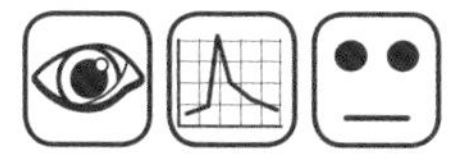

第十五节　肿瘤

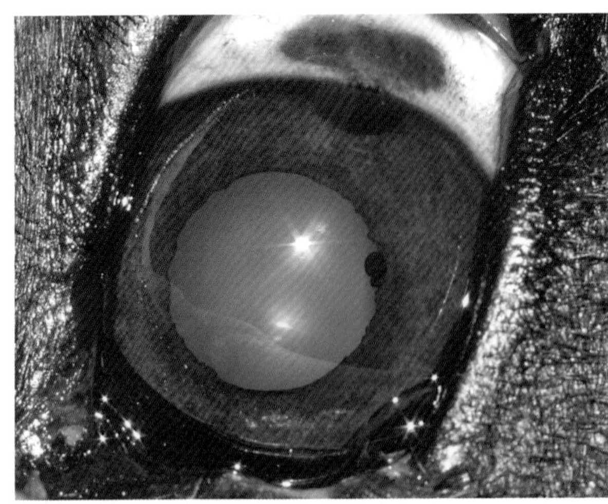

1例7岁德国牧羊犬的眼球表层黑色素瘤。

一般为良性

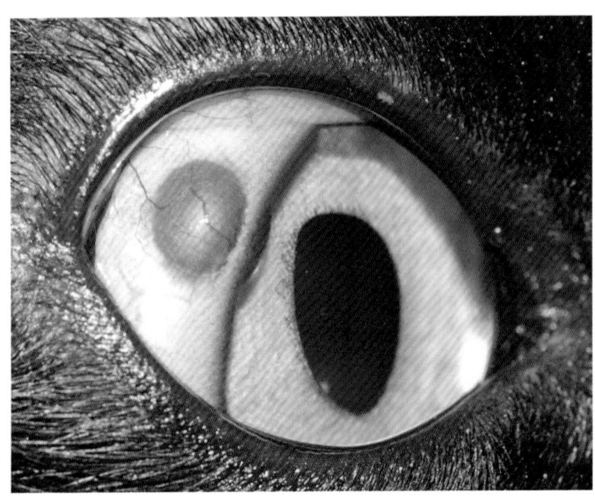

1例6岁家养短毛猫角巩膜缘黑色素瘤伴角膜侵袭

角膜肿瘤罕见。已经报道过柯利犬的眼球表面黑色素瘤、鳞状上皮癌和纤维组织瘤。

第十六节　异物

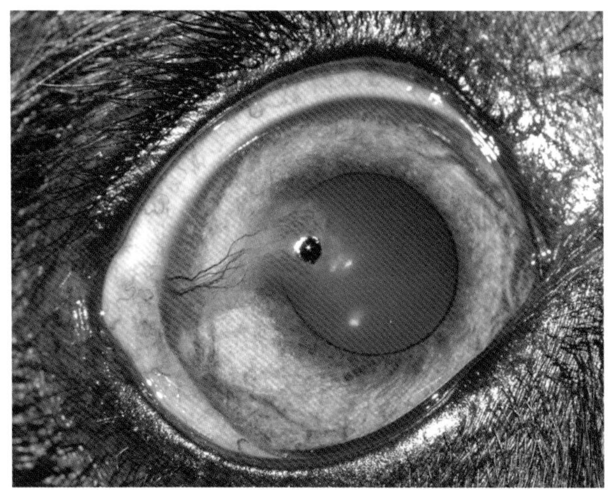

3岁布列塔尼猎犬血管从角膜巩膜缘向异物（从植物上来的）侵袭。

病程：10天

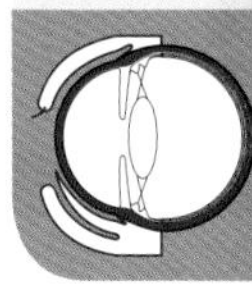

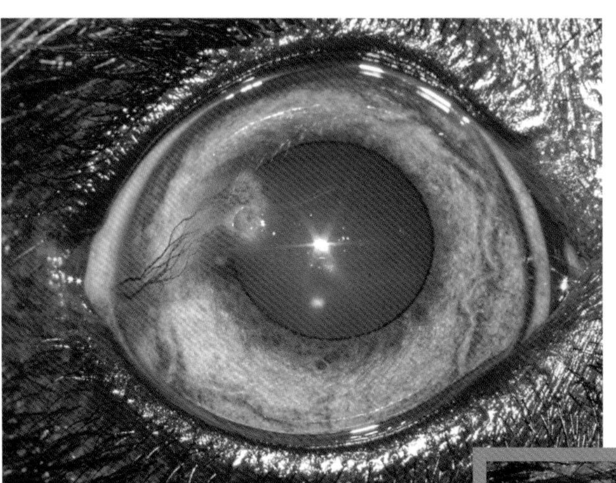

治疗包括移除异物（全麻状态下）

最常见的异物有叶片、刺、草芒和玻璃或金属碎片。

之后药物治疗以形成瘢痕。15天之后的患犬

    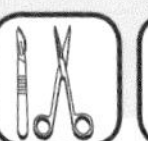 

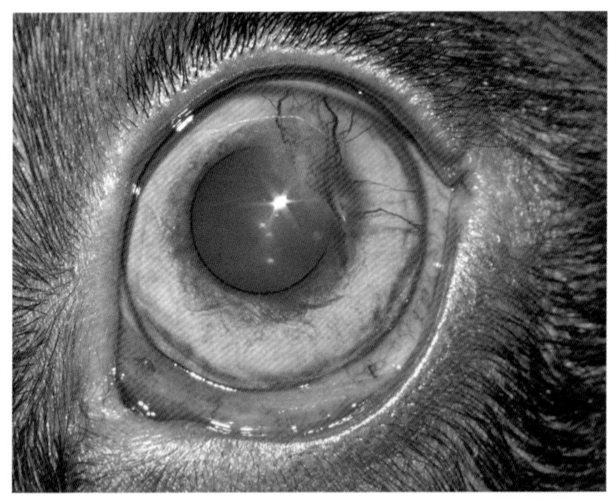

4岁波英达猎犬被刺嵌入背颞侧角膜基质中。末端在轴旁区域。

病程：25天

去除异物之后的患犬。

受累区域的角膜白斑

异物——植物刺

这些患犬的主要临床症状是泪溢和睑痉挛。

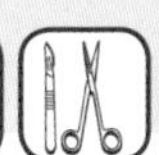

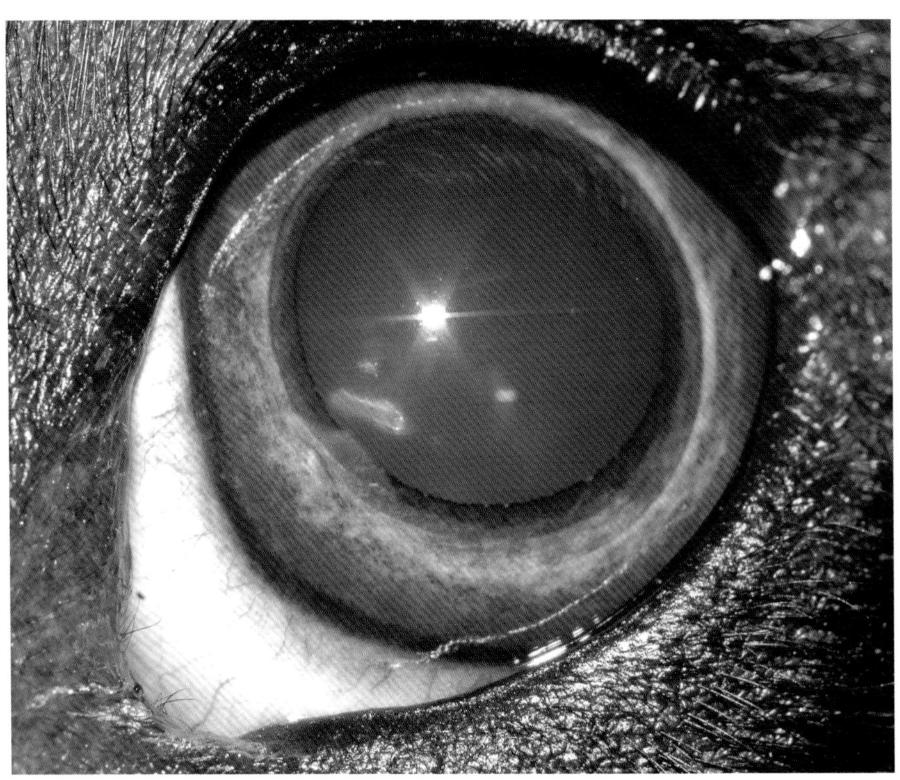

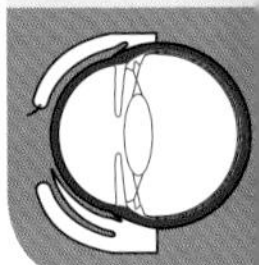

刺嵌入了猎犬的角膜，它搜寻猎物时头撞进了灌木丛。
病程：12小时

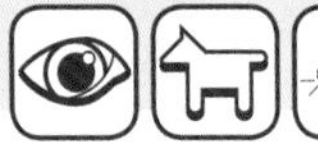

急症

- 尽可能快速地移除异物以防止角膜穿孔。
- 2支胰岛素针头可用于移除异物。

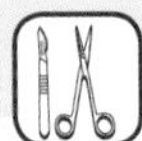

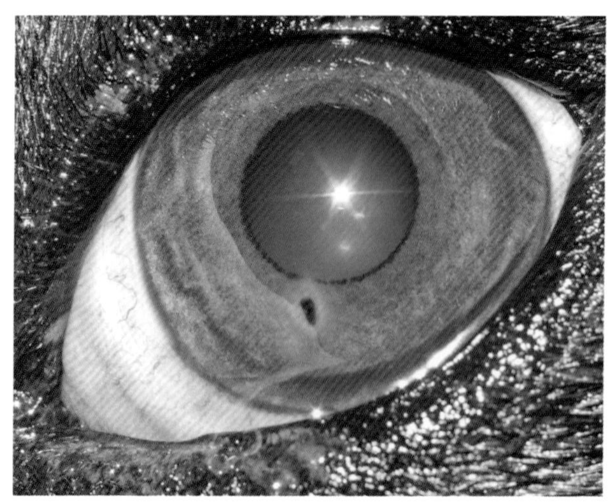

刺嵌入角膜，造成全层损伤。

病程：6天

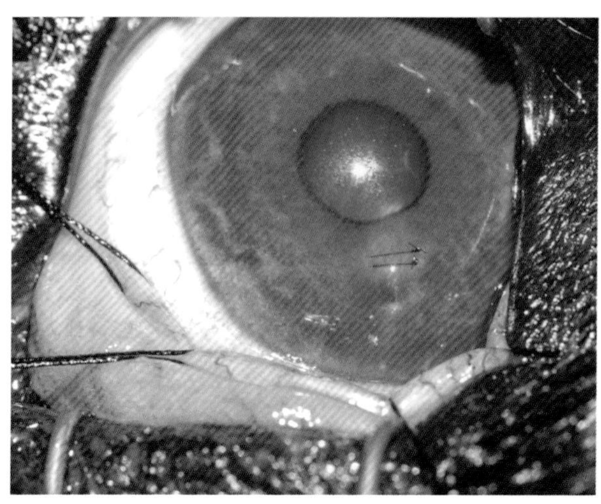

移除异物后使用9-0尼龙线进行手术重建。

仅包括2/3角膜厚度

重要提示

- 当在取出累及深层角膜的异物时都要进行全麻。

禁忌

- 当在移除异物时，确保没有其他物质进入眼睛。
- 不要使用镊子。
  推荐使用25G针头。

    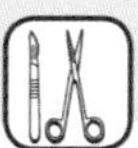  

第十七节　猫坏死性角膜炎

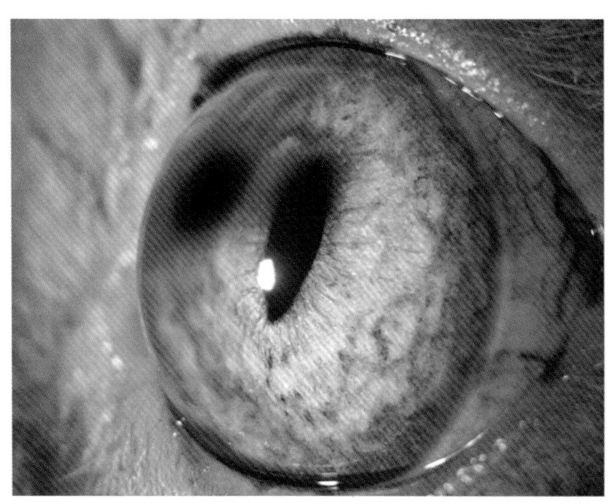

1例2岁波斯猫的角膜坏死。深色角膜病变的特写。注意不要和异物混淆

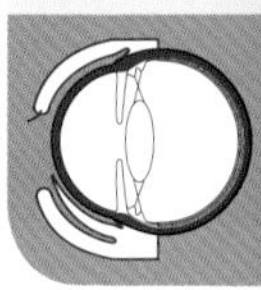

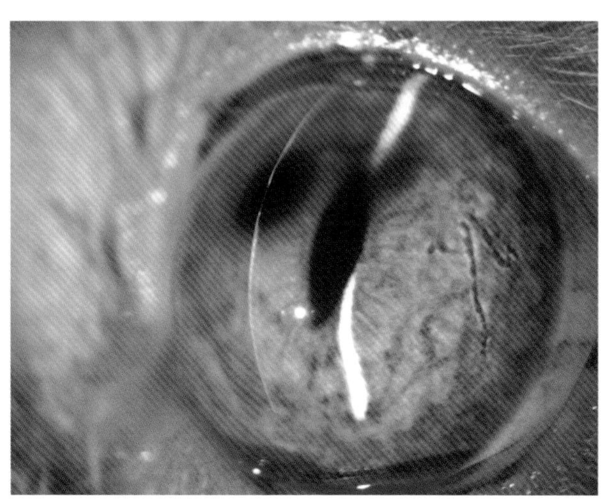

上图患猫。使用裂隙灯检查基质状态

猫角膜变性（角膜坏死）特点是角膜基质中局灶性的胶原纤维变性和棕色色素的出现（晚期）。

这一病变的最可能病因是角膜的慢性刺激，尽管也报道过诸如基质营养障碍和猫疱疹Ⅰ型的病因。

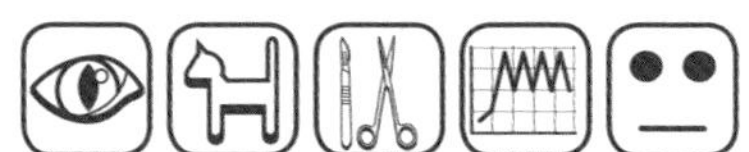

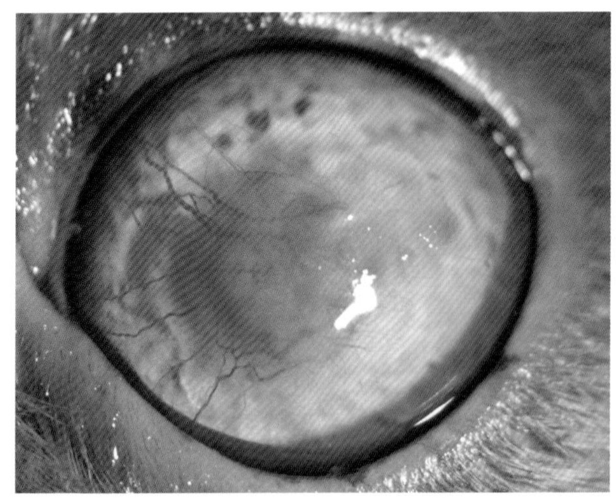

猫角膜坏死伴增生的新生血管。

病程：35天

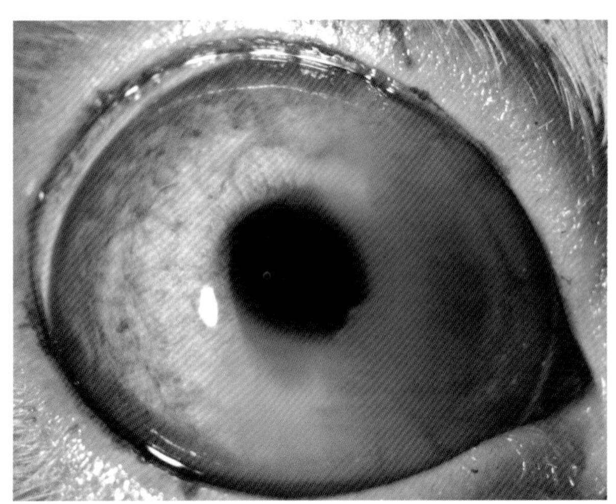

晚期时，新生血管和黑、棕色斑块一同出现

品种倾向性

最容易患角膜坏死的品种有波斯猫、喜马拉雅猫和异国短毛猫，但任一猫都可能患病。

   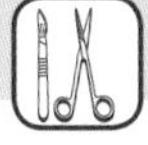 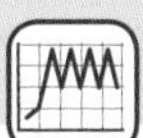 

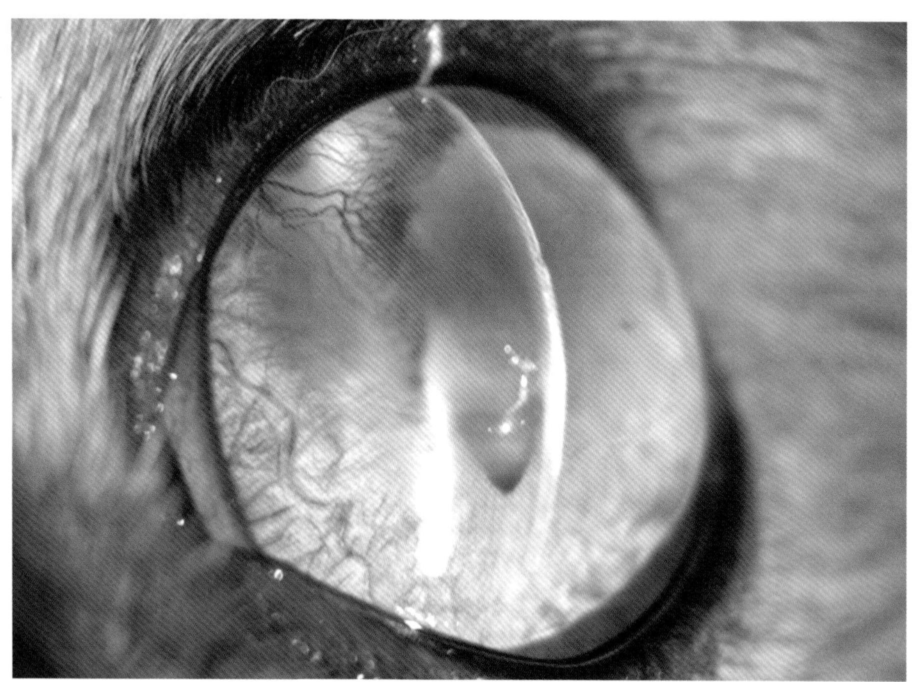
随着疾病发展，角膜坏死会诱导基质结构丧失。
胶原纤维变性可以通过裂隙灯鉴别

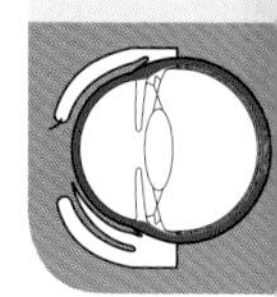

趣味提示

角膜坏死的结构特点是出现干、变性的胶原纤维。可以认为是基质坏死的一种形式。

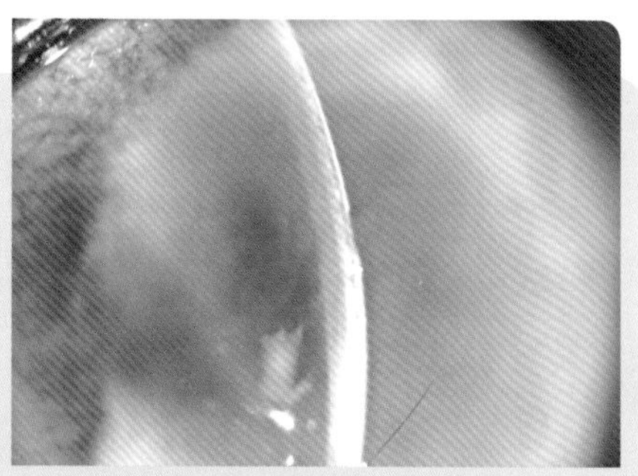
患猫基质结构丧失特写

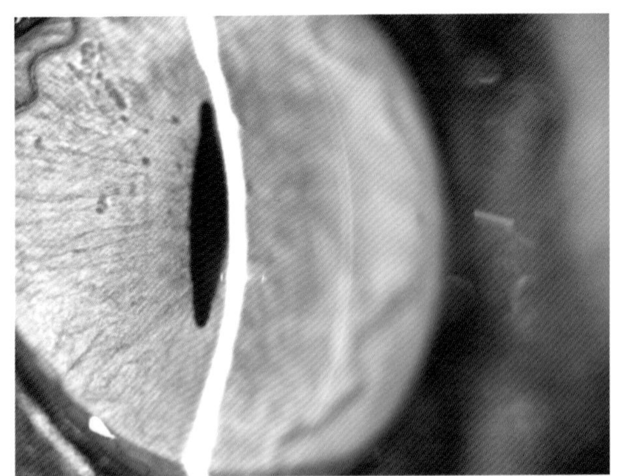

上一页图片所示患猫的正常对侧眼。裂隙灯照片

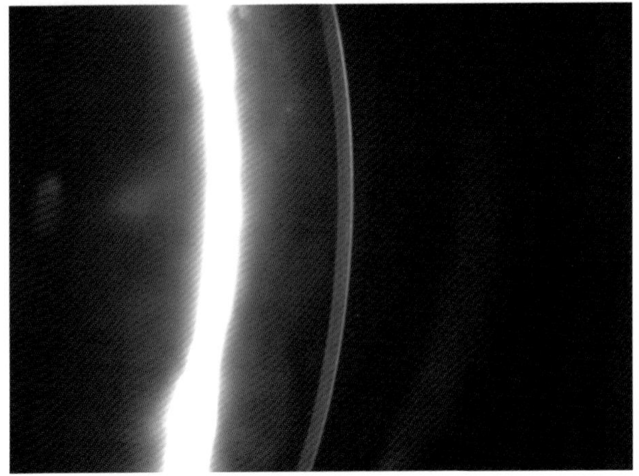

正常角膜结构的光学特写

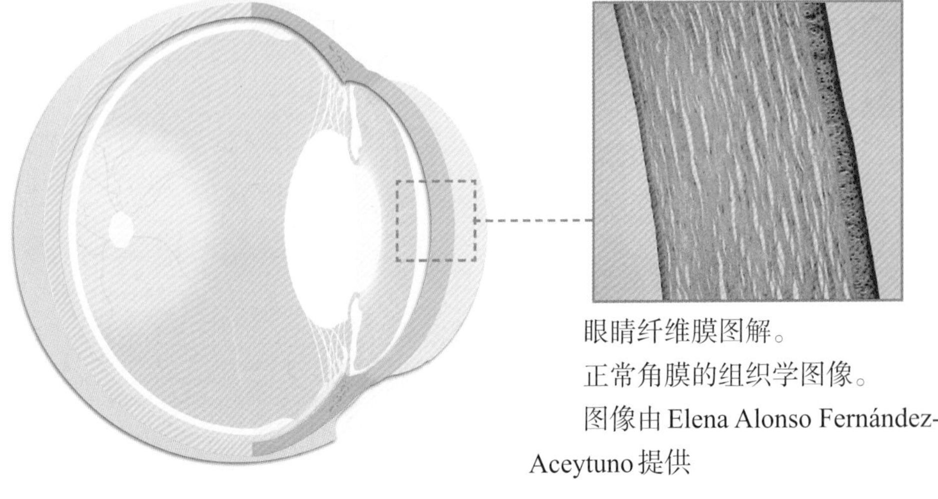

眼睛纤维膜图解。

正常角膜的组织学图像。

图像由Elena Alonso Fernández-Aceytuno提供

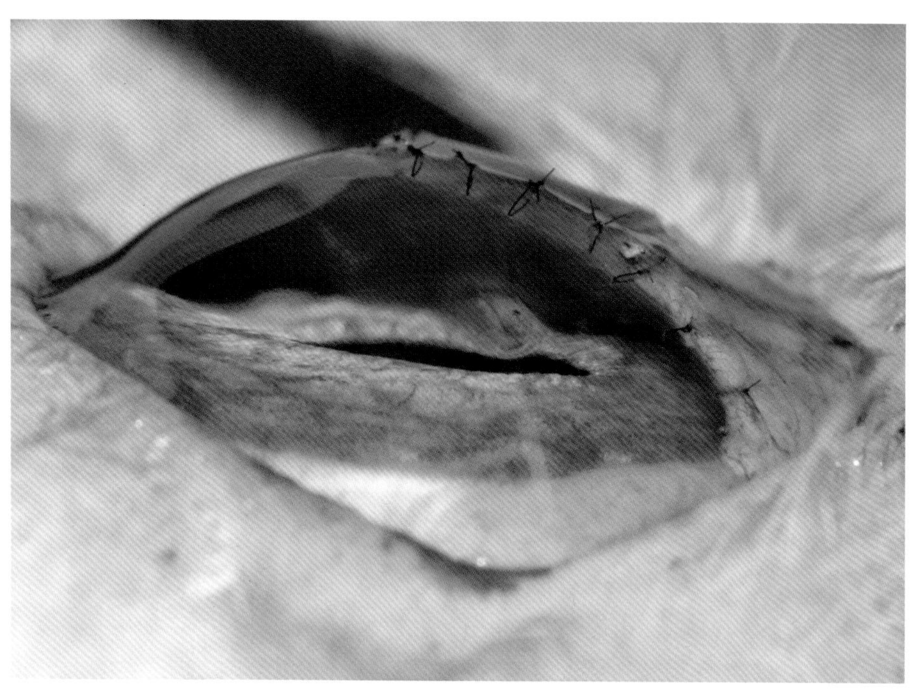

207页患猫（2岁波斯猫）的角膜结膜瓣移植，手术治疗角膜坏死

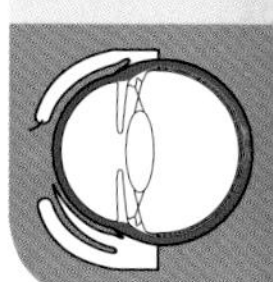

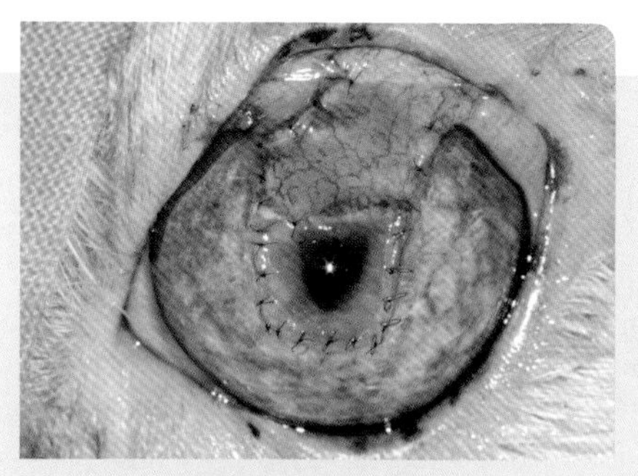

瓣的正面观

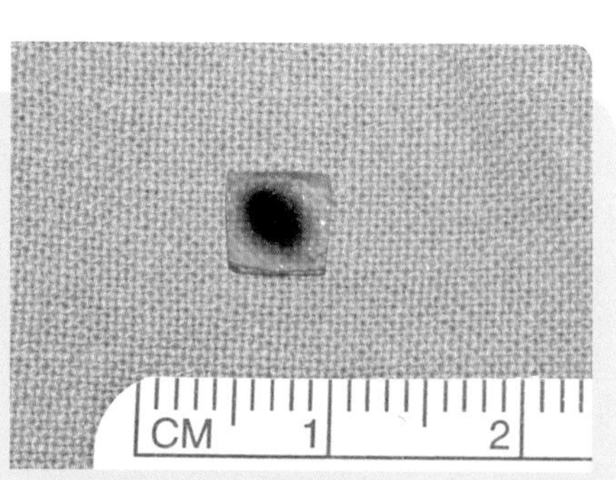

切除的角膜坏死特写

手术技术

角膜结膜瓣移植是猫角膜坏死可选择的手术技术，包含自体滑行的板层角膜薄片，几乎不影响角膜的曲率。

   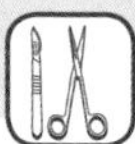 

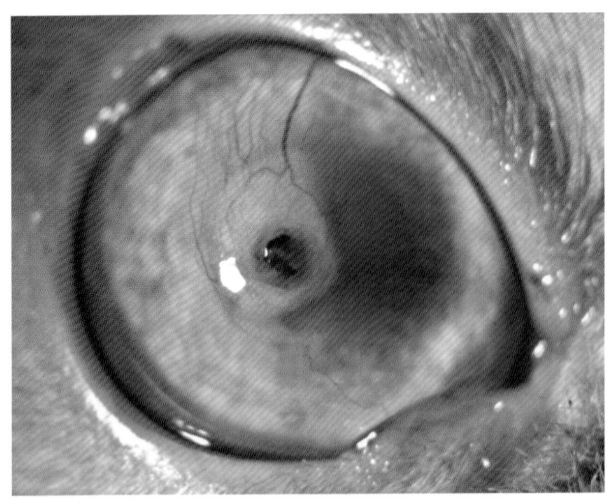

1例波斯猫角膜中央（轴）区域的猫角膜坏死。角膜结膜瓣移植包括在移除病变（坏死）后移植周边健康角膜到中轴区域

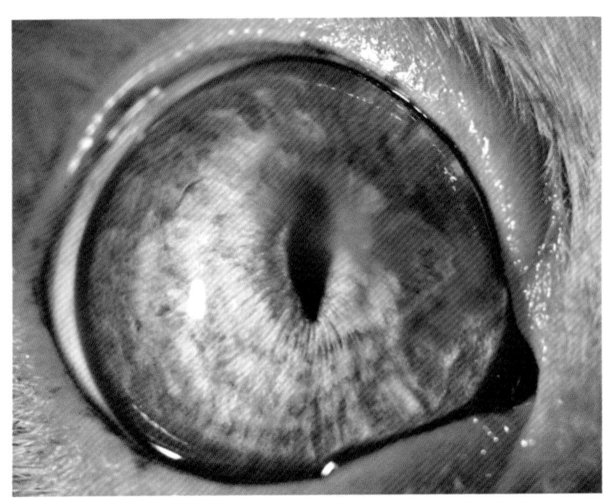

治疗2个月后的患猫角膜。

趣味提示

- 术后局部使用皮质类固醇（地塞米松）和环孢素A改善角膜透明度。
- 角膜结膜瓣移植的替代选择是使用猪的小肠黏膜下层或角膜板层切除的角膜（新鲜或冷冻的）。

   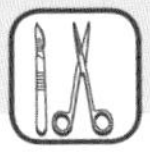 

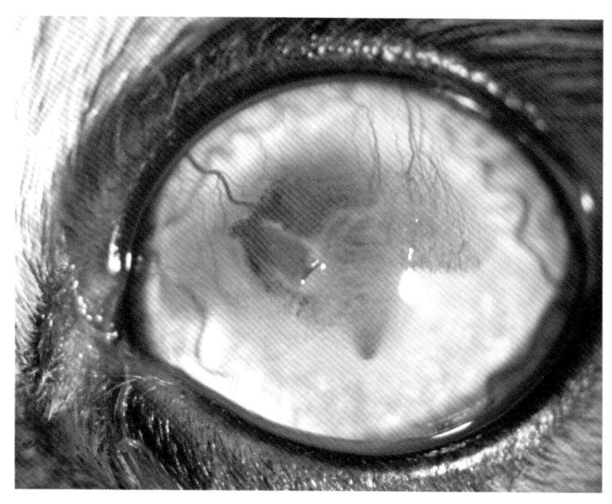

1例猫的角膜坏死，正在挤出过程中的坏死角膜

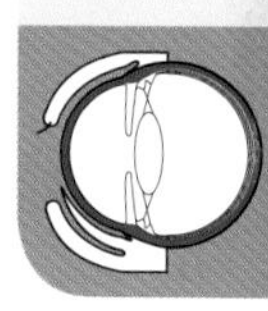

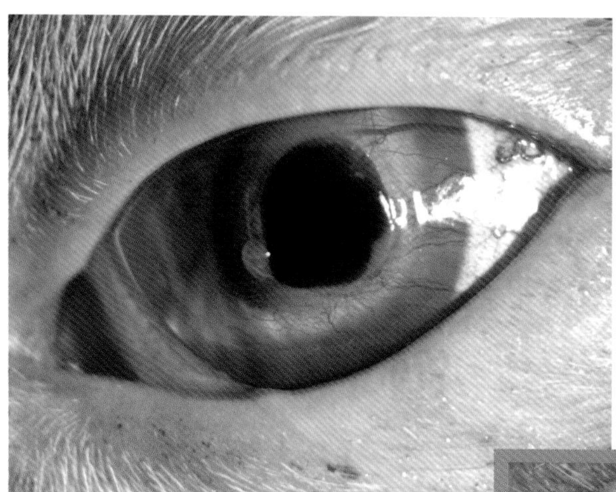

1例波斯猫变性斑块自发性挤出

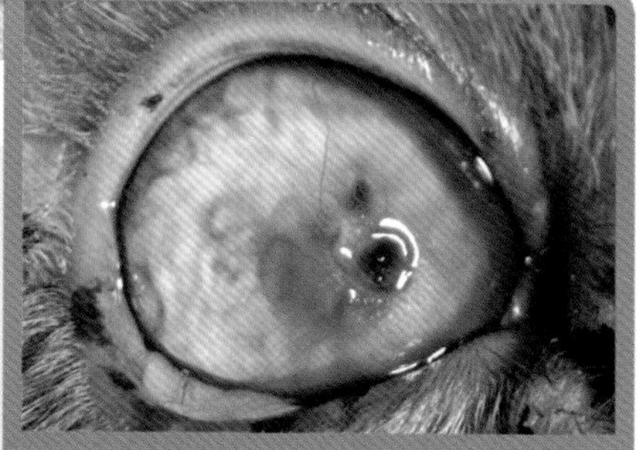

深层角膜坏死。注意闪光灯反射下角膜的凹陷

重要提示

- 某些病例的坏死角膜可能会自发挤出来。然而，因为这个病会逐渐发展（甚至导致穿孔），以及复发很常见，所以不要等着出现自发挤出。

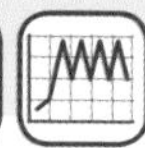

第十八节　皮样囊肿

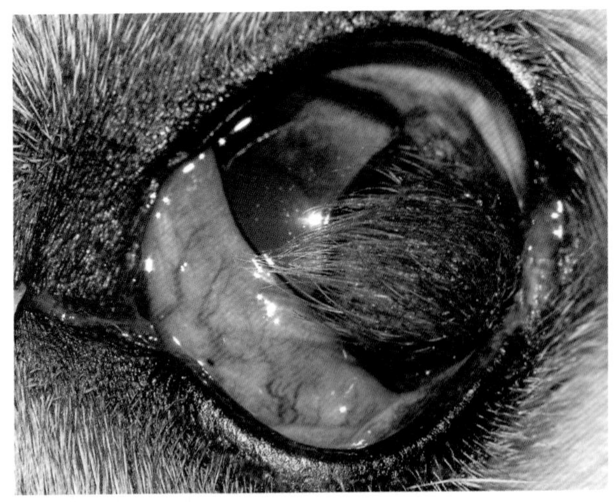

1例2岁杂种犬先天性角膜皮样囊肿。

由于毛发刺激角膜和/或结膜，皮样囊肿的患病动物通常表现为泪溢和睑痉挛

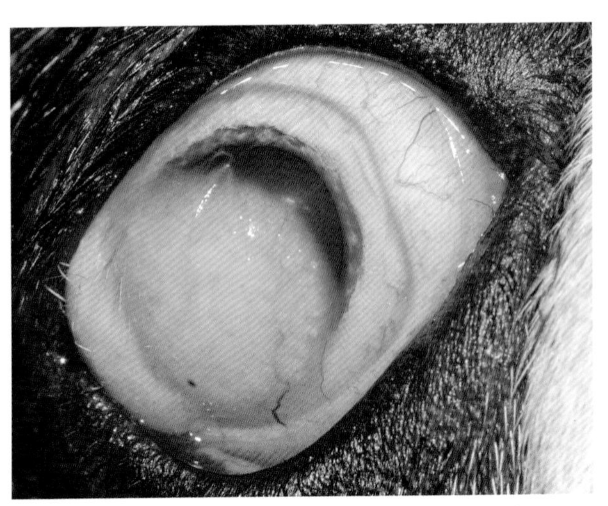

1例法国斗牛犬幼犬的皮样囊肿，它累及超过3/4角膜表面，患犬患眼视力受影响

治疗

角膜或角膜结膜皮样囊肿的治疗选择是通过浅表性角膜切除术进行手术切除。

第十九节　角膜脓肿

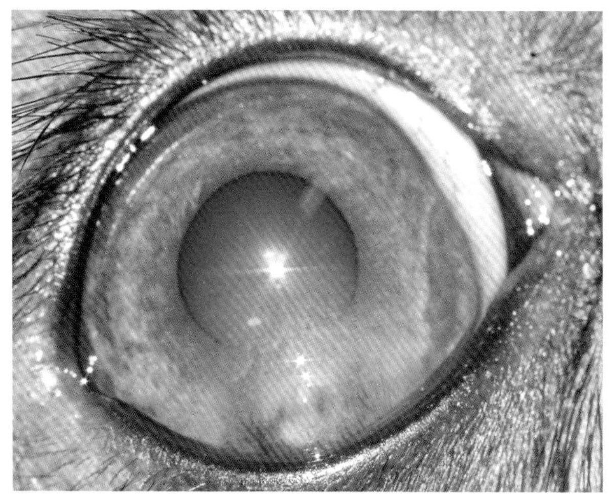

1例7岁杂种犬的角膜脓肿。患犬经常去牧场。

病程：25天

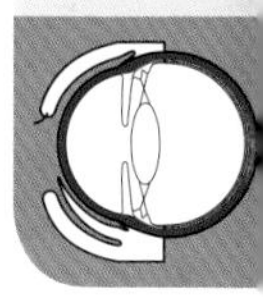

眼睛侧面观。

脓肿大小和位置特写

治疗

- 只要致病原（通常是基质内的异物）被去除，微生物培养和药敏后长期的药物治疗可能有助于消除感染。
- 当药物治疗没有疗效时，这些病例应该要考虑手术治疗（脓肿引流和/或角膜板层切除术）。

第二十节 巩膜表层炎

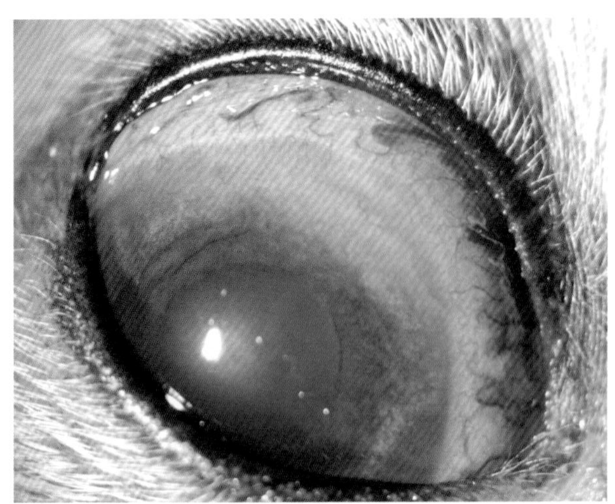

1例7岁杂种犬的中度巩膜表层炎。结膜充血和显著的巩膜表层充血。

病程：20天。

出现了轻度睑痉挛，接近巩膜表层炎区域的角膜有水肿和新生血管是常见的

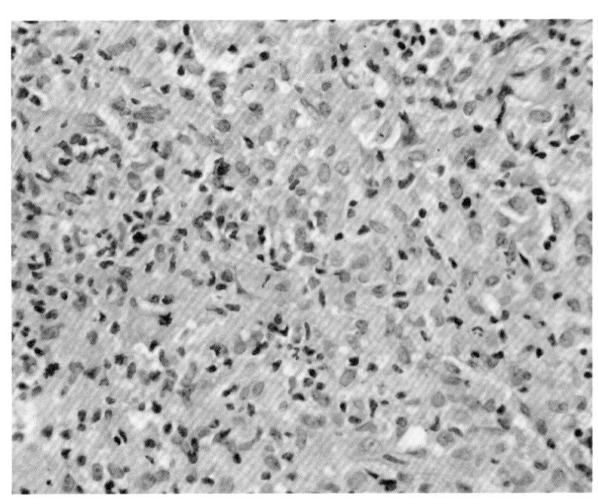

致密的细胞浸润主要是淋巴细胞、浆细胞和嗜中性粒细胞。提示上图患犬患的慢性肉芽肿性巩膜表层炎。

图像由Histovet提供

i 巩膜表层炎是一种增殖的炎性疾病，可能是结节性或弥散性的，通常累及巩膜表层组织且一般是慢性的。通常行为良性，而且病因可能是免疫性的。

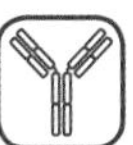

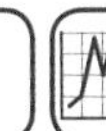

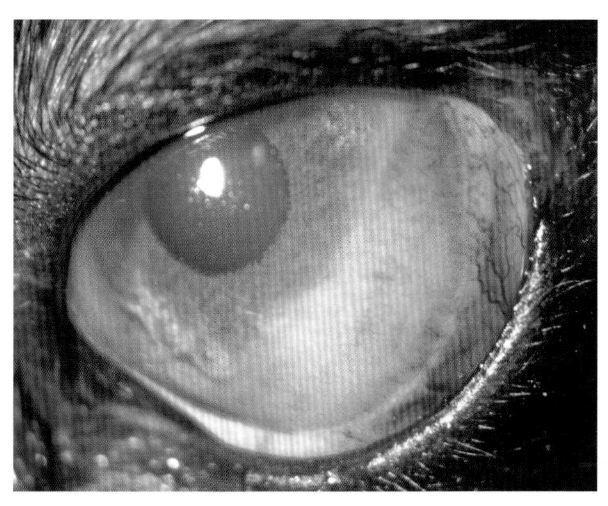

1例患由利氏曼原虫引起的犬结节弥散性巩膜表层炎。通过免疫组化进行确诊

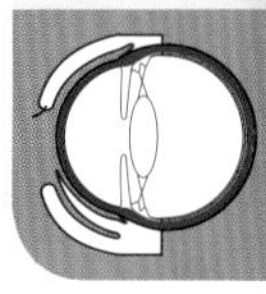

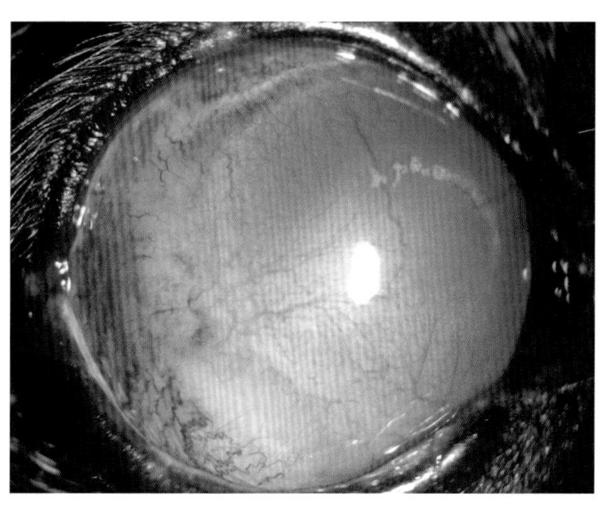

犬利氏曼原虫病。严重炎性巩膜表层反应及普遍角膜损害

趣味提示

- 某些炎性疾病（如利氏曼原虫引起）或创伤会导致犬的巩膜表层炎。
- 确定有品种倾向性：可卡犬、喜乐蒂、柯利犬和罗威纳犬是最容易患这一炎性疾病的品种。

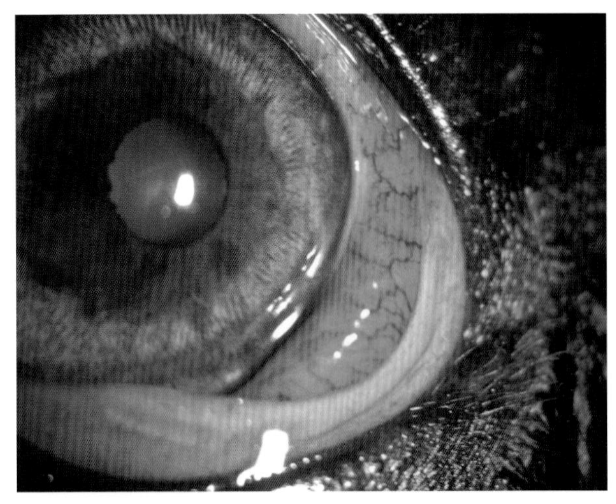

1例5岁罗威纳杂种犬的结节性巩膜表层炎，鼻腹侧区域巩膜表层新生血管

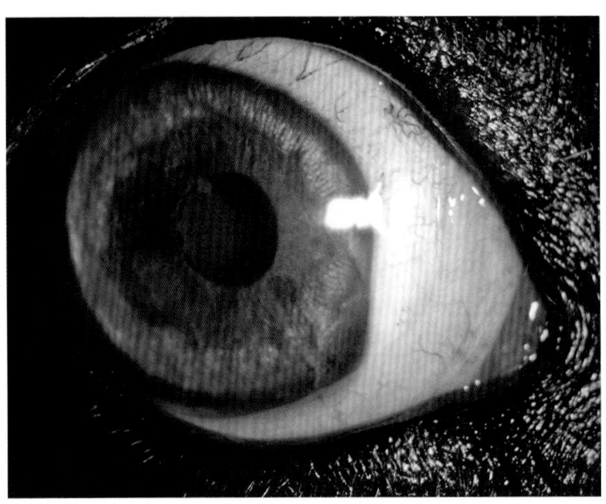

治疗后3个月的患犬

治疗

- 药物治疗包括局部和/或结膜下注射皮质类固醇，可选择的药物是局部地塞米松和醋酸甲强龙；或结膜下注射曲安奈德。非常严重的病例可能需要全身有限度地使用硫唑嘌呤（口服）。
- 切除活检是可以考虑的诊断方式，也是手术治疗的基础。

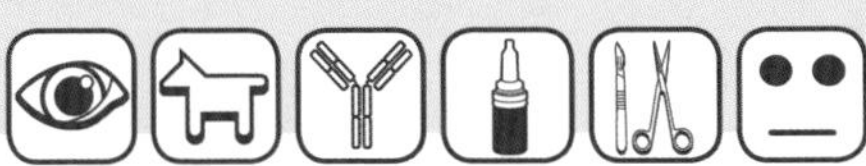

第六章
葡萄膜

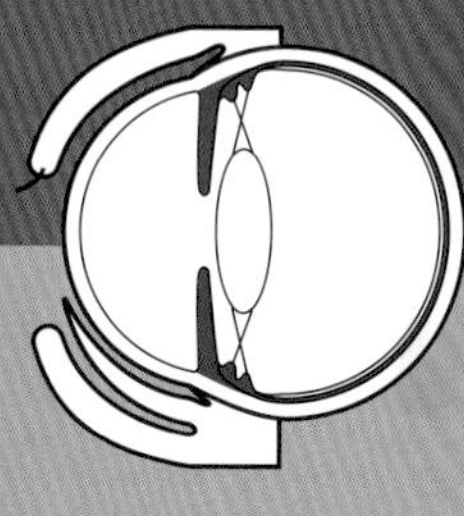

第一节 虹膜发育不良

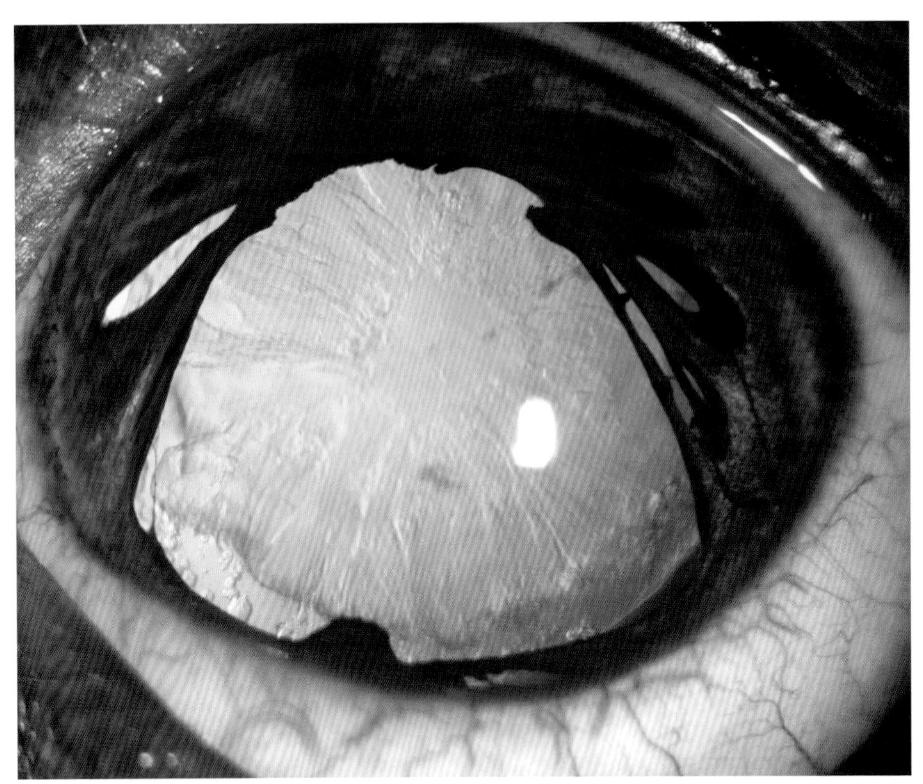

1例8月龄西施犬的严重葡萄膜发育不良

虹膜发育不良影响了光的正常进入，不存在正常的瞳孔。在这个病例中，发育不良同时还伴随着永久性瞳孔膜和先天性白内障。

i

这是葡萄膜发育的先天性疾病，虹膜组织部分缺乏。虹膜的完全缺失也叫无虹膜症。

尽管每只眼睛受影响的程度不同，但通常都是双眼发病。

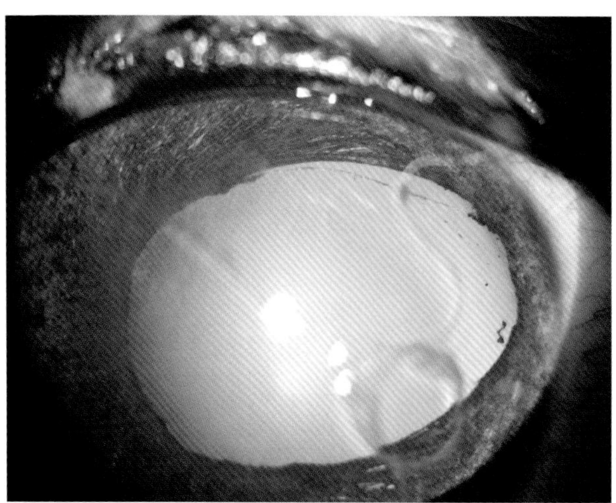

1例1岁西施犬的中度虹膜发育不良。宠主注意到了1只眼睛比另1只眼睛更亮而且陈述说光亮困扰了他的宠物。既然患犬缺乏正常的瞳孔，畏光就是必然的结果

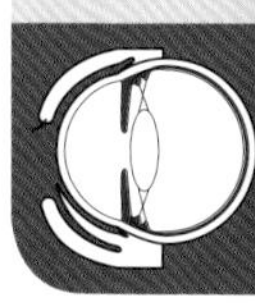

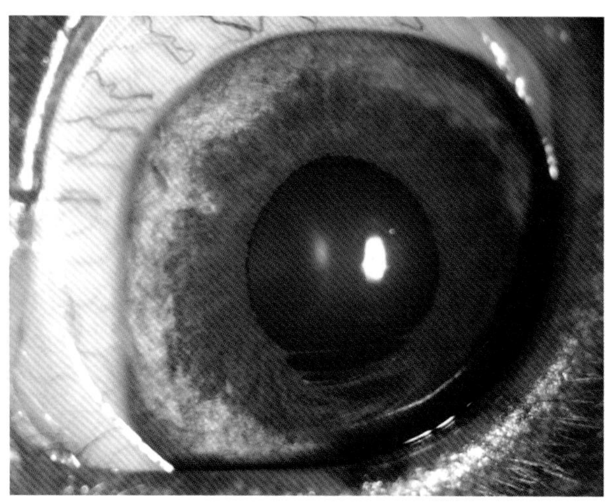

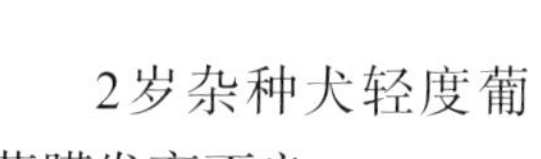

2岁杂种犬轻度葡萄膜发育不良

品种倾向性

- 这一疾病已经报道于加泰罗尼亚牧羊犬（Villagrasa，1994）、西施犬和罗威纳犬。
- 目前没有治疗方法。

第二节 虹膜异色症

1例7岁犬的虹膜异色症

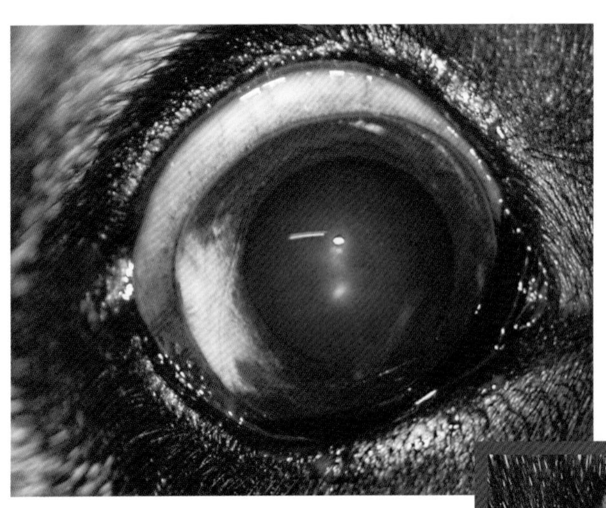

患犬的右眼

i 虹膜中包含了不同浓度的色素。虹膜的颜色差异可能影响单眼或双眼。

患犬的左眼

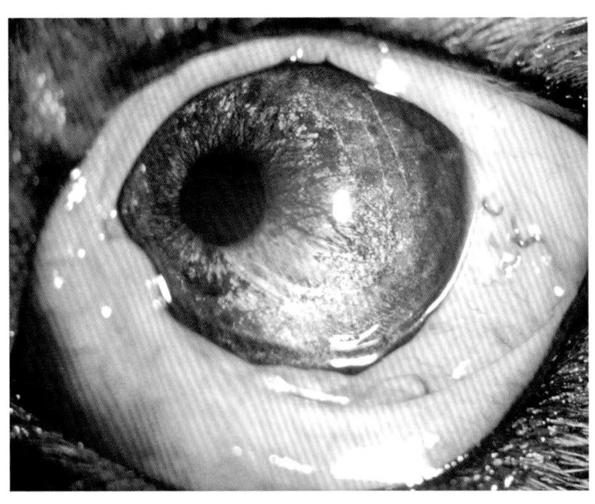

虹膜异色（同一虹膜的颜色不同），在一只英国斗牛犬的左眼

虹膜异色（双眼虹膜颜色不同），在一只大丹幼犬

品种倾向性

- 这一先天疾病是由于黑色素成熟不足。
- 已经报道于西伯利亚哈士奇、阿拉斯加雪橇犬和大麦町。
- 瓦尔登堡综合征（失聪、白毛和虹膜异色症）已在猫和大丹犬中有提到。

第三节　永久性瞳孔膜

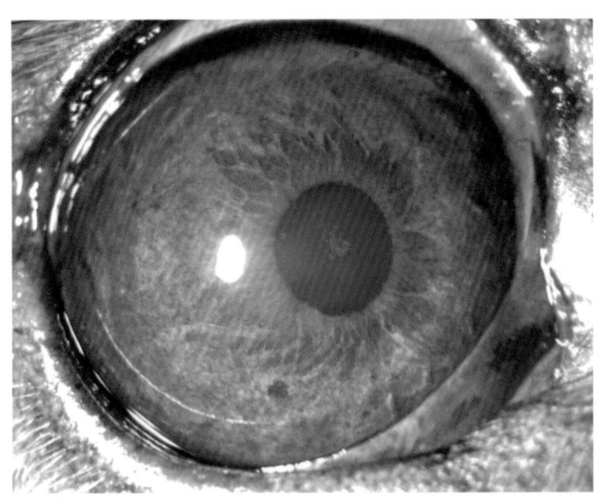

1级永久性瞳孔膜（PPM）。永久性瞳孔膜位于晶状体前囊上

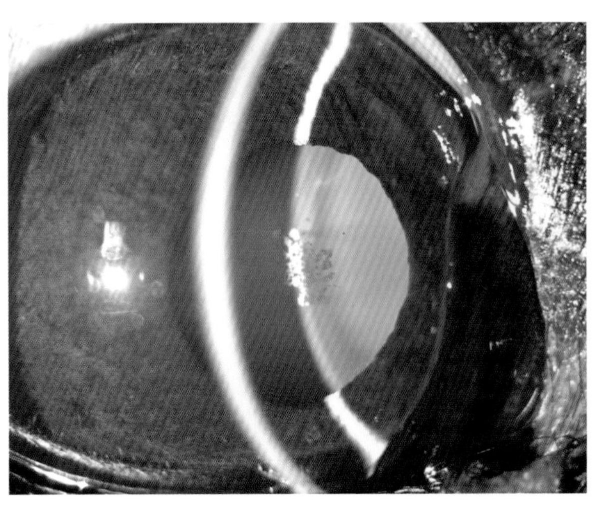

裂隙灯帮助我们精确定位PPM。

图片来自于上图患犬

i　中胚层重吸收的缺陷，在胚胎发育时保持瞳孔的开放，正常应该在出生后消失。

1例猫的2级PPM。瞳孔膜纤维从虹膜一侧向另一侧穿过瞳孔

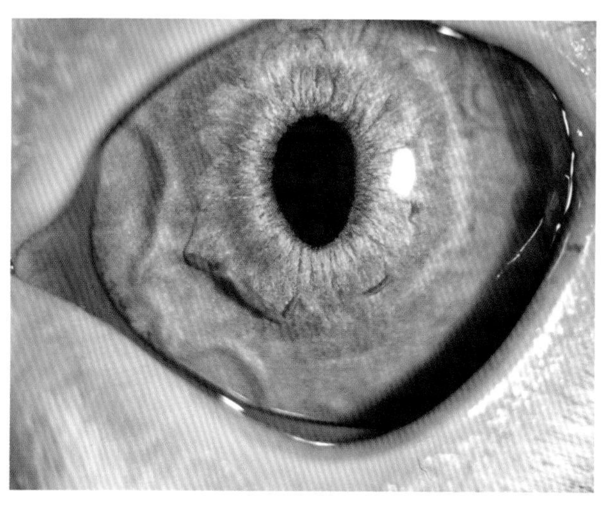

2级PPM时，瞳孔膜束不黏附于周围结构（角膜或晶状体）

患猫

品种倾向性

- 最易发病的犬种是可卡犬、獒、罗威纳犬和腊肠犬。
- 在猫更不常见。

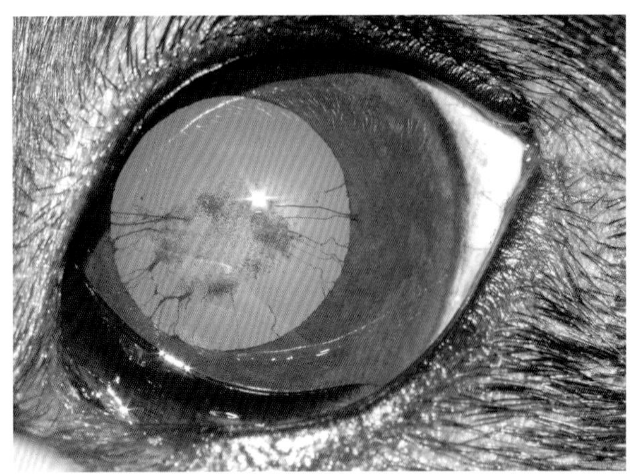

1例犬的3级PPM。在此病例中，永久性瞳孔膜纤维从虹膜领向晶状体前囊黏附

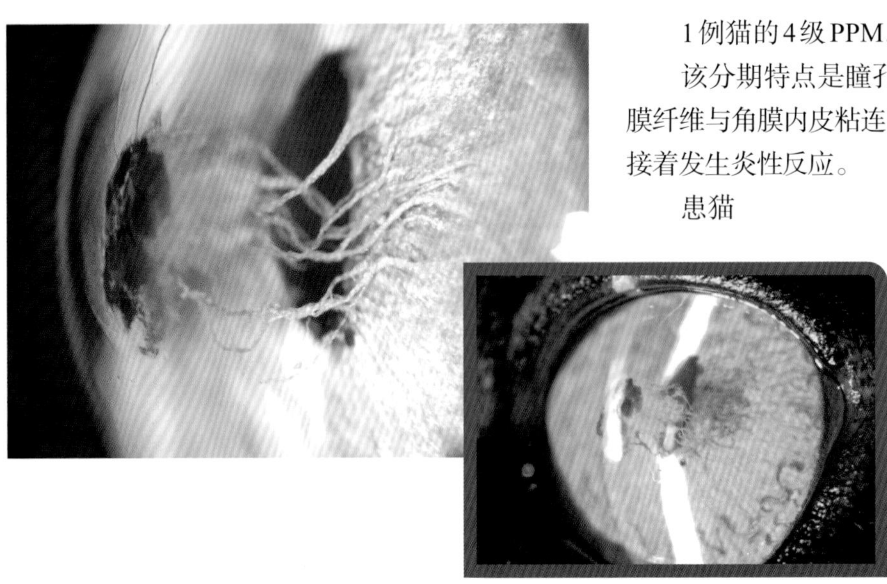

1例猫的4级PPM。该分期特点是瞳孔膜纤维与角膜内皮粘连，接着发生炎性反应。患猫

裂隙灯定位上图的病变，与角膜内皮粘连

重要提示

- 使用裂隙灯检查PPM以评估眼内情况是很重要的。
- PPM通常从虹膜领（瞳孔区与睫状区的边界）起源。

第四节　葡萄膜炎

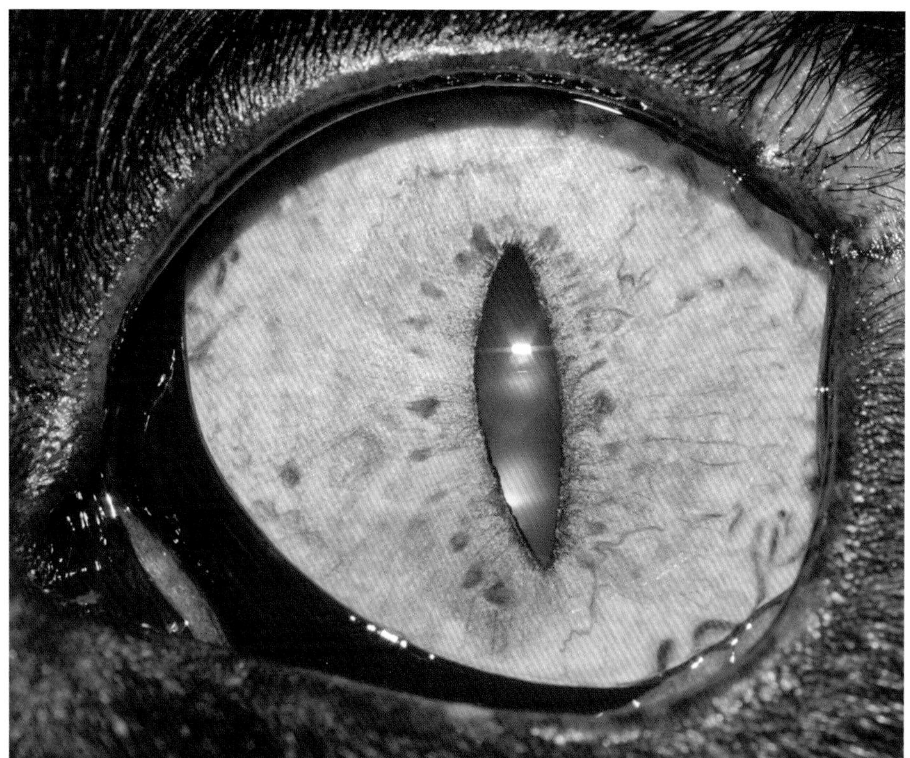

1例患弓形虫病的猫慢性肉芽肿性葡萄膜炎。
虹膜潮红（新生血管）和瞳孔周肉芽肿特写。
病程：2个月

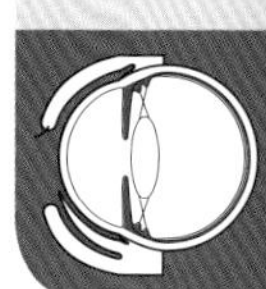

- 葡萄膜炎（眼内血管组织的炎症）可能出现在以下区域：
  - 前葡萄膜（虹膜和/或睫状体炎）；
  - 后葡萄膜（脉络膜炎）。
- 虹膜和脉络膜之间区域的炎症也称之为睫状体扁平部炎。
- 如果累及整个葡萄膜，也称之为全葡萄膜炎。

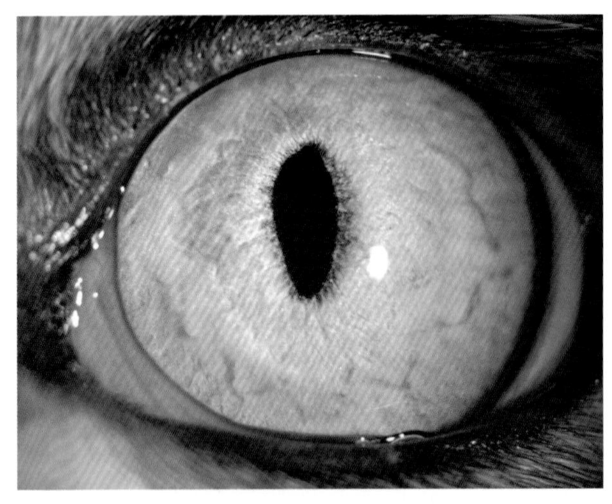

1例猫葡萄膜炎的轻度虹膜水肿和充血。

注意虹膜模糊、浑浊的外观。

早期临床症状。

病程：24小时

虹膜炎性收缩导致的缩瞳是葡萄膜炎的特异病征。上图患猫的瞳孔大小不一

葡萄膜炎的早期临床症状有：

- 缩瞳；
- 葡萄膜充血；
- 丁达尔效应。

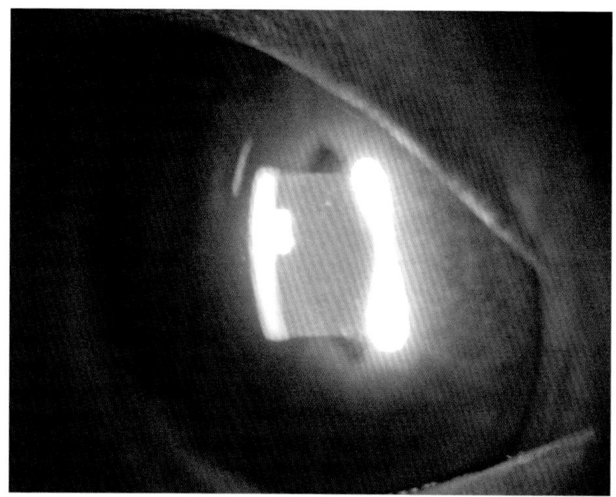

1例患葡萄膜炎猫的丁达尔效应。

裂隙灯照片。

房水的浑浊是由于炎性细胞增多造成的

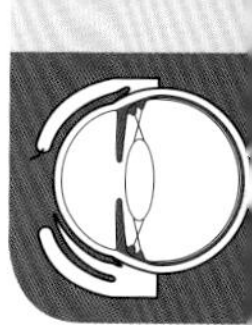

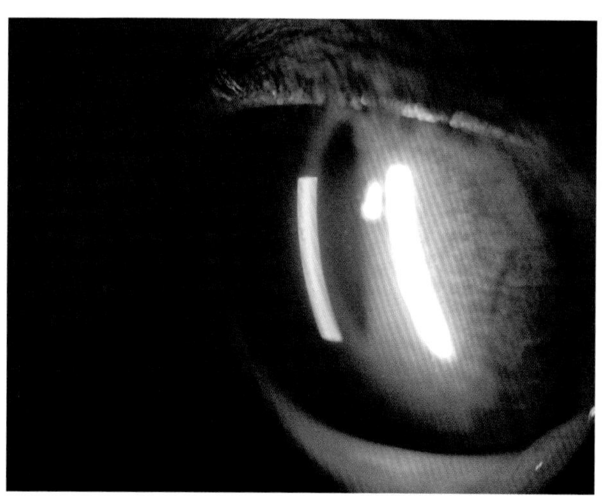

正常眼，无炎性物质的前房特写。

没出现丁达尔效应

趣味提示

使用狭窄的裂隙来鉴别丁达尔效应。

丁达尔效应：血管内渗出的炎性细胞增多导致前房透明度下降。该效应类似于在暗室中一缕阳光透过尘云，可以使用裂隙灯来显示这一现象。

传染性的

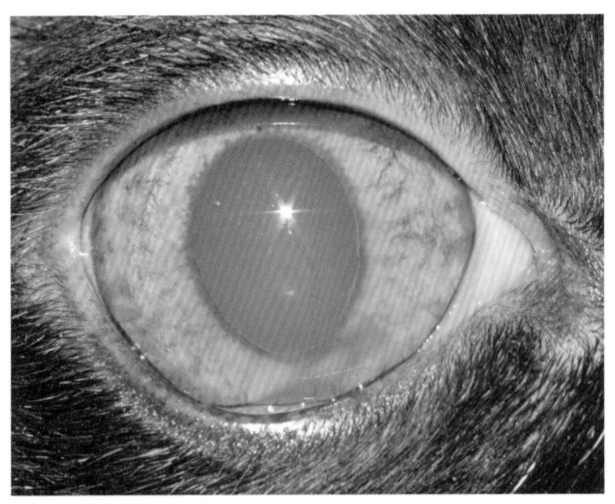

1例猫的急性葡萄膜炎虹膜充血（新生血管）。

急性外观（病程48小时）。

猫免疫缺陷病毒

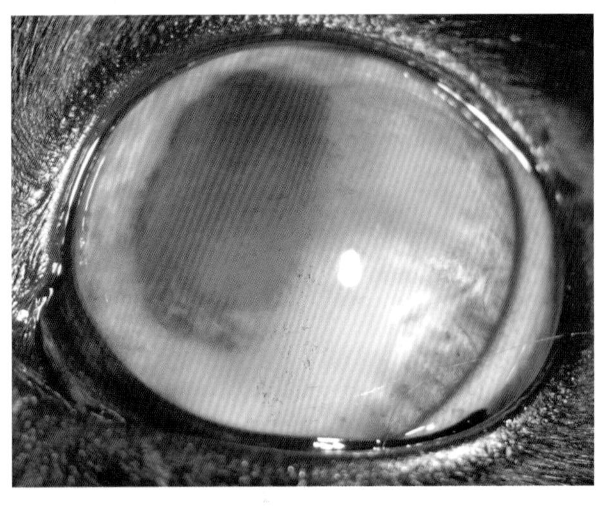

由于猫免疫缺陷病毒病（FIV）导致急性葡萄膜炎的家养短毛猫。

前房的纤维蛋白

在猫，通常诱导葡萄膜炎的传染性疾病有以下几种：

- 猫白血病（FELV）；
- 猫免疫缺陷病毒病（FIV）；
- 弓形虫病；
- 猫传染性腹膜炎（FIP）。

传染性的

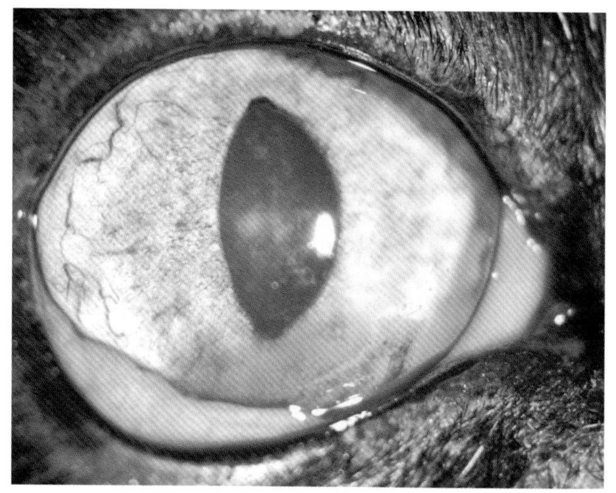

1例患葡萄膜炎猫的前房积脓（前房的细胞和纤维蛋白）。

也可见葡萄膜炎的另一症状：虹膜充血。

病因：猫免疫缺陷病毒

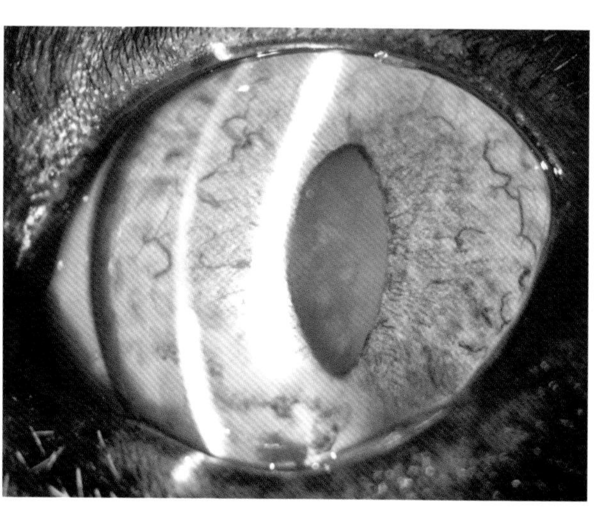

上图患犬的左眼。葡萄膜炎的症状与右眼的类似（前房积脓和充血）。

白内障是继发于葡萄膜炎的，显著提示为慢性葡萄膜炎。

裂隙灯照片

趣味提示

猫葡萄膜炎一般与结膜充血一起出现（见本页中第一幅图），犬葡萄膜炎不出现这些。

   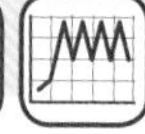 

传染性的

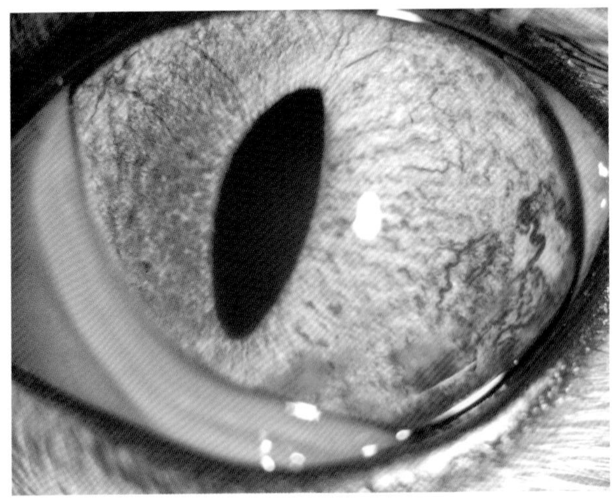

1例患葡萄膜炎的猫前房积脓（前房内细胞和纤维蛋白）。

眼球不适导致了瞬膜的突出。

病因：猫白血病

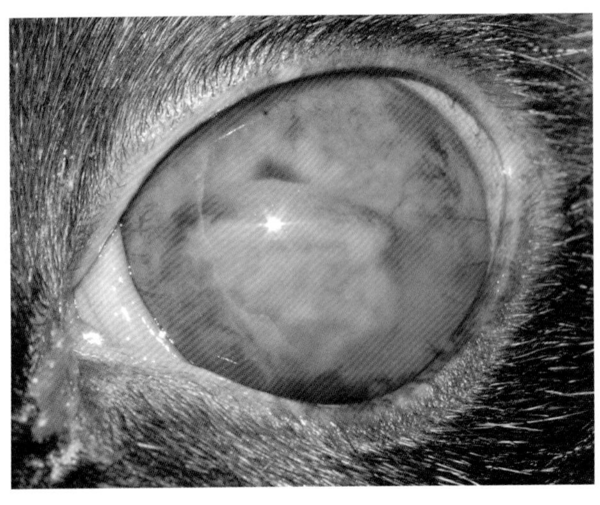

继发于FIP非常严重的葡萄膜炎。

前房积脓

猫与传染性疾病相关的葡萄膜炎通常表现为双眼发病。在某些病例，先影响一只眼，几天后再影响对侧眼。

   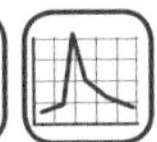 

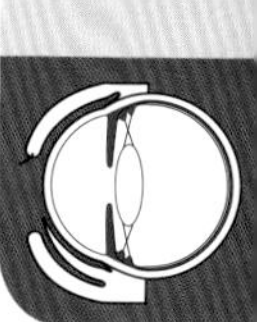

传染性的

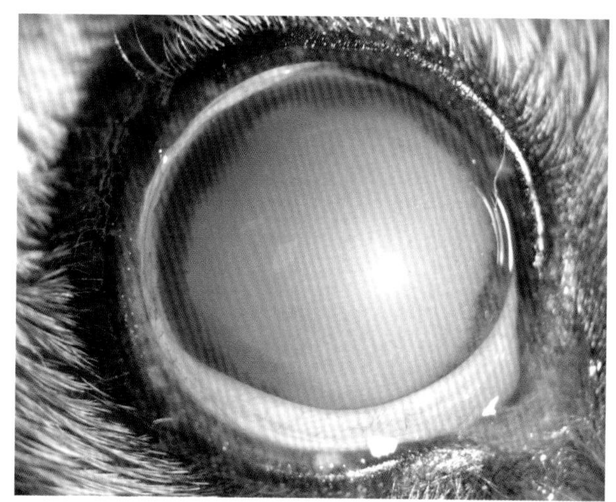

1例犬的急性葡萄膜炎。环角膜缘血管和全角膜水肿。

病程：48小时。

眼内压：7 mmHg

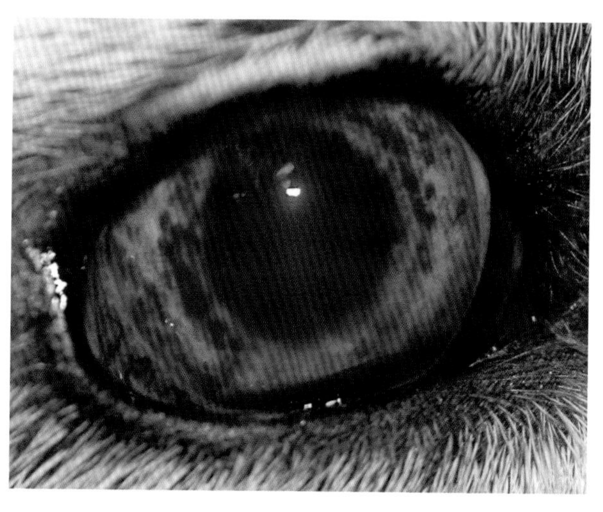

患急性葡萄膜炎（虹膜潮红和充血）的西伯利亚哈士奇。患艾利希体病的犬

i 相比于猫葡萄膜炎，犬葡萄膜炎的特征性病变是角膜水肿和环角膜缘血管。

重要提示

➡ 患葡萄膜炎时，侵入角膜的血管是细、短、平行和不分支的。

传染性的

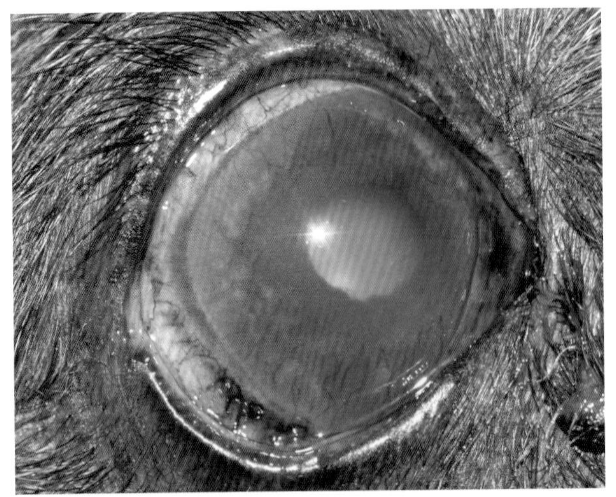

利氏曼原虫诱导的葡萄膜炎。这种类型的葡萄膜炎通常与角膜炎相关（角膜葡萄膜炎）

上图患犬的右眼裂隙灯照片。角膜水肿和虹膜炎症的特写

犬最常见的导致葡萄膜炎的传染性疾病有以下一些：

- 利氏曼原虫病；
- 艾利希体病；
- 钩端螺旋体病；
- 细菌感染（子宫蓄脓、前列腺炎、牙周病）。

患犬，两眼病变

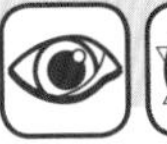

晶状体诱导性的

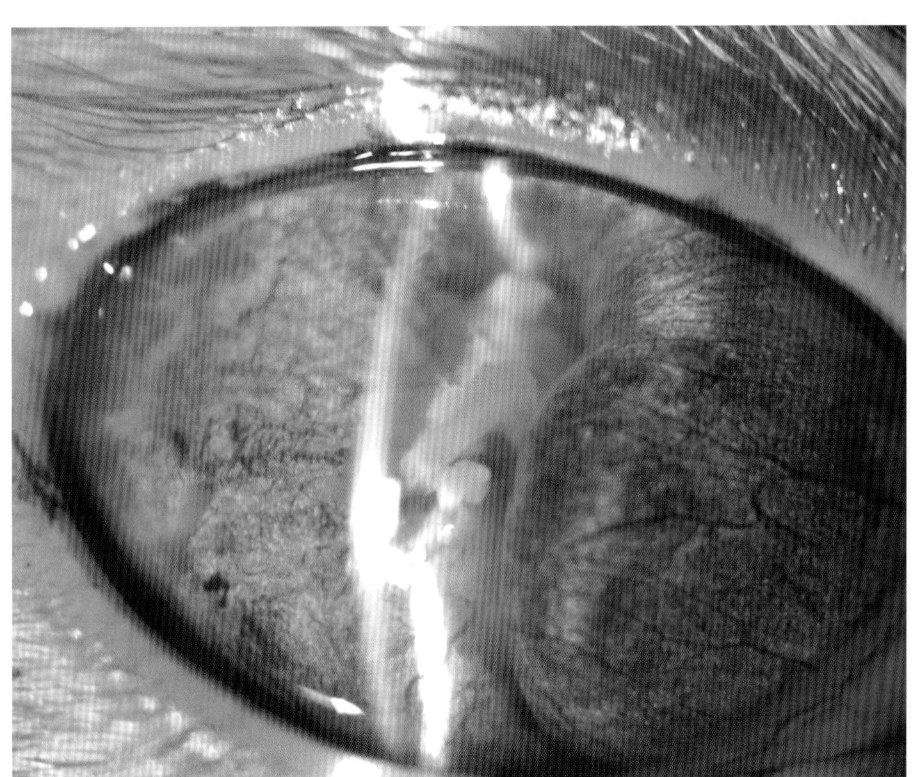

1例猫晶状体诱导性葡萄膜炎；
该患猫被另一只猫抓伤，造成角膜和晶状体的穿孔；
晶状体物质特别是晶状体蛋白的释放导致了严重的葡萄膜炎。
晶状体皮质泄漏和葡萄膜反应（潮红）的特写

趣味提示

晶状体的胚胎发育是区别于其他的眼内结构的。当晶状体蛋白从囊内释放时，就会触发眼内严重的免疫反应。

晶状体诱导性的

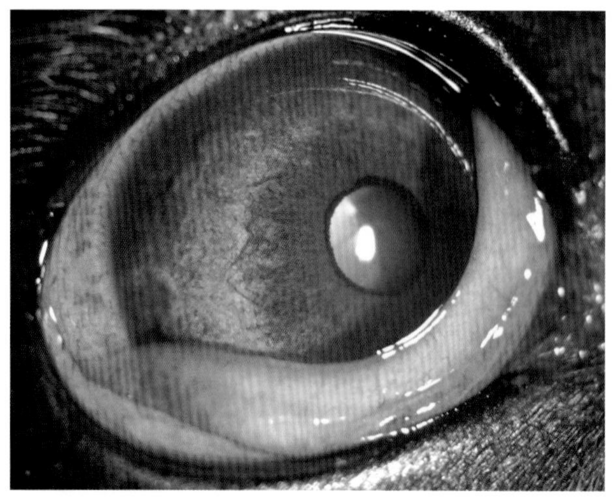

1例患成熟白内障的3岁比格犬晶状体诱导性葡萄膜炎。

病程：24小时

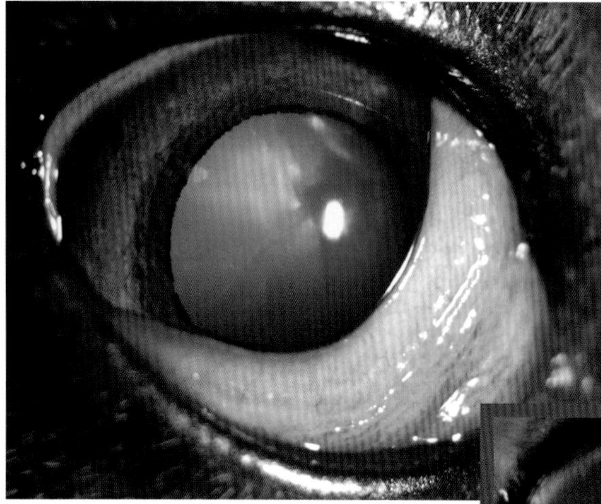

上图犬眼的瞳孔，局部使用托吡卡胺3小时后。

不容易散瞳是葡萄膜炎的特征

患犬右眼的丁达尔效应

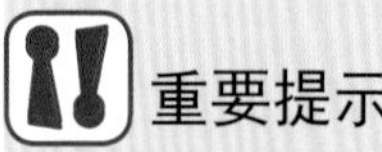

重要提示

- 晶状体诱导性葡萄膜炎是剧烈的炎症，患病动物（尤其犬）表现为严重的睑痉挛。缩瞳、虹膜潮红、丁达尔效应和瞬膜突出是常见症状。

 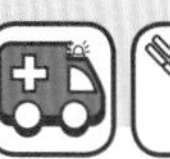 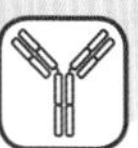   

创伤性的

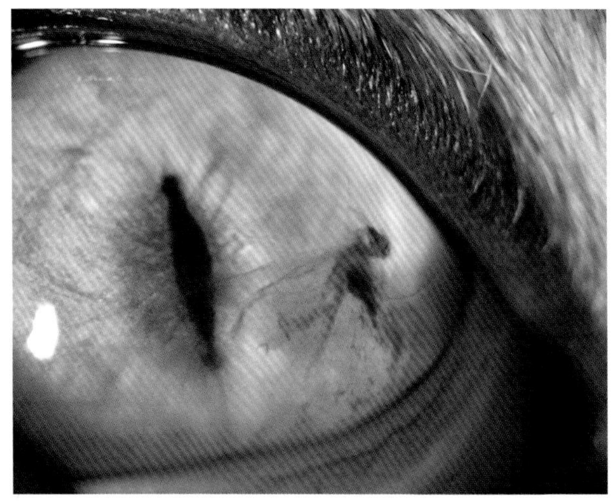

1例猫的创伤性葡萄膜炎。玻璃碎片穿透了角膜到达了虹膜。

病程：36小时。

缩瞳、前房纤维蛋白和角膜损伤特写

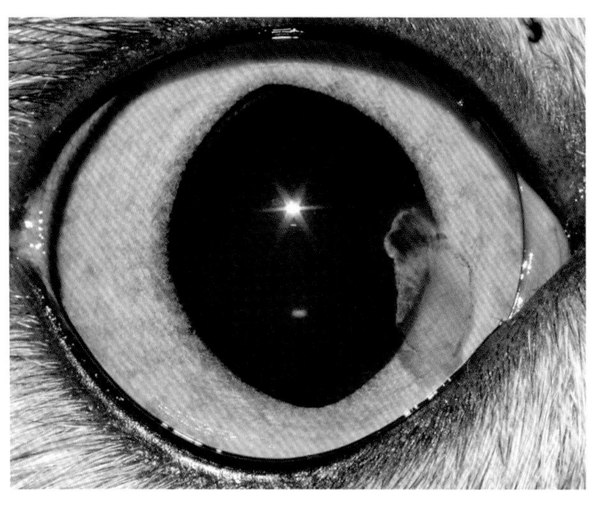

使用抗炎药和睫状肌麻痹剂24小时后，瞳孔散大了，纤维蛋白浓度下降了

趣味提示

创伤性葡萄膜炎可能是穿透的（角膜穿孔、直接葡萄膜损伤）、撞伤相关的（眼球的直接强力损伤）或术后的（白内障手术）。

    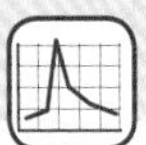 

创伤性的

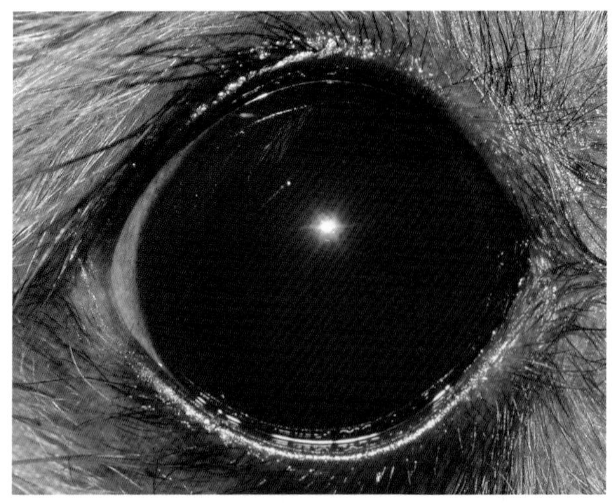

1例眼球撞伤的约克夏的超急性创伤性葡萄膜炎。12小时后前房积血

眼内出血，继发于葡萄膜损伤，阻挡了患犬右眼的毯部反光

急症

严重眼内出血的葡萄膜炎需要迅速、频繁而长期的药物治疗以最小化后遗症。

创伤性的

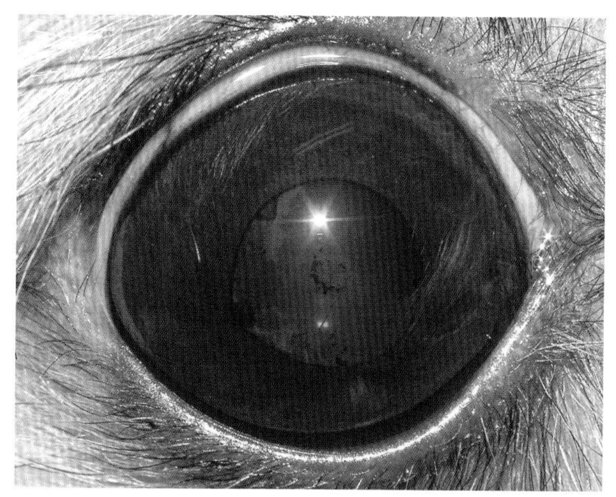

经过5天药物治疗的上一页患犬的眼睛

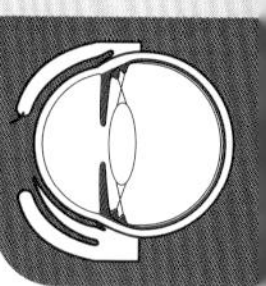

注意患眼的毯部反光

阿托品眼药水会导致唾液分泌过多（不要用于猫）

药物治疗

- 抗炎药
  - 局部：醋酸形式的皮质类固醇有良好的前房渗透性（醋酸泼尼松龙，6次/日）。
  - 结膜下：醋酸泼尼松龙或曲安奈德。
  - 全身性皮质类固醇或非甾体抗炎药。
- 睫状肌麻痹剂
  - 阿托品或托吡卡胺（以防青光眼，或在KCS的病例）。

反射性的

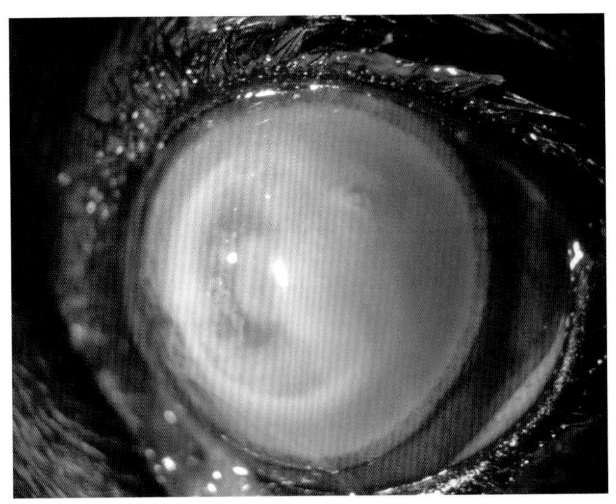

继发于严重角膜损伤（深层复杂溶解性角膜溃疡）的反射性葡萄膜炎。

注意环角膜缘血管和角膜水肿特征性提示葡萄膜炎

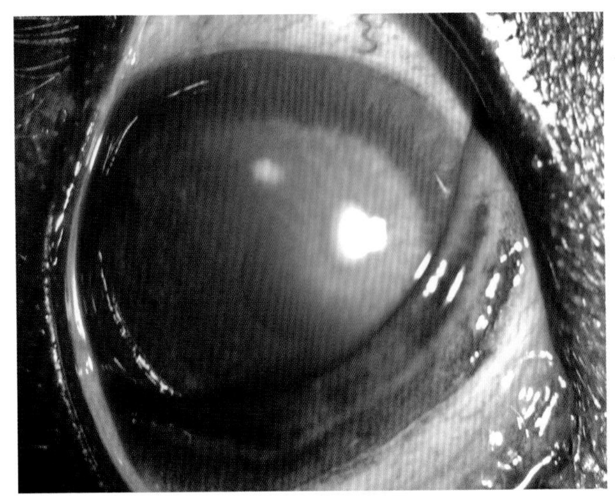

松树列队毛虫导致角膜损伤继发葡萄膜炎症反应。出现了缩瞳和角膜水肿

重要提示

- 反射性的葡萄膜炎是由三叉神经末梢对严重角膜损伤反应造成的。

   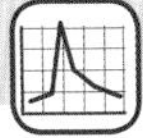 

自发性的

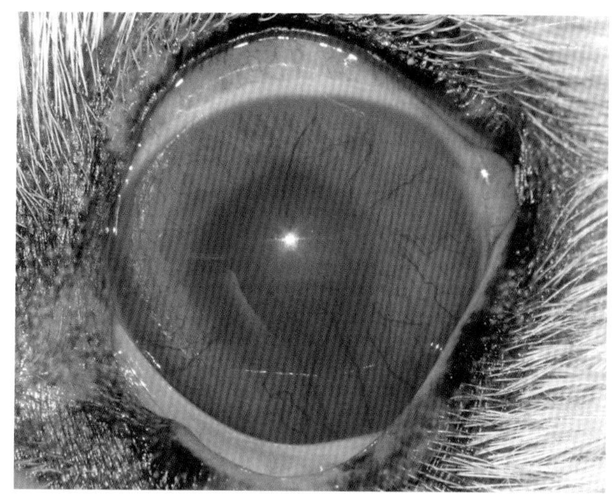

1例7岁萨摩耶右眼慢性葡萄膜炎累及角膜（角膜炎）。

病程：3个月。

采用血液学、生化、血清学或内分泌测试均未检测到葡萄膜炎的病因

患犬

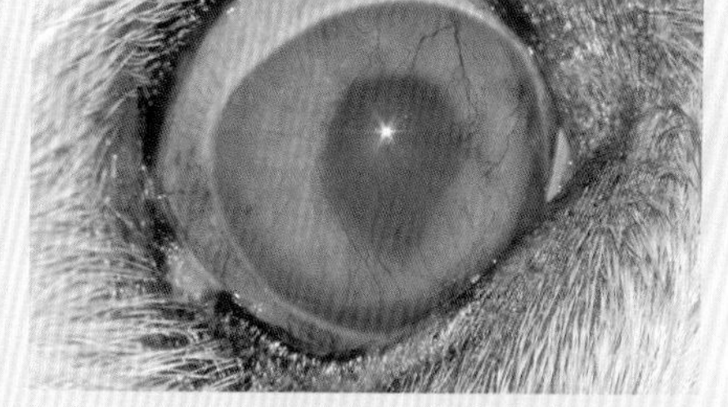

患犬的左眼患严重的角膜葡萄膜炎，虹膜潮红和水肿

趣味提示

- 许多病例（主要是猫的）都不知道病因。
- 组织病理学研究（验尸）中，许多的葡萄膜炎性反应好像主要与单核细胞有关。

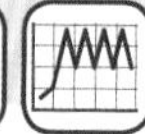

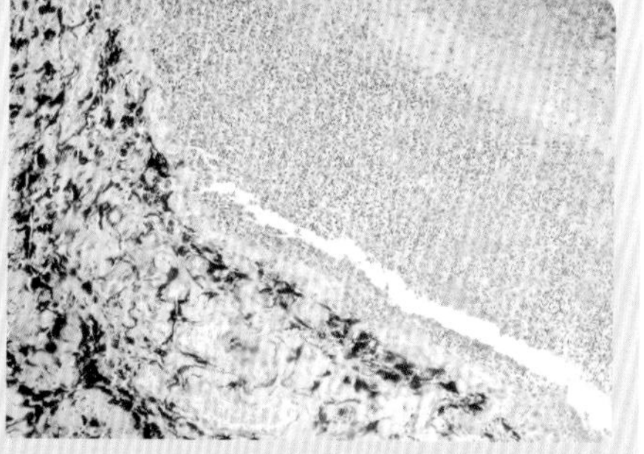

慢性、弥散性、脓肉芽肿性葡萄膜炎。图像由Histovet提供

后遗症

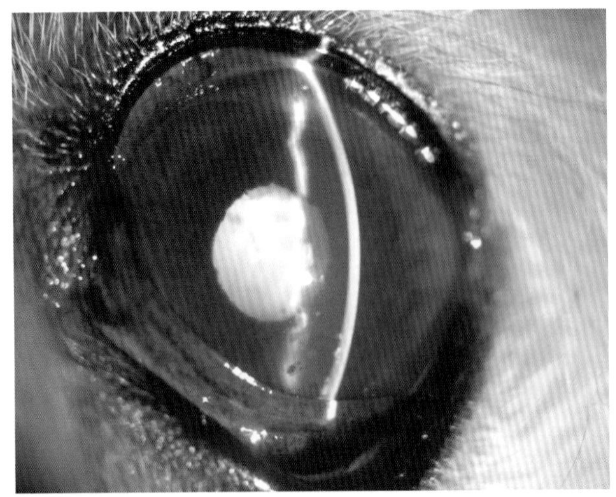

犬渗出性葡萄膜炎继发白内障。

成熟白内障和角膜内皮沉积物（葡萄膜炎的特征性临床症状）

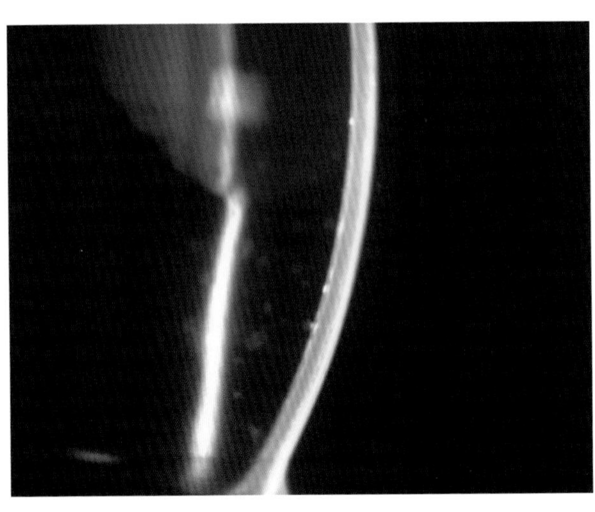

上图患犬的角膜内皮沉积物特写（炎性细胞黏附于角膜内皮）

重要提示

- 与葡萄膜炎相关的房水和玻璃体内组分的改变可能会导致白内障形成。

后遗症

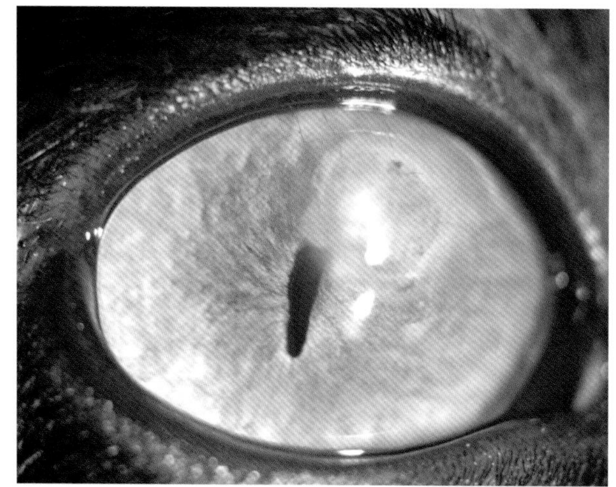

1例角膜穿孔猫的前粘连。

病程：5个月。

角膜瘢痕（角膜白斑）和长向病变的新生血管

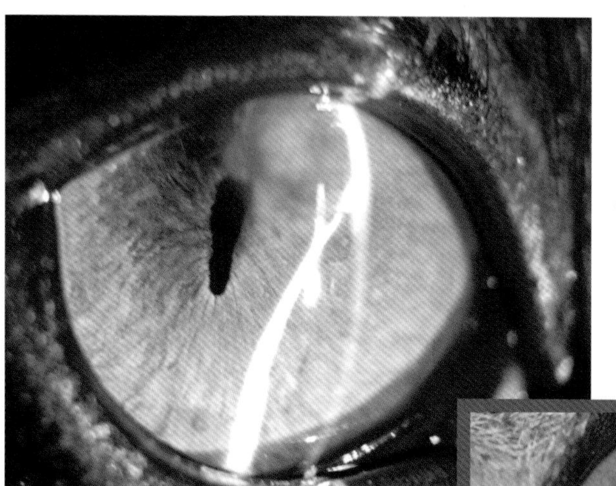

前粘连特写（虹膜粘连向角膜内皮）。

使用裂隙灯的横断面观察有助于定位病变

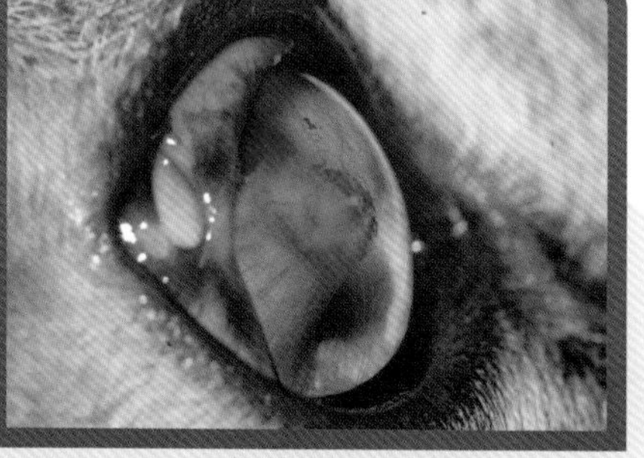

1例猫严重葡萄膜炎导致的前粘连

粘连（虹膜粘连）可能是如下情况。

- 前粘连：虹膜和角膜内皮的粘连。
- 后粘连：虹膜和晶状体前囊的粘连。

后遗症

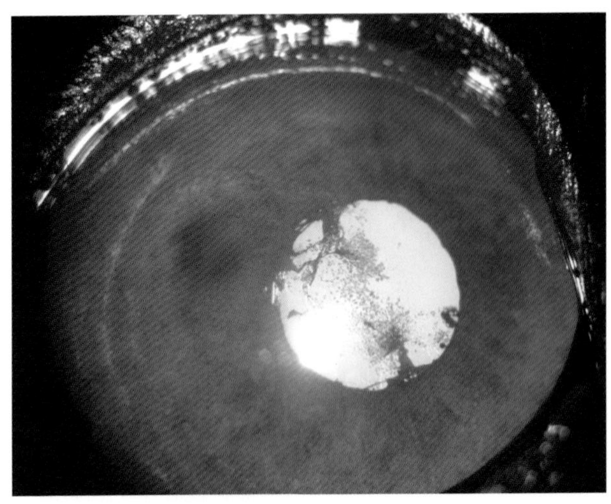

1例严重创伤后葡萄膜炎犬导致的后粘连。

虹膜与晶状体的粘连，以及炎性物质的特写

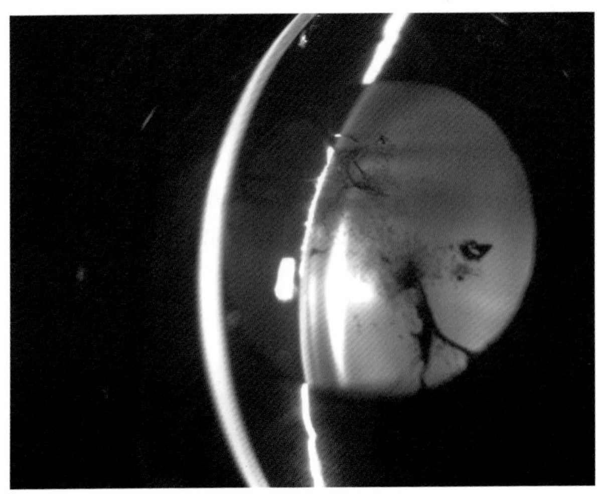

裂隙灯显示虹膜与晶状体前囊的粘连

重要提示

- 不要混淆粘连和PPM（永久性瞳孔膜）。
粘连总是出现在瞳孔的边缘，而PPM则起源于虹膜领。

后遗症

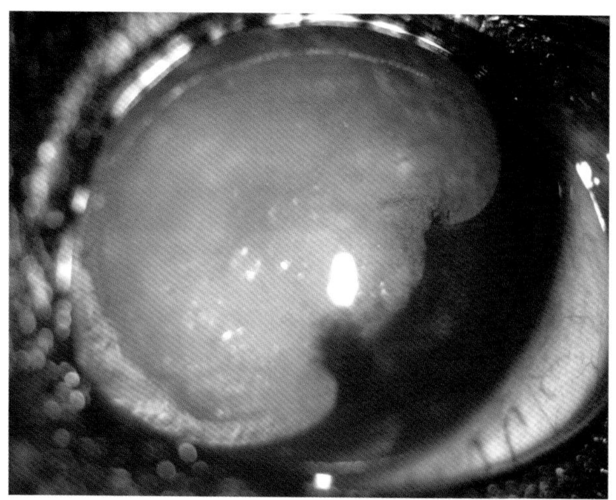

1例犬的后粘连和未成熟白内障（发展中）

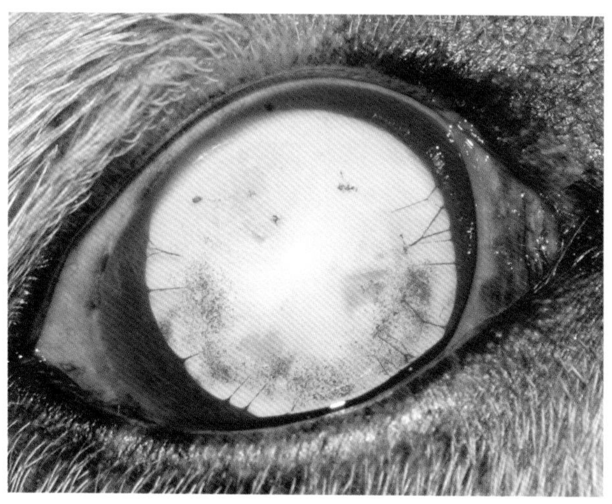

在葡萄膜炎发病的7个月后，1例犬的后粘连、炎性残留物和成熟白内障

趣味提示

葡萄膜炎症越严重、葡萄膜炎治疗得越晚、粘连形成得越多，患其他后遗症（白内障、视网膜脱离等）的风险越高。

后遗症

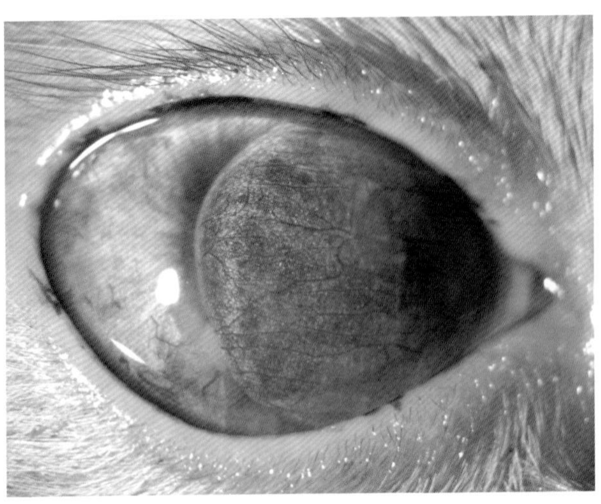

1例猫创伤性葡萄膜炎的虹膜膨隆。注意虹膜的弯曲

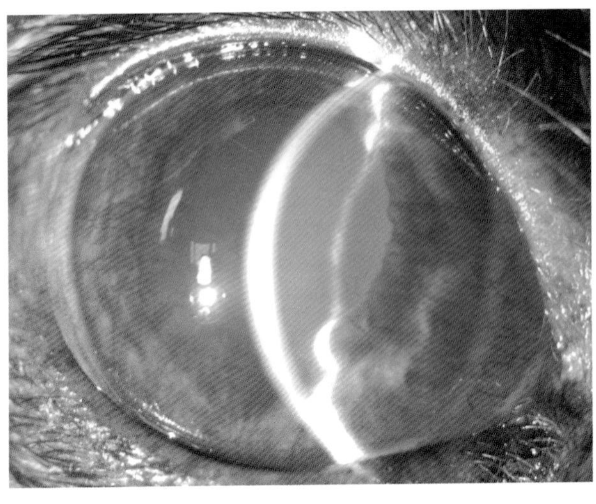

有早期虹膜膨隆的患犬。虹膜弯曲和前房变浅特写。

裂隙灯照片

i 虹膜膨隆是由于瞳孔边缘和晶状体的粘连导致虹膜向前弯曲。当累及整个瞳孔边缘时，房水无法从后房（晶状体和虹膜后表面形成的空间）流向前房（虹膜前表面和角膜形成的空间）。这会导致青光眼的产生。

后遗症

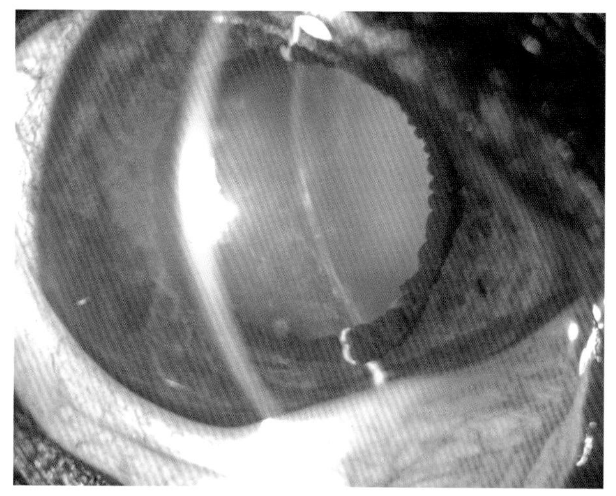

1例犬的虹膜外翻。在严重葡萄膜炎后虹膜后侧上皮外翻特写

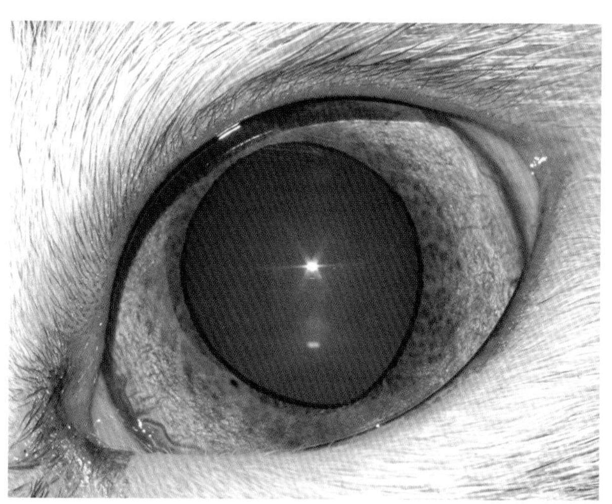

1例猫的葡萄膜外翻

i　继发于葡萄膜炎的葡萄膜组织（瞳孔缘上的）外翻以及虹膜萎缩在犬中是最常见的。

 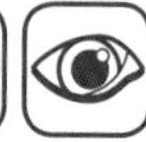  

后遗症

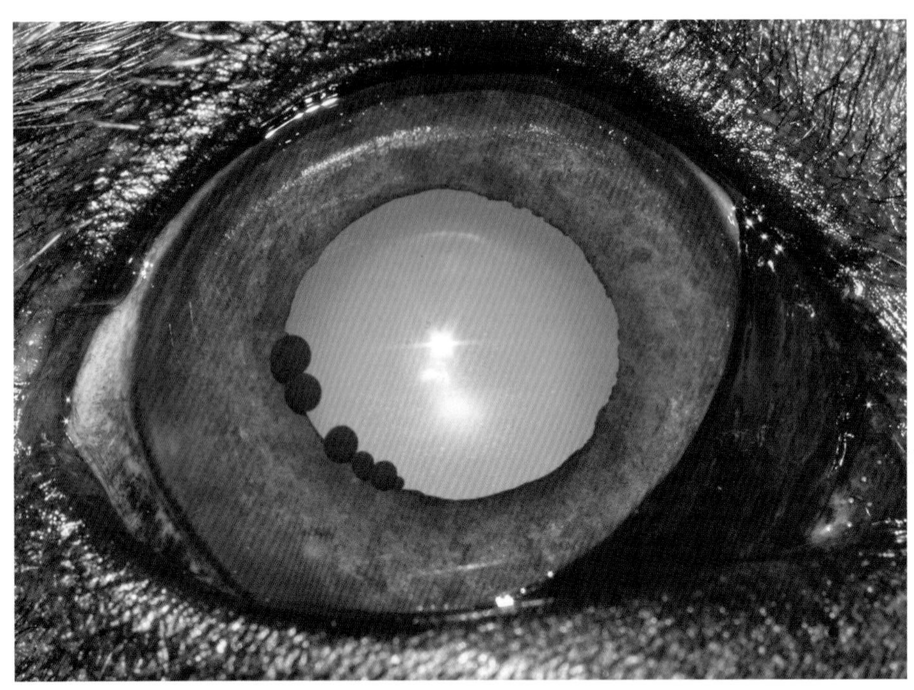

1例患葡萄膜炎6岁德国牧羊犬的虹膜结节。
在葡萄膜炎症反应后可能会出现瞳孔缘的结节

重要提示

- 虹膜结节是慢性的表现。

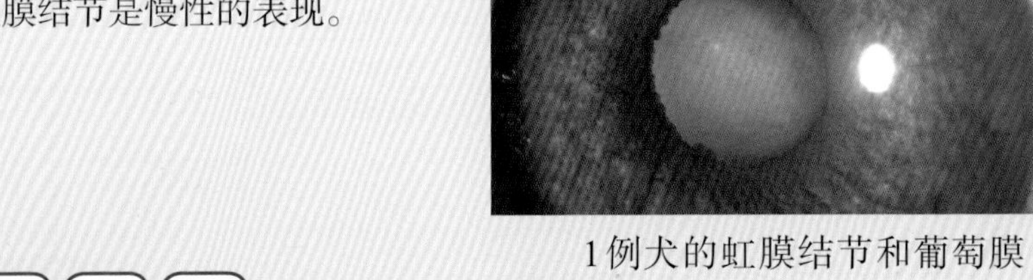

1例犬的虹膜结节和葡萄膜外翻

后遗症

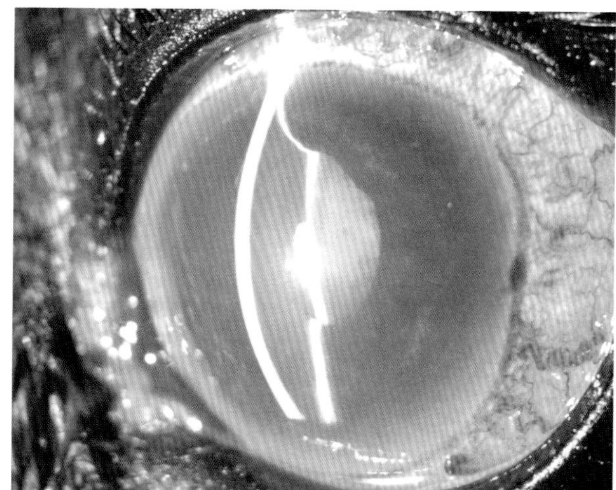

葡萄膜炎继发青光眼。注意关闭的房角、炎性物质以及虹膜与角膜的接触（裂隙灯特写）。

拍照当时的眼内压是45mmHg

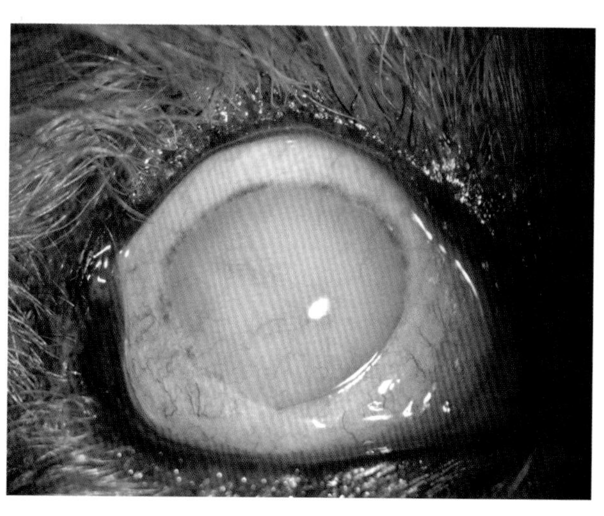

1例反复患葡萄膜炎的动物眼球痨（眼球萎缩）

i　青光眼是葡萄膜炎最严重的并发症，带来的是患病动物视力预后较差。

后遗症

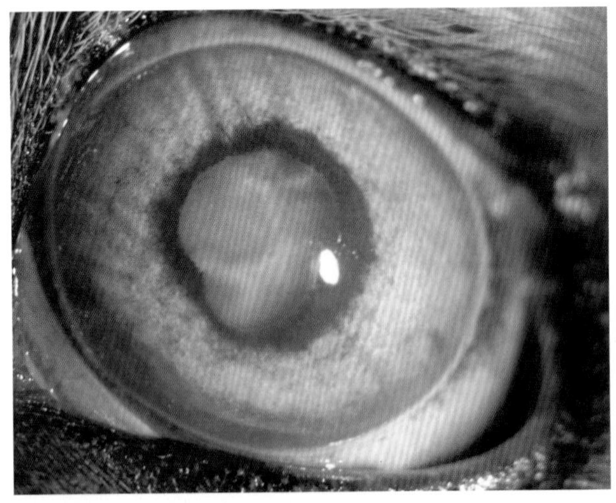

1例萨摩耶患葡萄膜炎后导致白内障。

患犬葡萄膜炎反复发作。注意当前炎症反应的症状（潮红和水肿），以及后粘连和之前葡萄膜炎所导致的白内障

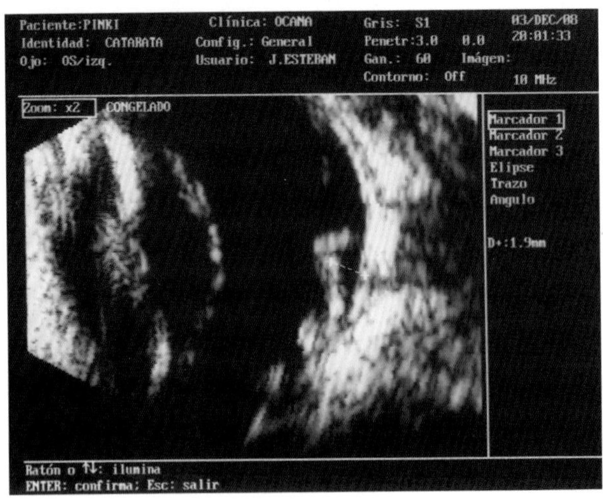

白内障后方出现了视网膜的脱离

重要提示

- 在一些浑浊影响了检眼镜检查的病例，眼部超声可能用于眼部结构的检查。

  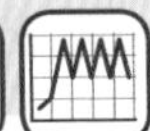 

第五节 虹膜囊肿

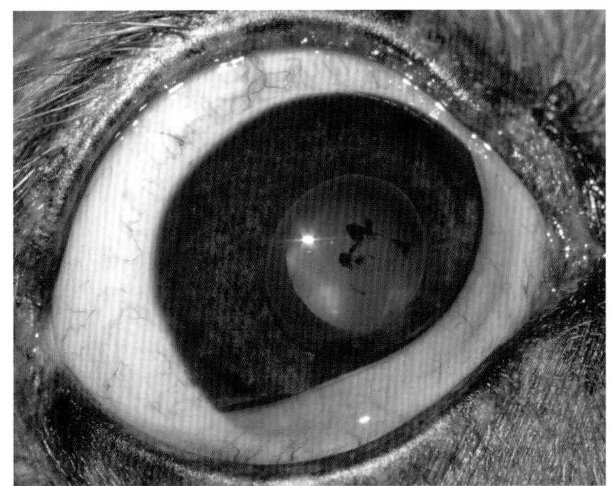

I例11岁杂种犬的虹膜囊肿。

注意中央一个巨大的和腹侧三个小的囊肿。

一次常规检查时偶然发现

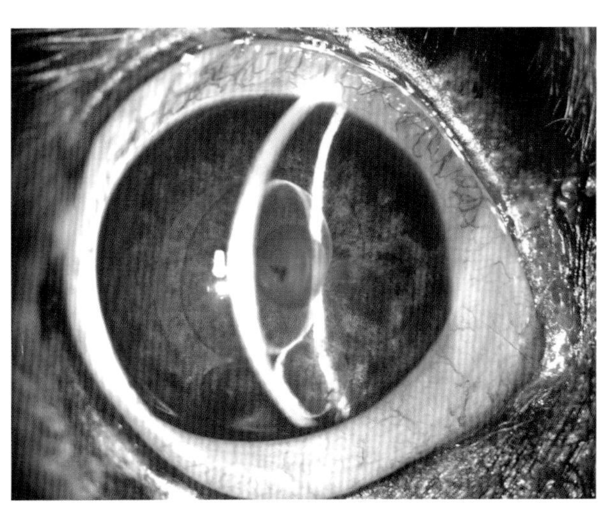

上图所示患犬的裂隙灯照片。注意前房里的囊肿。在瞬膜位于最低位置的时候，可以看到第四个——最小的囊肿

漂浮在前房或黏附于瞳孔边缘的良性、充满液体的结构。

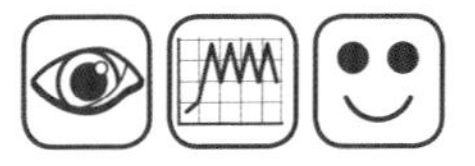

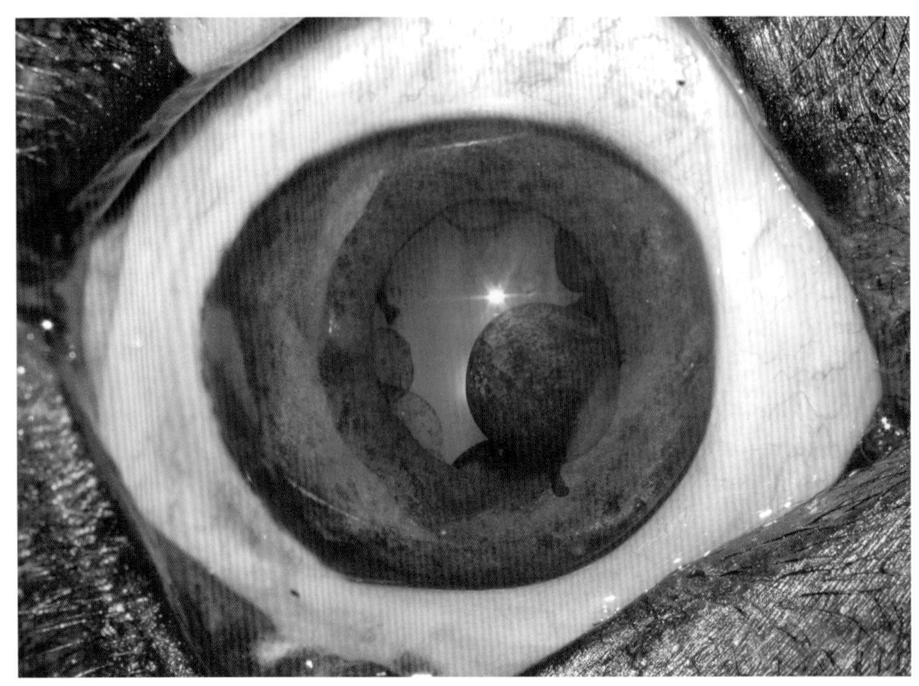

1例圣伯纳犬的多个虹膜囊肿，囊肿从后房往前房活动的特写

趣味提示

- 虹膜囊肿通常出现在老龄动物（主要见于犬），可能与葡萄膜炎有关。
- 如果数量众多，我们可以使用25G针头进行穿刺术来移除。也可以使用激光切除。

 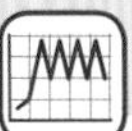 

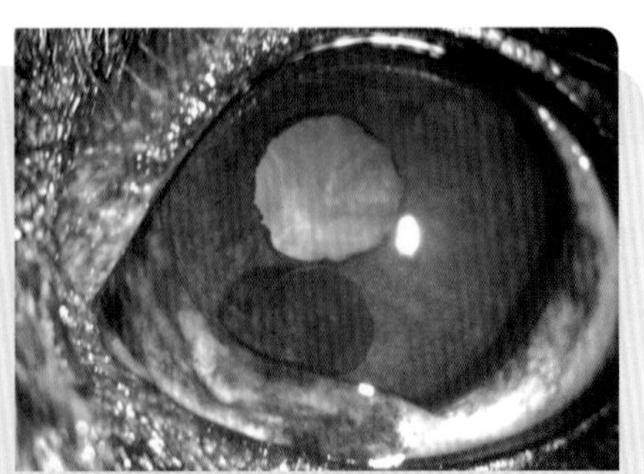

1例犬前房的葡萄膜囊肿。个体小的颜色更深，当它们变大时，由于壁变薄它们会变透亮

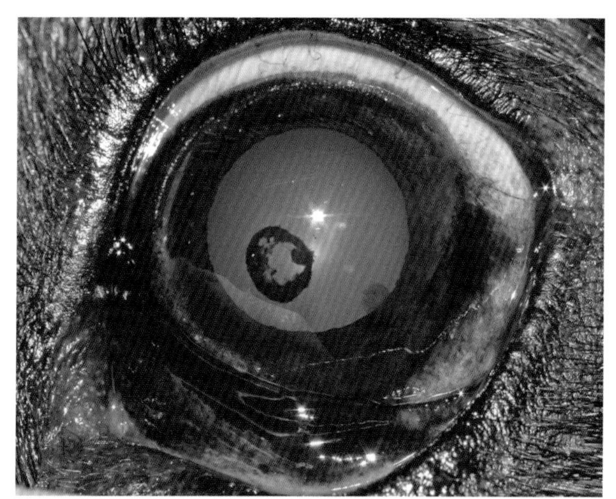

角膜内皮上存留的囊壁残留物。

13岁的患犬，无临床症状

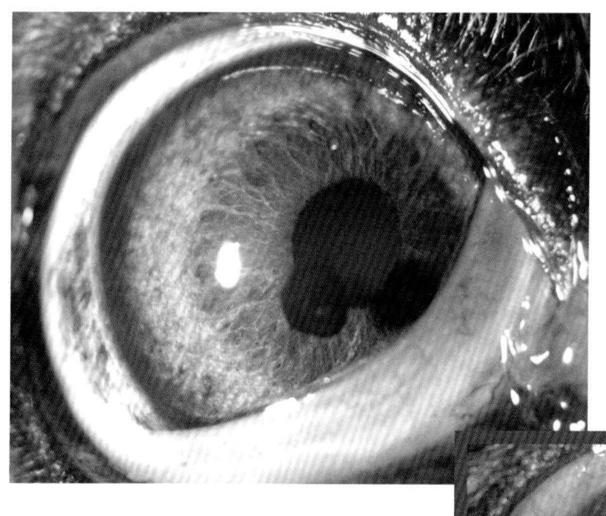

黏附于角膜内皮的囊壁

上图所示患犬的裂隙灯照片。注意囊残留物的内皮位置

- 当囊肿长大的时候，就可能破裂。
- 它们经常不造成眼部损伤或不适。

第六节　肿瘤

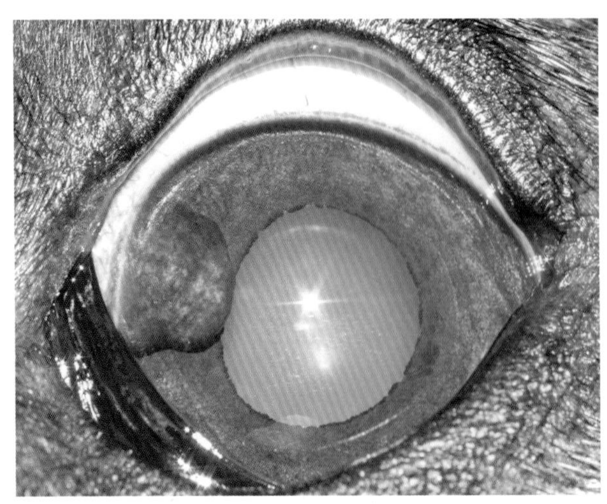

1例深色背毛的8岁拉多葡萄膜黑色素瘤

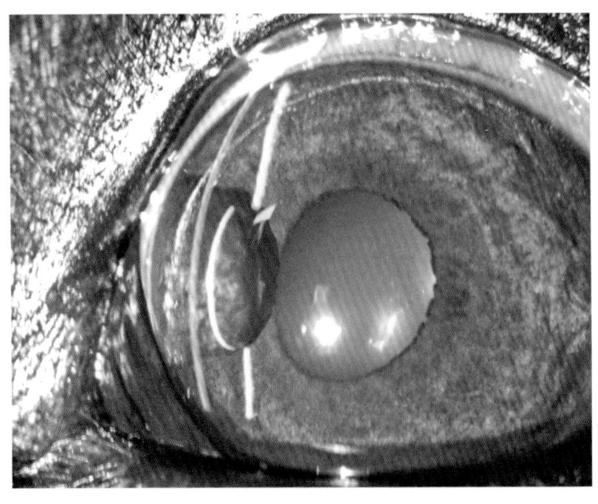

上图患犬的裂隙灯照片。

在虹膜组织上造成凸起的肿物特写

- 葡萄膜肿物可能是原发的（包括黑色素瘤、腺瘤、腺癌或肉瘤）或转移的。
- 它们通常是单眼发病。

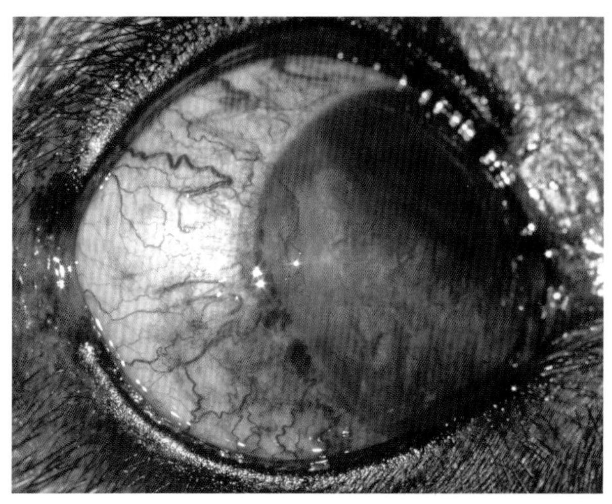

1例11岁德国牧羊犬的眼内肿物

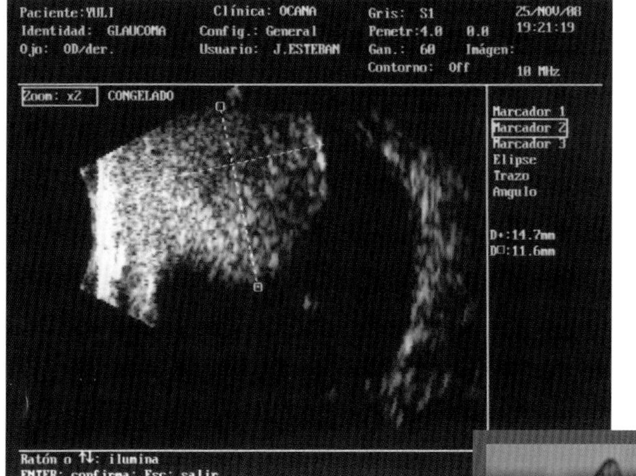

眼部超声显示肿物全部范围。

在该病例中，肿物来源于睫状体。

病程：3个月

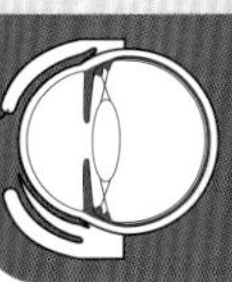

注意患眼和正常眼睛的区别

重要提示

➡ 由于虹膜角膜角被眼内肿物或炎性物质阻塞，可能会出现青光眼。

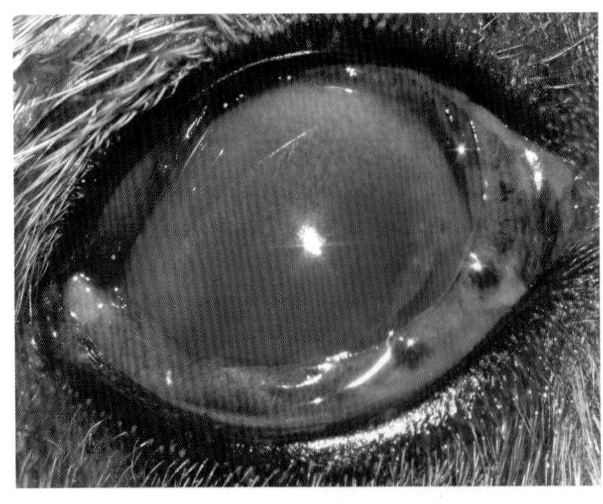

10岁拉多犬。

病程：眼部不适30天，对治疗无反应。

青光眼（48 mmHg）和结膜下出血

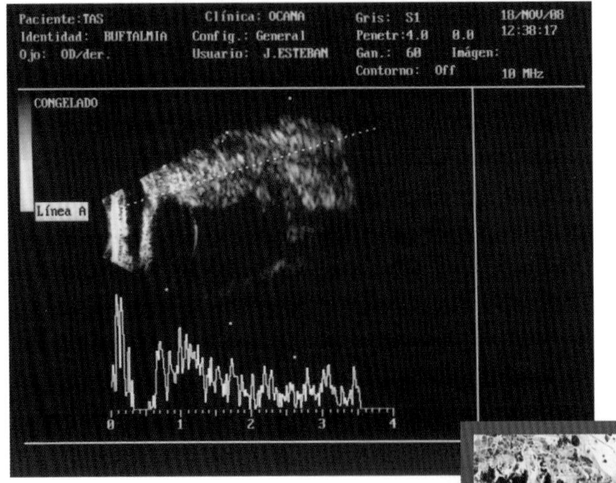

A/B超模式下的葡萄膜肿物

患病动物肿物的病理学分析。睫状体黑色素瘤，图像由Andrés Calvo（Citopath）提供

重要提示

- A/B模式超声辅助进行眼内肿物的超声-组织相关性诊断。同时使用A模式和B模式并显示峰值是葡萄膜黑色素瘤的特征。

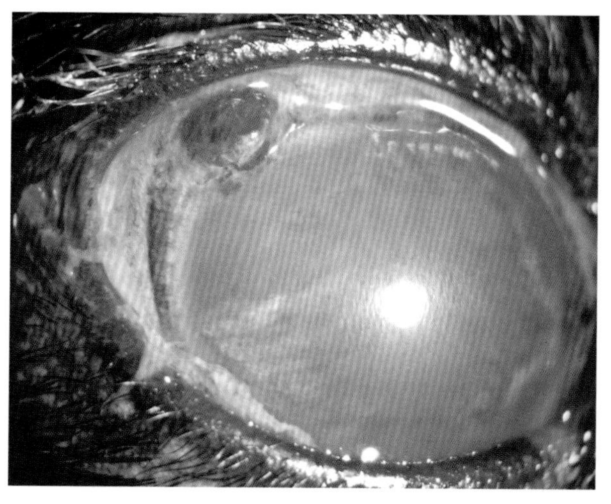

巩膜破裂伴虹膜脱垂。患睫状体肿瘤的犬

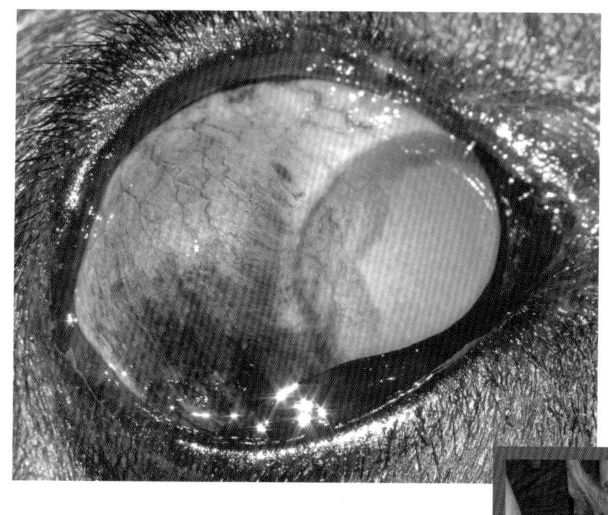

肿瘤的生长可能扭曲眼睛的纤维被膜。继发于眼部肿瘤的高压性葡萄膜炎

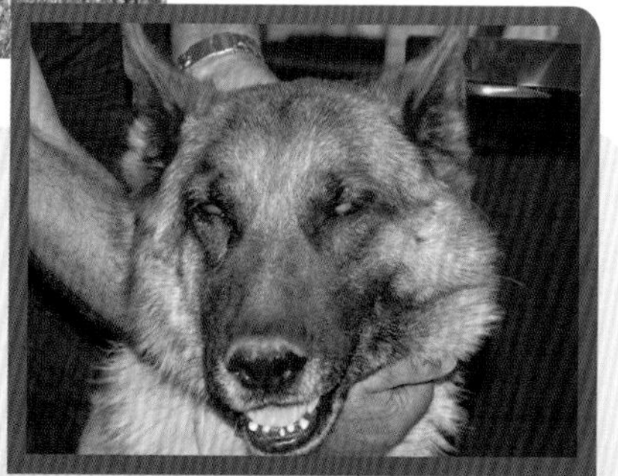

上图患犬，明确表现为疼痛（睑痉挛和畏光）

治疗

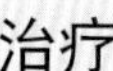

- 如果肿瘤较小而眼睛还有视力，推荐进行虹膜部分切除和组织病理学检查。
- 如果组织病理学结果（在上述病例）是恶性的，肿物弥漫于整个眼睛或眼睛失明了（青光眼），应该进行眶内容物剜除术（和病理学检查）。

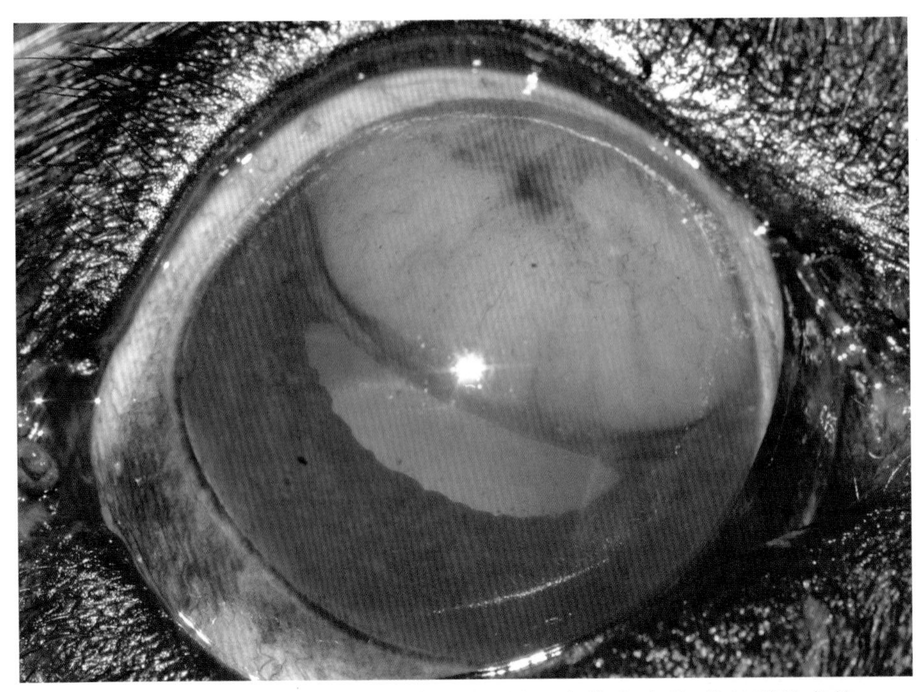

1例9岁罗威纳犬的葡萄膜肿瘤（右眼）。宠物主人先观察到的症状

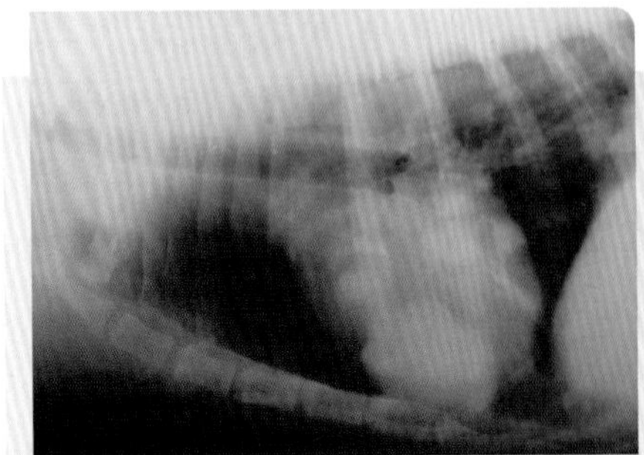

患犬胸部X线片（转移）

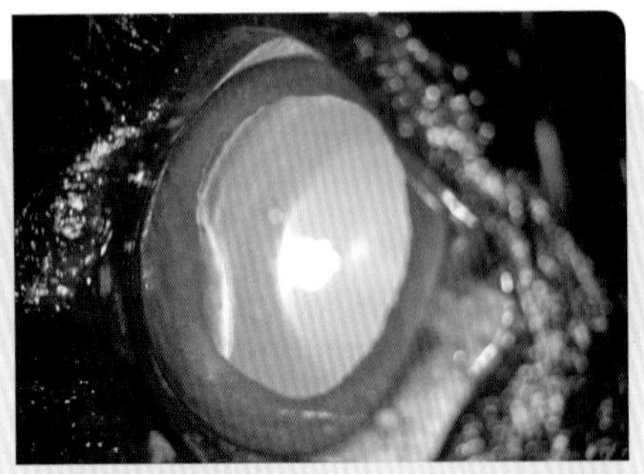

患犬的左眼。
睫状体肿瘤（使用托吡卡胺散瞳）

重要提示

- 在由于眼内肿瘤进行眶内容物剜除术前，记住眼睛是与患犬相连的。该犬有脾血管肉瘤，转移到了肝、心脏、肺和眼睛。
该犬在眼科就诊的几天后进行了安乐死。

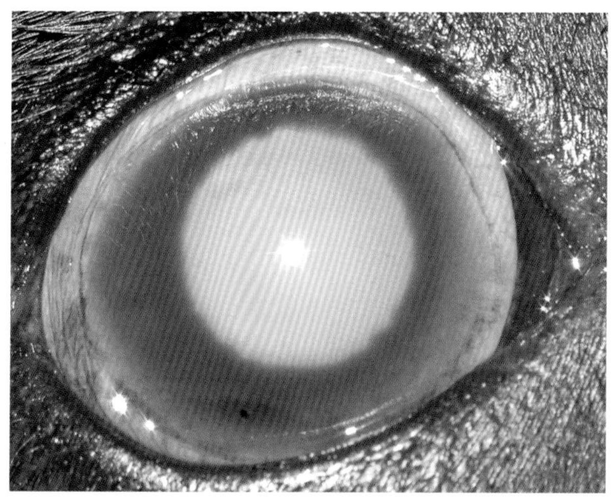

角膜水肿（内皮的）、虹膜潮红和眼内出血（前房积血）。

右眼

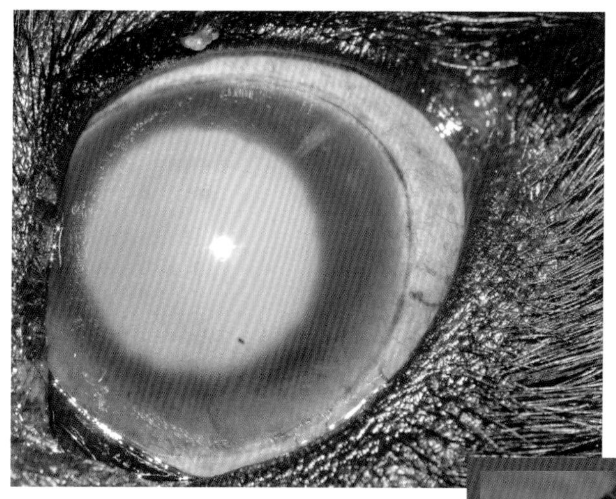

相似症状的左眼

i 淋巴瘤是常见的影响眼睛（尤其是葡萄膜）的肿瘤，而且预后相对较差（患犬的视力和生存率）

患犬，1只8岁的罗威纳犬，被兽医诊断为多中心性淋巴瘤。15天后的双眼症状

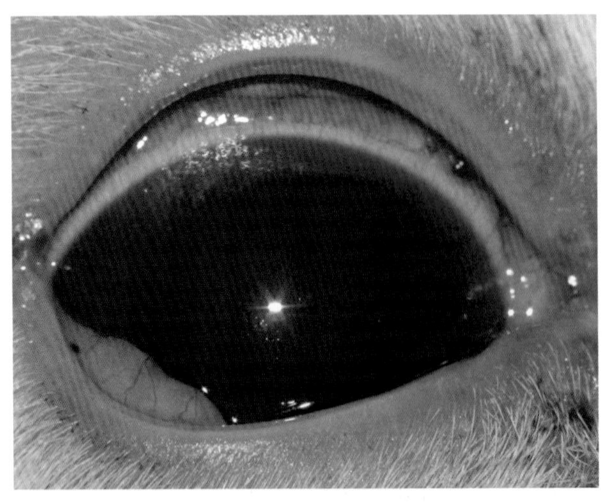

1例11岁波斯猫虹膜弥散性黑色素瘤。青光眼继发于黑色素瘤。

结膜充血

我们的患猫眼部不适。注意双眼的颜色差异

重要提示

- 虹膜弥散性黑色素瘤（原发性葡萄膜肿瘤）可能是恶性的并可能转移至肝和肺。
- 早期的诊断和迅速的手术治疗是延长患病动物生命的关键。

  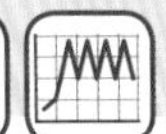 

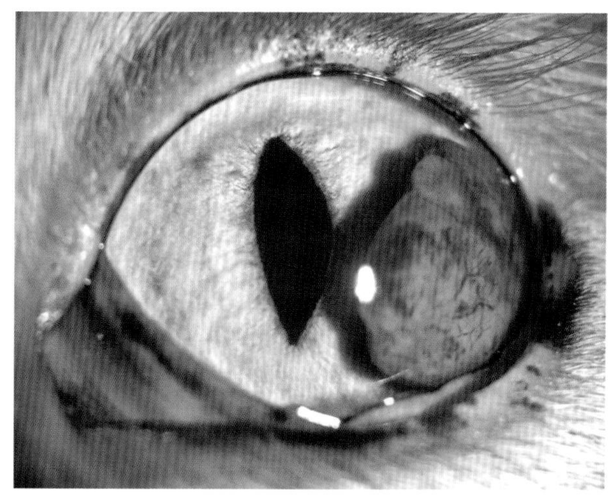

1例9岁家养短毛猫的葡萄膜淋巴肉瘤。

这些肿瘤高度血管化和较差的色素化。

病程：2个月。

FeLV阳性

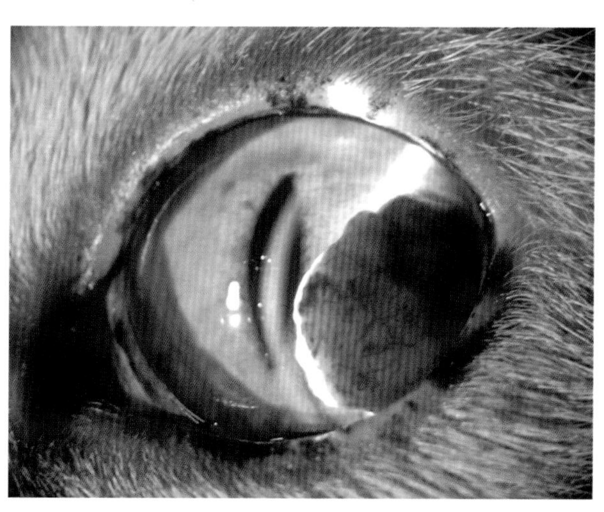

裂隙灯照片（肿瘤特写）。注意肿瘤在前房占据的空间

i　猫葡萄膜淋巴肉瘤是最常见转移的眼内肿瘤之一，它经常影响肾和/或小肠。

第七节 虹膜萎缩

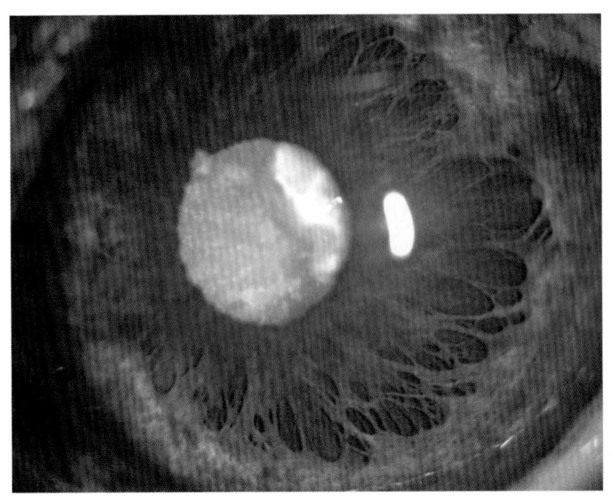

1例15岁犬的年龄相关性虹膜萎缩。

注意虹膜外表面肌肉的丧失，显示其后方的表面

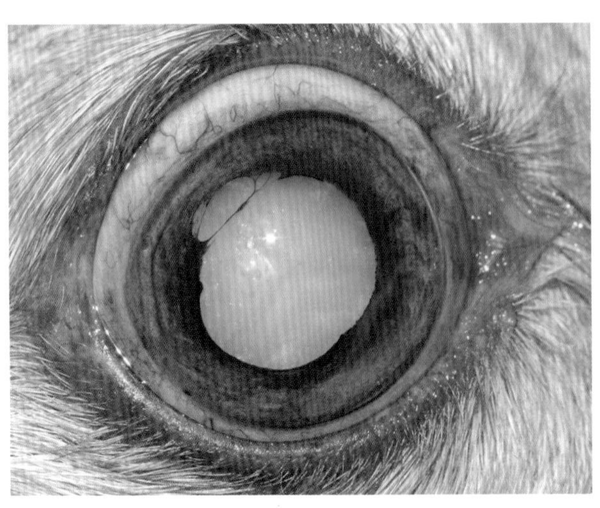

葡萄膜组织的萎缩。在这个患犬，它产生了不规则的瞳孔缘

i 这是在老年动物比较常见的虹膜肌肉组织的退化。可能与年龄相关或与慢性葡萄膜炎相关。

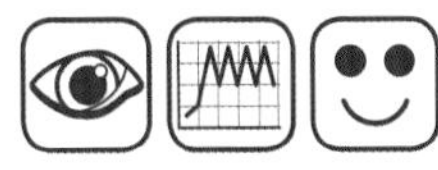

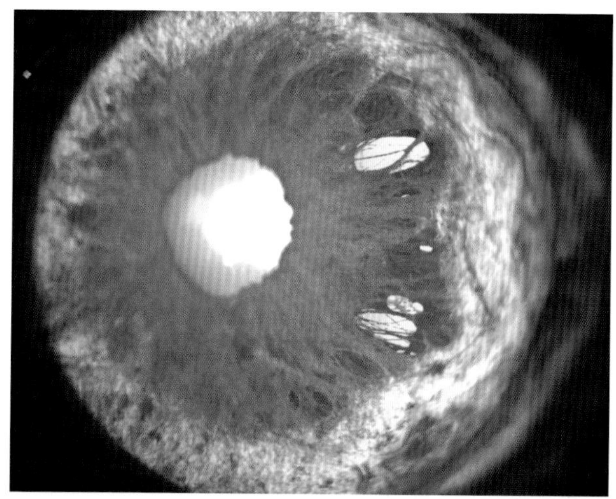

虹膜部分年龄相关性萎缩。

有时候实际的洞是可以看到的。

使用后照法拍摄的照片

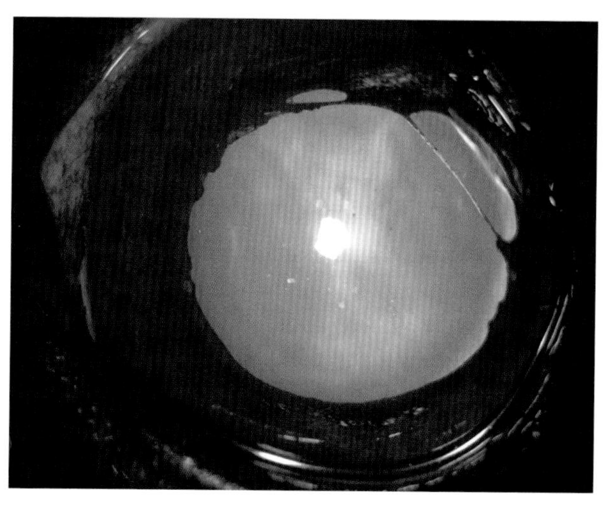

后照法时，毯部的反光显示了细节。

虹膜萎缩

品种倾向性

犬比猫常见，主要出现在小体型的品种（贵妇犬、约克夏犬和可卡）。

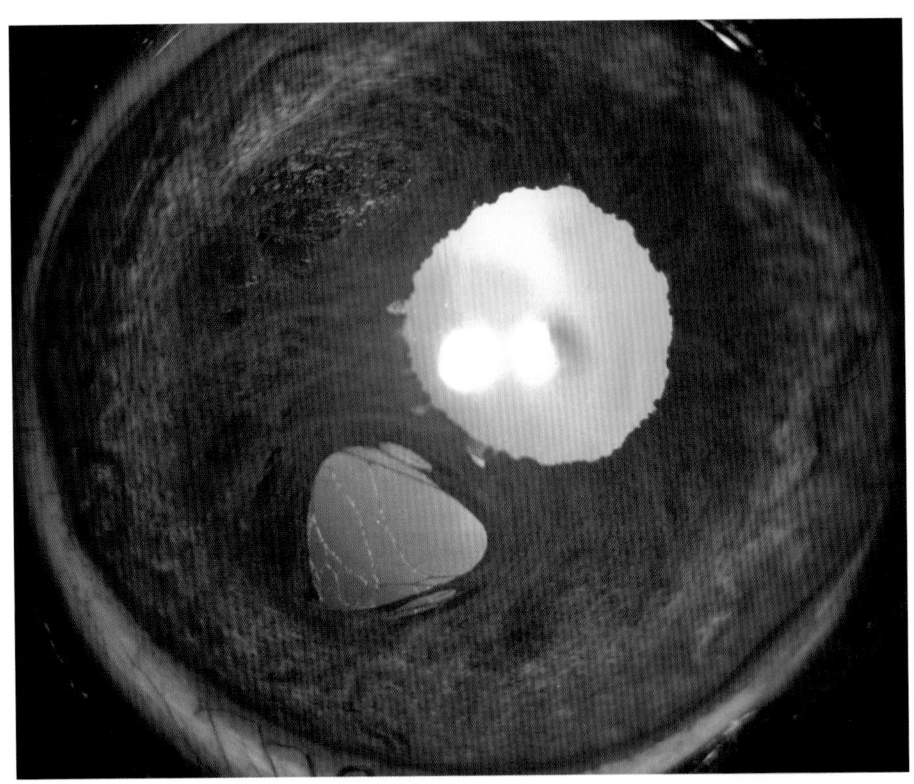

1例10岁可卡的年龄相关性虹膜萎缩，注意肌肉退化的程度不同

- 部分（瞳孔背颞侧）；
- 全部（瞳孔腹颞侧）；
- 瞳孔缘。

i 没有治疗方法。

在晚期病例，患病动物不应该在阳光好的时候外出，因为可能会出现畏光。

第八节　黑变病

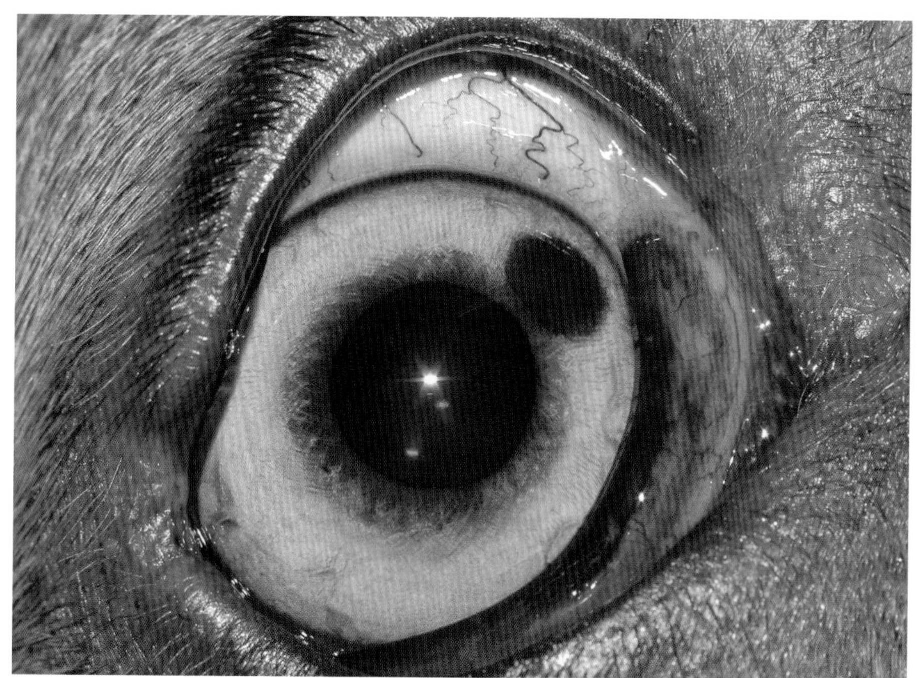

1例6岁魏玛猎犬的虹膜黑变病。
局部黑变病特写。
病程：2年。
无临床症状

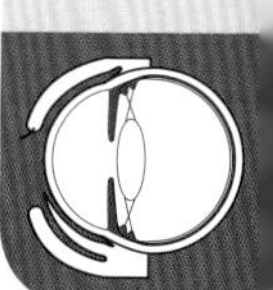

i 良性黑变病或痣是一种良性病变，是由葡萄膜黑色素细胞的过度色素化发展而来。

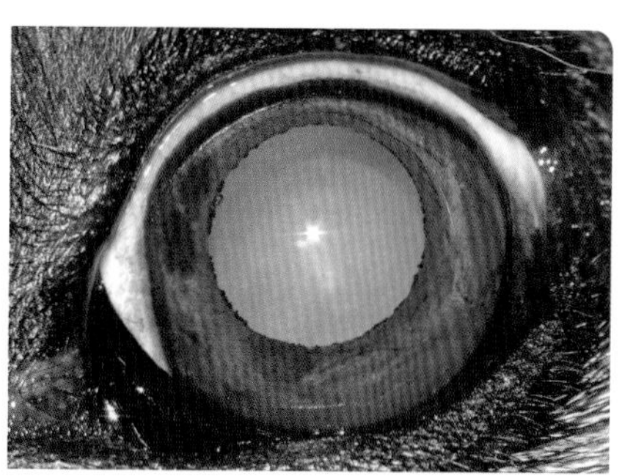

虹膜鼻侧区域的良性黑变病。
13岁的杂种犬

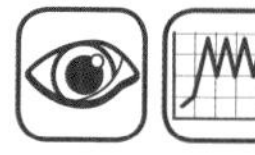

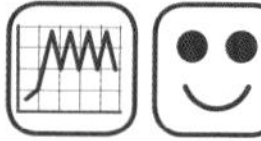

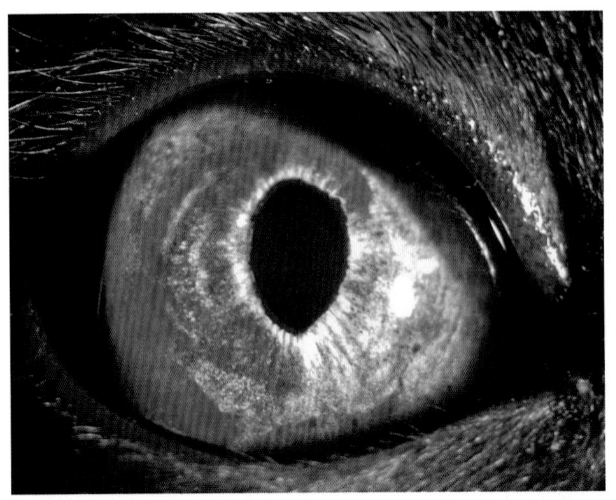
1例11岁黑猫的良性黑变病

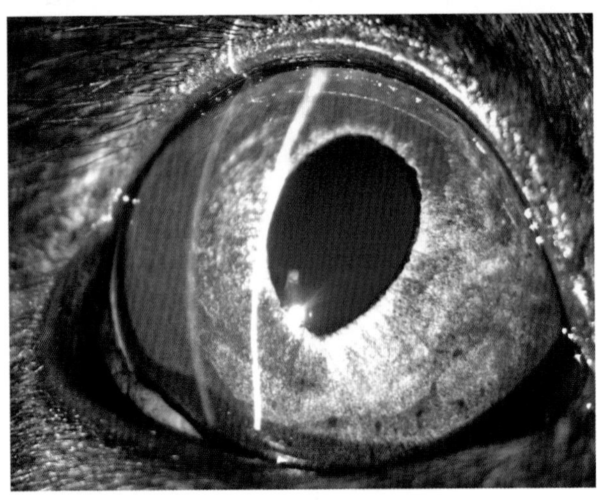
上图患猫的裂隙灯照片。虹膜横断面显示既没有凸出到前房也没有葡萄膜炎（无丁达尔效应）

重要提示

- 频繁监测猫的虹膜黑色素沉积，因为黑变病行为与弥散性虹膜黑色素瘤非常不同。
- 黑变病患随着时间会出现葡萄膜炎的症状（低IOP、丁达尔效应、睑痉挛）。

 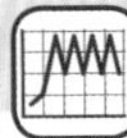 

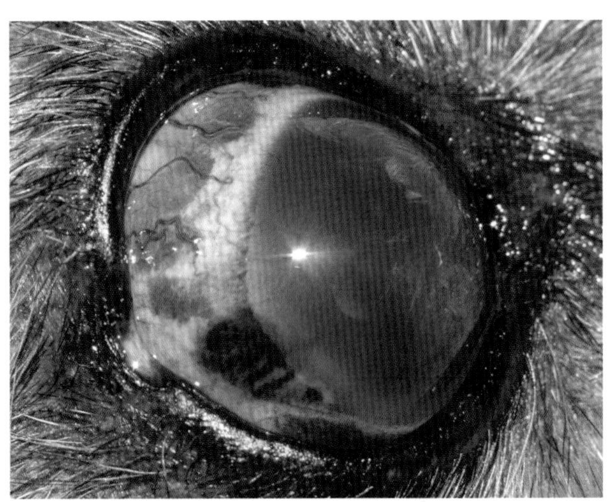

1例10岁拉多的葡萄膜黑色素瘤。
继发青光眼

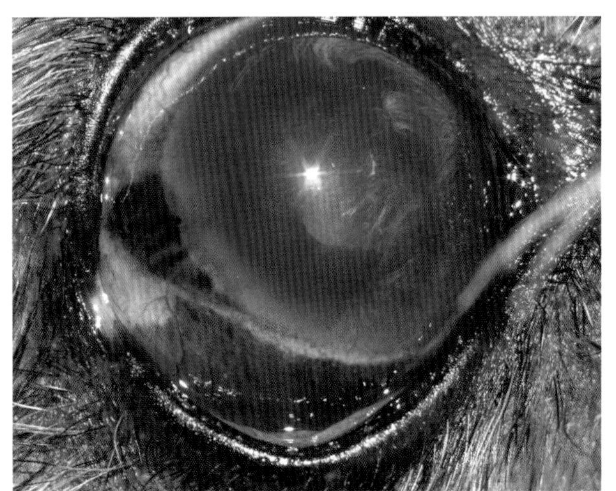

上图患犬。
色素播散特写

- 葡萄膜黑变病对于凯恩犬是遗传的而且可能是常染色体显性遗传的，发病年龄和发展模式多变。它会导致虹膜变厚和色素化。巩膜和巩膜表层可能会出现色素沉积。
- 色素播散可能会导致虹膜角膜角的关闭，引发青光眼。

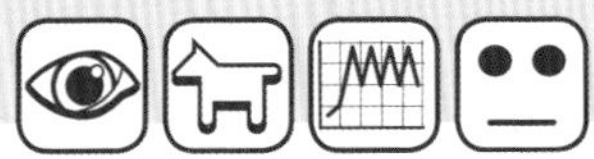

第九节　前房积血

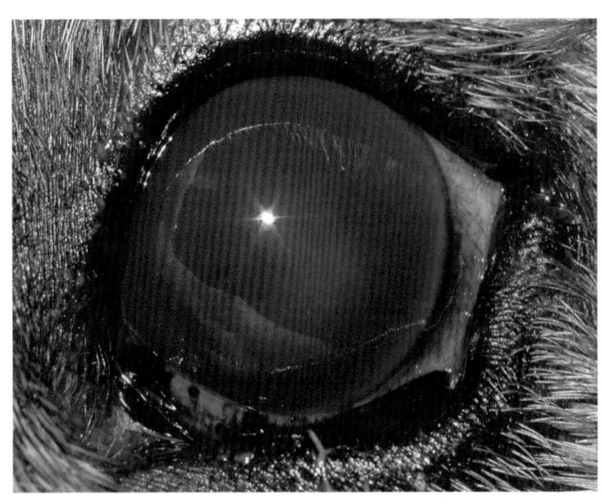

1例金毛犬的前房积血。

病程：24小时。

眼部创伤

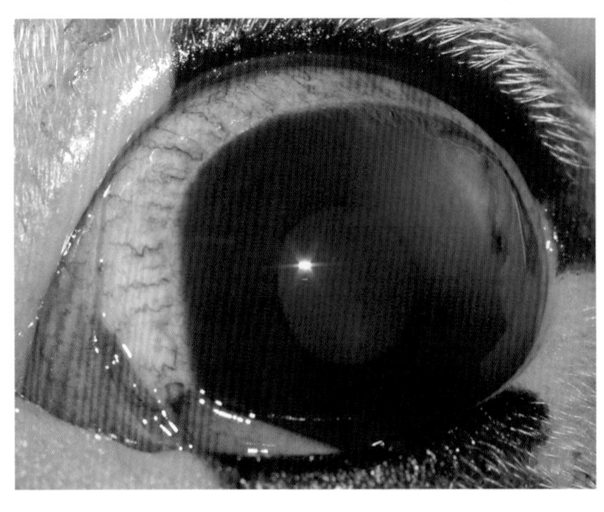

1例被猫抓伤法国斗牛犬的前房积血。爪子穿透了角膜并且损伤了虹膜

前房的出血。

主要病因是创伤、肿瘤、视网膜脱离和葡萄膜炎，某些全身性疾病（艾利希体病、高血压、凝血障碍或淋巴瘤）也可能增加继发性前房积血的概率。

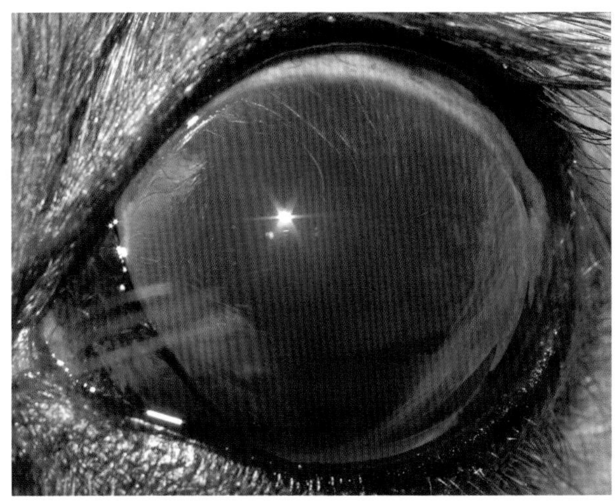

创伤后前房积血72小时后。

血细胞沉降于前房的腹侧形成肉眼可见的水平面

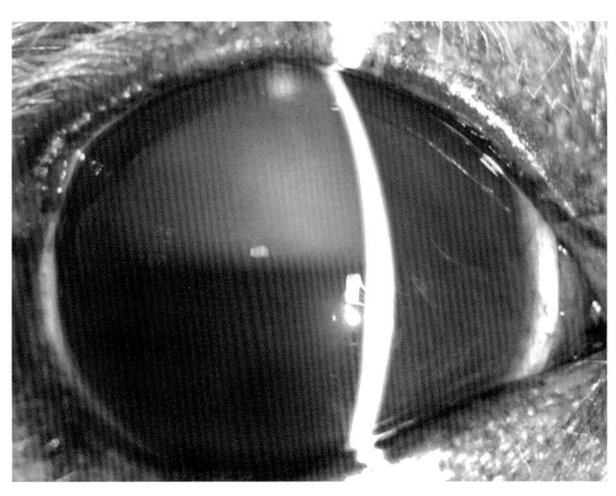

出血稳定特写（48小时后）。裂隙灯和后照法照片

禁忌

- 不要进行前房穿刺来移除积血。

治疗

- 使用局部皮质类固醇（如果没有角膜溃疡）：1%醋酸泼尼松龙。
- 增加结膜下注射和全身皮质类固醇。
- 更喜欢使用托吡卡胺（局部）而不是阿托品以减小青光眼风险。

   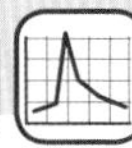 

双眼前房积血的8岁罗威纳犬。

淋巴瘤

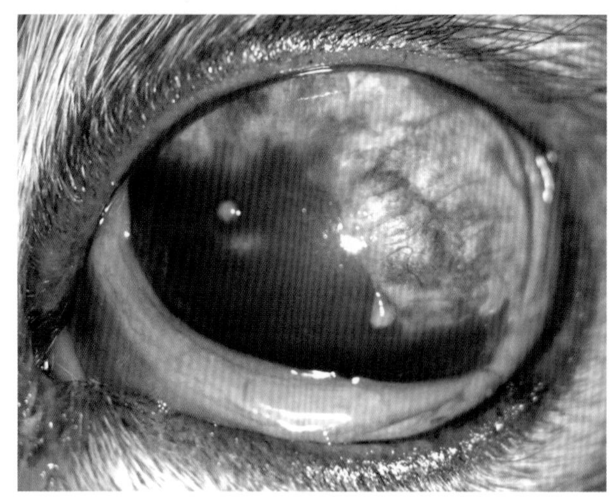

患FIP的猫表现为双眼前房积血，左眼影响更严重

重要提示

在双眼前房积血的病例，总是要怀疑全身性疾病。

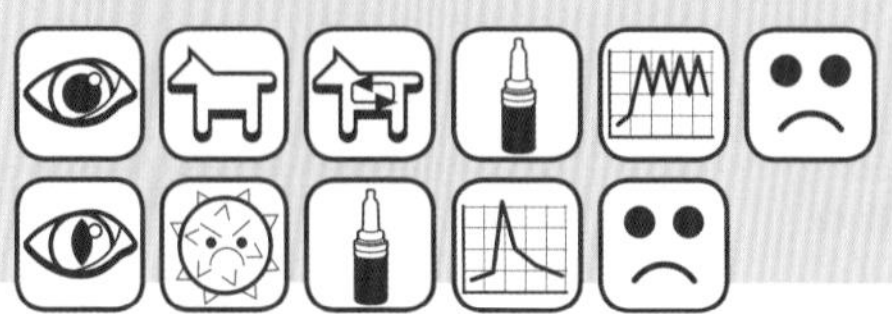

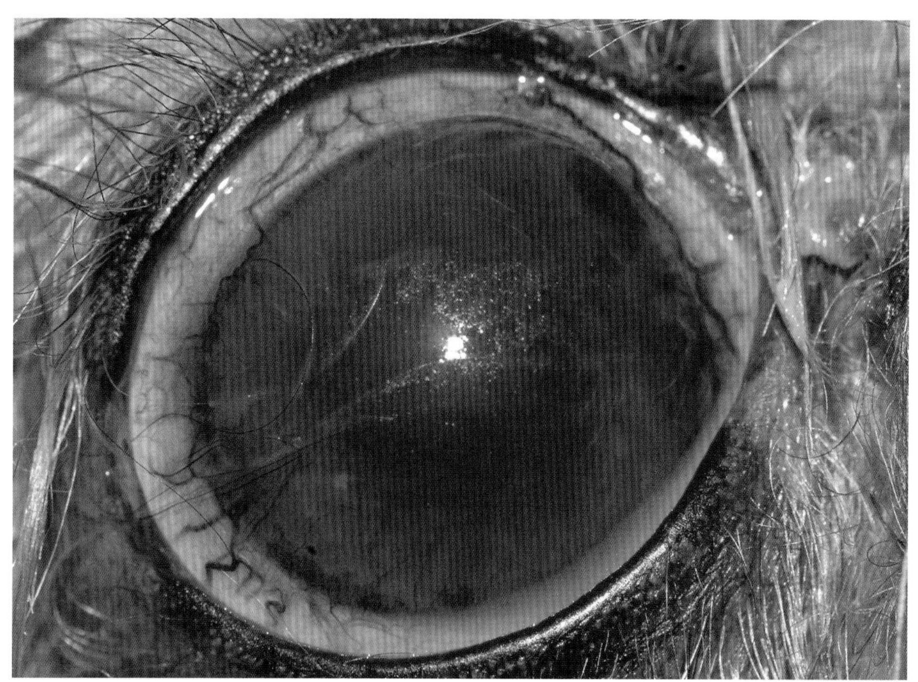

继发于前房积血的青光眼。
注意充血的巩膜表层血管。
IOP：56 mmHg

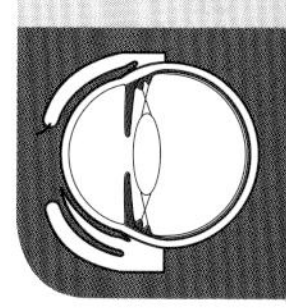

重要提示

- 未解决的前房积血的主要并发症是虹膜角膜角关闭和继发的青光眼。

上图的患犬。
注意由于青光眼导致的牛眼征。
失明的眼睛

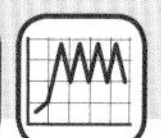

第七章
晶状体

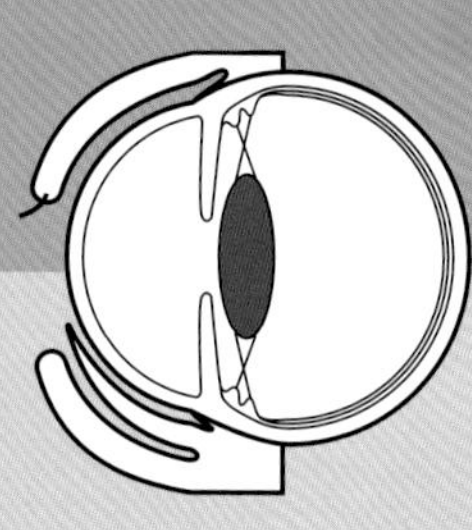

第一节 小晶状体

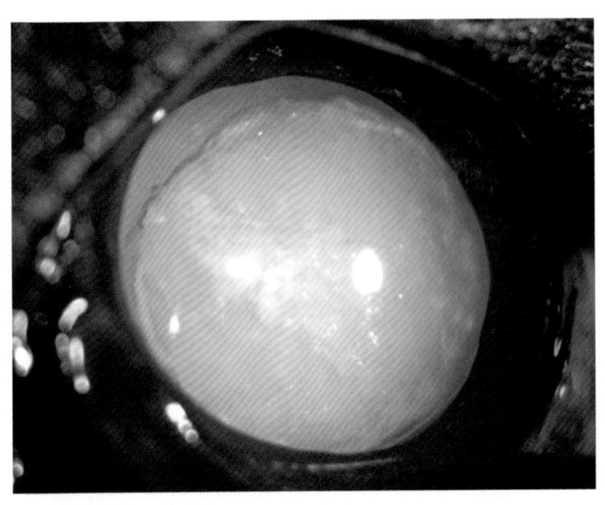

1例5岁凯特兰牧羊犬的小晶状体。也出现了白内障。

由于这个晶状体比正常的小，可以看到它的边缘

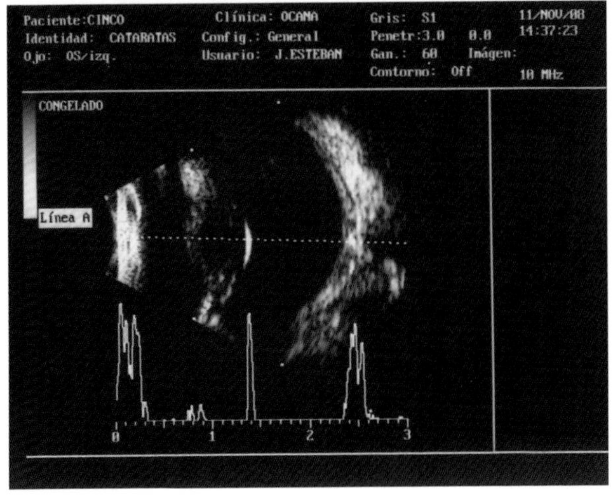

患犬的A/B模式超声图像。

小晶状体和白内障的特写

一类异常的小晶状体。这是一种先天性发育异常，通常伴发眼内其他改变。

已经报道于尤其是罗威纳犬、凯特兰牧羊犬和英国古老牧羊犬等品种。

第二节 缺损

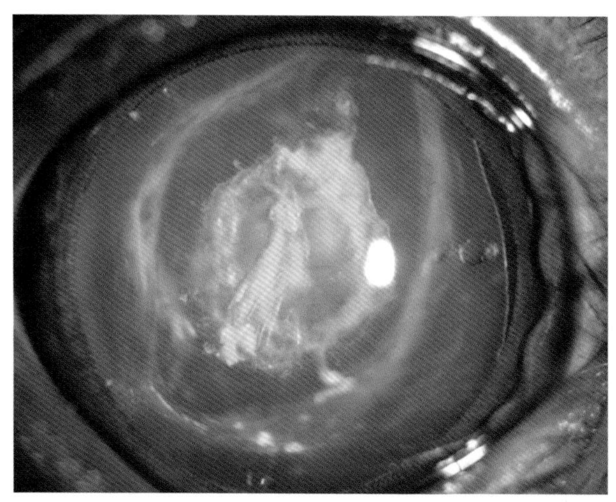

1例犬的内侧晶状体缺损，同时伴发先天性白内障。

睫状突清晰可见。患犬的眼睛是散大的（使用托吡卡胺）

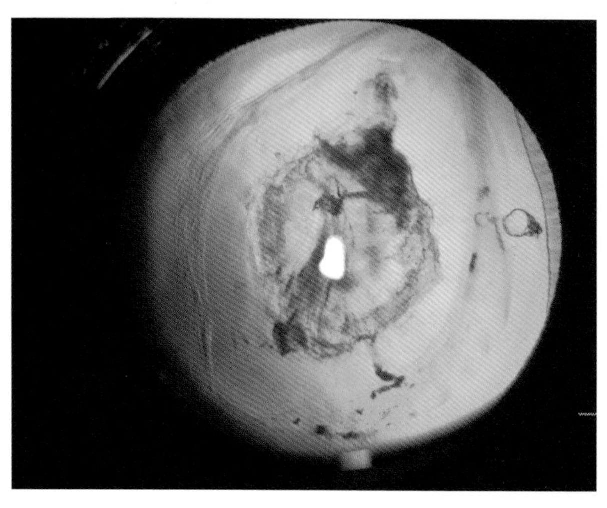

使用后照法拍摄的患犬图片。

缺损和黏附的晶状体小带特写

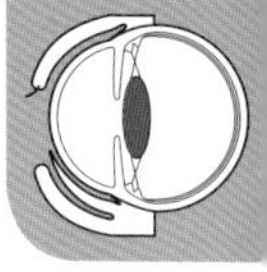

i 缺损是一种晶状体的先天性发育异常，是晶状体组织的部分缺失（发育不良），通常是它的赤道部。

一般伴发白内障。

第三节 核硬化

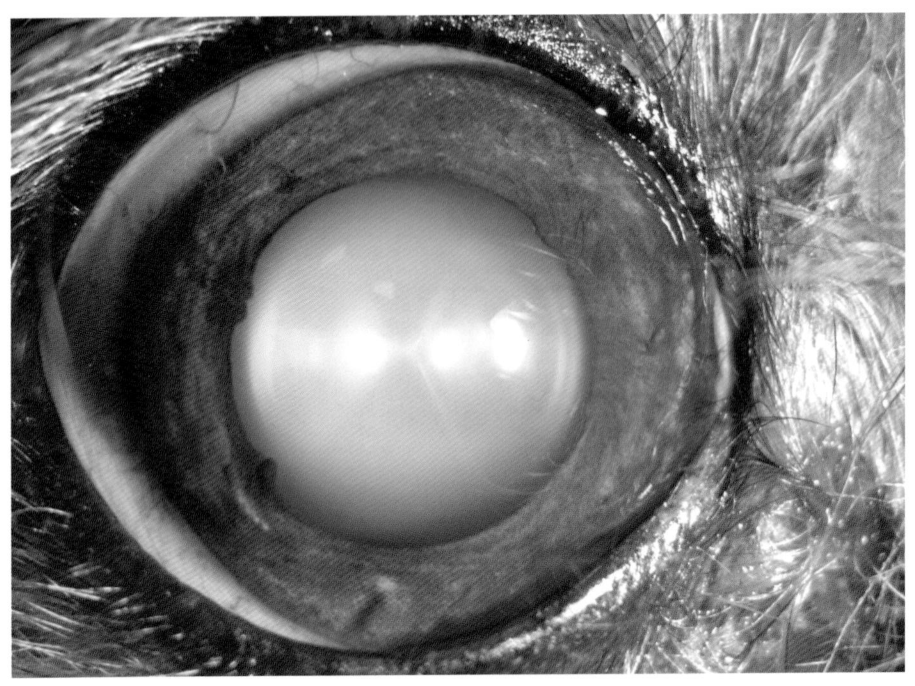

1例14岁犬的晶状体核硬化。注意眼底黄-绿色的反光

重要提示

- 不要混淆晶状体的核硬化（年龄相差性退化）和白内障。
- 核硬化是乳白色的而白内障是不透光的。
- 犬从6岁、猫从10岁就开始出现核硬化。

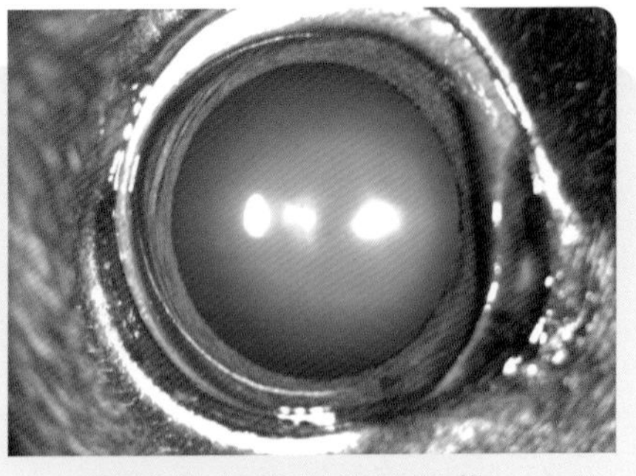

晶状体年龄相关性退化。浦-桑二氏像的特写

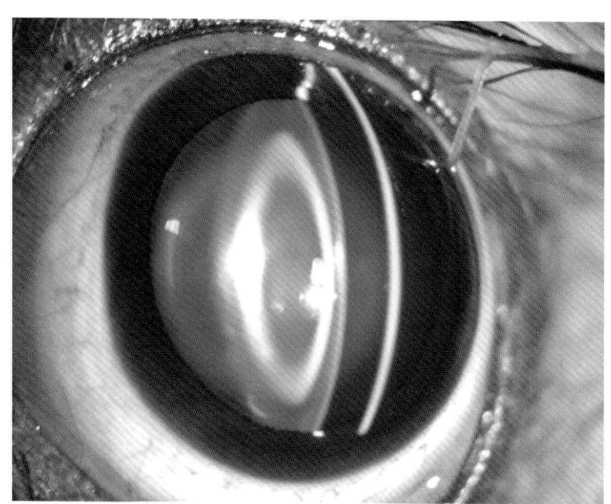

1例9岁西施犬的核硬化。

裂隙灯可以显示早期核硬化

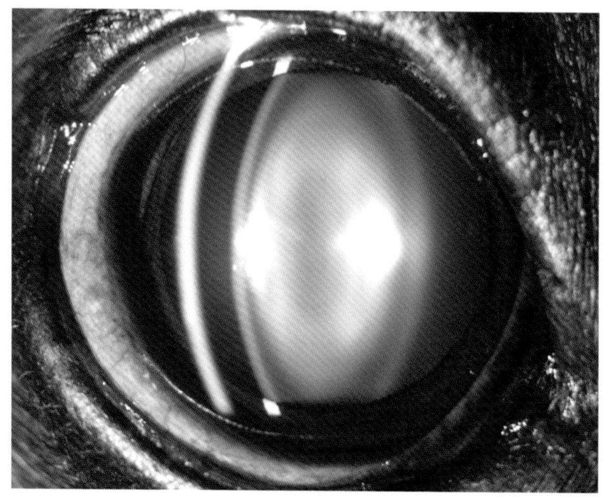

晚期核硬化。

整个核乳白色光

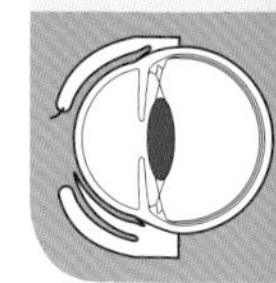

- 患病动物必须通过散瞳来正确地检查晶状体。
- 除非同时出现了年龄相关性白内障，核硬化不需要手术治疗。

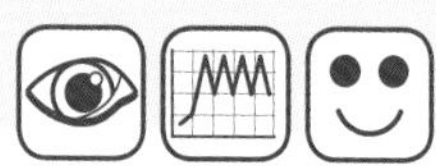

第四节 白内障

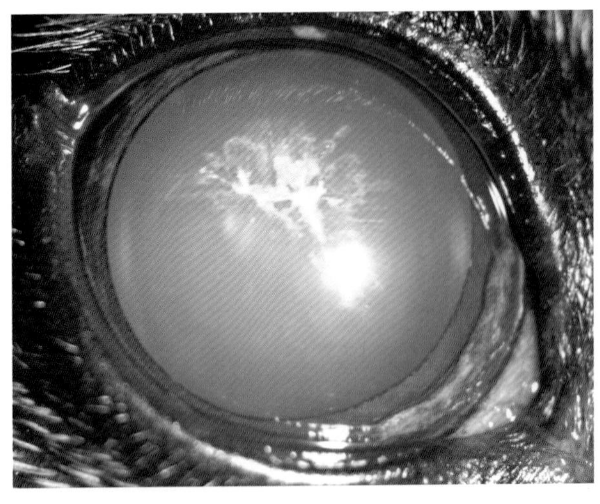

1例3岁犬的初期白内障。

位于两极

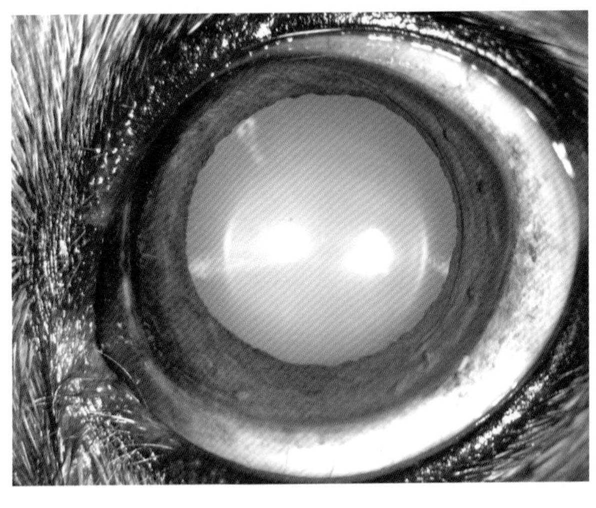

1例14岁犬的初期或早期白内障，同时有核硬化。

位于赤道部

重要提示

初期白内障的患病动物：

- 没有视力影响。
- 可见毯部反光。
- 平滑的晶状体前囊。

检查时瞳孔必须是散大的。

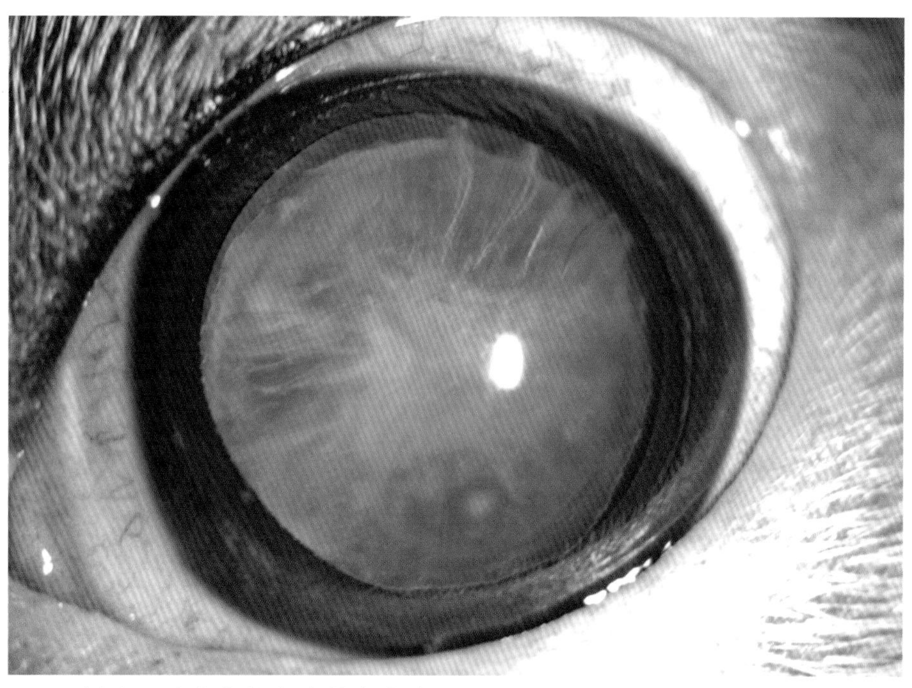

1例法国斗牛犬的未成熟白内障

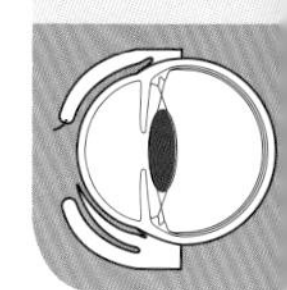

在白内障发展的第二期：

- 患病动物有一定的视力缺损。
- 依然有一定程度的毯部反光。
- 前囊依然平滑。
- 由于液体的快速吸收，晶状体可能会肿胀。有时候会显露出晶状体的缝合线（见右图）。

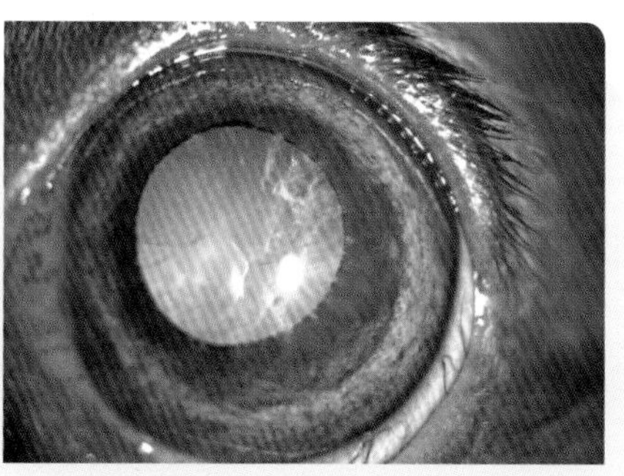

1例6岁杂种犬的未成熟白内障。快速发展：6天。
晶状体前侧Y形缝合线特写

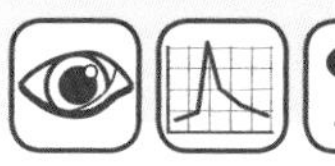

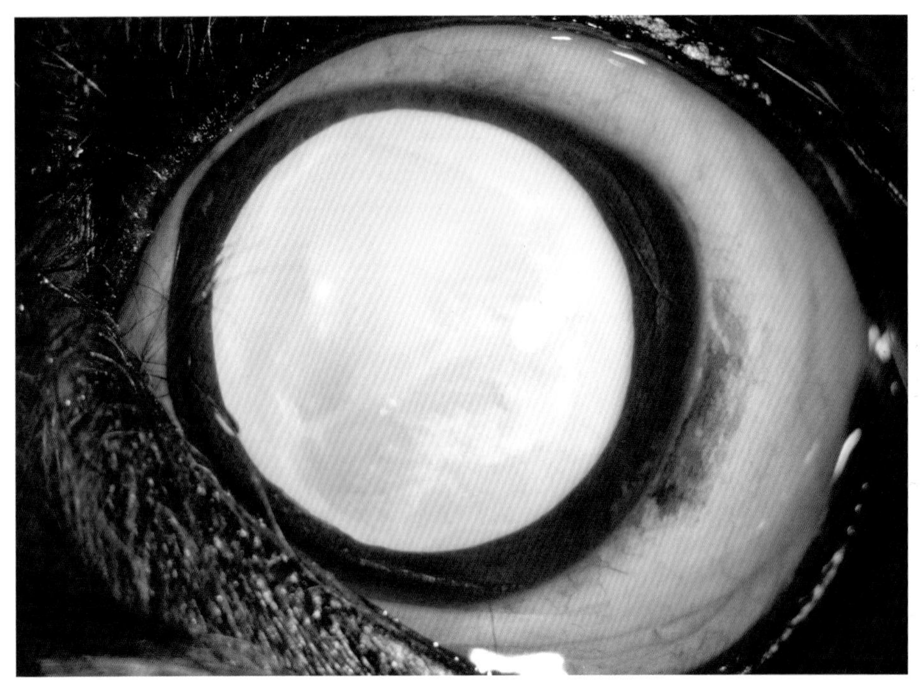

成熟白内障。失明的眼睛

重要提示

- 患成熟白内障的动物：
  - 无毯部反光。
  - 视力的缺损。
  - 平滑的晶状体前囊。

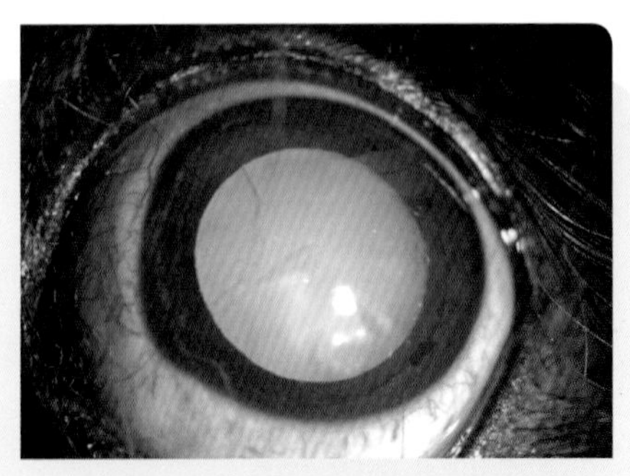

1例11岁犬的成熟白内障。白瞳症（瞳孔泛白）特写。完全的晶状体浑浊

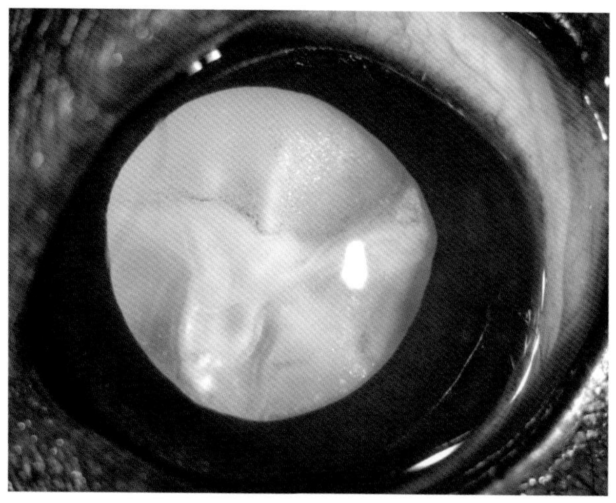

1例13岁犬的过熟期白内障。

病程：1年。

注意更浑浊的区域（细胞密度）

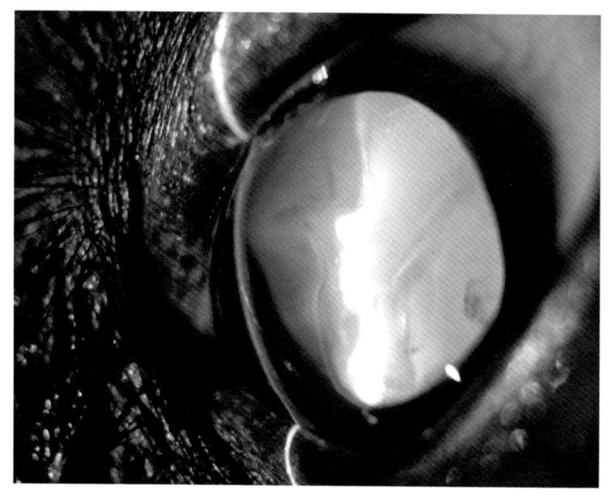

在过熟期白内障中皱缩的晶状体前囊。上图所示患犬的裂隙灯照片

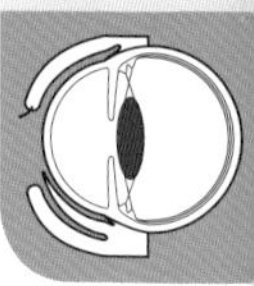

重要提示

过熟期白内障的患病动物：

- 没有明显的毯部反光（除非在重吸收的晚期）。
- 皱缩的晶状体前囊。

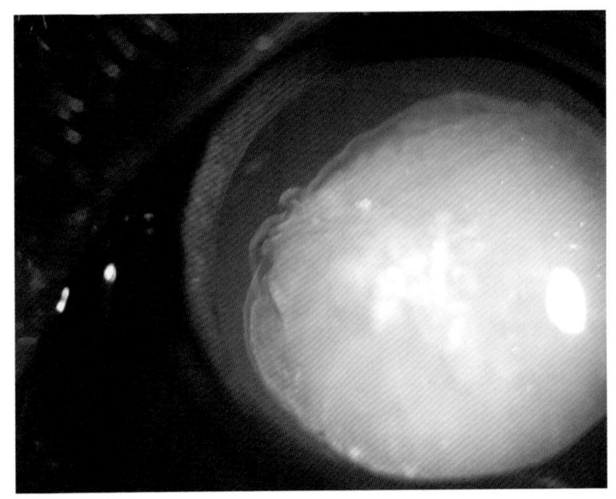

过熟期白内障。
皱缩的晶状体前囊

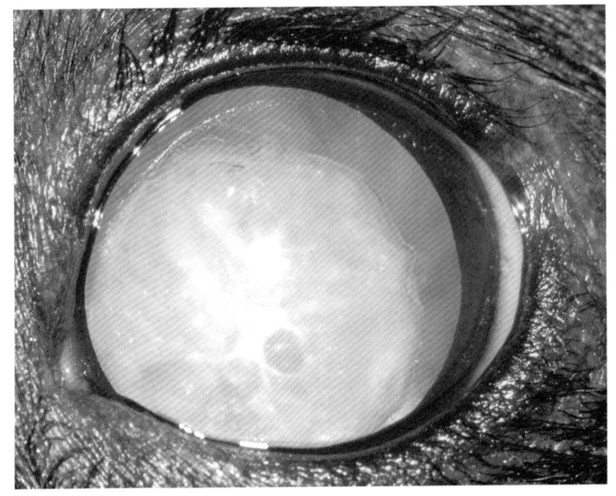

重吸收中的过熟期
白内障。可见毯部反光

趣味提示

在一些非常晚期的过熟期白内障，由于晶状体皮质的溶解导致毯部反光可见。

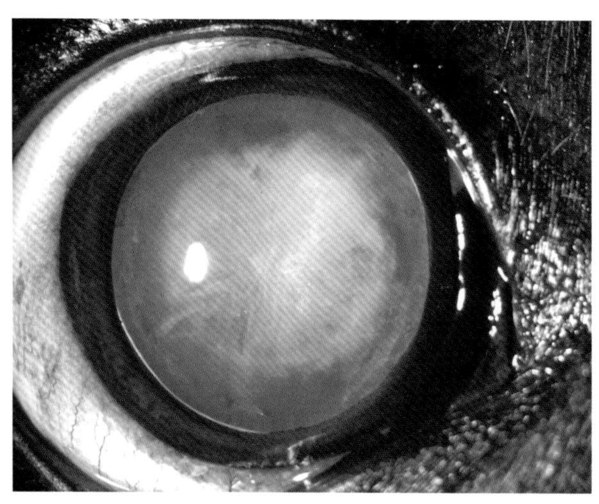

1例8月龄西施犬的先天性白内障。这种白内障与小晶状体相关

3月龄的英国可卡。双眼先天性白内障

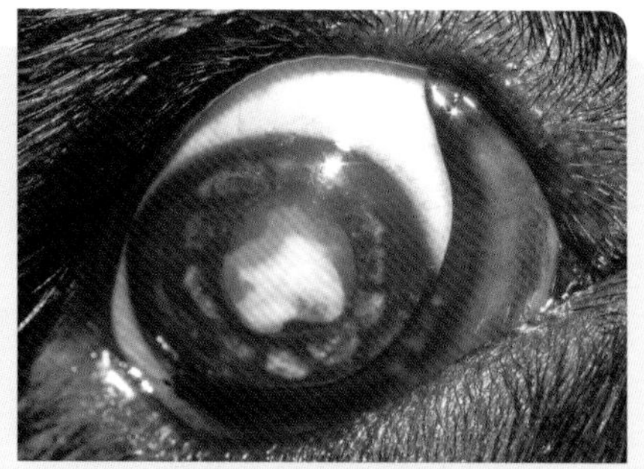

上图所示患犬的右眼特写

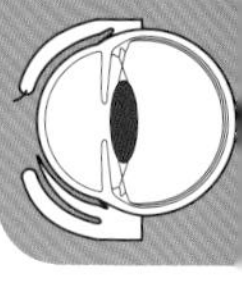

品种倾向性

- 先天性白内障已经报道于寻回犬（拉多犬和金毛犬）、某些猎犬（可卡犬、史宾格）、英国古老牧羊犬和西高地白梗。
- 出生开始表现，可能有先天性因素。
- 该类型白内障通常伴发其他疾病，比如PPM（永久性瞳孔膜）、小晶状体、小眼球症等。

1例5岁犬的幼年白内障。从3岁开始、处于未成熟期的发展性白内障

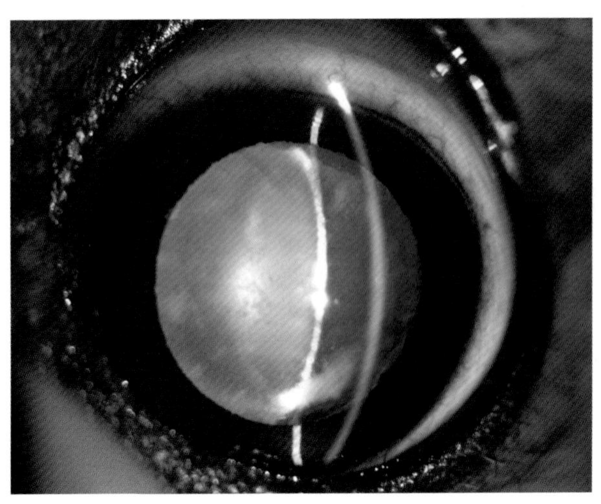

该白内障定位于皮质

趣味提示

- 幼年白内障一般表现为发展性的、双眼的，最常发源于皮质。

品种倾向性

- 德国牧羊犬和迷你雪纳瑞是最常见的受累品种。

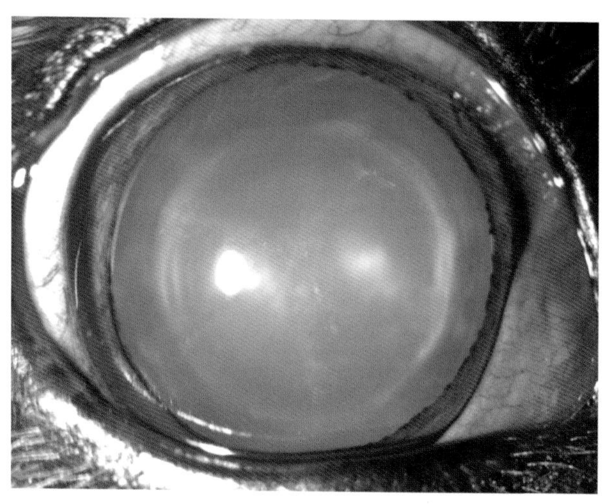

1例15岁杂种犬年龄相关的早期白内障。

该病患存在着晶状体前部的白内障（注意Y形线）和核硬化

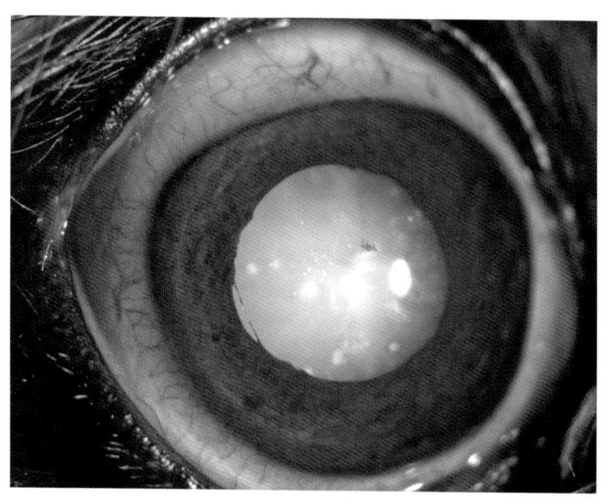

1例14岁犬年龄相关的过熟期白内障，同时伴有虹膜萎缩

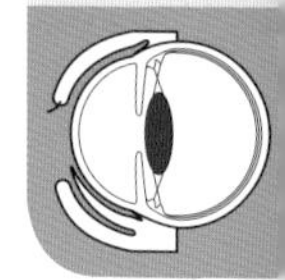

i

除了同时存在视网膜变性或干眼症的病例，手术通常是年龄相关性白内障的选择。

年龄相关性白内障有时会和虹膜萎缩或玻璃体变性同时出现。

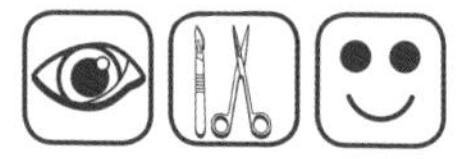

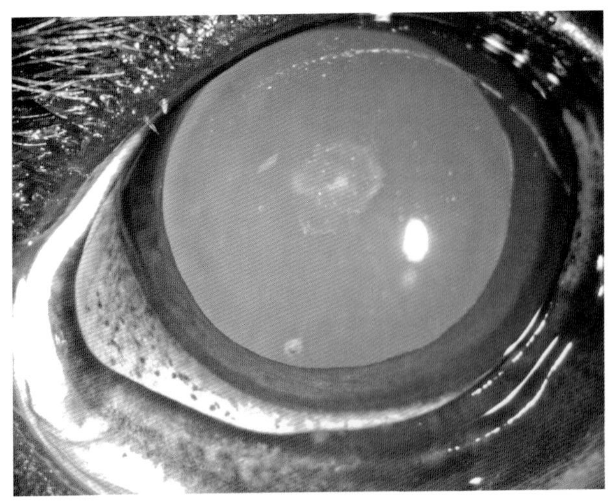

1例1岁拳狮犬的前极囊性白内障

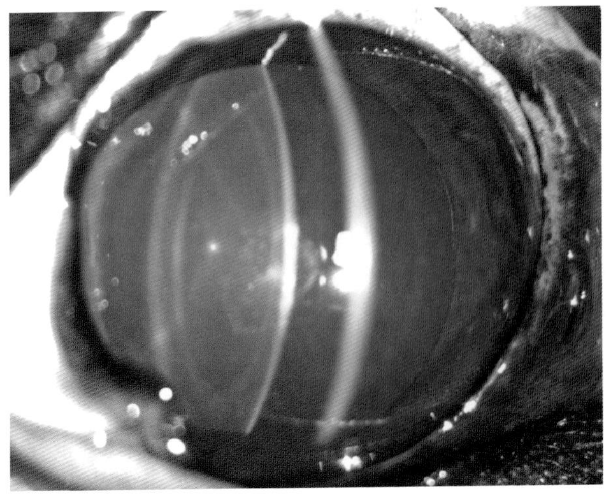

裂隙灯显示浑浊在前囊的轴向区域

裂隙灯显示浑浊在前囊的轴向区域：

- 囊性白内障（前或后）；
- 囊下白内障（前或后）；
- 皮质白内障（前或后）；
- 核质白内障。

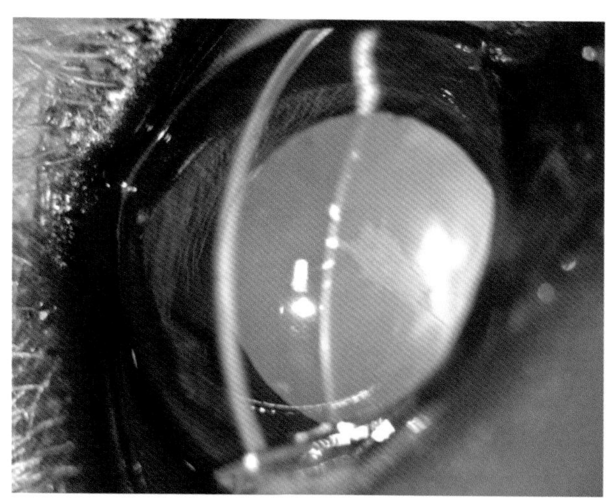

1例2岁可卡犬的局部前囊囊性白内障。
先天性白内障

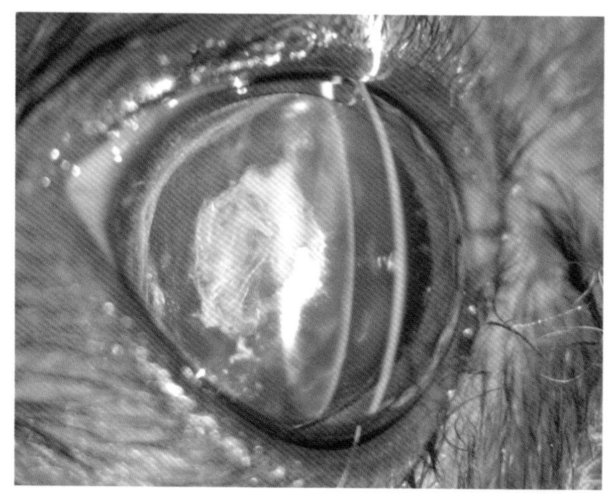

先天性后囊囊性白内障，同时伴有原始玻璃体增生综合征

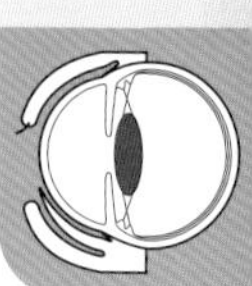

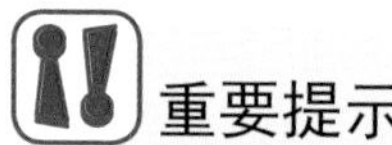

重要提示

为了精确定位白内障：

- 完全散大瞳孔（使用散瞳剂）；
- 使用裂隙灯。

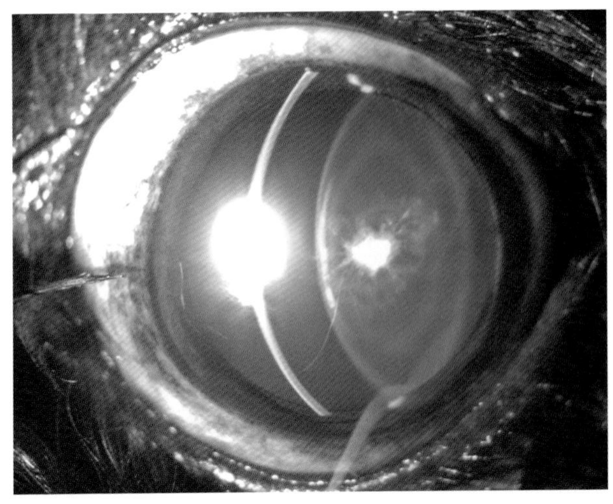

1例犬的前囊囊下白内障。

裂隙灯下病变特写。局灶性白内障

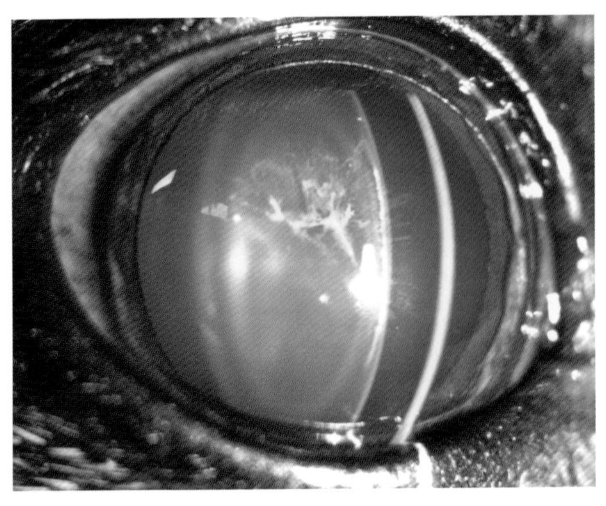

前囊囊下白内障。

使用Y形线的额侧观来确定白内障的方位

囊下白内障一般是发展的。

推荐

在解读裂隙灯照片时，考虑额侧观以及光学横断面。

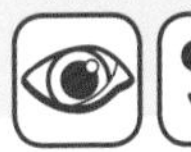 

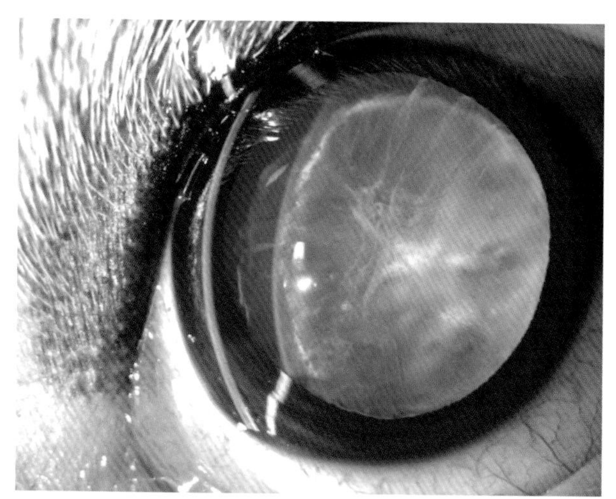

1例甲低病患皮质白内障的前后观。裂隙灯帮助我们确定这个未成熟白内障的皮质定位

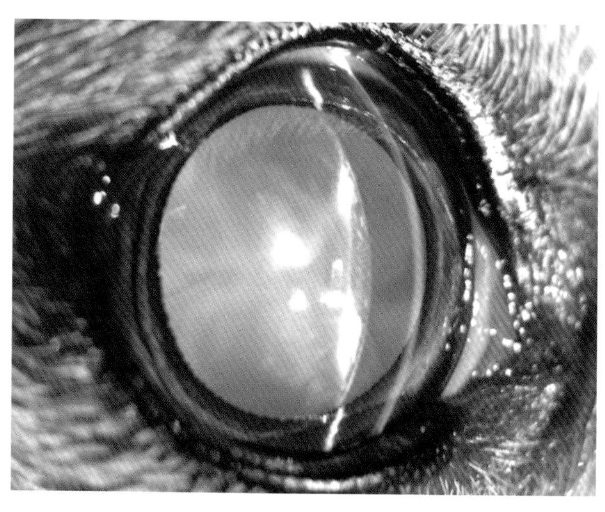

1例7岁犬的糖尿病性的囊下皮质型白内障。急性发病：出现后8天

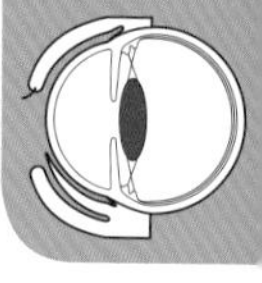

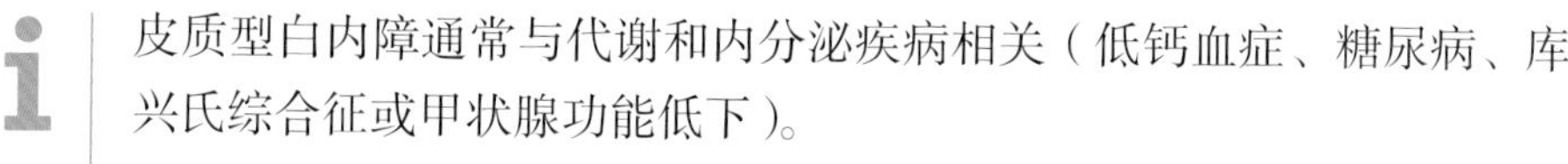

皮质型白内障通常与代谢和内分泌疾病相关（低钙血症、糖尿病、库兴氏综合征或甲状腺功能低下）。

遗传性皮质白内障也已经有过报道（金毛犬、美国可卡犬）。

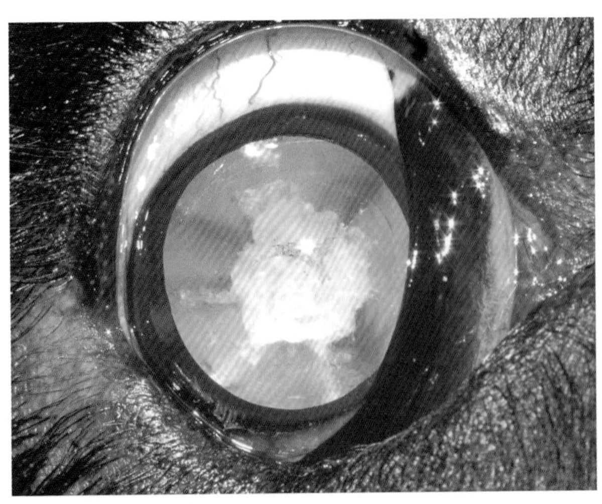

1例可卡犬的皮质白内障。

外形辐射状

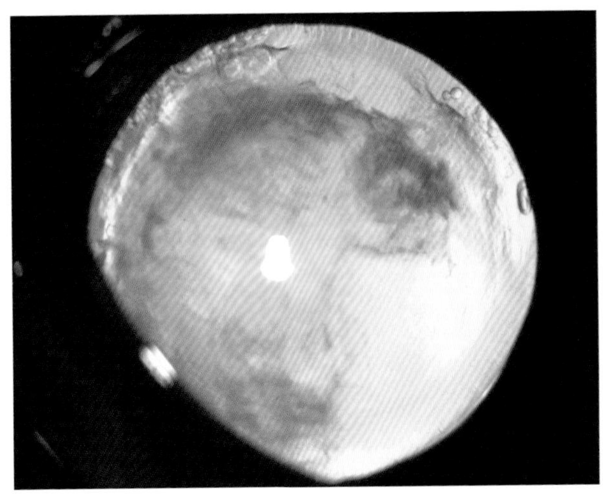

赤道区皮质白内障伴液泡。使用后照法拍摄的照片

液泡、辐射状和裂缝在皮质白内障中比较常见。

皮质白内障可能影响晶状体的前极、后极或赤道区域。

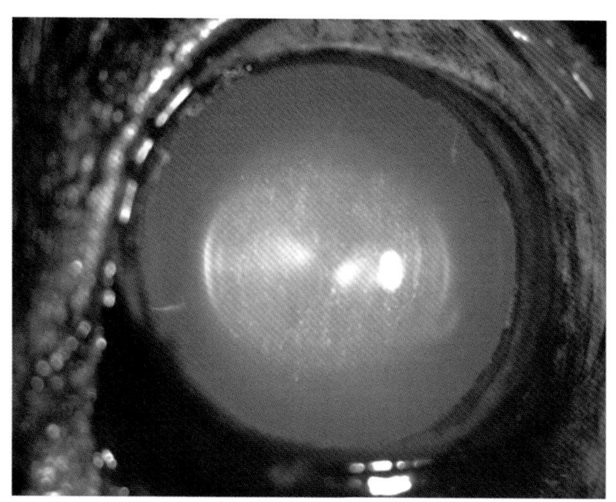

1例可卡犬的年龄相关性核性白内障。初期

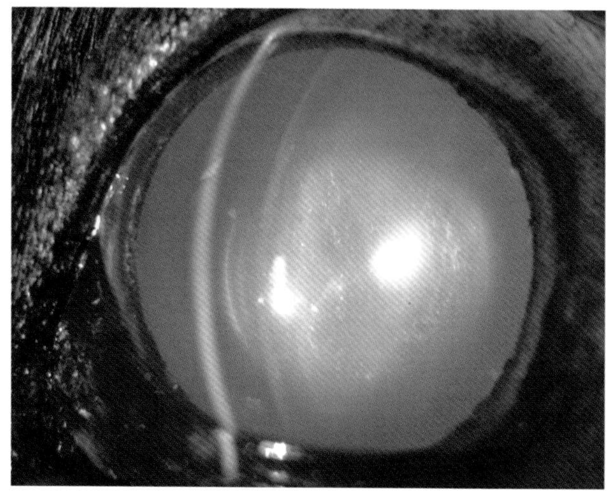

上图所示患犬的白内障裂隙灯照片。定位核区

趣味提示

核性白内障在老年动物不一定是发展的，而且在初期时不会导致严重的视力缺损。

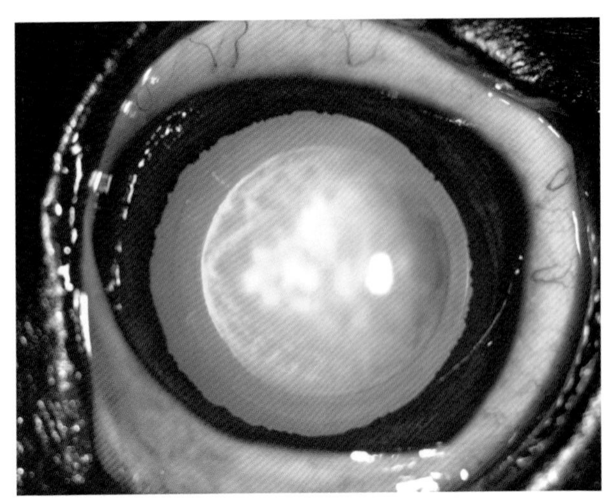

1例3岁拳狮犬的先天性核性白内障

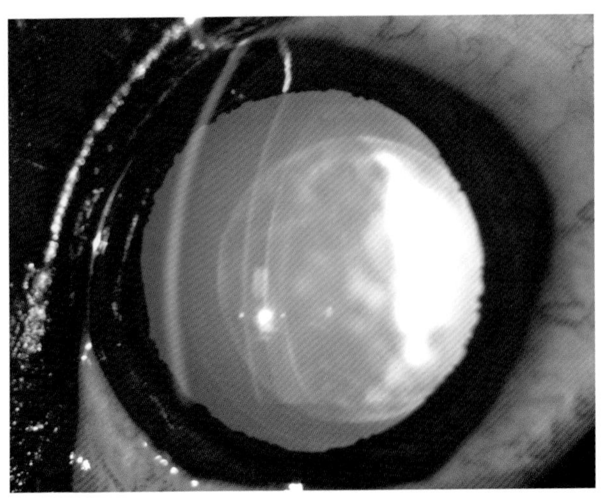

散瞳时，核浑浊（未成熟白内障）定位特写。

为上图所示患犬

i 核性白内障是典型的先天性白内障。

尽管它们可能在不同的发展时期，但一般表现为双眼。

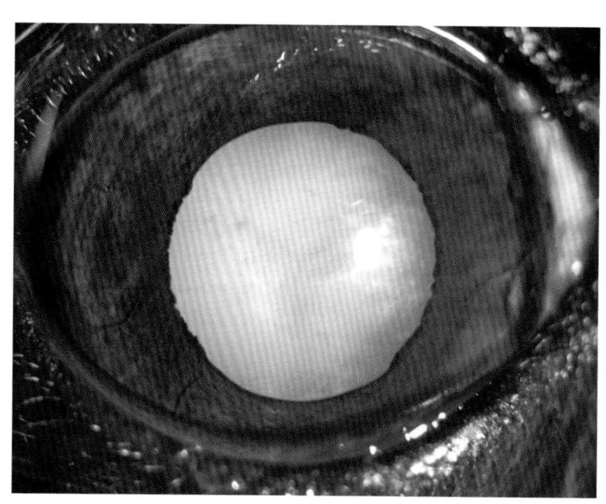

1例8岁犬的糖尿病性白内障。

肿大的晶状体

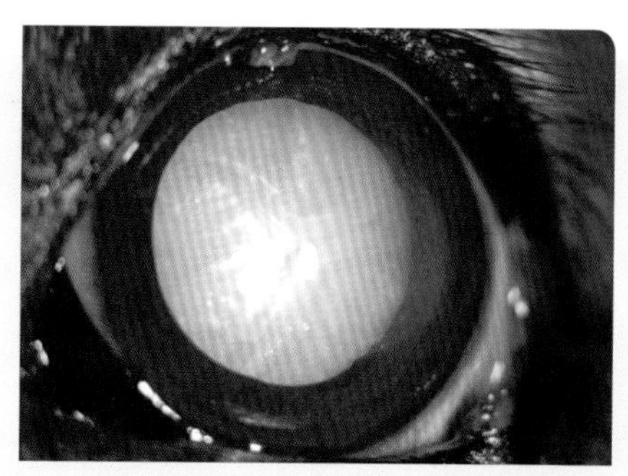

成熟的糖尿病性白内障伴晶状体物质丢失，泄漏到前房的特写

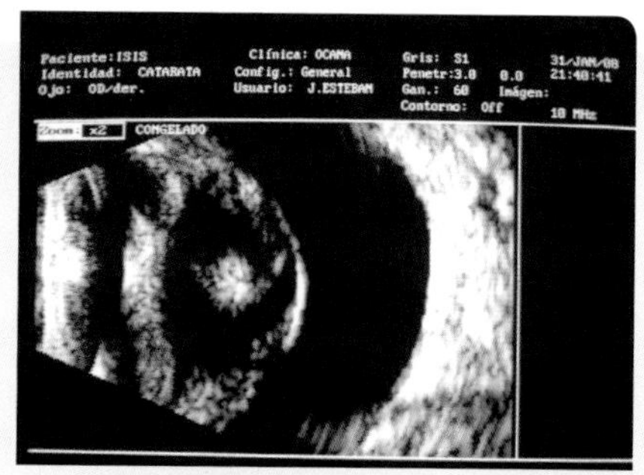

眼部超声。

肿大的糖尿病性白内障的晶状体大小特写

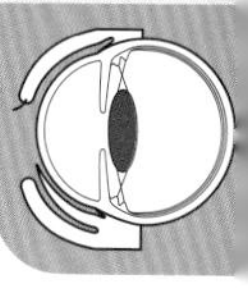

重要提示

- 糖尿病性白内障通常是双眼的，它们发展快速而且通常是肿大的。
- 源发于晶状体赤道区，是由山梨醇沉积所导致的。
- 由于晶状体溶解性葡萄膜炎的风险高，糖尿病性白内障手术应该尽快进行。

  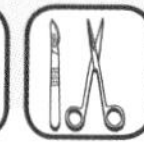  

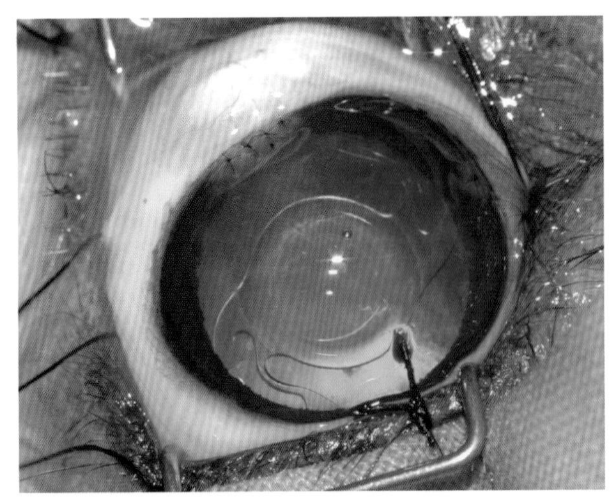

白内障超声乳化手术和人工晶状体（IOL）植入。

术中

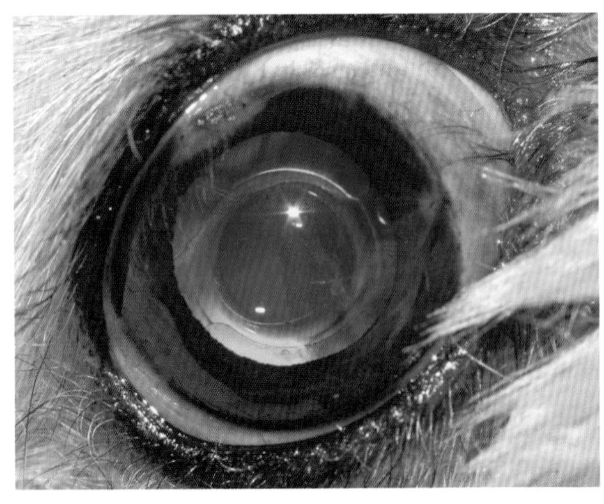

上图患犬，术后30天。囊袋内IOL位置特写。

注意毯部

重要提示

- 手术是当下治疗白内障的选择。
- 最常见手术技术是超声乳化术，但在某些病例中需要囊内手术。
- 优质病患选择对于成功的结果是重要的。

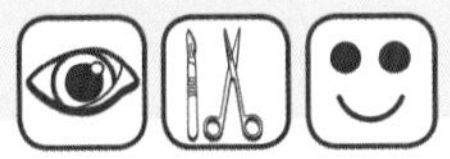

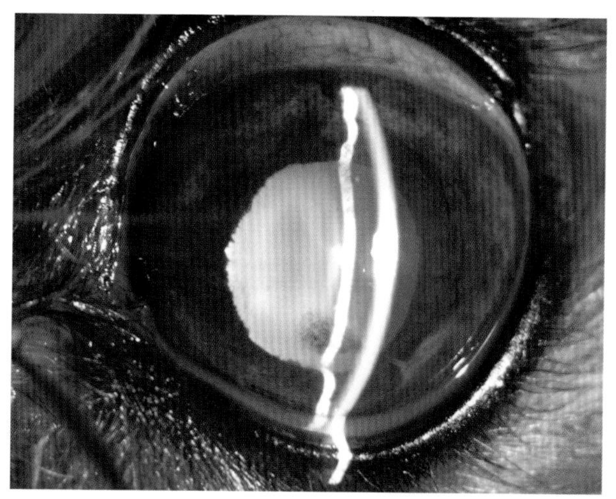

1例犬被猫抓伤导致的创伤性、囊性、前皮质性白内障。注意角膜瘢痕

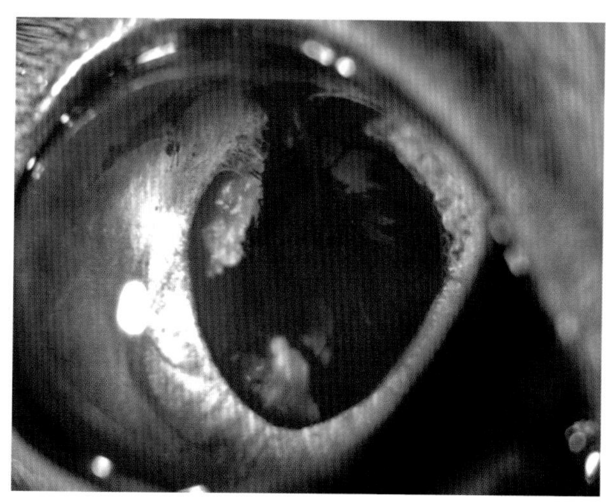

1例缅因猫由于弹片伤导致的创伤后白内障。

过熟性白内障。晶状体前囊上存在葡萄膜组织

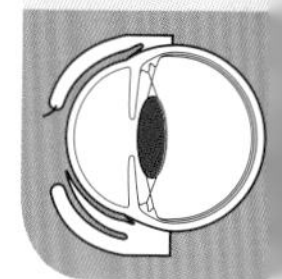

i 任何对晶状体囊或诱导细胞结构异常的创伤都可能导致白内障。

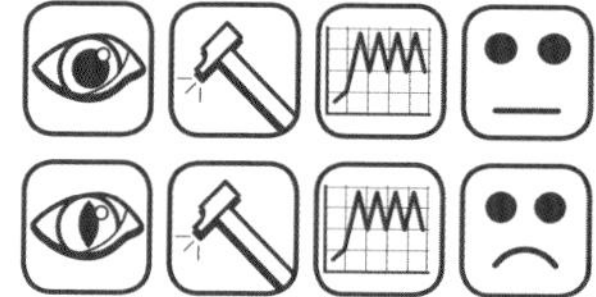

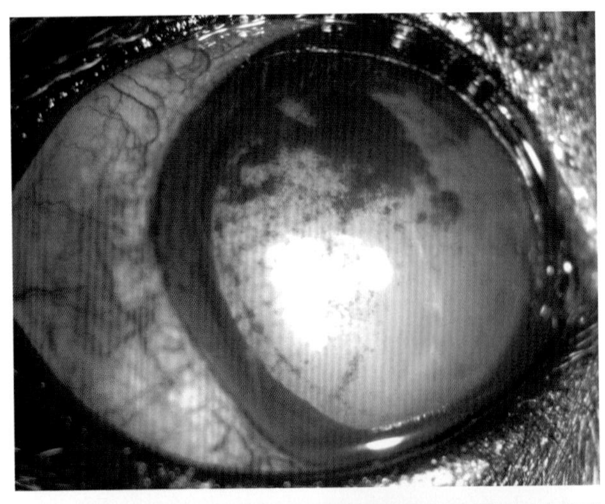

1例犬的葡萄膜炎继发的成熟白内障。炎性物质沉积在晶状体表面

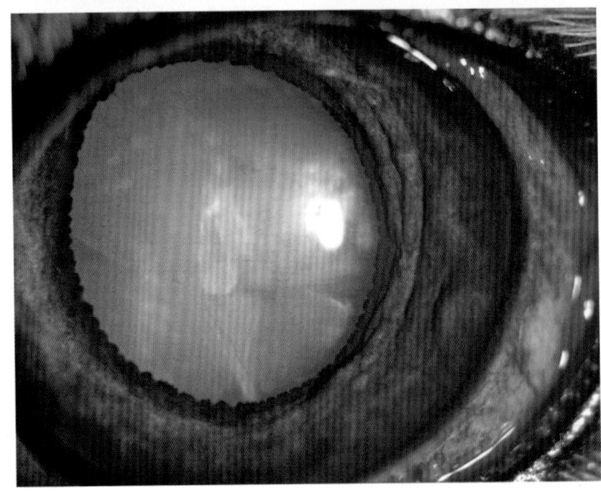

葡萄膜炎继发的成熟白内障

趣味提示

与晶状体相连物质（房水或玻璃体）的任何改变都可能增加患白内障的风险。

禁忌

对于有葡萄膜炎的白内障病例不建议手术。必须先治疗眼内的炎症，然后进行全眼内结构的详细检查来决定是否有可能手术。这些病患青光眼和视网膜脱离的风险非常高。

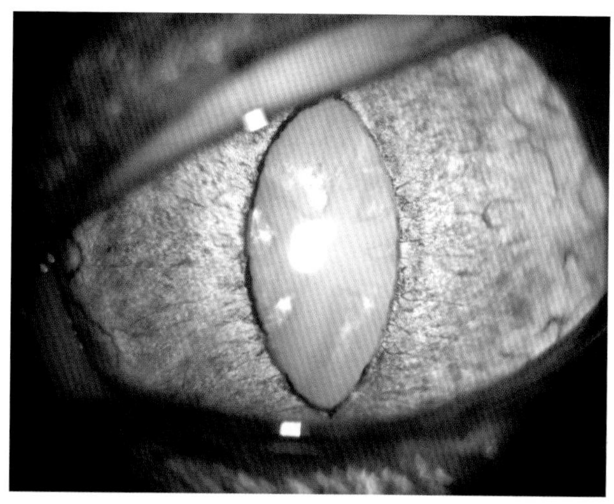

1例猫FIV诱导性葡萄膜炎导致的成熟白内障

猫继发于葡萄膜炎的双眼白内障

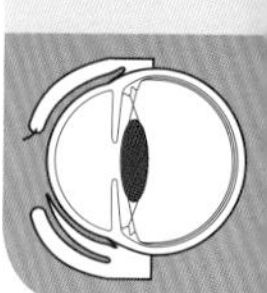

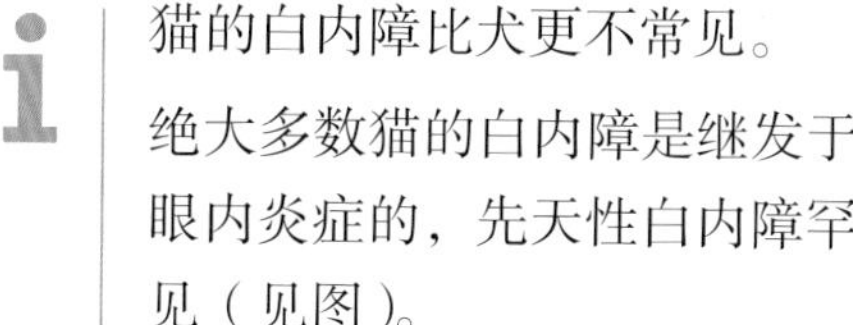

猫的白内障比犬更不常见。

绝大多数猫的白内障是继发于眼内炎症的，先天性白内障罕见（见图）。

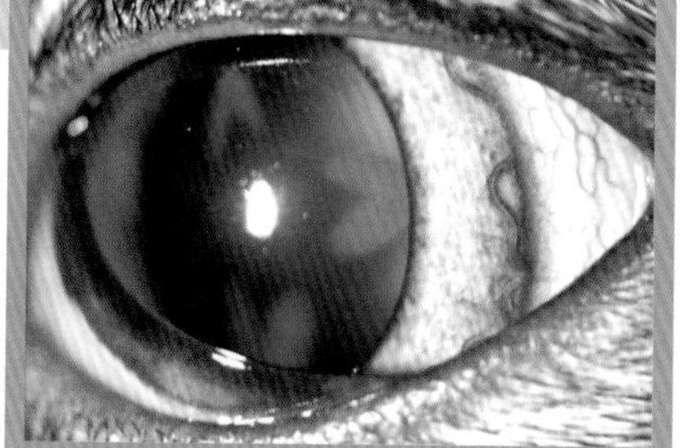

1例幼猫的双眼先天性白内障

第五节 晶状体半脱位

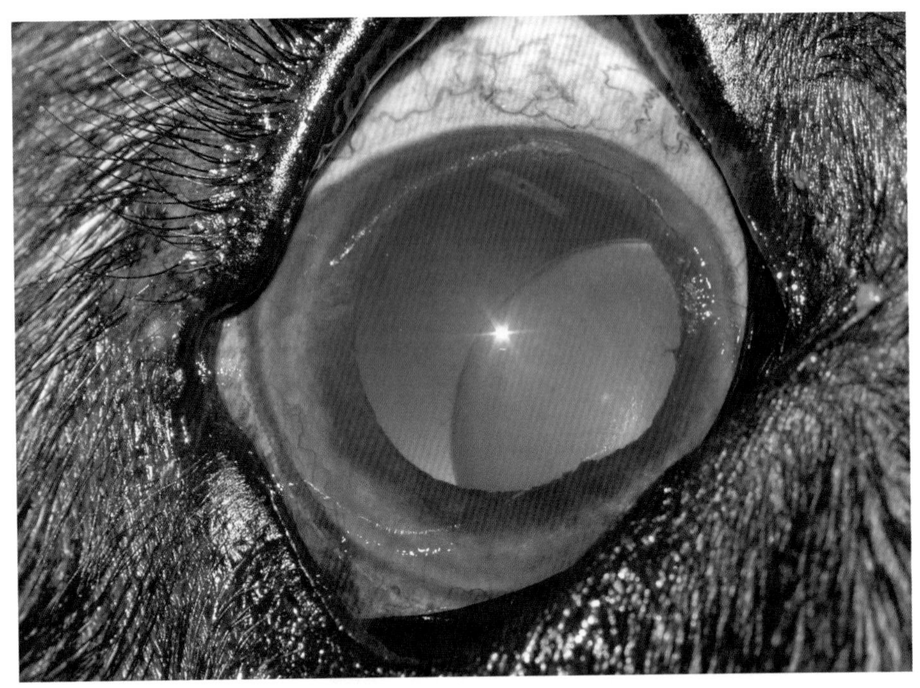

1例犬晶状体创伤后的晶状体半脱位。
无晶状体的新月形特写

这是晶状体从其正常位置产生的部分移位（前或后）。

眼部创伤、白内障、慢性葡萄膜炎和青光眼可能诱发这一晶状体疾病。

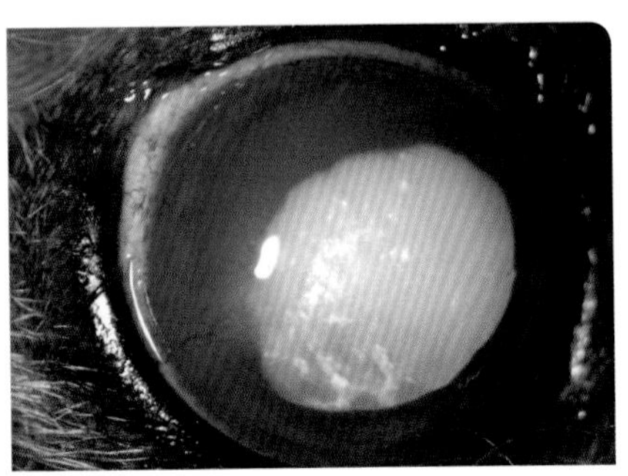

晶状体半脱位。过熟期白内障

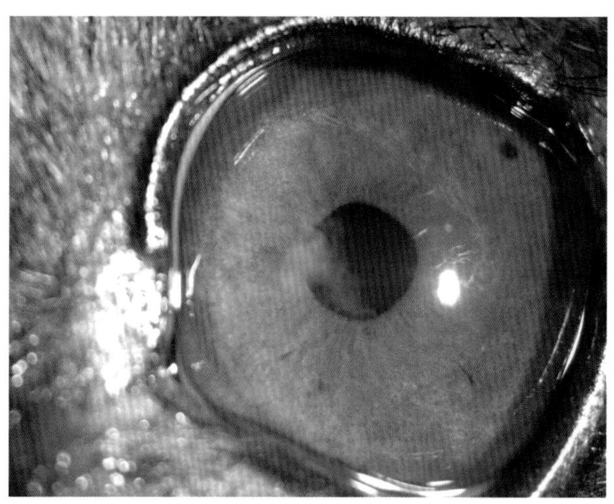

前房出现玻璃体是晶状体半脱位的早期症状。玻璃体从瞳孔区溢出特写

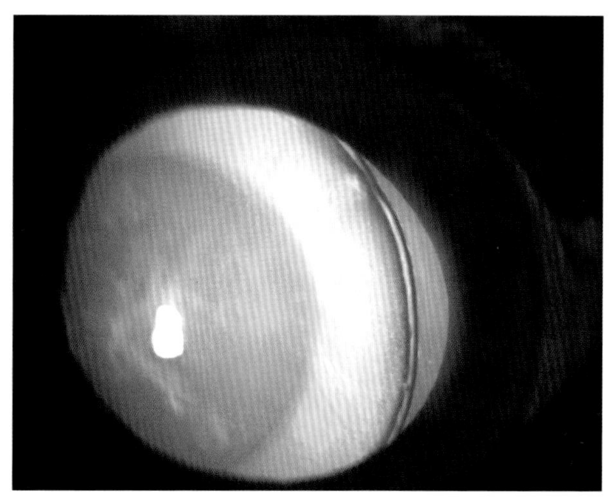

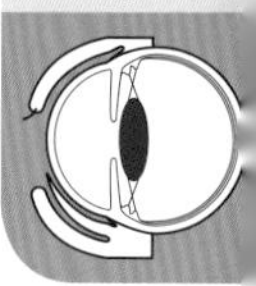

此为一患犬晶状体半脱位的病例，使用后照法已经可以看见无晶状体的新月了

重要提示

晶状体半脱位的早期症状：

- 前房中出现玻璃体；
- 无晶状体的新月形，瞳孔边缘与晶状体的赤道之间的空间，通过它可以看到眼底的反光；
- 虹膜震颤，由于丧失支撑而导致的虹膜异常摆动。

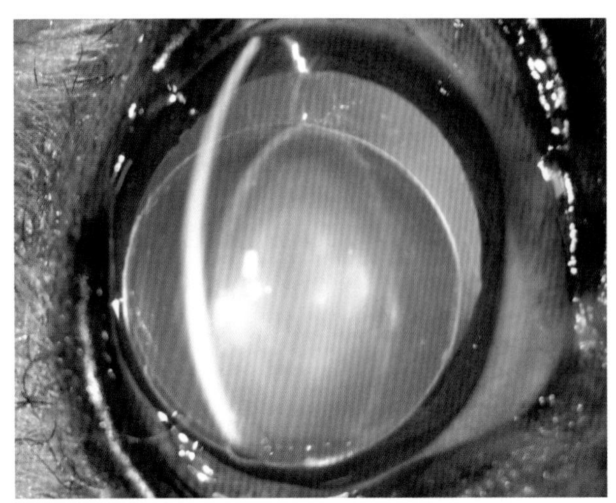
晶状体向前半脱位

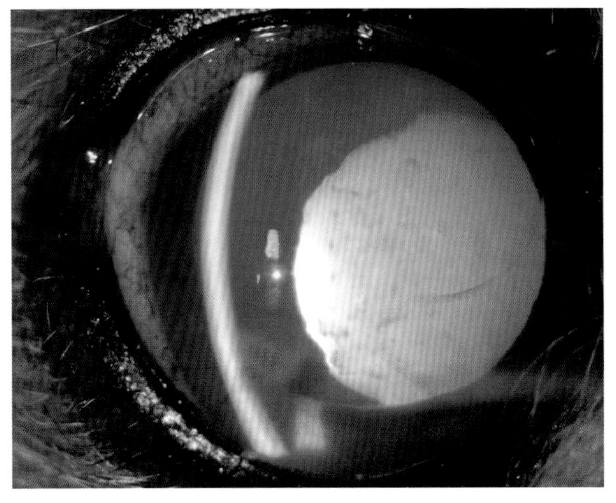
晶状体向后半脱位

裂隙灯显示晶状体的移位：

- 在向前的晶状体半脱位时，前房比正常狭窄；
- 在向后的晶状体半脱位时，前房比正常深。

第六节　晶状体脱位

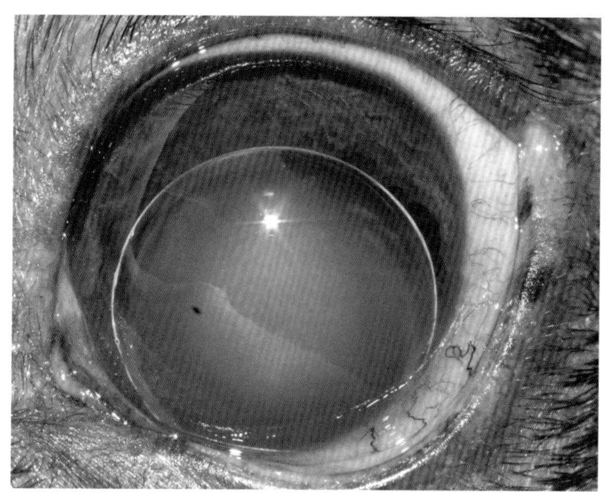

1例14岁犬的创伤性晶状体前脱位。晶状体位于前房中，虹膜前方。

病程：12小时

当固定晶状体的所有晶体小带都断裂时，出现晶状体脱位（完全移位）。

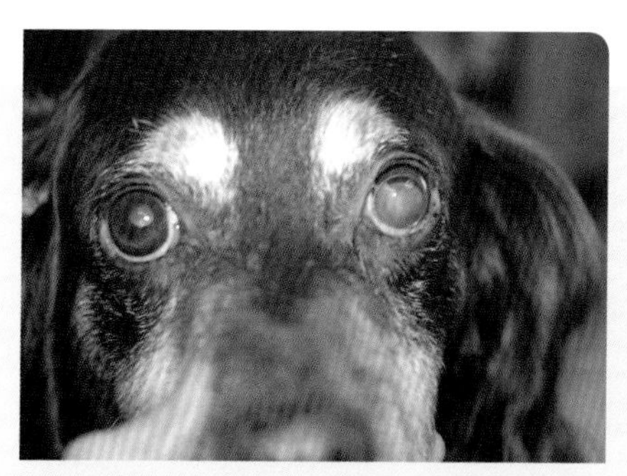

患犬的左眼即是上图所示的眼。注意和右眼（正常）的对比

猎狐梗左眼晶状体前脱位

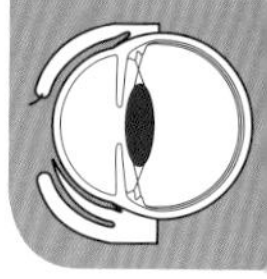

重要提示

梗类（猎狐梗、杰克罗素梗、维尔士梗和西藏梗）和杂种犬是易患犬种。

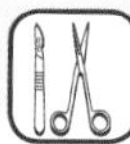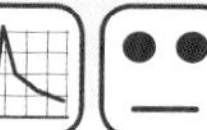

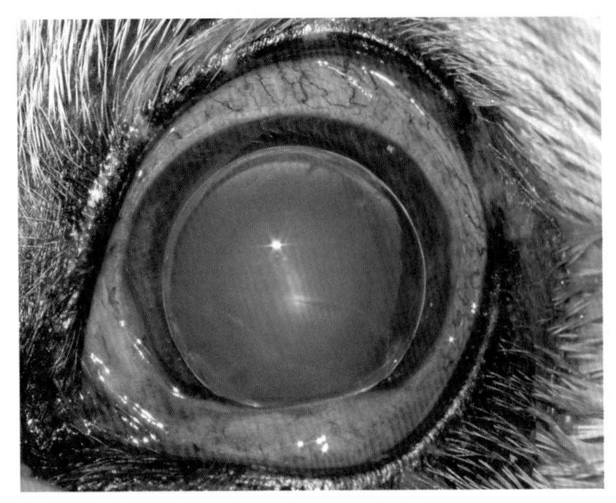

晶状体前脱位。
病程：4天

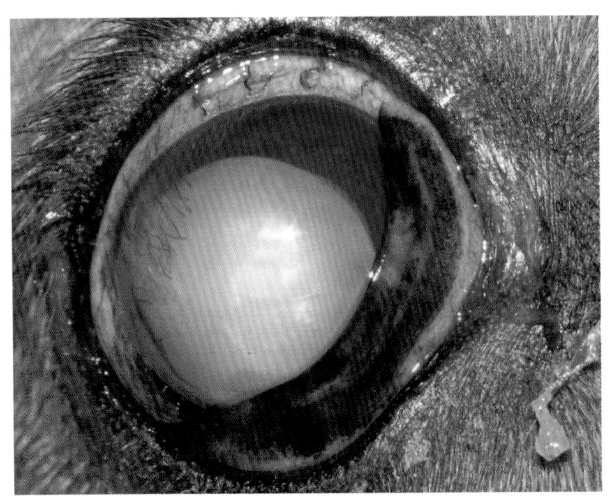

晶状体前脱位。
病程：20天。
继发青光眼：IOP 36mmHg

重要提示

- 由于青光眼快速发病和角膜内皮的损伤，晶状体前脱位主要在犬中被认为是手术急症。
- 囊内晶状体摘除是手术选择。
- 脱位的晶状体随着时间推移容易诱发白内障。

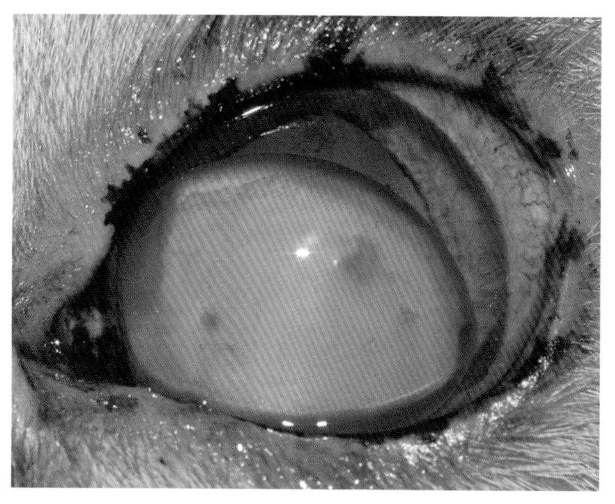

1例猫的晶状体前脱位（左眼）。

病程：2个月

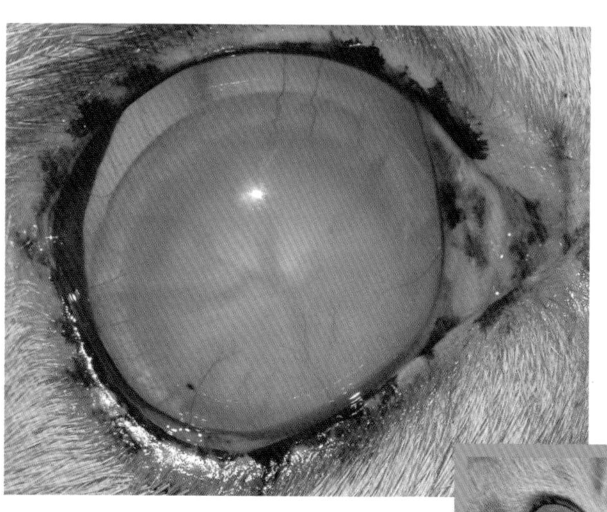

同一病患的右眼晶状体前脱位

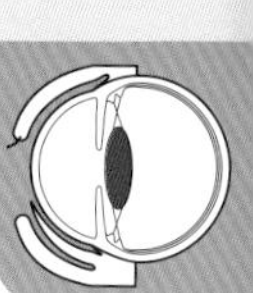

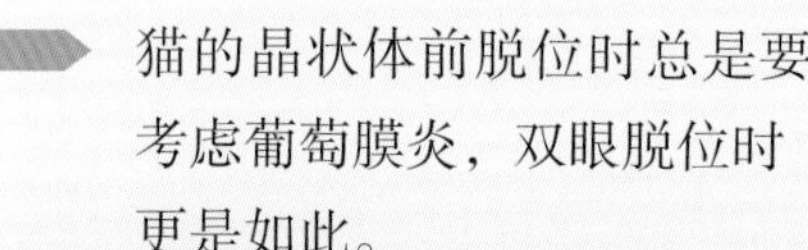

- 猫的晶状体前脱位时总是要考虑葡萄膜炎，双眼脱位时更是如此。
- 青光眼风险比较犬要更小，因为前房更宽，虹膜角膜角更开放。
- 推荐手术治疗。

患猫

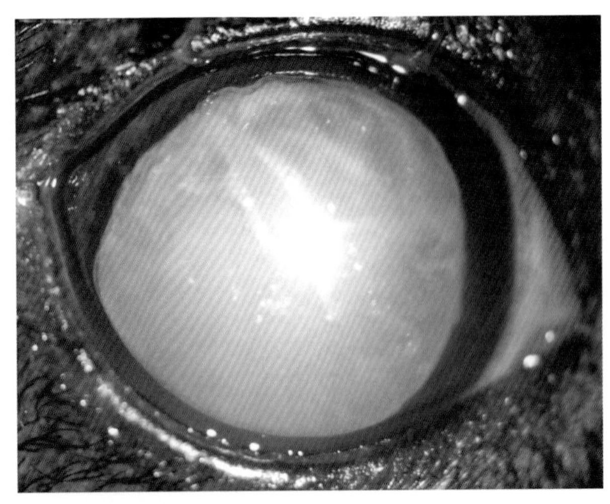

晶状体前脱位伴过熟期白内障。
11岁的可卡犬

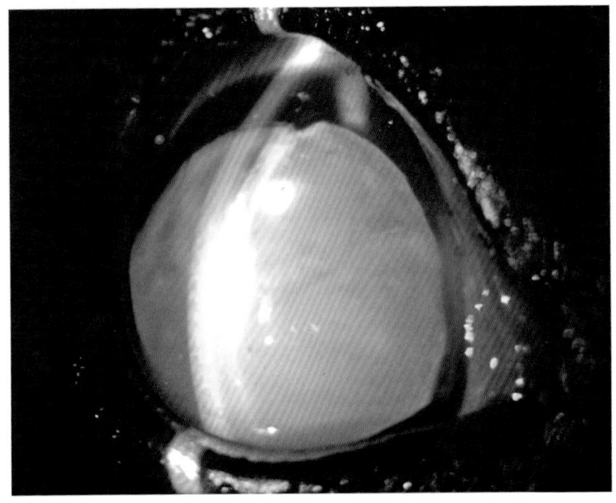

上图所示患犬的裂隙灯照片。
前房丧失（前房的缺失）和角膜水肿（内皮源性的）继发于前脱位

禁忌

在晶状体前脱位的患病动物中不要使用阿托品。会增加青光眼的风险。

  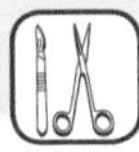  

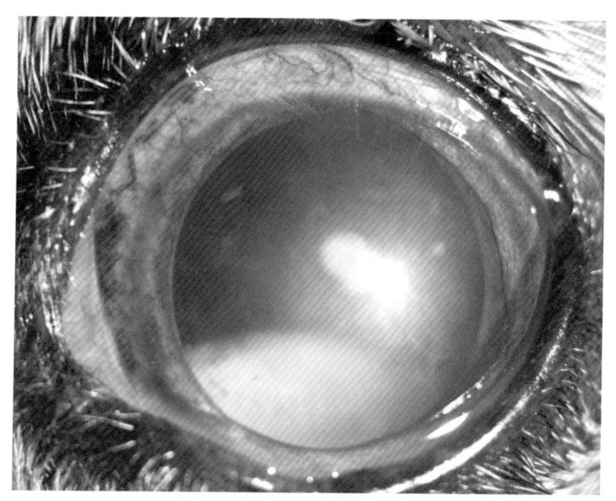

1例犬的晶状体后脱位。

通过瞳孔区可以看见晶状体位于玻璃体腔

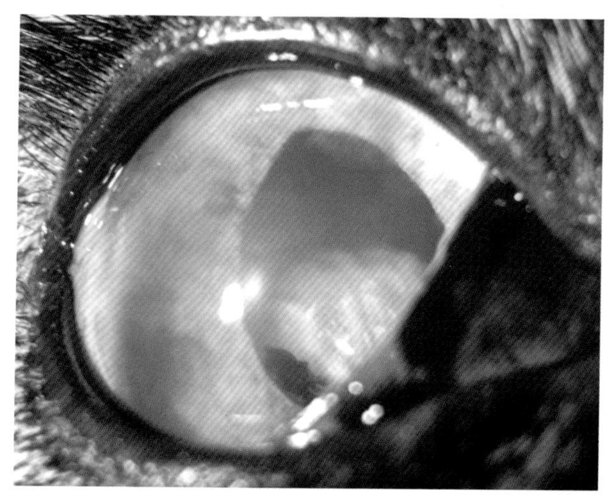

1例猫的面部创伤导致的晶状体后脱位

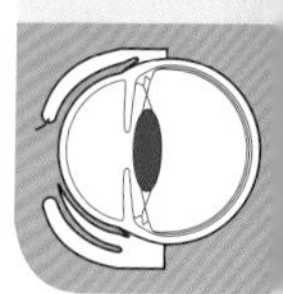

i 当晶状体朝玻璃体腔坠落，可以使用缩瞳药防止前脱位。
视力的预后比前脱位要更好。

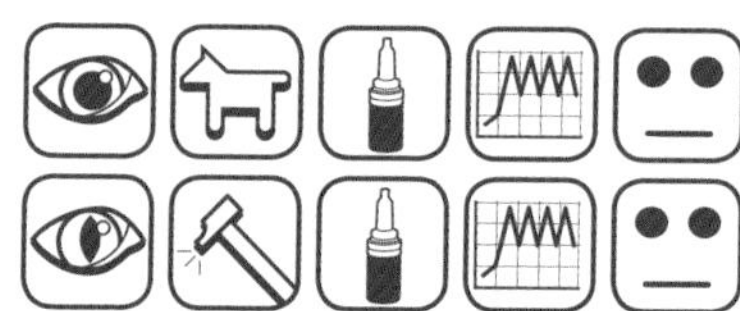

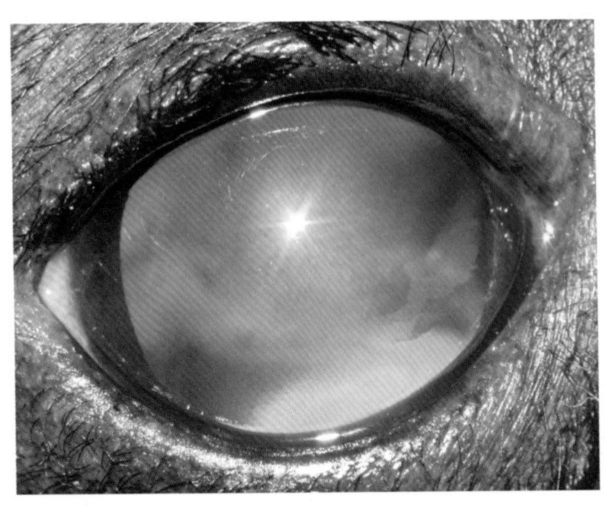

晶状体后脱位。

与晶状体后囊相邻的前玻璃体

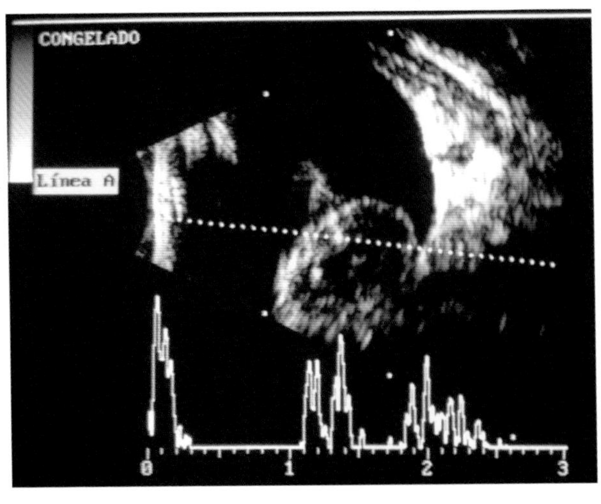

上图所示患犬的眼部A/B超图像。注意玻璃体腔内的不透明晶状体和玻璃体晶状体囊韧带残留

i 单眼晶状体脱位但是属于易患品种的患病动物需要定期监测另一只眼，因为存在双眼脱位的风险。

因此，一定要给宠主解释这一情况。

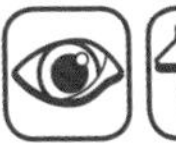    

第八章
眼 底

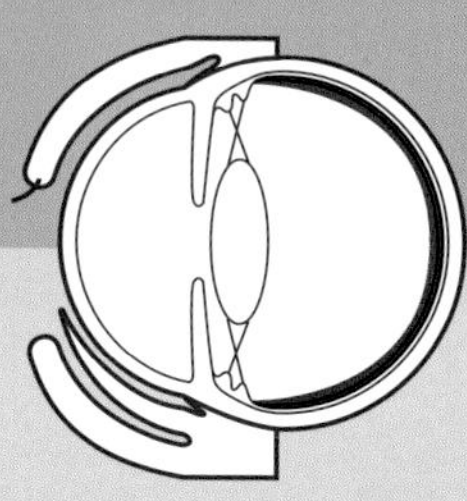

第一节　正常眼底

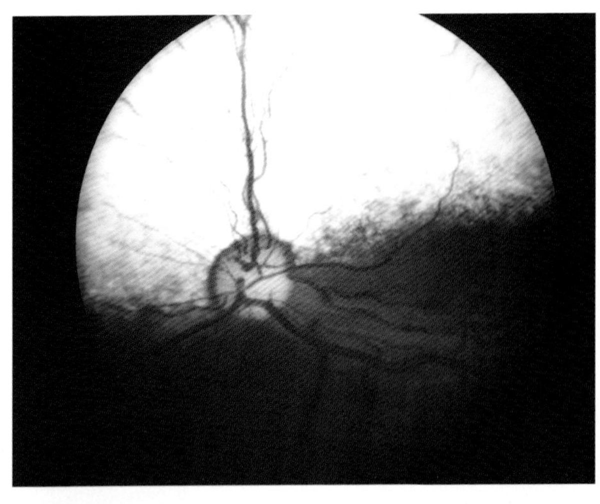

1例中型犬的正常左眼（13kg的杂种犬）

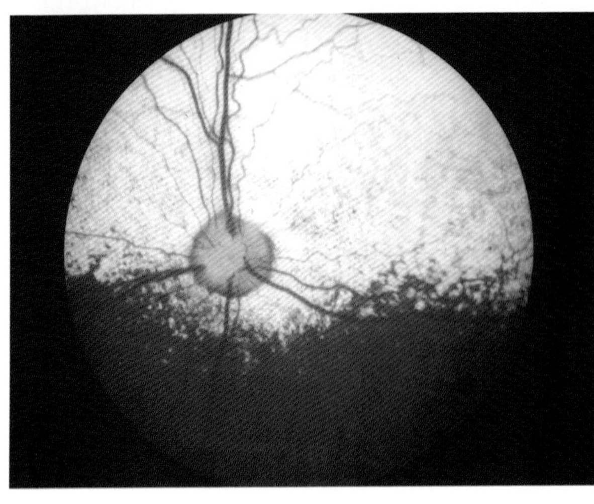

1例犬的虎斑状眼底（左眼）。通过低色素组织可以看到脉络膜血管

重要提示

在犬：

- 视乳头是圆的或是三角形的（取决于髓鞘浓度）并且包含静脉环；
- 视乳头位置不会改变，但毯部大小会改变；
- 有15～20条视网膜动脉和3～5条视网膜静脉。

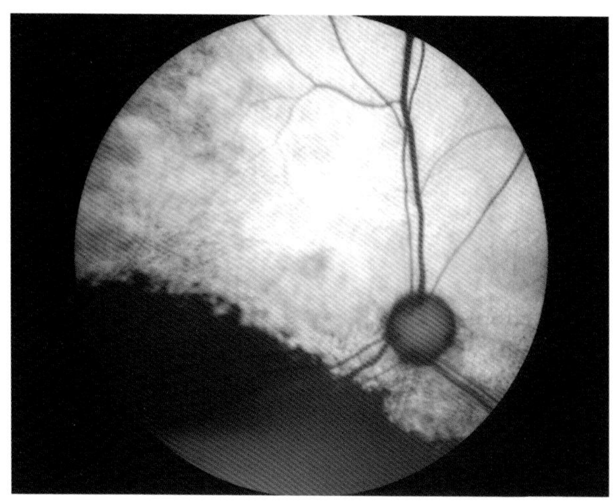

家养短毛猫，右眼

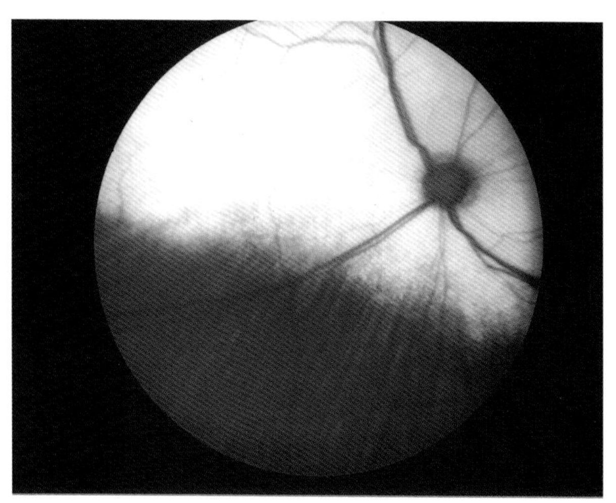

暹罗猫。虎斑状眼底。

左眼

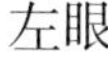

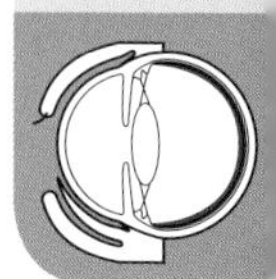

重要提示

在猫：

- 视乳头永远是圆的、无血管的和低髓鞘化的；
- 有6～13条视网膜动脉和3条原始的视网膜静脉；
- 和犬一样，没有中央视网膜动脉。

第二节 视网膜脱离

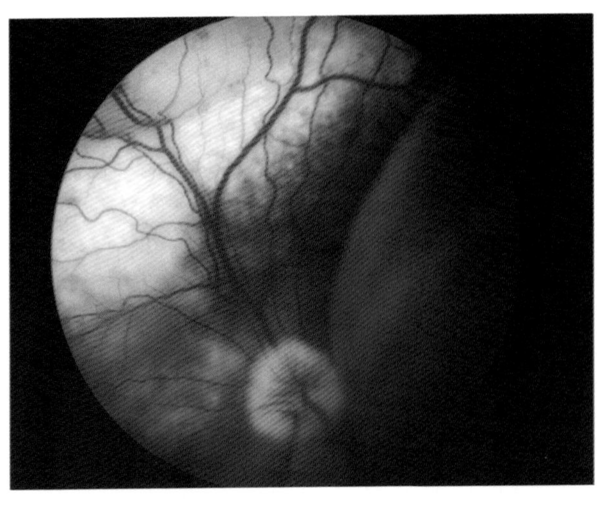

1例犬的大疱性视网膜脱离。

左眼的颞背侧区域受累及

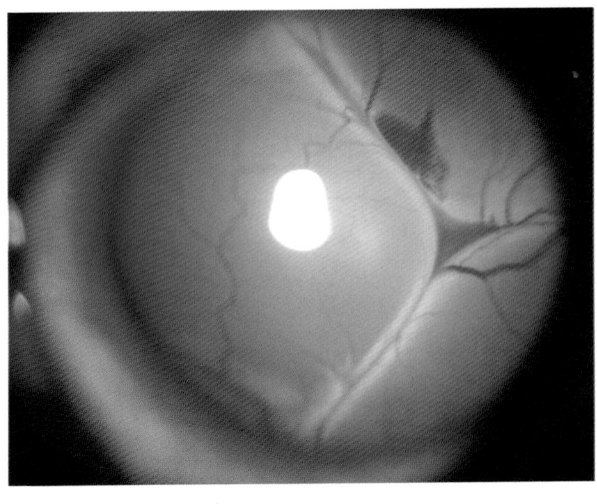

1例犬的先天性大疱性视网膜脱离伴动脉高压。有明显的视网膜内出血

i 这是视网膜神经上皮与视网膜色素上皮的分离。

视网膜脱离的最常见病因如下：

- 后葡萄膜炎；
- 动脉高压；
- 创伤；
- 视网膜变性。

无反射的散瞳是视网膜脱离最常见的一个临床表现

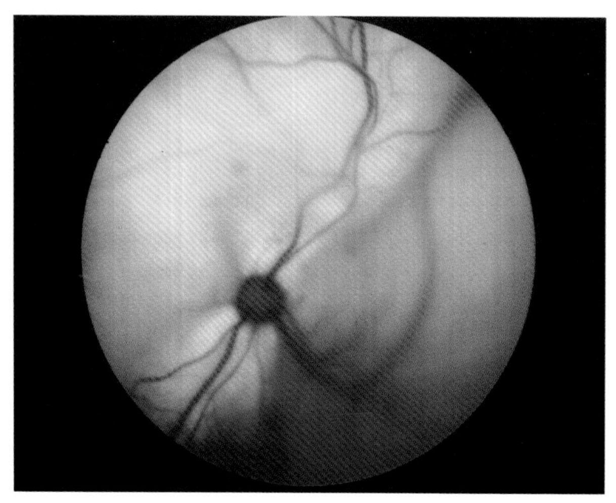

1例动脉高压的猫渗出性视网膜脱离

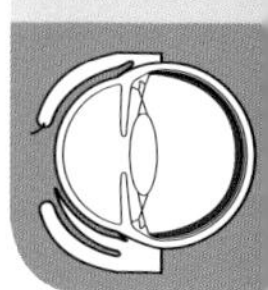

重要提示

- 如果使用直接检眼镜不能聚焦获得全部的眼底可能提示视网膜脱离。如果血管走向也发生了改变，就可以确诊。

   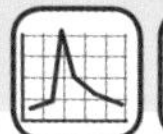 

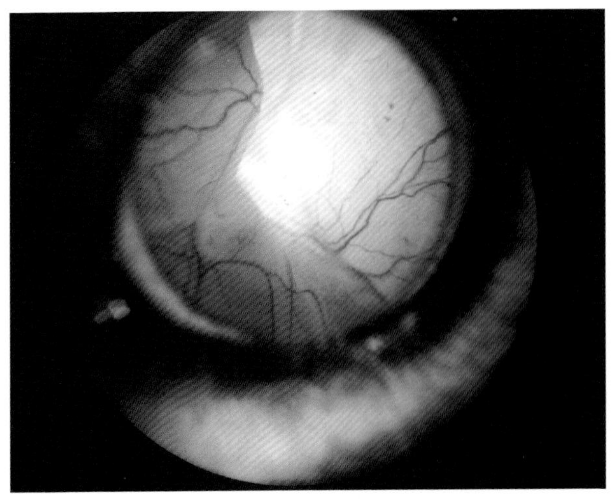

使用笔灯可以看到视网膜脱离；不需要检眼镜。

视网膜褶特写

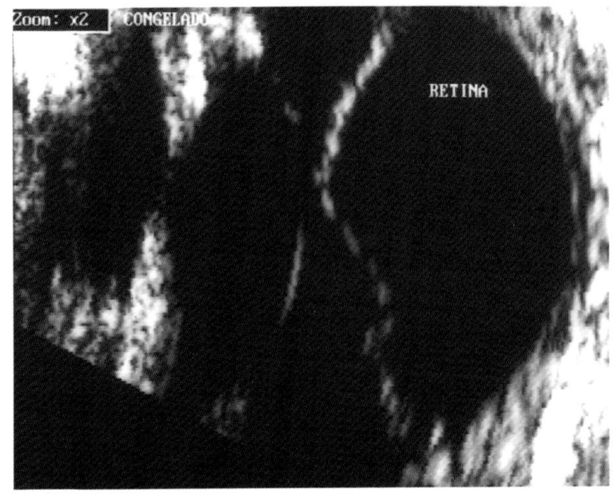

渗出性视网膜脱离。

B模式超声图像（二维）

重要提示

- 眼部超声用于诊断视网膜脱离十分有用，尤其在角膜或晶状体浑浊的病例。
- 上图超声显示一个高回声条带伴后方无回声暗区。

   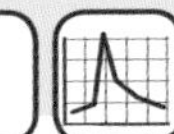 

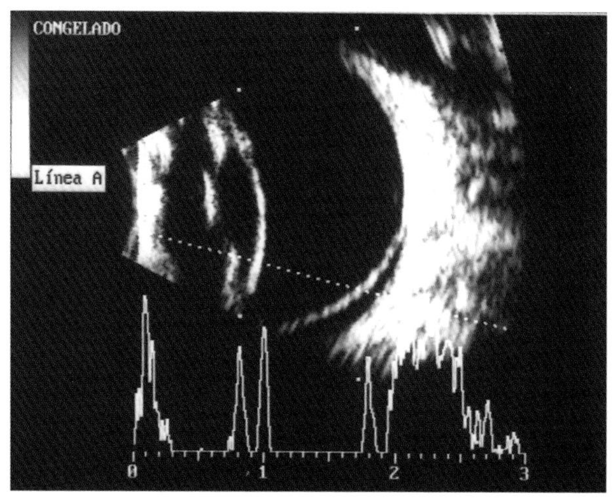

1例犬部分视网膜脱离同时存在白内障。

A/B模式超声图像

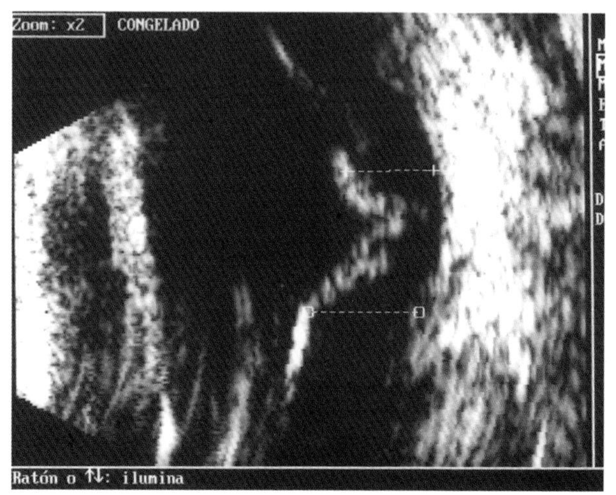

1例犬的大疱性视网膜脱离。

脱离特写。

B模式超声图像

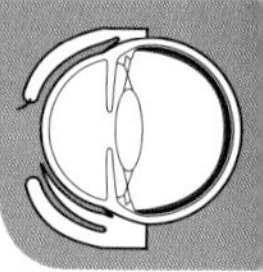

重要提示

- 视网膜脱离的A模式超声显示高振幅波峰。联合使用A模式和B模式可以检查感兴趣区域。
- 在渗出性和大疱性脱离中，视网膜依然贴附于视网膜锯齿缘和视盘（见上图）。

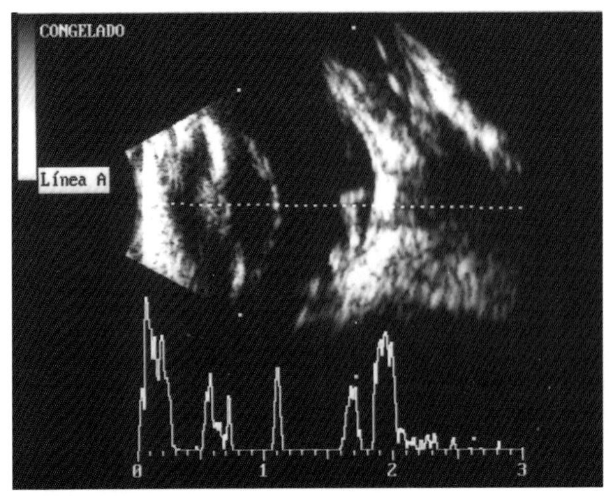

视网膜脱离并从视网膜锯齿缘分离。

A/B模式超声图像显示高振幅的双波峰，与背侧视网膜向腹侧塌陷相符

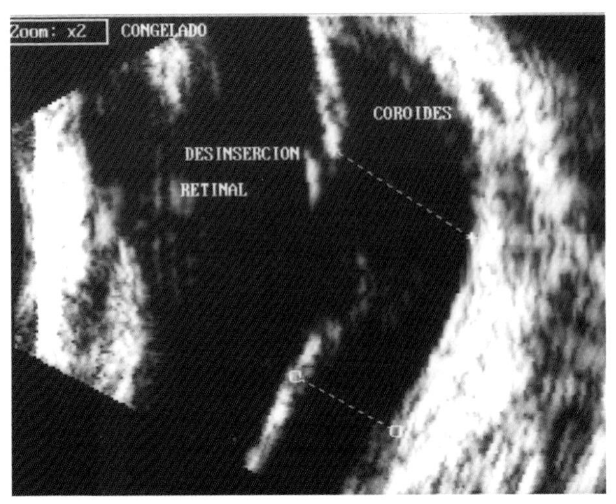

在严重后葡萄膜炎时，视网膜脱离可能同时伴发脉络膜脱离

i 在完全脱离的病例，由于脱离的程度，视网膜通常在玻璃体中形成一个V形。当它从视网膜锯齿缘脱离时，可能显示为不同的形状。

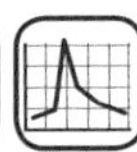

第三节　视网膜出血

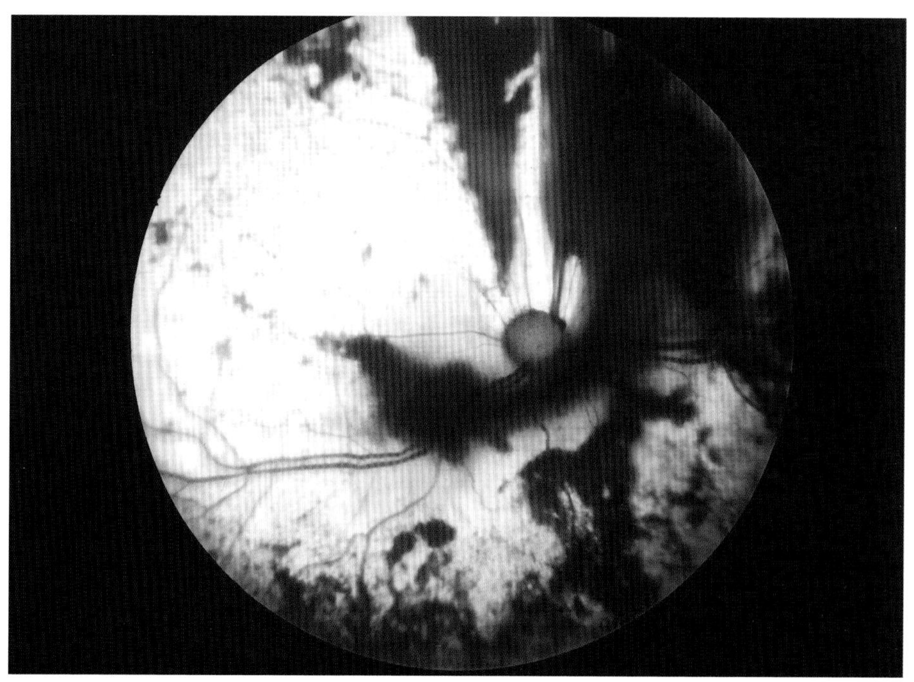

1 例患动脉高压的猫非常严重的视网膜出血

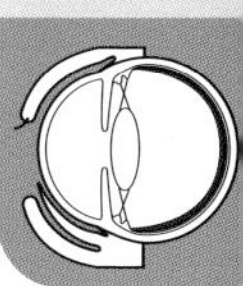

i 系统性动脉高压在猫是视网膜出血的主要因素。慢性肾衰，在绝大多数病例，和甲状腺机能亢进是触发高血压的疾病。

动脉高压累及眼部的猫通常表现为无反射的散瞳和视网膜出血

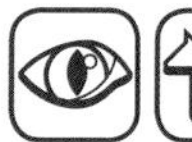

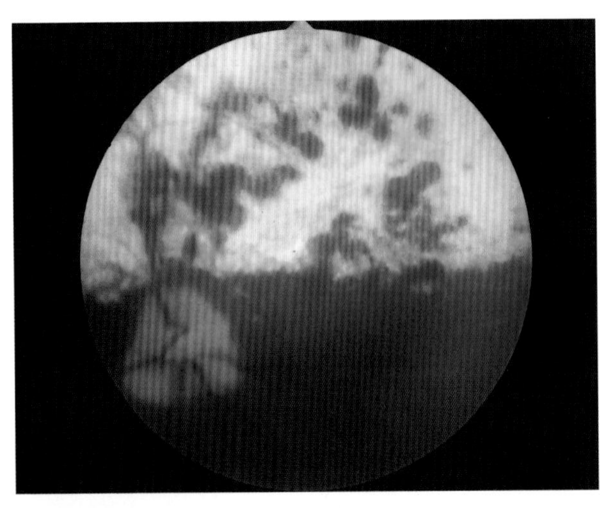

1例患淋巴瘤的可卡犬视网膜出血

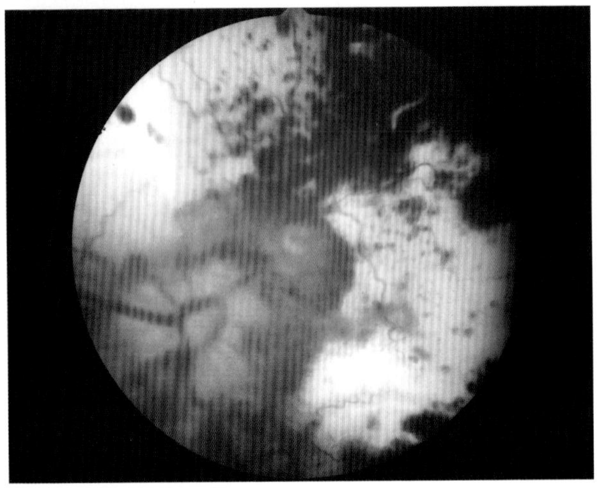

1例患艾利希体病的犬非常严重的视网膜出血

犬视网膜出血最常见的病因有如下：

- 凝血异常；
- 感染性疾病，艾利希体病；
- 肿瘤；
- 高黏血症；
- 免疫介导性疾病，溶血性贫血，免疫介导性血小板减少症；
- 系统性动脉高压。

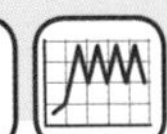

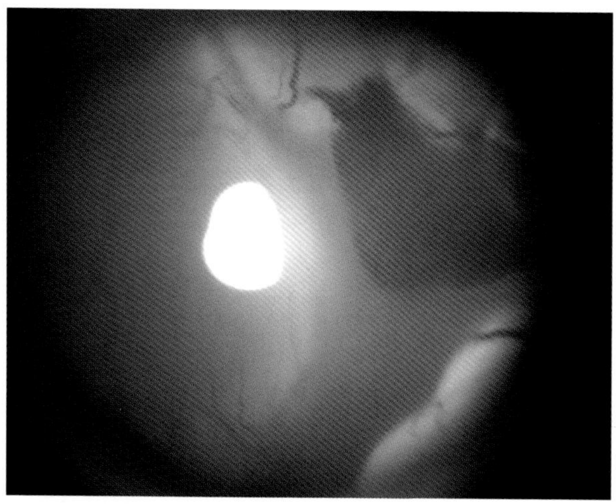

1例犬的视网膜前出血，同时伴有大疱性视网膜脱离。

这种类型的出血表现为船形

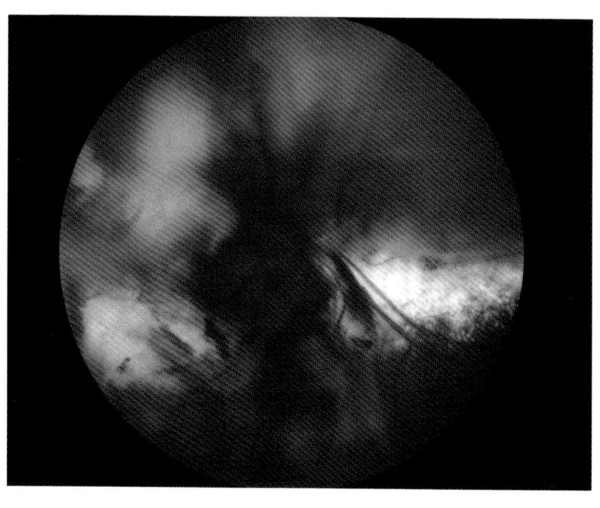

1例患系统性动脉高压的猫视网膜出血（视网膜前、视网膜内和视网膜下）伴发视网膜脱离

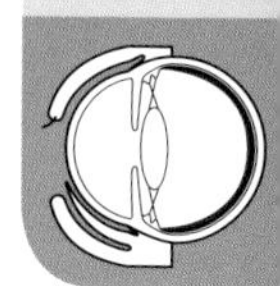

视网膜出血通过位置来分类：

- 浅表视网膜内出血（火焰状）；
- 深层视网膜内出血；
- 视网膜前出血（船形）。
- 视网膜下出血（光影形）。

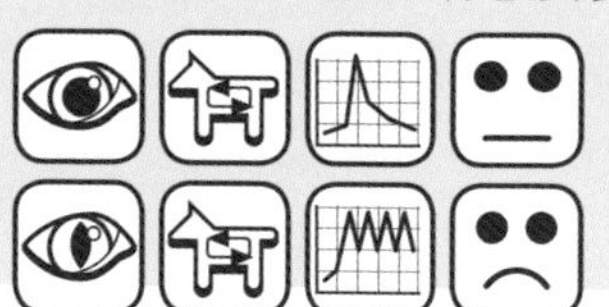

第四节 视网膜发育不良

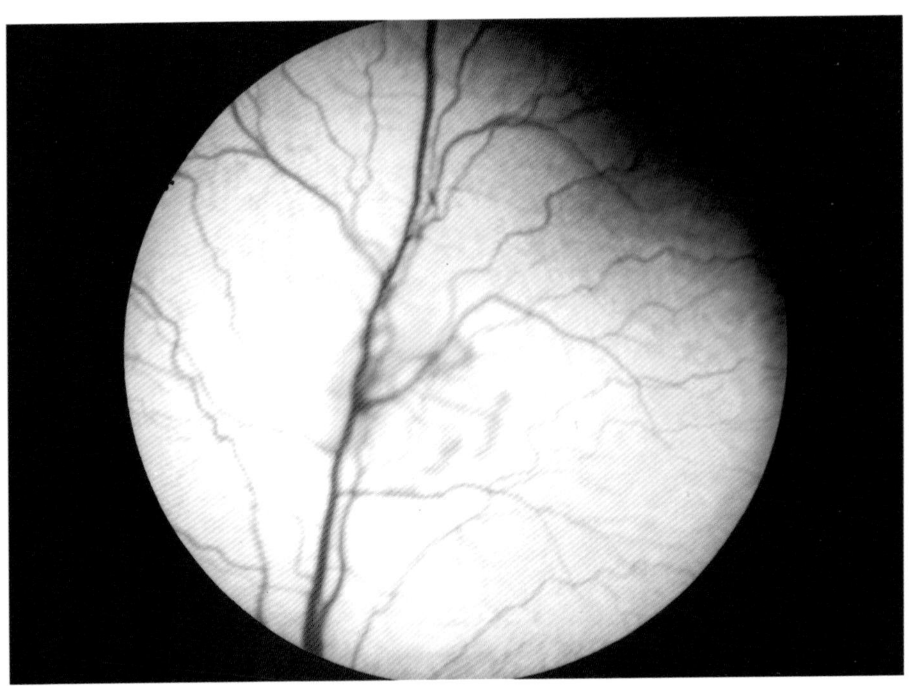

1例金毛寻回幼犬的视网膜发育不良。视网膜神经上皮褶

i 与视网膜色素上皮分离的视网膜神经上皮褶的出现是这一先天性遗传视网膜疾病的特点。

- 一般出现于毯部区域。
- 视网膜发育不良可能是区域性的或多灶性的，视力受影响程度取决于累及的视网膜区域。

患犬

第五节 视神经发育不良

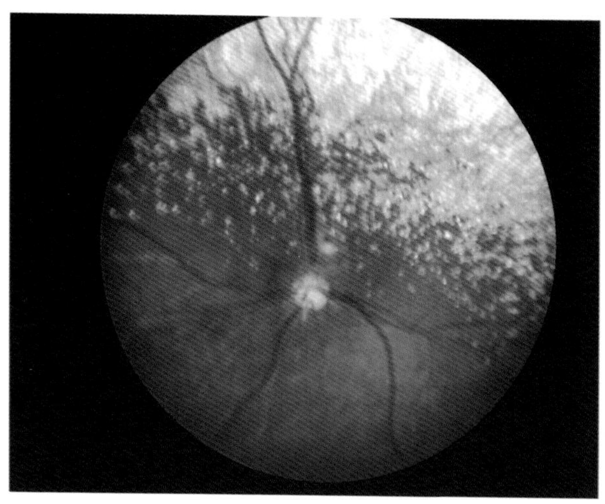

1例西施犬左眼的视神经发育不良。

注意视神经乳头的小尺寸。

同时伴发无反射的散瞳

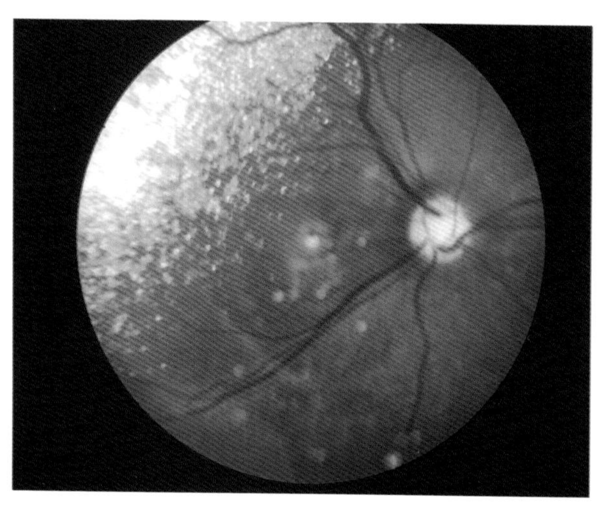

上图所示患犬的正常右眼。正常大小的视盘

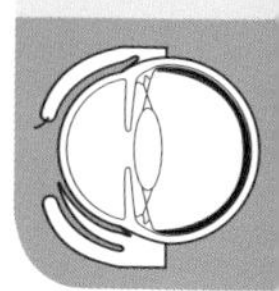

重要提示

- 视神经发育不良是一种会导致失明的先天性疾病，不同于小乳头症，它不影响患病动物的视力。
- 它可能和小眼球症一起出现，表现为单眼或双眼。

第六节 视神经炎

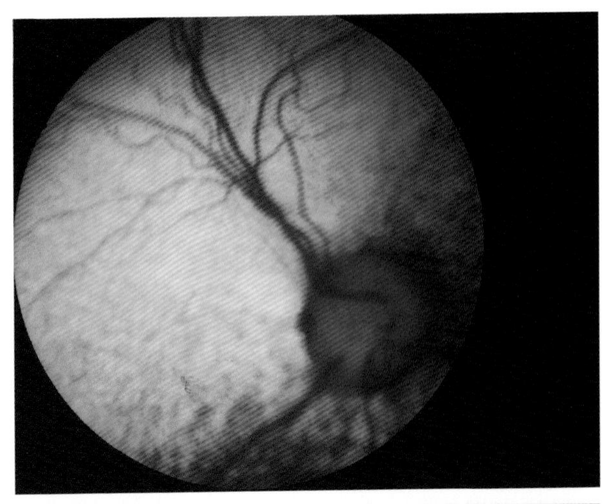

1例犬瘟热的犬视神经炎。视乳头血管充血和水肿是视网膜成像上最突出的症状

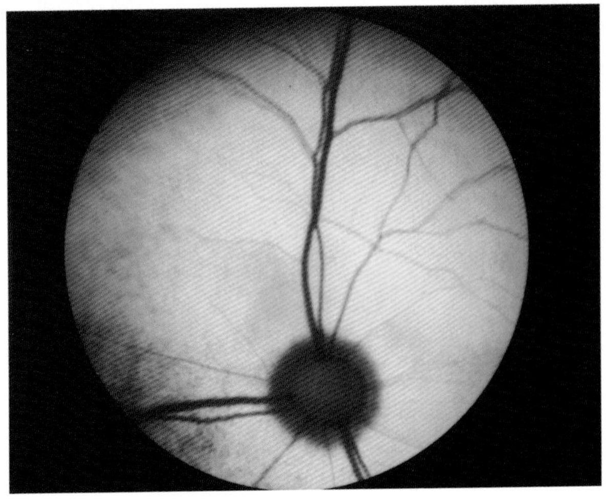

1例FIP猫的视神经炎

视神经炎最常见的病因如下：

- 传染性疾病（犬瘟、猫传染性腹膜炎）；
- 创伤性疾病；
- 肿瘤性疾病；
- 免疫介导性疾病；
- CNS网状细胞增多症。

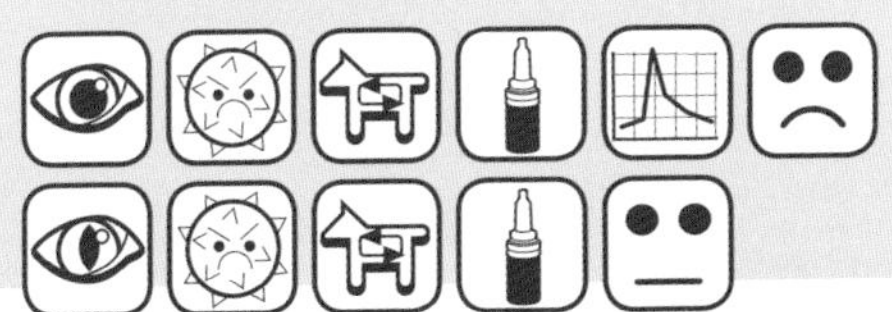

双眼无反射性散瞳的法国斗牛犬。

急性失明。

病程：24小时

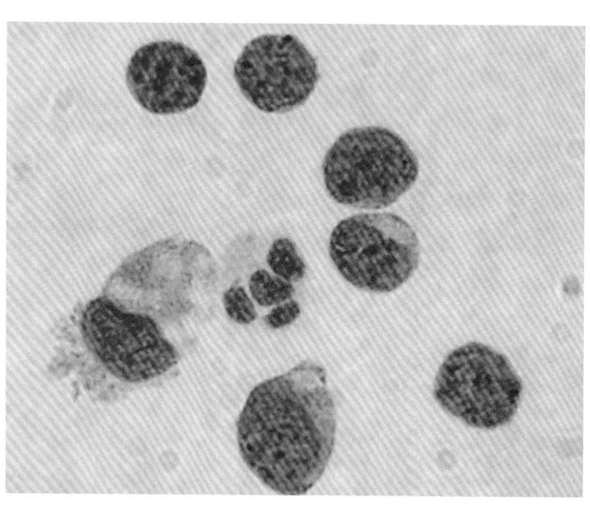

上图所示患犬的脑脊液细胞学特征。

肉芽肿性脑膜炎。

脑脊液单核细胞增多。

图片由Dr Valentina lorenzo提供

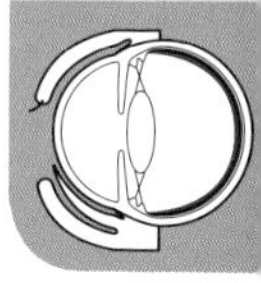

重要提示

- 无法使用直接检眼镜观察到视神经延伸后（球后或颅内）的视神经炎，因为眼底表现是正常的。
- 某些类型的视神经炎是与脑膜炎或脑膜脑炎相关的。

   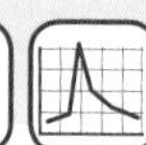 

第七节 视网膜变性

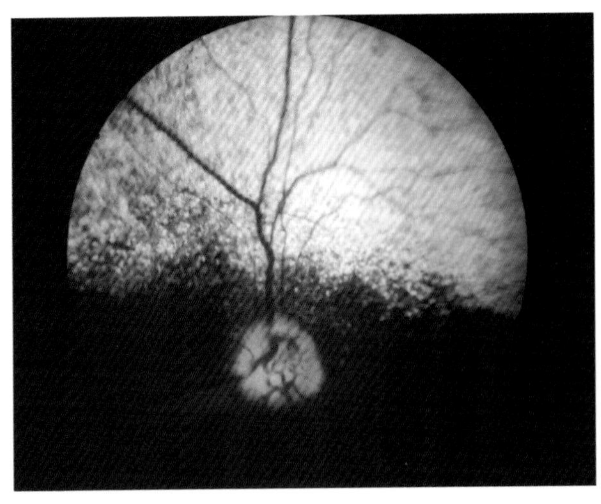

处于视网膜变性早期患犬的眼底。

注意变细的视网膜动脉。

在暗环境视力缺损的患犬

毯部反光增强是视网膜变性的另一个特征性临床表现

视网膜光感受器的渐进性变性在某些品种（可卡犬、迷你贵宾犬和拉多犬）有遗传因素，最常见的临床表现是：

- 视网膜血管变细；
- 毯部反光增强；
- 苍白的视神经乳头；
- 色素分布改变。

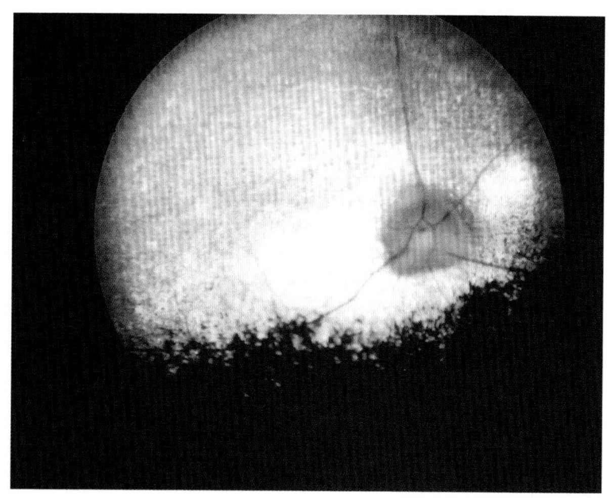

严重视网膜变性。

变细的视网膜血管和视乳头的灰白色外观特写

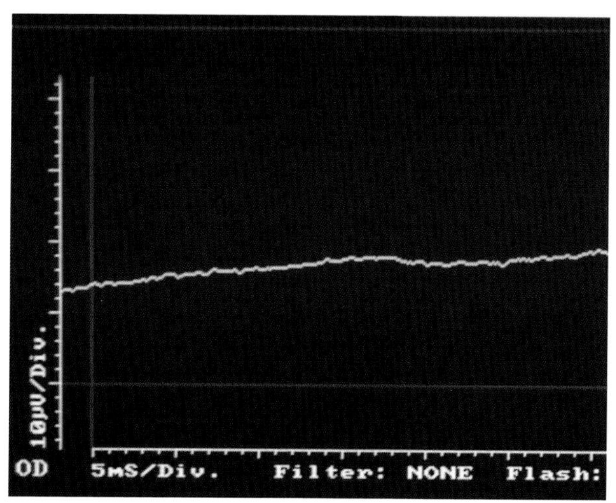

1例患视网膜光感受器变性犬的平坦视网膜电位图。

该疾病的末期

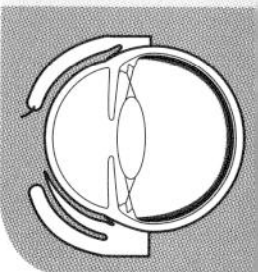

重要提示

- 这一双眼的视网膜变性疾病无治疗方式。
- 早期诊断和使用视网膜营养补充物（硒、维生素E）可能对患病动物有帮助。

  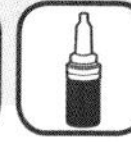 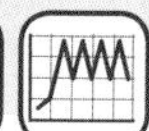 

第九章
眼球和眼眶

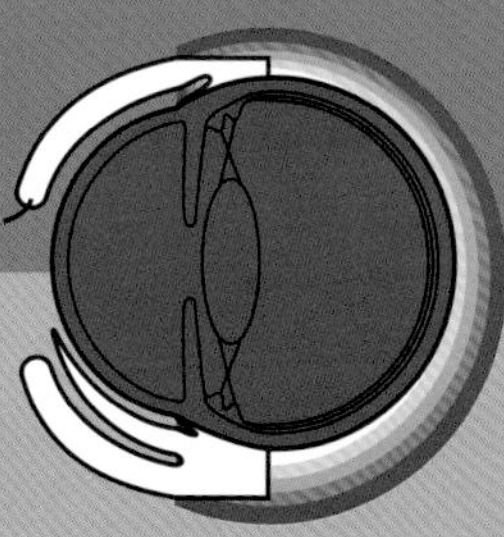

第一节　眼球内陷

右眼眼球内陷的拉多犬。

瞬膜脱垂。

霍纳氏综合征

1例角膜溃疡西施犬的右眼眼球内陷

这是正常大小的眼球沉入眶窝。

趣味提示

眼球内陷可能由葡萄膜炎或角膜溃疡、神经问题（霍纳氏综合征）、脱水导致，或在长头品种犬中偶然发现。

第二节 眼球突出

1例巴哥犬的双眼眼球突出。眼球的过度暴露

i 正常大小的眼球在眼窝中位置更朝外。

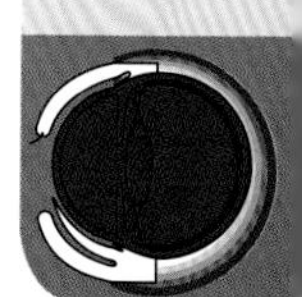

趣味提示

眼球突出是短头品种（巴哥犬、西施犬、拉萨狮子犬、京巴犬、法国斗牛犬等）的部分解剖构成。

1例西伯利亚哈士奇的右眼眼球突出。病程4天。球后脓肿

i 眼球突出可能会发生于有眼眶疾病（蜂窝织炎、脓肿、肿瘤、眼外多肌炎、黏液囊肿等）的患者或是创伤的后果。

重要提示

不要混淆眼球突出和牛眼。

第三节　眼球萎缩

1例约克夏的左眼眼球萎缩（眼球痨），它8个月前患创伤后葡萄膜炎。由于缺乏支撑，瞬膜脱垂

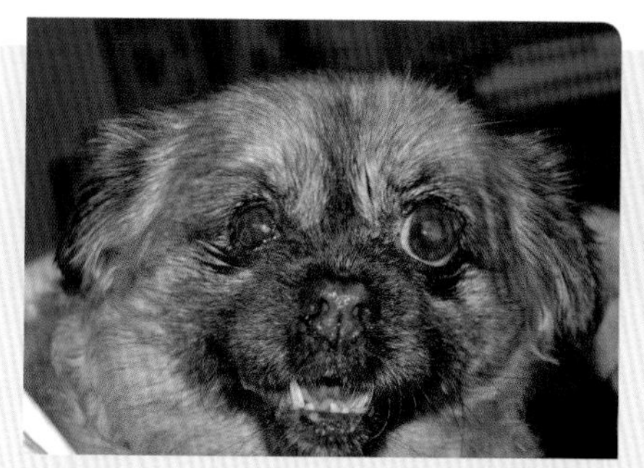

由于角膜穿孔导致的眼球萎缩，右眼更小了

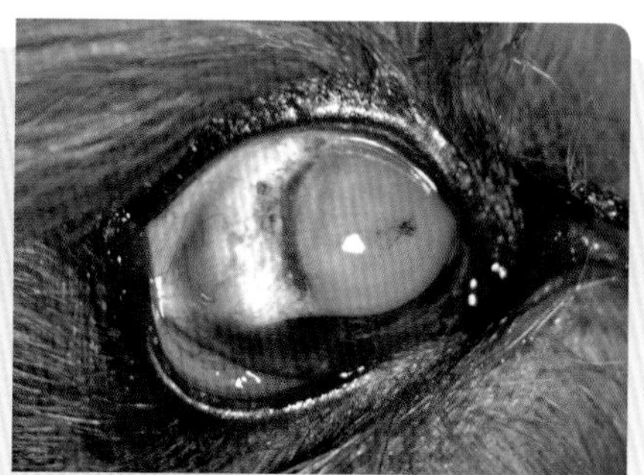

慢性青光眼，眼失明

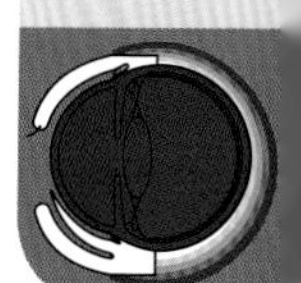

趣味提示

- 眼球萎缩（眼球痨）可能由严重的眼内损伤（创伤或穿透性创口）或前葡萄膜炎或睫状体炎（睫状体的炎症）引起。
- 在慢性青光眼患犬（如果眼睛失明了），玻璃体注射庆大霉素可以诱导眼球的萎缩，通过化学损害睫状体。右下图的患犬可能就是一个尝试者。

第四节 牛眼

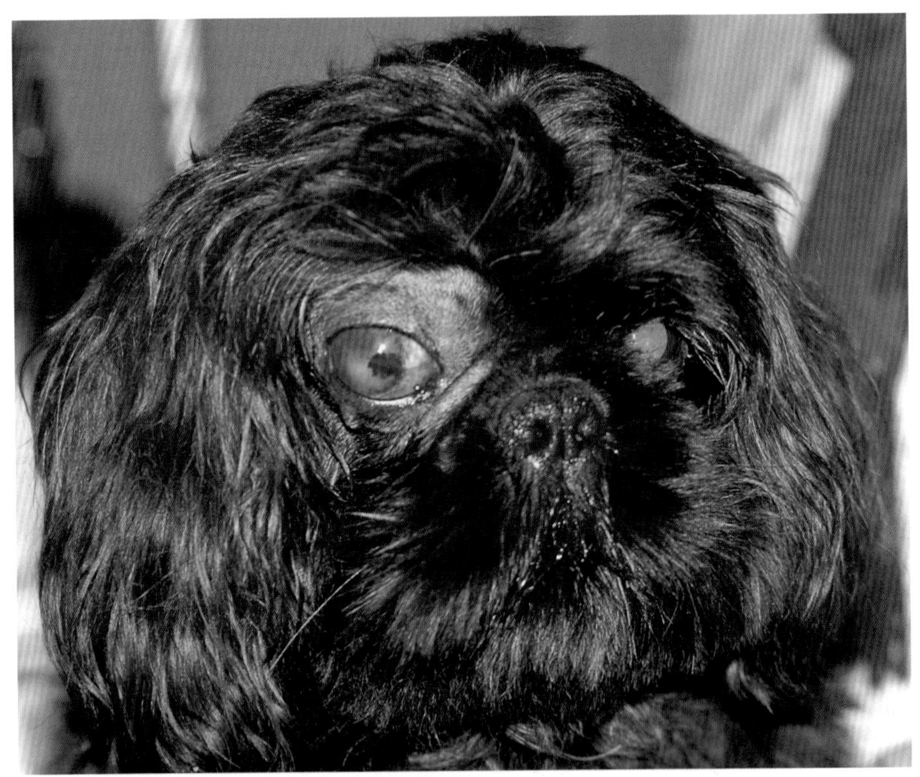

右眼牛眼的患犬。眼球畸形特写。

病程：6个月。

病因：继发于创伤性葡萄膜炎的慢性青光眼

由于眼球的纤维层（角膜和巩膜）扩张，这个眼球比正常的要更大。

1例12岁犬的右眼牛眼。

病程：42天。

眼内压：41mmHg。

病因：继发于眼内肿瘤的青光眼

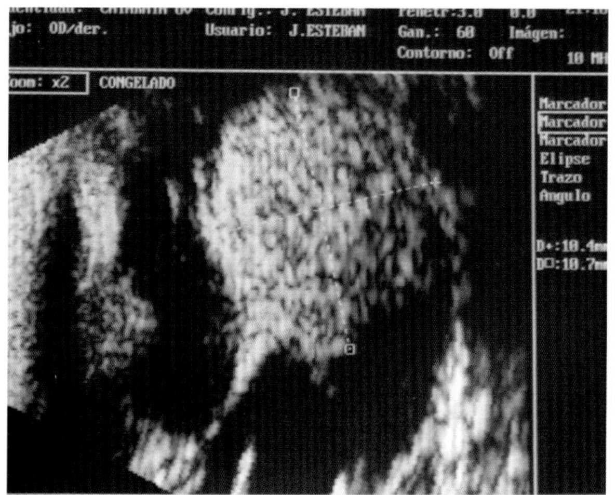

该患犬的眼部超声。眼内肿瘤特写

重要提示

- 慢性青光眼和眼内肿瘤是牛眼的主要病因。
- 眼睛总是失明的。

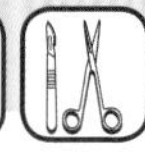
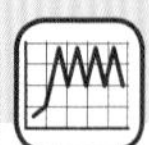

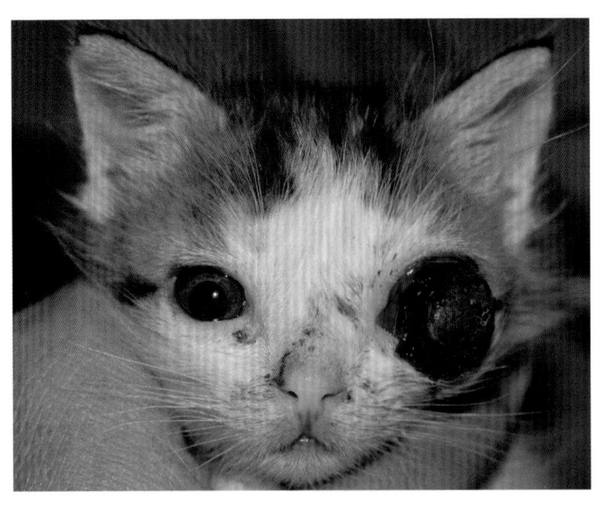

左眼患牛眼和严重暴露性角膜炎（结痂）的14日龄家养短毛猫

牛眼患犬12个月后。

病因：与另一只犬打架后的创伤性葡萄膜炎和继发的青光眼

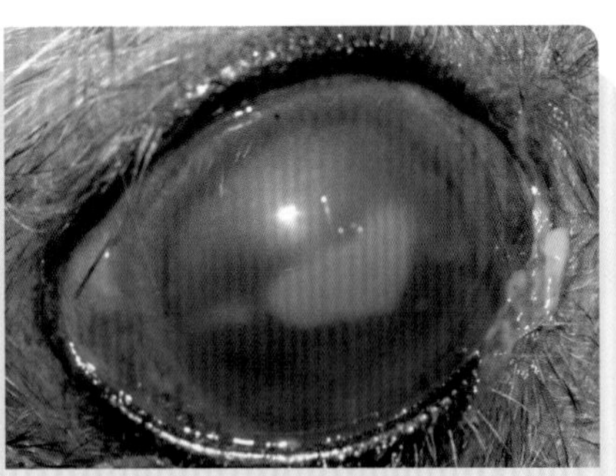

前图所示患犬牛眼导致的暴露性角膜炎。

中央荧光素着色

治疗

存在的几种手术方法：

- 眼球摘除术（如果角膜损坏）；
- 眶内容物剜除术（如果有眼内肿瘤）；
- 巩膜内义眼植入（如果没有肿瘤而且角膜健康）；
- 玻璃体内注射庆大霉素（有麻醉风险的患病动物或宠主经济受限），在猫不要进行该操作。

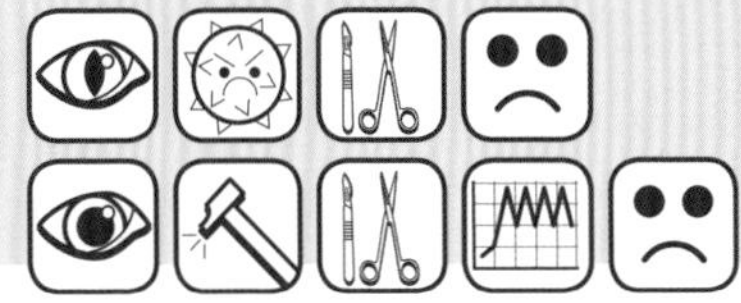

第五节 球后脓肿

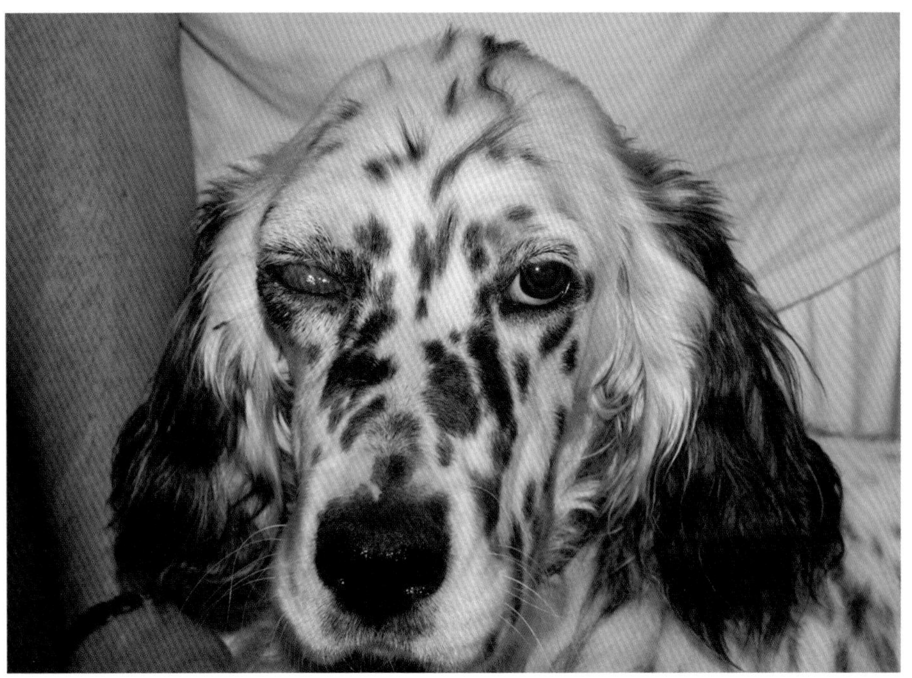

患球后脓肿的8岁英国雪达犬。病程：3天。
眼球突出和瞬膜突出特写

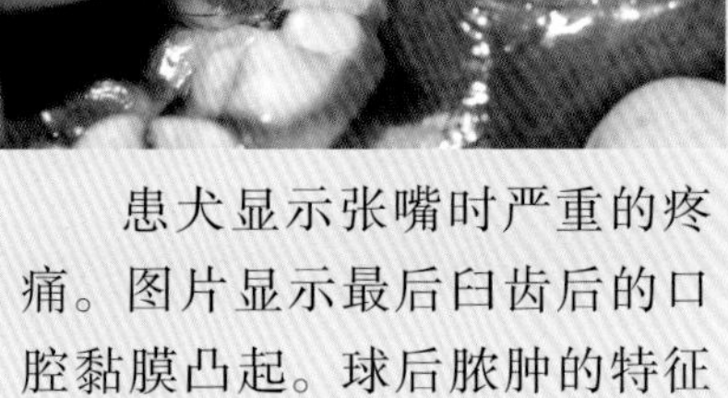

患犬显示张嘴时严重的疼痛。图片显示最后臼齿后的口腔黏膜凸起。球后脓肿的特征性临床表现

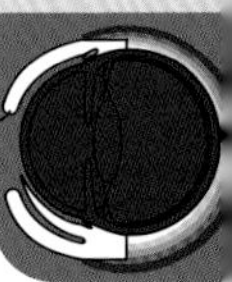

趣味提示

球后脓肿的最常见临床症状如下：

- 眼球突出；
- 瞬膜突出；
- 张嘴疼痛；
- 厌食；
- 沉郁；
- 发热（通常有嗜中性粒细胞增多）；
- 抗拒眼球回缩。

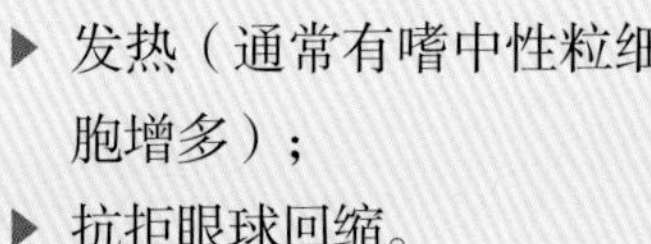

   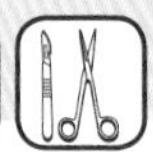 

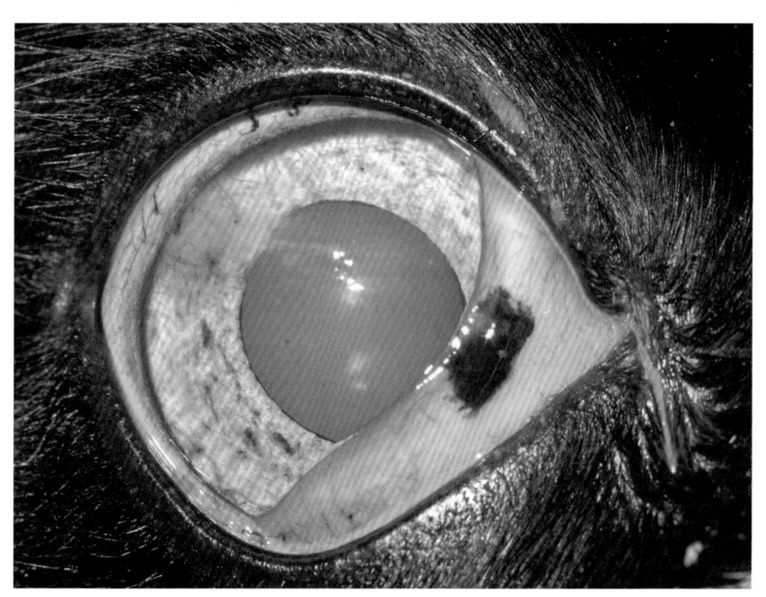

1例表现为球后脓肿猫的眼球突出、暴露性角膜炎和瞬膜突出。
病程：13天

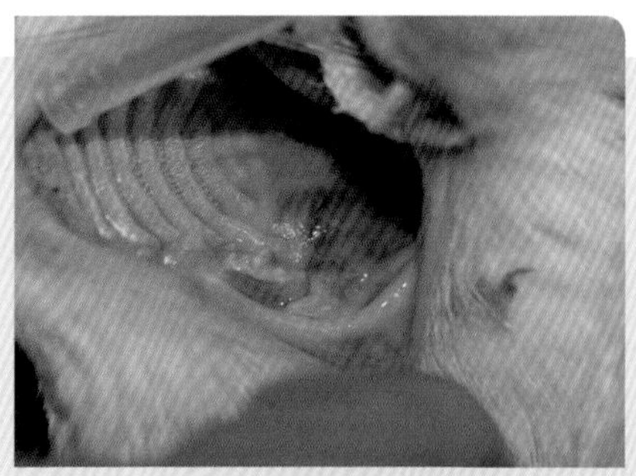

检查患病动物口腔。图片显示最后臼齿后的口腔黏膜充血和肿胀

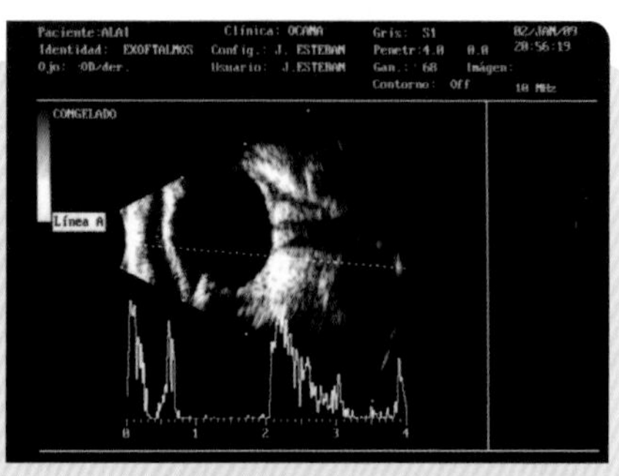

A/B模式眼眶内超声。球后脓肿的图像

趣味提示

球后脓肿最常见的病因如下：

- 口腔疾病（包含齿根）；
- 异物；
- 穿透创或骨折；
- 血源性扩散；
- 肿瘤；
- 窦炎。

    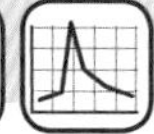 

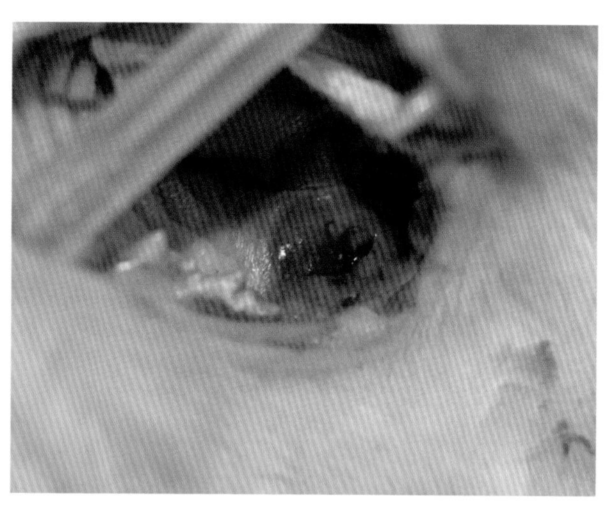

使用解剖刀片进行口腔黏膜的浅表切开

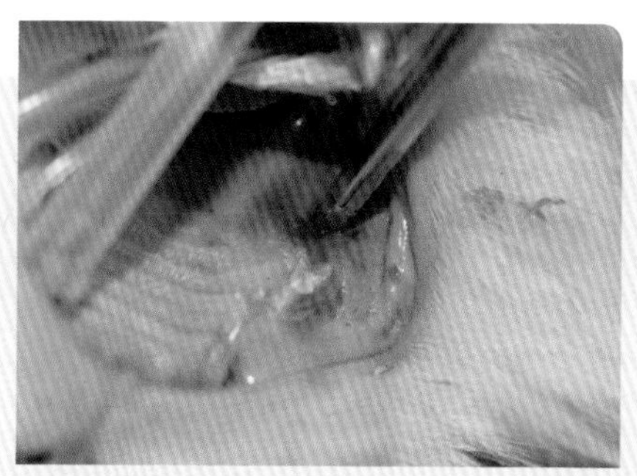

使用钝器进入球后空间，并且不要在里面打开

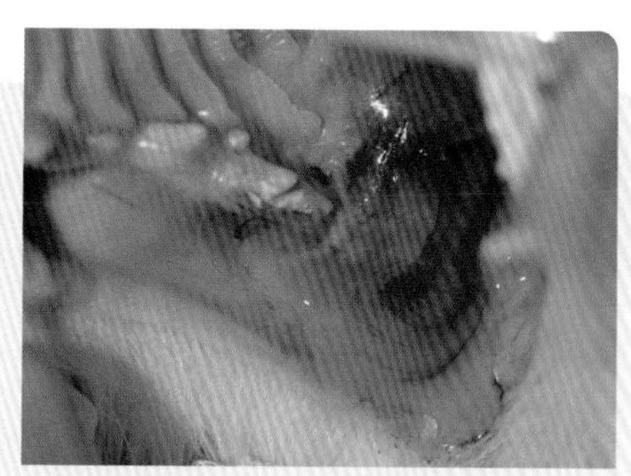

脓肿引流。释放脓性物质

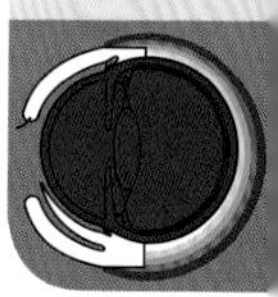

禁忌

- 决不要使用切割或穿刺工具进入眼窝：上颌动脉可能被割。
- 不要探索眼窝太深：神经可能被损伤或巩膜可能被穿透！

重要提示

- 动物插管并在全身麻醉下进行操作。
- 给予全身性抗生素和抗炎药配合手术治疗。
- 角膜给予人工泪液。

   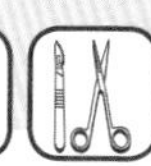  

第六节 眼眶内蜂窝织炎

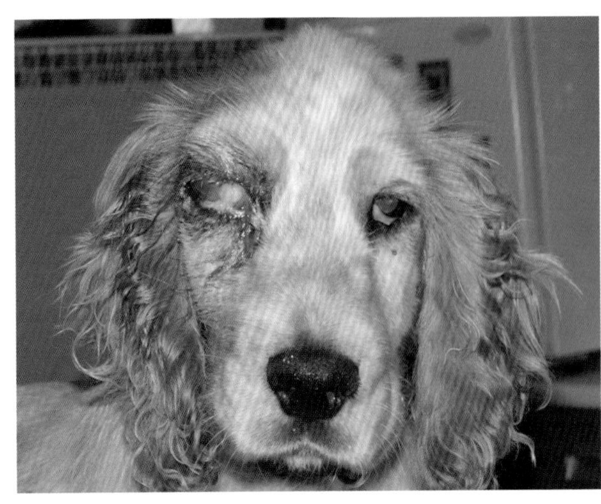

患眼眶内蜂窝织炎的6月龄可卡犬。

病程：12小时。

面部肿胀，眼球突出和瞬膜突出

患右眼眼眶内蜂窝织炎的12月龄拳狮犬

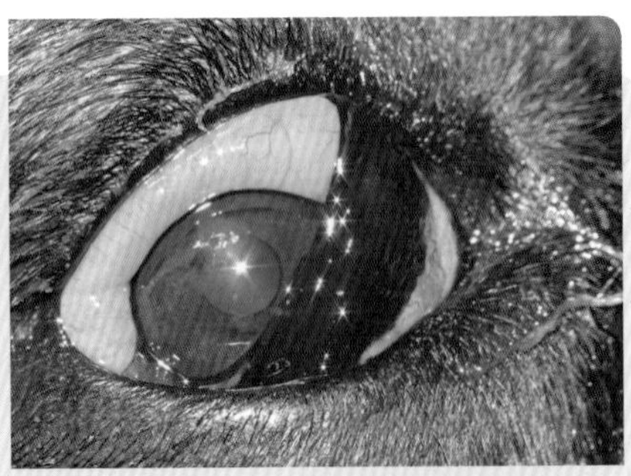

拳狮犬的眼特写。可以看见水肿、瞬膜突出、眼球突出和眼部分泌物

趣味提示

- 眼眶内蜂窝织炎是眼眶内组织的弥散性炎症。
- 比球后脓肿发病表现更急性。
- 更倾向于影响幼年动物以及可能是季节性的。
- 眼眶超声（A模式）波峰比球后脓肿波峰振幅更高。

第七节　眼眶内肿瘤

有眼眶疾病表现（瞬膜突出、眼球突出、斜视和泪溢）的10岁德国牧羊犬。发展过程：6个月。张嘴时无痛感

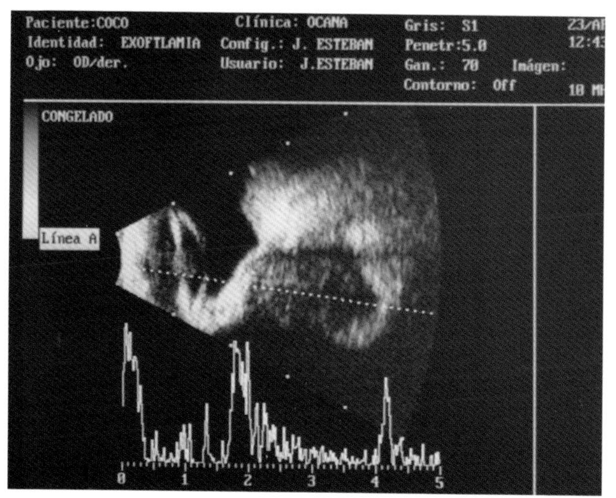

患犬的A/B模式超声图像。颧骨唾液腺腺癌

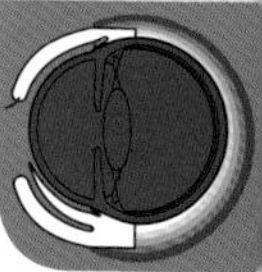

 重要提示

- 眼眶内肿瘤倾向于影响老龄动物。
- 临床症状可能表现缓慢和渐进性（相比于球后脓肿）。
- 眼球回缩可能降低或是不可能回缩。
- 眼球超声（主要是A超）提供了关于病变大小、位置、边界和可能性质（超声-组织相关性）的大量信息。

  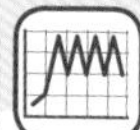 

过去4个月患眼眶疾病的6岁拳狮犬。

出现了眼周组织的炎症、瞬膜的突出和结膜的水肿

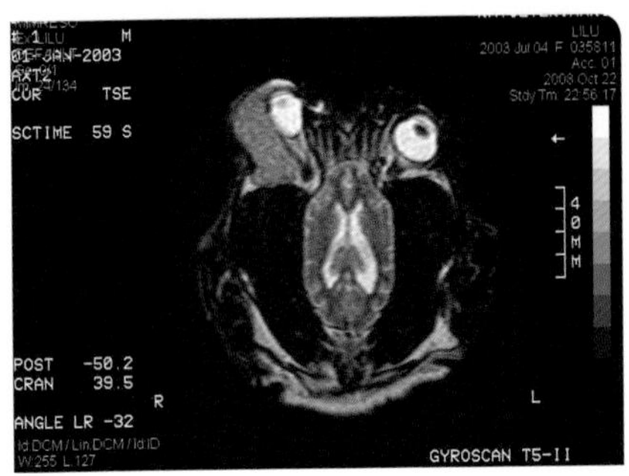

患犬的MRI。T2-加权的背侧图像。眶外周的肿瘤伴颧骨浸润

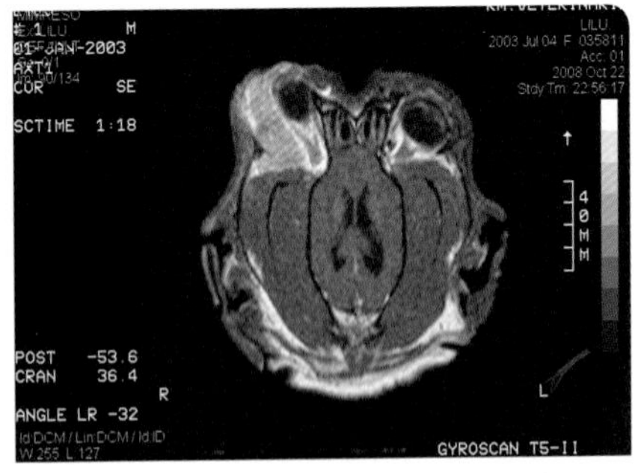

MRI顺磁性对比。图像由Dr Valentina Lorenzo（Resonancia Magnetica Veterinaria）提供

趣味提示

- 眼眶内肿瘤时MRI和CT是最有信息量的诊断方法。
- 眼眶内肿瘤可能是原发的或转移的，最常见的类型是纤维肉瘤、淋巴肉瘤、腺癌、脑膜瘤和鳞状细胞癌。

 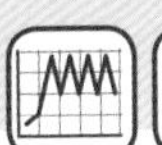 

第八节 异物

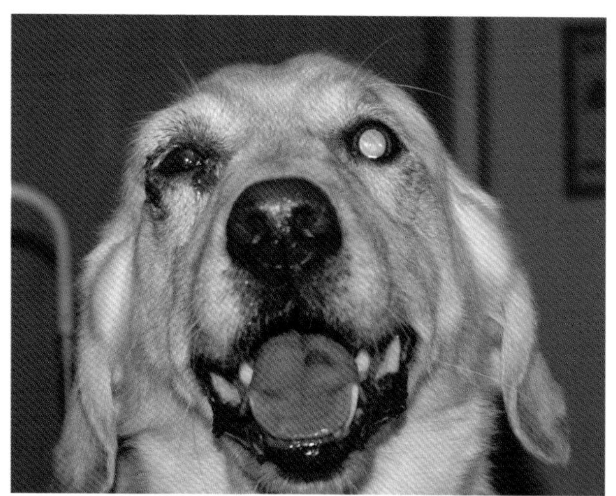

6岁的拉多右眼有严重的睑痉挛和泪溢。有大量眼部分泌物。

病程：72小时

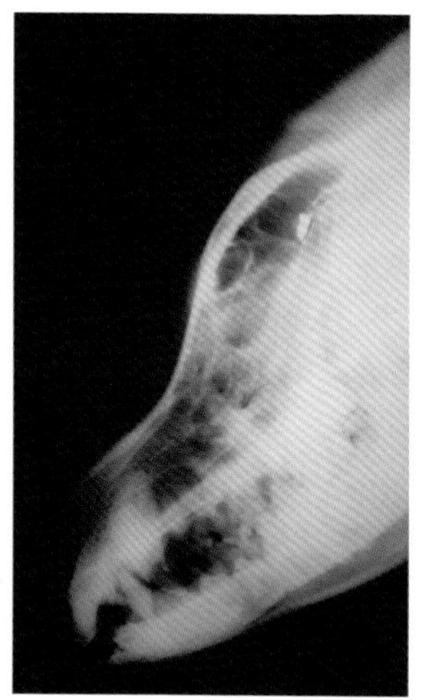

X线片显示异物嵌于眼窝的骨头内。从12点钟方向进入并且从角巩膜缘2mm范围内穿过了眼球

重要提示

- 当怀疑异物时，将动物镇静后进行详细的眼眶检查（X线、MRI和/或CT扫描）和眼内结构检查。
- 眼窝内最常见的异物是弹片、草芒、骨头碎片（骨折病例时）和木头碎片（从口腔）。

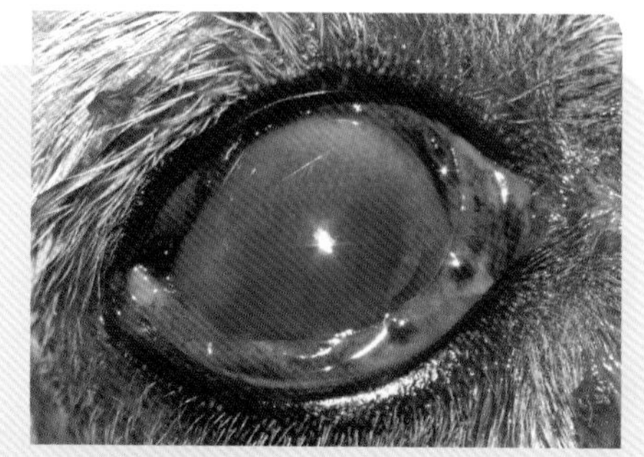

结膜下出血和眼内损伤（角膜水肿和虹膜潮红）特写

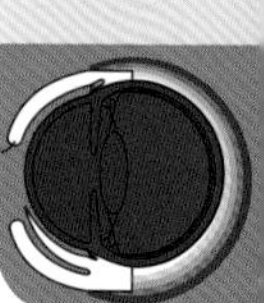

第九节 眼球脱垂

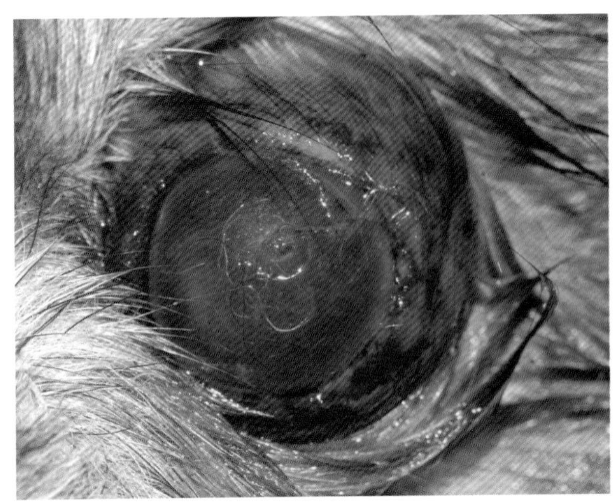

1例博美犬的左眼眼球脱垂。

病程：18小时。

结膜下出血和暴露性角膜炎。

病因：与另一只犬打架

远观。

不对称的眼球位置特写

i 眼球脱垂是眼球从眼窝中脱出于睑缘以外的脱位。

- 通常见于短头品种（巴哥犬、京巴犬、西施犬、拉萨狮子犬、法国斗牛犬等）。在这些品种的眼球脱位可能来源于过度兴奋、在玩耍或吠叫时（由于其解剖结构）。
- 其他品种的犬和猫也可能在严重面部创伤时患眼球脱垂。

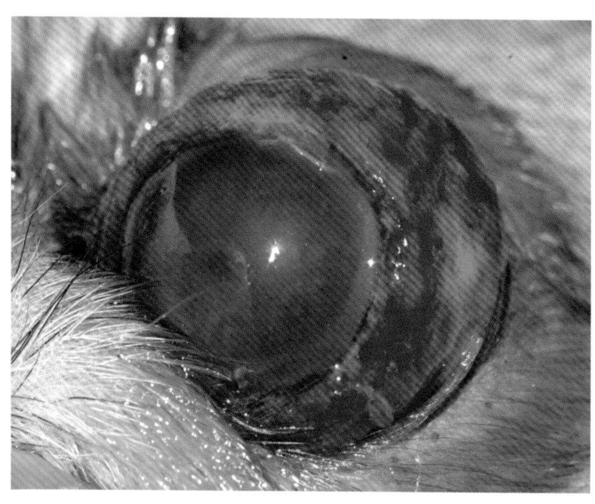

持续地灌洗和湿润眼睛直到眼球回到眼窝中

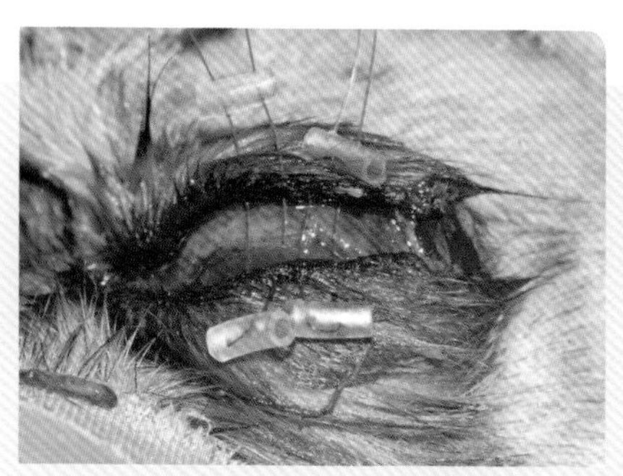

外侧眼睑切开术有助于将眼球还纳至其原先位置。总是通过睑板腺的分泌孔进行睑缘的缝合

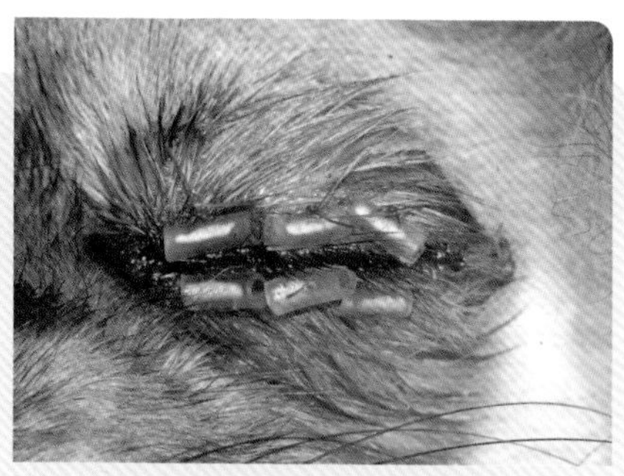

缝合外侧眼睑切开创口。

保持睑成形术和/或睑缘缝合至少20天

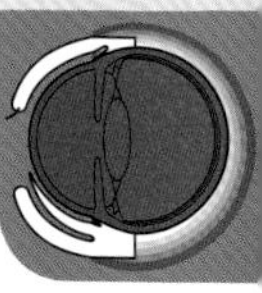

重要提示

- 眼球脱垂后，保留视神经功能是主要目标。使用神经保护剂。
- 视神经的活力将取决于眼球脱垂的严重度和脱垂发生与手术之间流逝的时间。
- 第二目标是治疗暴露性角膜炎。

     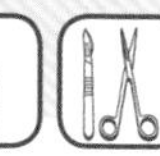 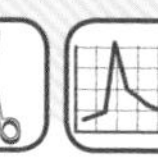 

曾患眼球脱垂犬的外斜视（外斜视）。

照片拍摄于脱位35天后（患犬得到了治疗）

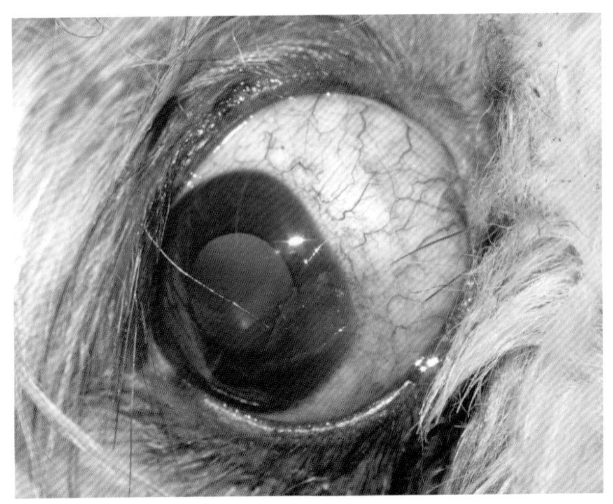

外斜视是由于眼球脱垂时内直肌的断裂

趣味提示

- 外斜视一般随着时间退去（3个月）。
- 使用肉毒杆菌毒素可以帮助矫正这些病患的外斜视（Morales Fariña, De León Vera, Morales Doreste,2009）。
- 内眦成形术在眼球脱垂后保护角膜和防止之后的眼球脱位。

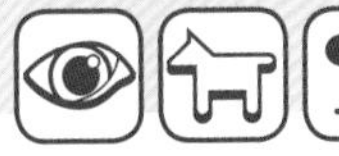

由于眼球脱垂导致的外斜视和角膜溃疡。

角膜水肿和新生血管生成特征性表示葡萄膜炎和角膜损伤

左眼眼球脱垂6天后。角膜上出现了脓性分泌物和结痂。

右眼瞳孔散大。

患犬由于双眼视神经损伤而失明

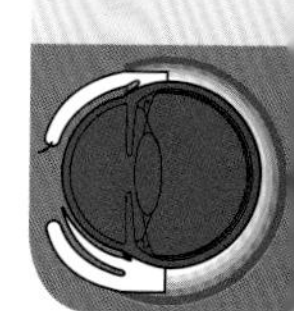

重要提示

- 总是要进行双眼的瞳孔对光反射，因为神经损伤可能是双侧的。
- 脱出的眼球应该尽快地复位。
- 术后治疗：使用全身性抗炎药（皮质类固醇）、全身性抗生素（头孢菌素类）和局部抗生素（氯霉素）。

第十章
泪 器

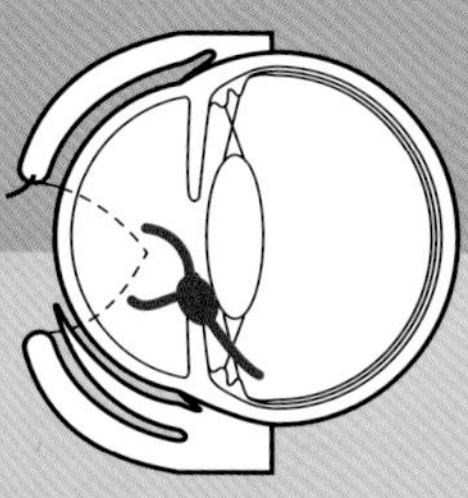

第一节 泪溢

双眼泪溢的波斯猫。

深色是由于这些猫眼泪里高浓度的卟啉

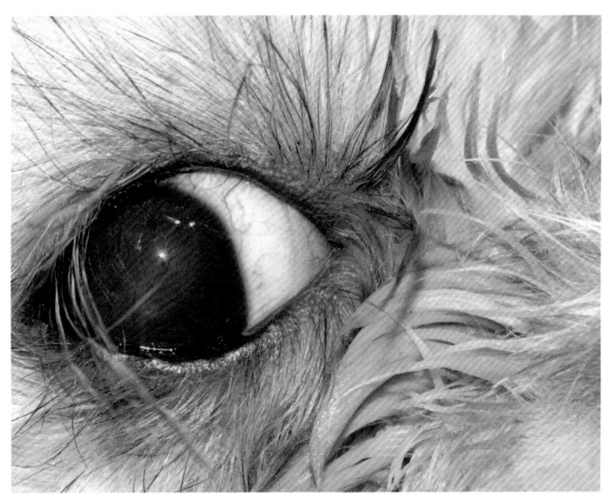

1例西施犬的显著泪溢。注意眼周区域的过度湿润。

病因：多根双行睫

泪溢是眼泪分泌过多。

泪溢最常见的病因如下：

- 眼部刺激或不适（眼睑内翻、双行睫、异位睫、角膜溃疡等）；
- 阻塞或泪点缺失；
- 非常突出的眼球；
- 睑炎。

第二节　干燥性角膜结膜炎

存在泪液数量问题的干燥性角膜结膜炎（KCS）的萨摩。

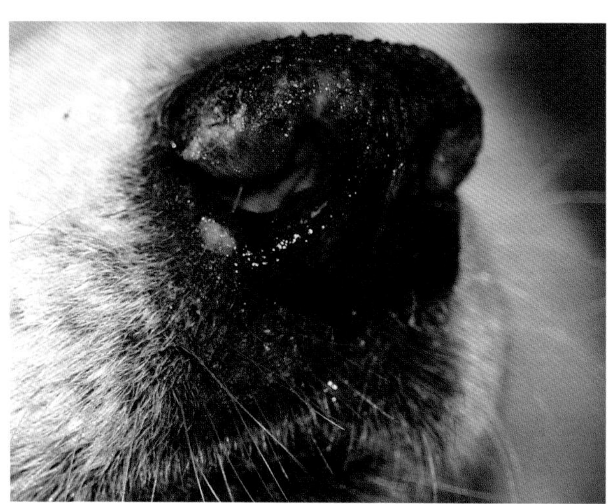

鼻镜结痂是KCS的常见临床症状

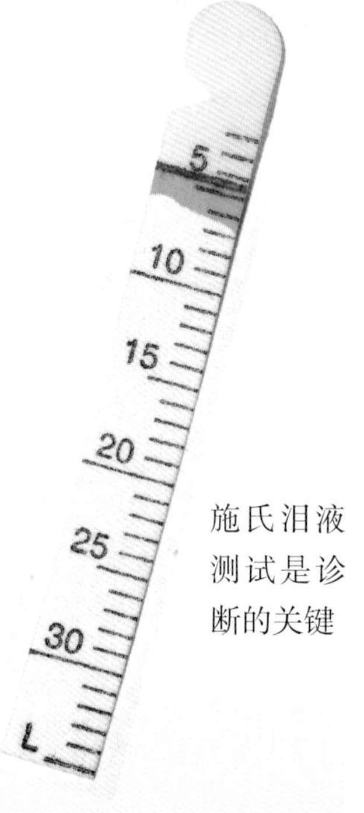

施氏泪液测试是诊断的关键

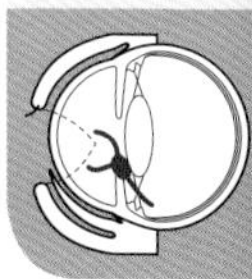

趣味提示

- KCS是角膜前泪膜的数量或质量不足导致的。
- 查询角膜和结膜的章节来获得该泪器疾病的病因、对眼睛表面的影响和对动物视力的影响。

第三节 泪点缺失

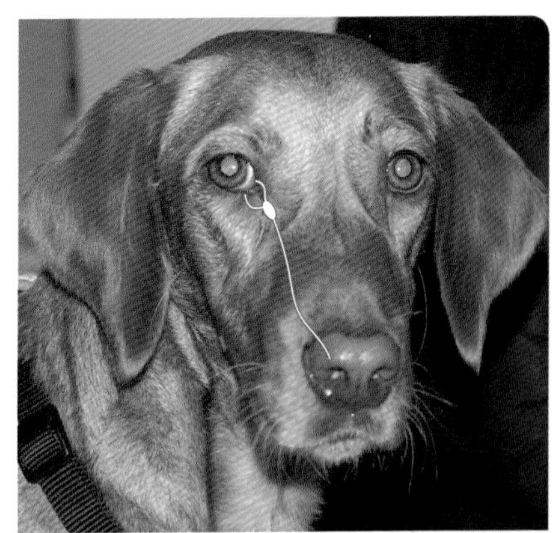

鼻泪管的描述

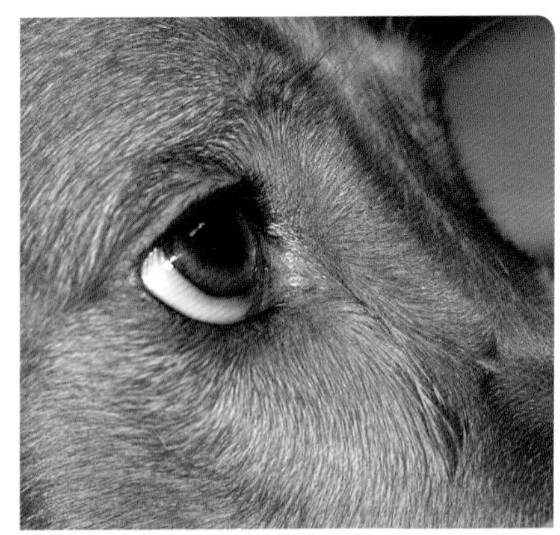

泪溢是一个泪点缺失动物的特征临床症状。

下泪点发育不良的10月龄杂种犬

活体荧光素染色突出了泪溢表现

荧光素没从鼻孔流出提示泪点缺失

重要提示

- 回想起副管连通鼻泪管和后鼻腔。这可能能够解释为何在一些患病动物，尤其是短头品种犬和波斯猫荧光素不能流向鼻孔，但泪点和泪管是明显没有堵塞的。

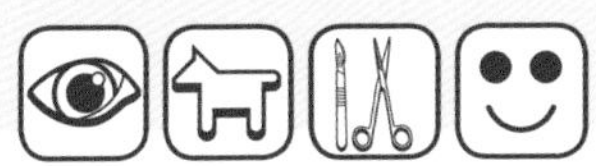

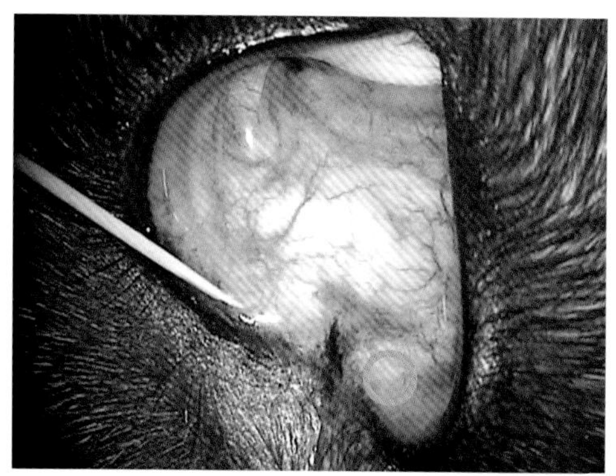

上泪点放置导管。缺失的下泪点阻止从上泪点正常输注的生理盐水通过。

当下泪管灌入水时结膜肿胀

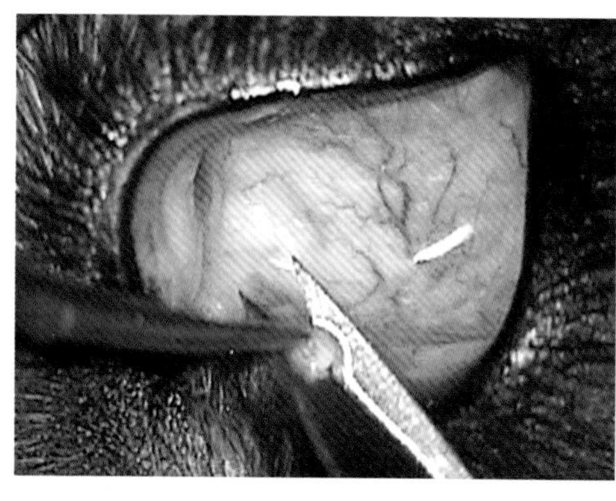

开放下泪点。

使用史蒂文剪剪除黏膜

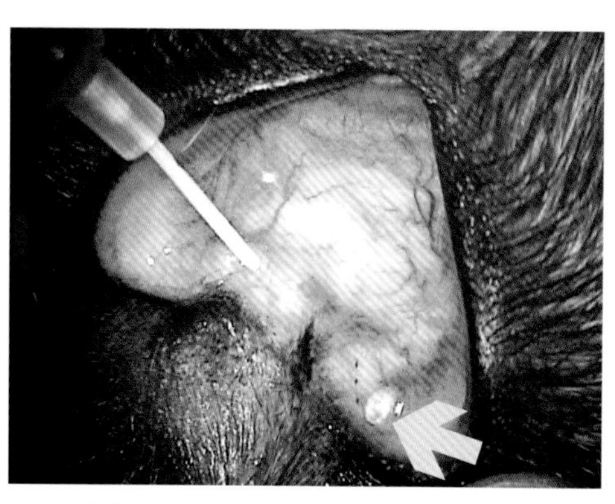

正常冲洗和正常工作的下泪点。

生理盐水流出特写

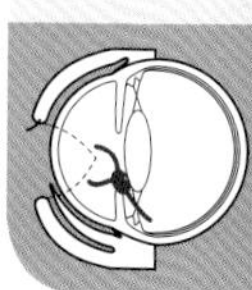

趣味提示

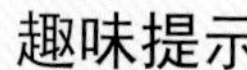

一旦泪点开放了，常规的冲洗和使用皮质类固醇眼药水可以使瘢痕导致的狭窄或闭锁风险最小化。

  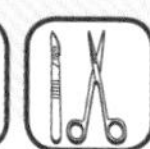 

第四节 发育不良

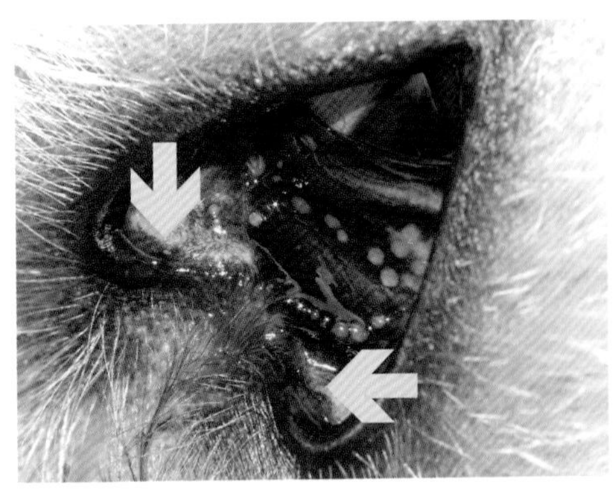

无法看见泪点，同时存在泪溢可能提示泪点缺失或泪点发育不良。

识别了上泪点但没有下泪点

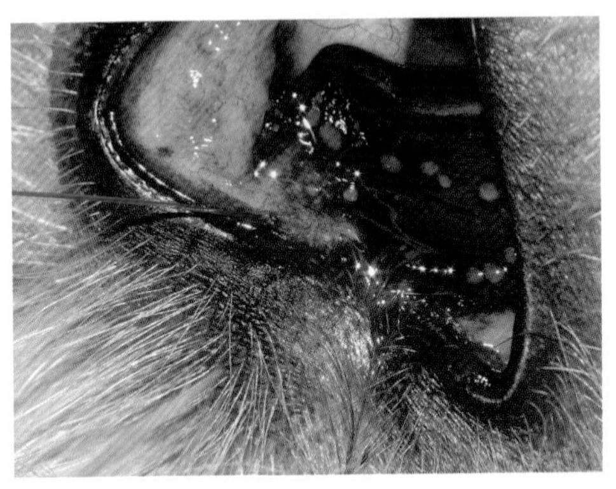

探针定位双泪点（上泪点和下泪点）。

显然下泪点发育不良。

用于识别泪点的缝线直径特写

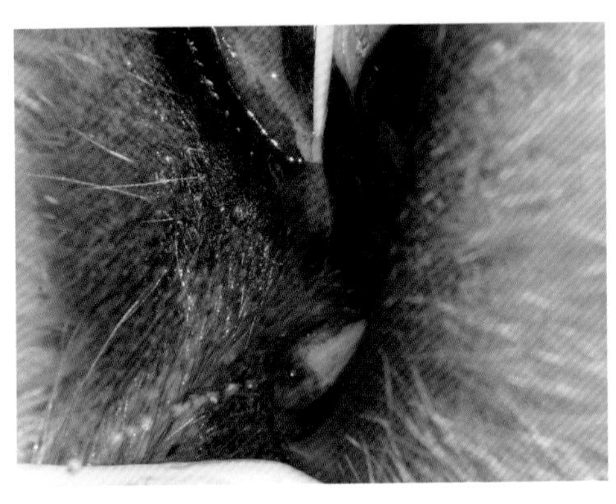

从上泪点冲洗，从下泪点流出的液体减少

i 不通畅（缺失）和发育不良（闭锁）主要影响下泪点，可能是单侧的或双侧的。

最易发病的品种是寻回猎犬（金毛犬和拉多犬）、可卡犬和贵妇犬。

  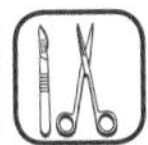 

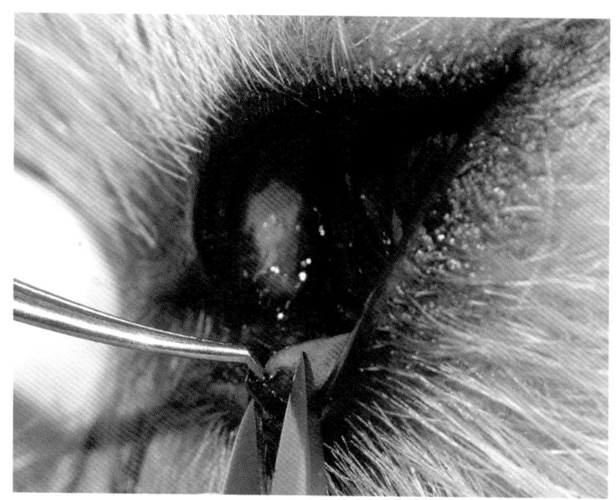

完全开放下泪点的特写

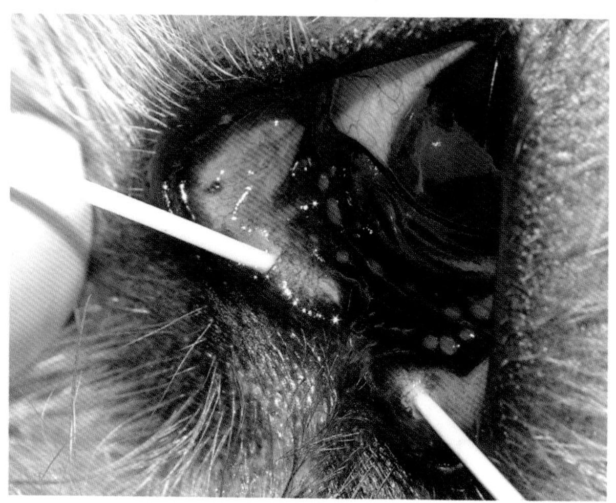

治疗后的泪点最终直径

重要提示

- 完全去除覆盖泪点的结膜以避免复发。
- 临时插入硅胶导管可以帮助防止术后狭窄。这种情况时，配戴伊利莎白脖圈。
- 继续使用局部皮质类固醇30天。

   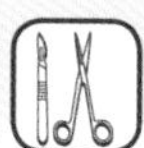 

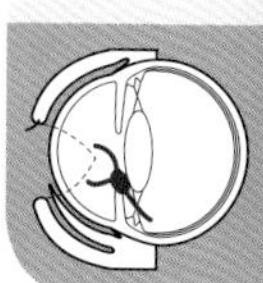

第五节 阻塞

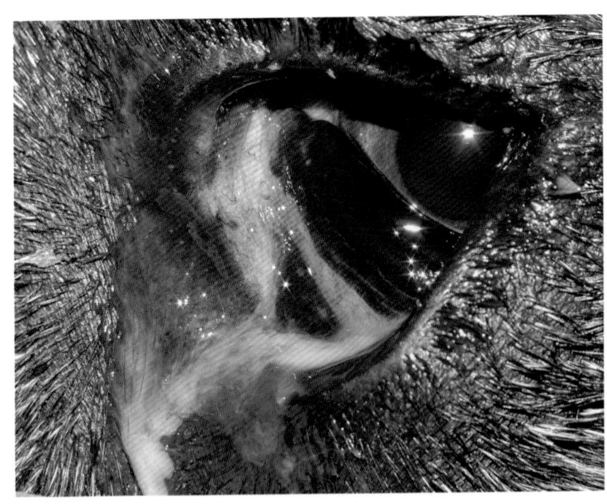

患泪器阻塞的动物。

动物表现为下泪点流脓性分泌物。

病程：2个月

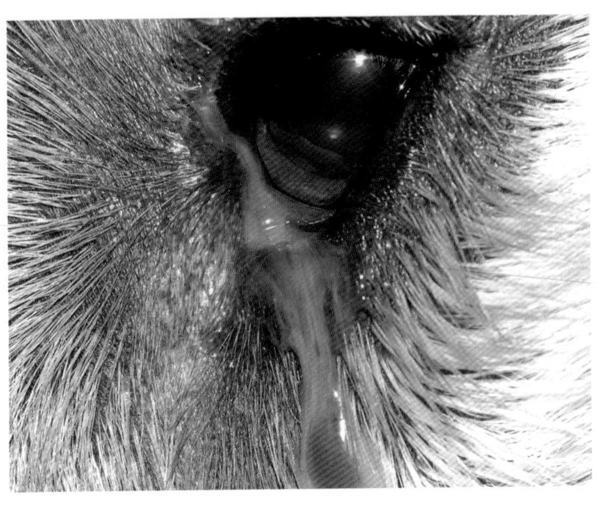

从上泪点插管通常导致黏脓性分泌物从下泪管流出

泪器阻塞最常见的病因如下：

- 进入到泪管或鼻子的异物（植物或小石子）；
- 泪器被动物咬伤或创伤，继发的瘢痕反应会导致狭窄；
- 慢性炎症；
- 肿瘤。

   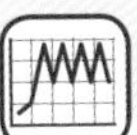 

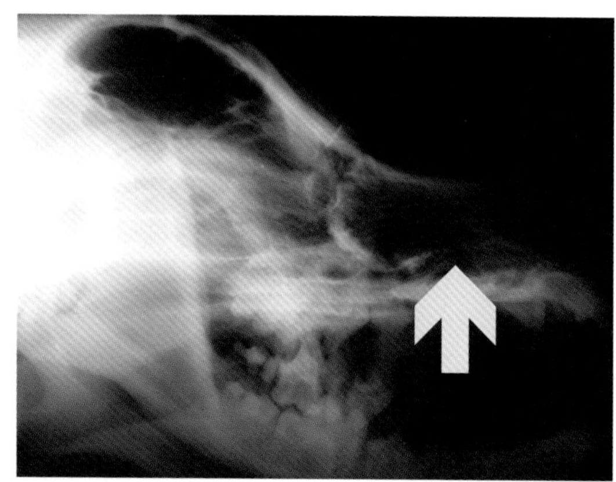

上一页图中患犬（泪器阻塞）的泪囊造影术。近端1/3鼻泪管的扩张和靠近鼻孔的低浓度造影剂有助于精确定位阻塞的位置（箭头）

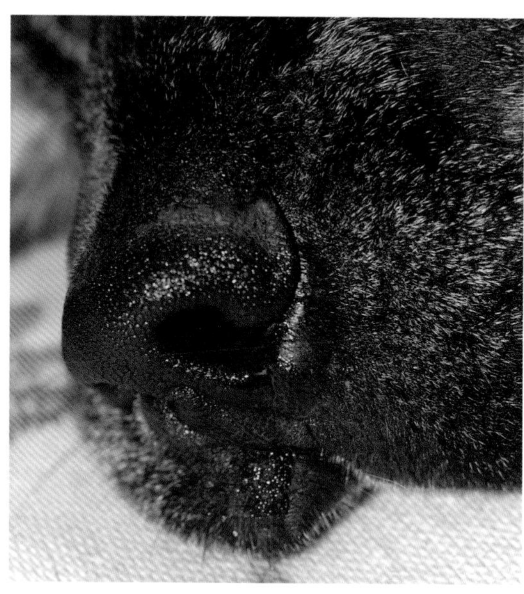

移除阻塞物后通常会鼻出血

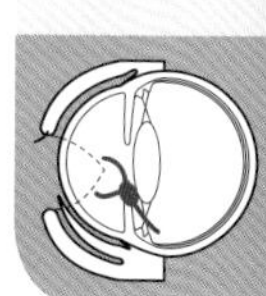

趣味提示

- 平片和造影术（泪囊造影）对于诊断泪器阻塞是必需的。
- 复杂病例时可能需要CT、MRI或内窥镜。

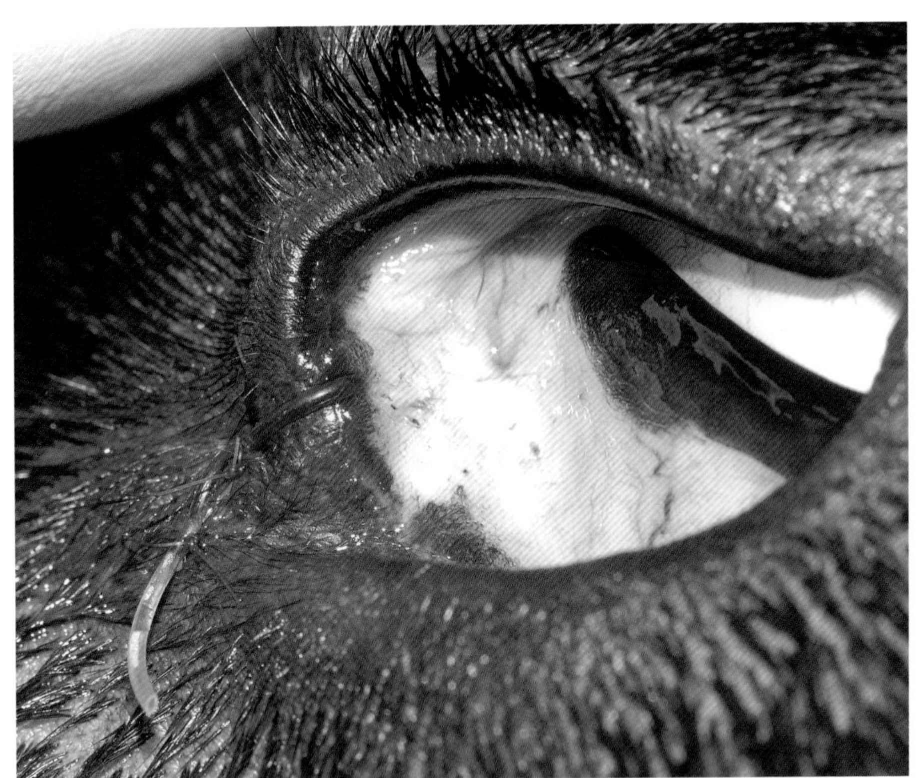

在取出草芒后从患犬的上泪管植入硅胶导管。
炎症后瘢痕性回缩导致阻塞的发生。
皮肤固定特写

重要提示

- 移除阻塞物后：
    - 从上泪点常规冲洗；
    - 继续全身性抗生素和抗炎药治疗15天；
    - 继续局部治疗（抗生素和抗炎药）至少30～45天；
    - 留置引流管至少20天；
    - 在严重病例时预约结膜鼻切开术和结膜颊造口术。

第六节　泪囊炎

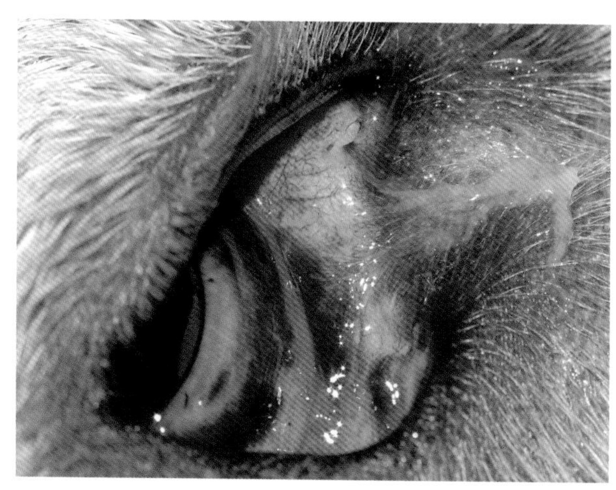

1例8月龄拉多犬的恶臭黏性分泌物。

病程：7天

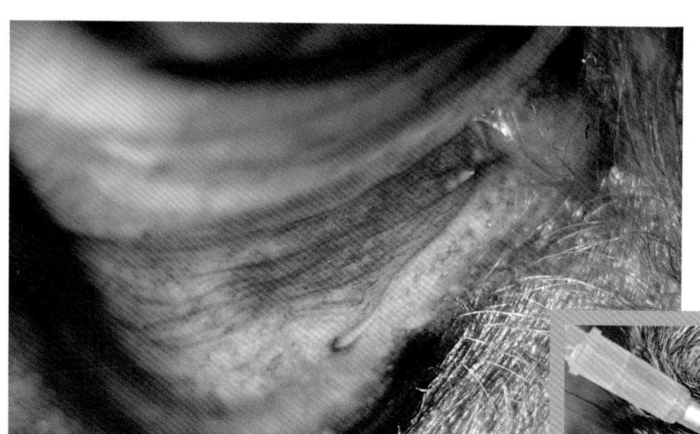

上图所示患犬的下泪管扩张

1例8月龄普雷萨加纳利犬的泪囊炎。灌洗泪器时的黏性分泌物特写

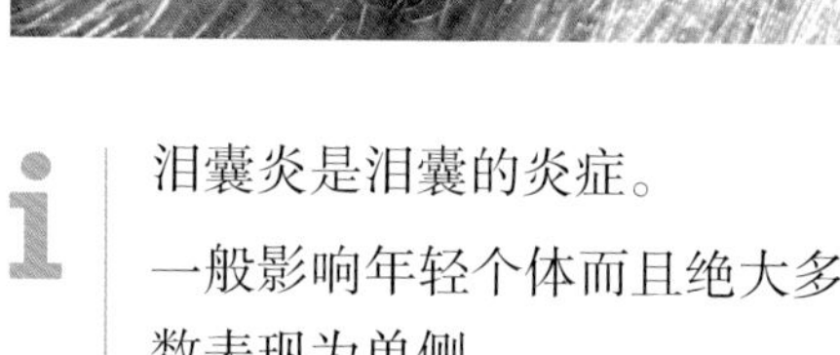

泪囊炎是泪囊的炎症。

一般影响年轻个体而且绝大多数表现为单侧。

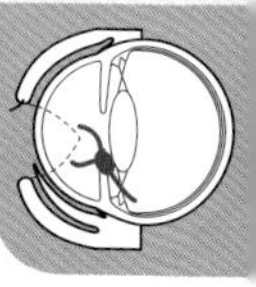

趣味提示

诊断一般需要时间，并且通常会继发泪小管或鼻泪管疾病。

   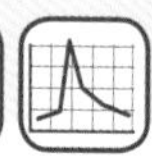 

第十一章 青光眼

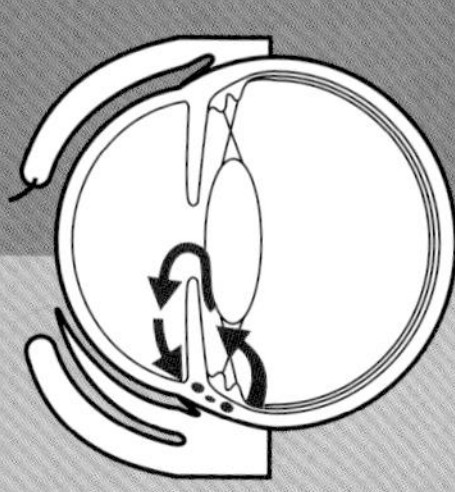

第一节 诊断

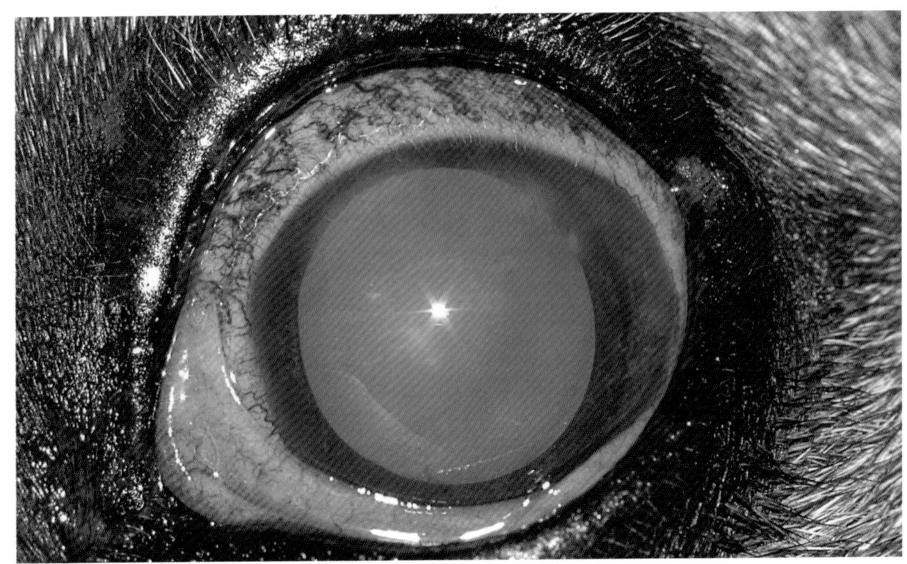

1例犬的急性青光眼。病程：24小时。瞳孔散大、巩膜浅层充血、角膜水肿

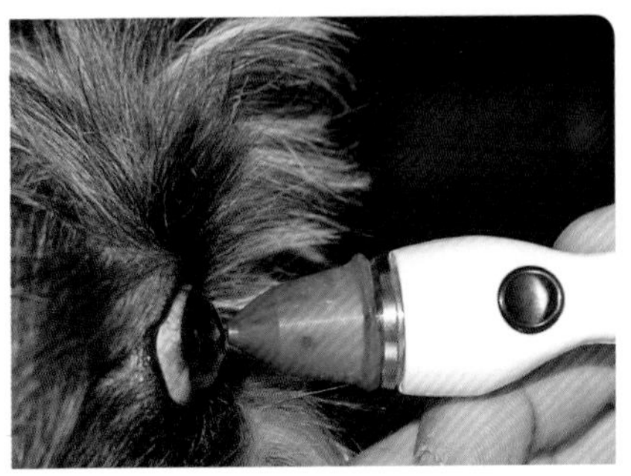

压平式眼压计（TonoPen XL）

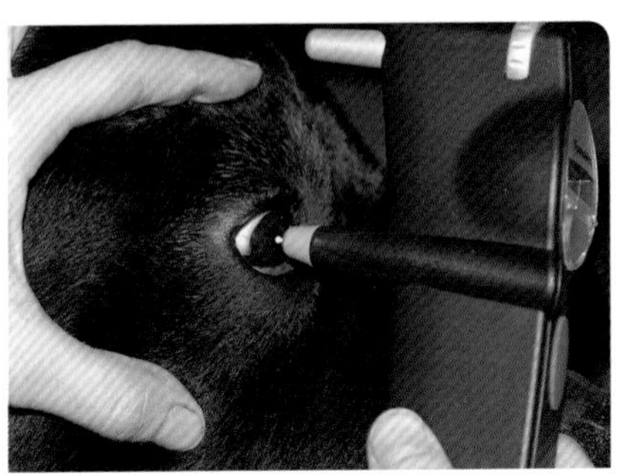

回弹式眼压计（TonoVet）

视神经病变与眼内压（IOP）的升高相关。

对轴突的机械压迫及紧接着微循环的影响导致视网膜神经细胞的死亡和对视神经可能的不可逆损伤。

压力测量法（IOP测量）是诊断的关键。

正常IOP是15 ~ 27mmHg。

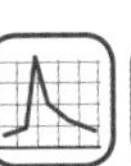

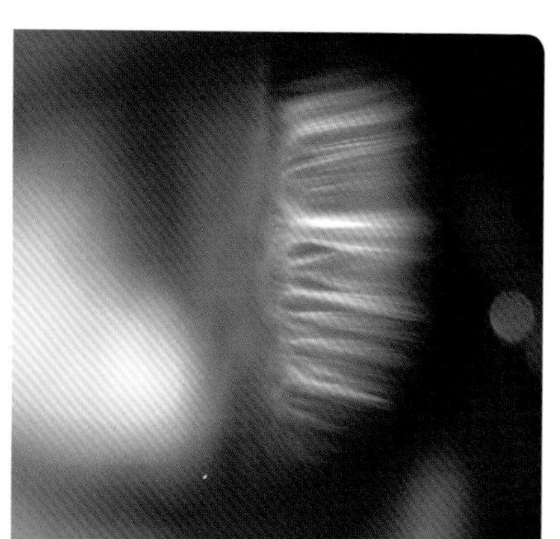

1例家养短毛猫开放的虹膜角膜角（ICA）

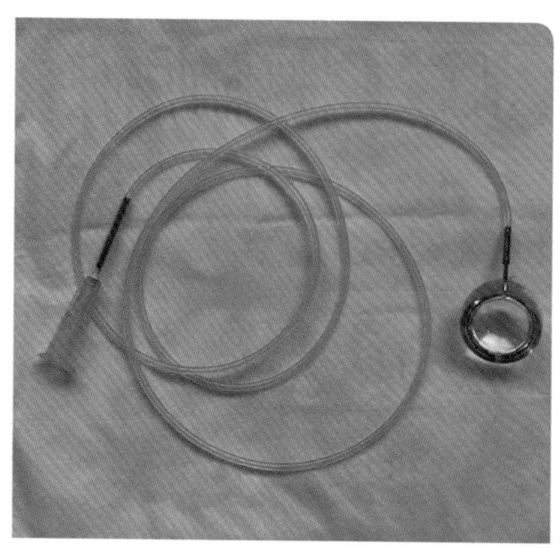

用于前房角镜检查的Barkan晶状体

间接前房角镜检查的正常虹膜角膜角

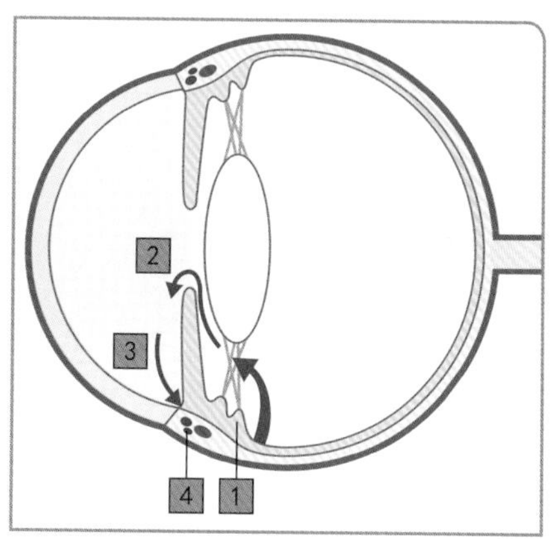

正常房水（AH）循环
1—睫状体上皮；
2—AH从后房向前房流；
3—AH通过ICA引流；
4—巩膜静脉丛

最常用于前房角检查的晶状体是Barkan晶状体、Goldman晶状体、三镜晶状体和Koeppe晶状体。也可以使用20D晶状体直接放置在角膜上。

使用前房角镜可以详细地检查虹膜角膜。

使用角膜浅表局麻或镇静病患。

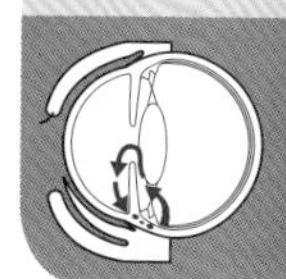

第二节 分类

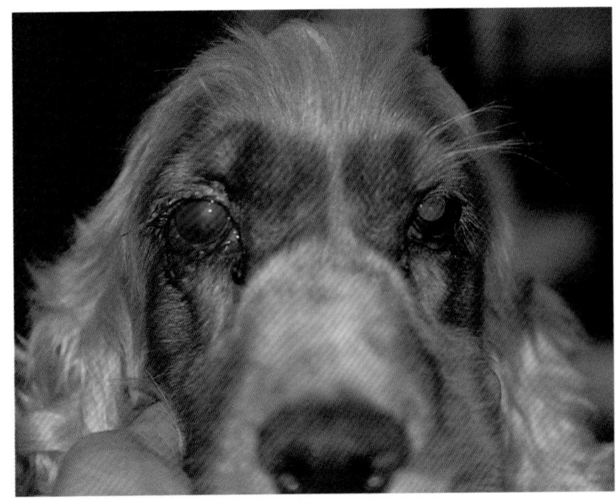

1例12岁英国可卡犬的继发青光眼。

病因：眼内肿瘤导致的虹膜角膜角闭合。

病程：20天。

IOP：52mmHg（TonoPen XL）

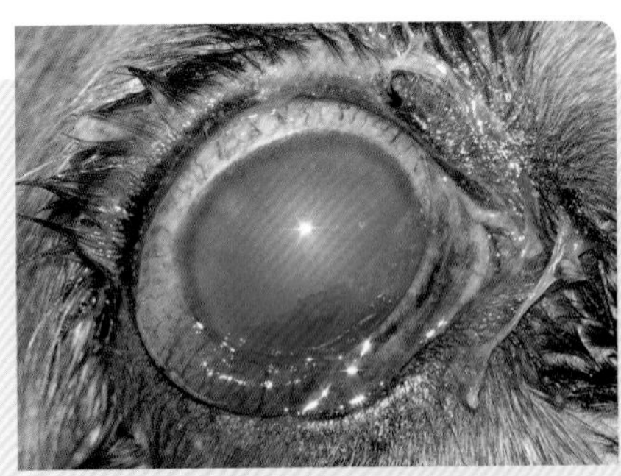

可卡犬青光眼眼睛的特写。

角膜后方可见眼内肿瘤（黑色素瘤）

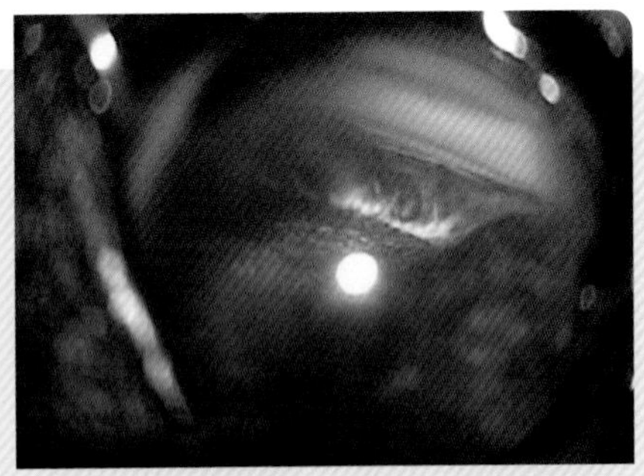

虹膜黑色素瘤部分闭合了虹膜角膜角。拉多犬的前房角膜镜检查

重要提示

- 青光眼可能是原发的（开角、窄角或闭角）或继发的（由于葡萄膜炎、晶状体脱位、眼内肿瘤或白内障）。
- 原发性青光眼易感品种有美国可卡犬、西伯利亚哈士奇、巴塞特猎犬、萨摩犬和比格犬。
- 猫的继发性青光眼比原发性更常见，主要病因是葡萄膜炎。

 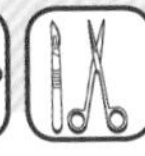  

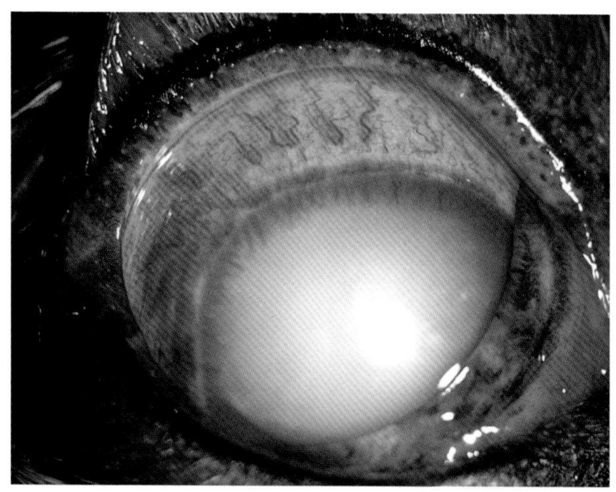

继发于晶状体前脱位的青光眼。

13岁犬。

病程：4天。

IOP：52mmHg。

注意巩膜浅层充血

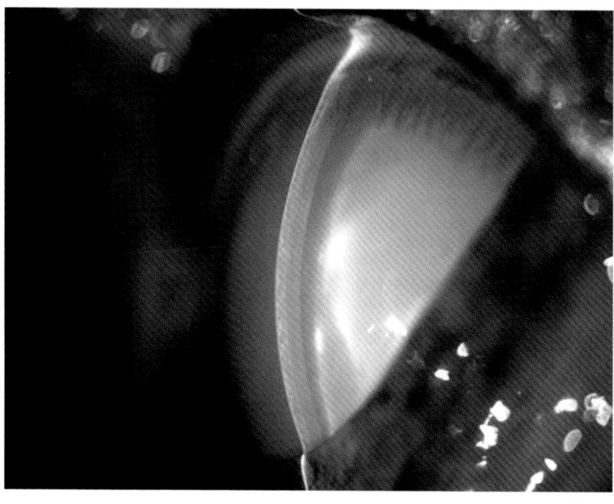

上图所示患犬。裂隙灯检查提示前房丧失。虹膜角膜角被脱位晶状体阻塞

重要提示

- 继发于晶状体前脱位的青光眼被认为是手术急症，应该进行晶状体囊内摘除术。
- 越早诊断和进行晶状体手术，视力预后越好。
- 持续的高IOP可能导致不可逆的视神经损伤。

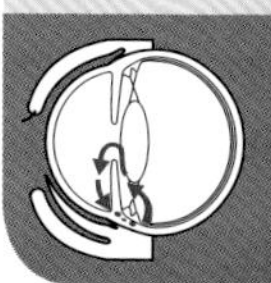

第三节 临床症状

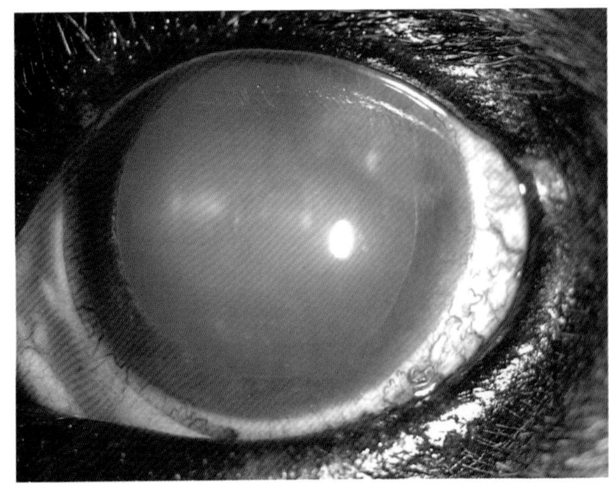

2岁比格的急性青光眼。瞳孔散大和角膜水肿。

IOP：45mmHg。

病程：8小时

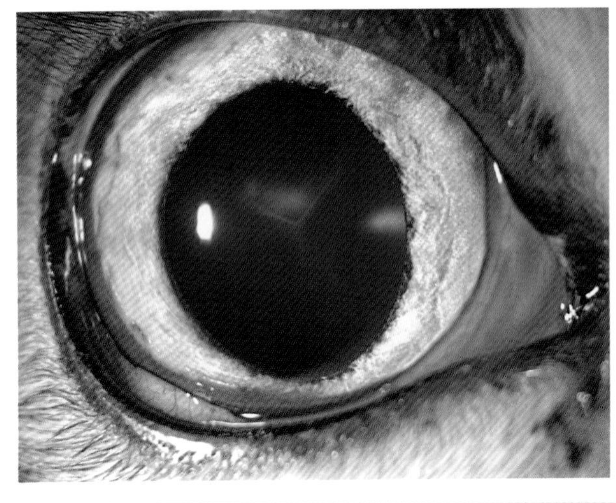

右眼急性青光眼的猫。IOP 40mmHg，瞳孔散大。猫青光眼角膜水肿罕见

青光眼的主要临床症状有：

- 瞳孔散大（犬和猫）。
- 巩膜浅层充血（犬）。
- 角膜水肿（犬）。
- 眼睑痉挛（犬）。
- 厌食（犬和猫）。
- 沉郁（犬和猫）。

右眼慢性青光眼的犬。

IOP：41mmHg。

病程：2个月

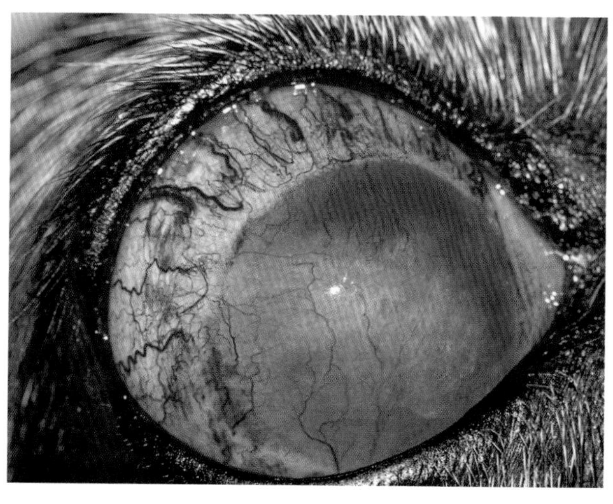

注意青光眼的特征病变巩膜浅层充血和慢性症状：巩膜纤维层扩张和暴露性角膜炎。

IOP：47mmHg。

病因：眼内肿瘤

趣味提示

- 慢性青光眼和IOP持续在35～45mmHg的病患一般表现为牛眼。
- 在这些病例视力不能恢复，应该考虑以避免疼痛为目的的药物或手术姑息治疗。

    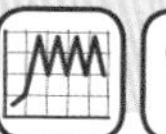 

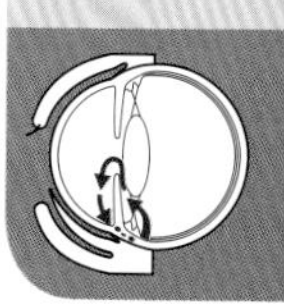

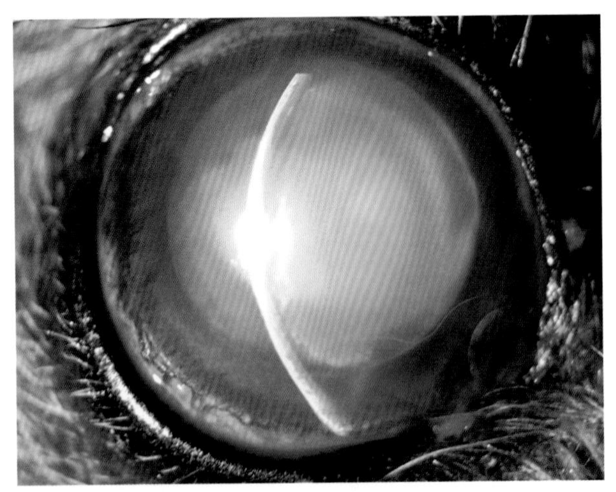

1例患慢性青光眼犬，眼球暴露引起溃疡性角膜炎。

角膜中央荧光素着色特写。

青光眼病程：3个月。

病因：晶状体前脱位

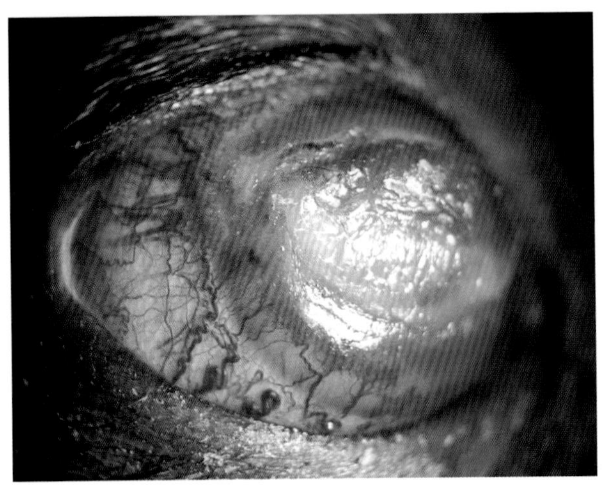

慢性青光眼和严重暴露性角膜炎的短头患犬。角膜损伤特写

重要提示

- 慢性青光眼最常见的一个并发症是暴露引起的角膜损伤。
- 牛眼增加了兔眼的风险。保护较差的角膜中央持续受损伤。
- 在非常严重的病例，溃疡性角膜炎最后以角膜穿孔为终点。

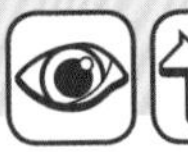    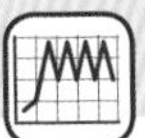 

慢性青光眼的10岁比格犬。

注意相较于正常眼，患眼（左眼）的牛眼。

IOP：38mmHg。

病程：6个月

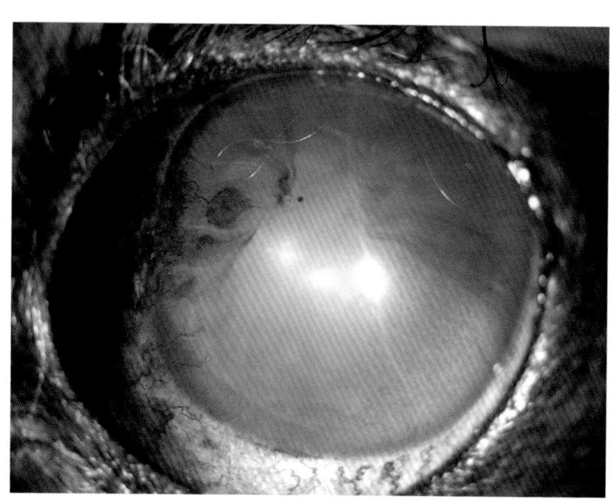

慢性青光眼患犬的哈勃氏线

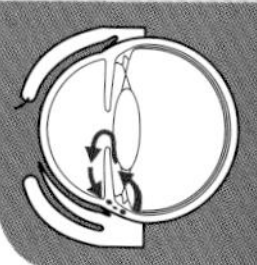

已经持续较长时间高IOP的慢性青光眼患犬可能出现哈勃氏线（后弹力层破裂）。

当这种角膜问题发展时，纤维层也在变形。

可见从角膜的一面向另一面蔓延的白线（见上图）。

第四节　鉴别诊断

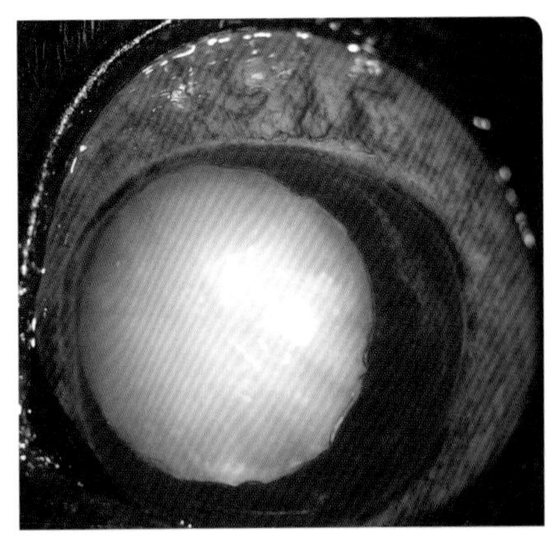
继发于过熟期白内障的犬青光眼

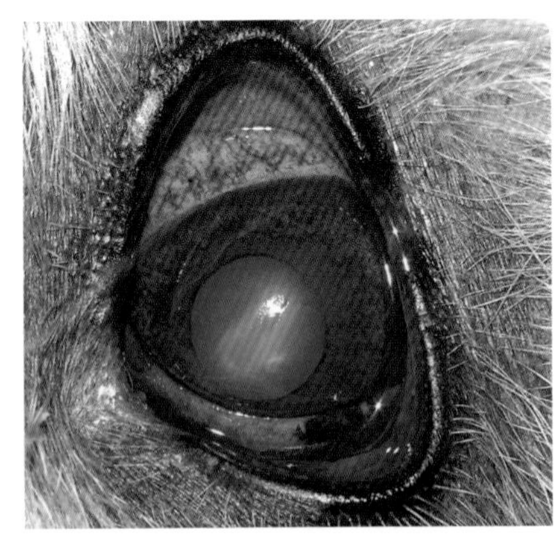
结膜充血与角膜溃疡

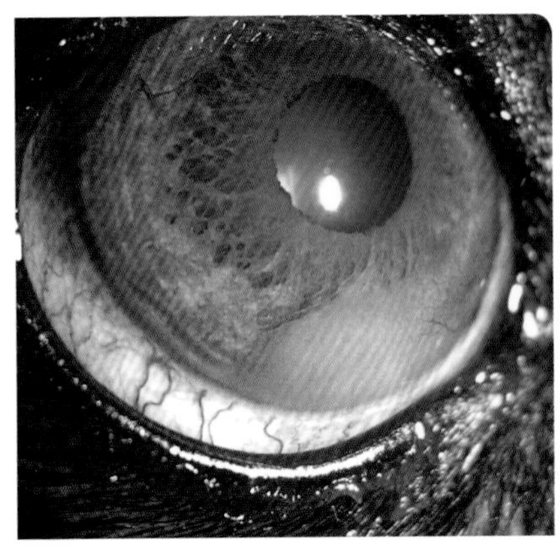
犬鼻侧区域的浅表角膜炎

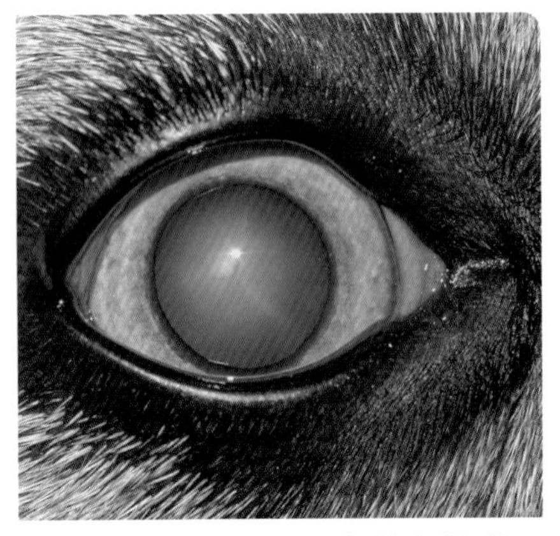
西伯利亚哈士奇的急性葡萄膜炎

重要提示

- 为避免青光眼与葡萄膜炎、结膜炎或角膜炎混淆，考虑下一页展示的鉴别诊断。

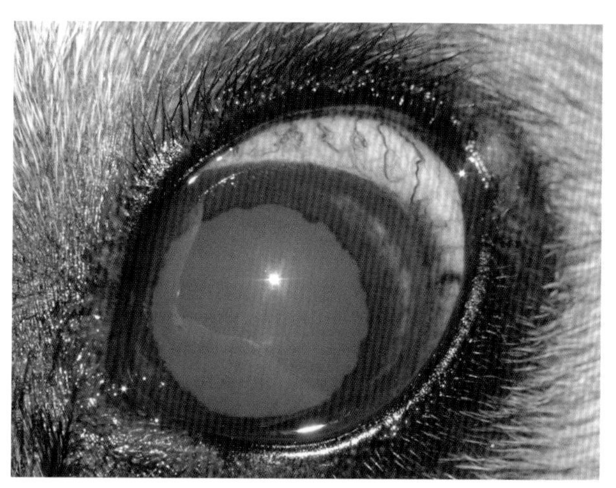

急性青光眼

青光眼的鉴别诊断				
	结膜炎	浅表角膜炎	葡萄膜炎	青光眼
结膜	炎性、充血的	无增厚	正常	正常
血管化	浅表、弥散	浅表、弥散	角膜周直线性的	浅表、弥散
瞳孔	正常	正常	缩瞳或不规则	散瞳
IOP	正常	正常	正常、低、 偶尔高	高
PLR	正常	正常	弱或不存在	不存在
分泌物	液性	液性、浆液性、 黏脓性	无	无
视力	正常	正常	下降	无
畏光	无	显著	中度	轻度

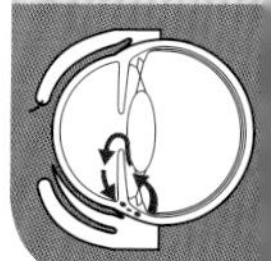

第五节 治疗

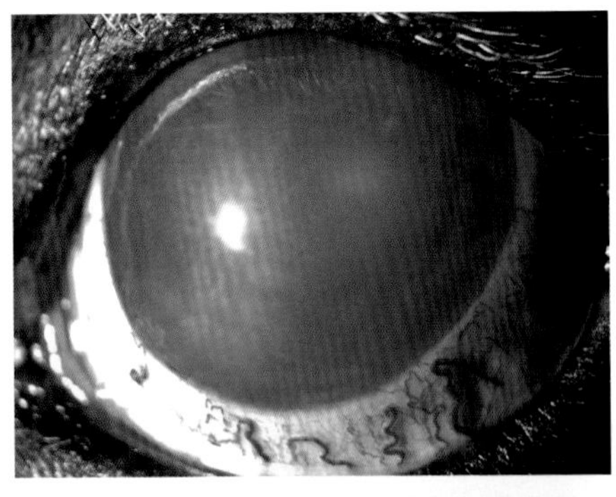

急性青光眼。

角膜水肿、瞳孔散大和巩膜浅层充血

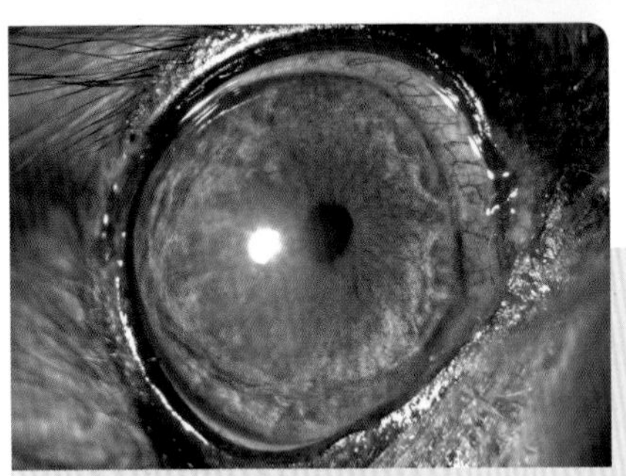

使用拉坦前列腺素（Xalatan）治疗的患犬。IOP：18mmHg。药物诱导的缩瞳

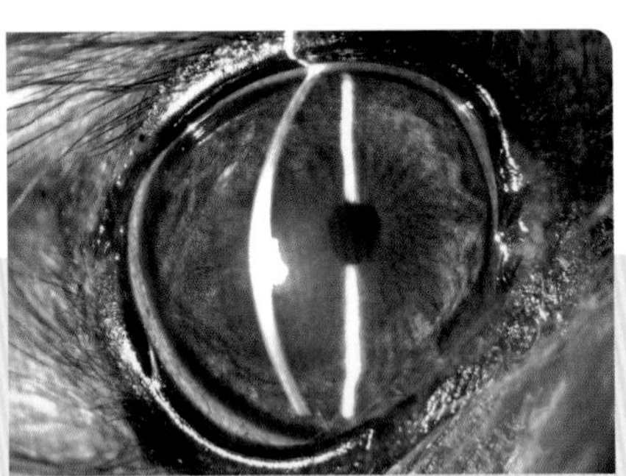

患犬的前房特写

趣味提示

青光眼药物治疗的目标是增加房水的排出和/或抑制其产生。以下药物联合使用：

- 前列腺素类似物（拉坦前列腺素）；
- 碳酸酐酶抑制剂（多佐胺、布林佐胺）；
- 肾上腺素能激动剂（溴莫尼定、阿可乐定）；
- 胆碱能药物（毛果芸香碱）；
- 高渗剂（甘油）。

禁忌

患青光眼的动物不要给予阿托品。

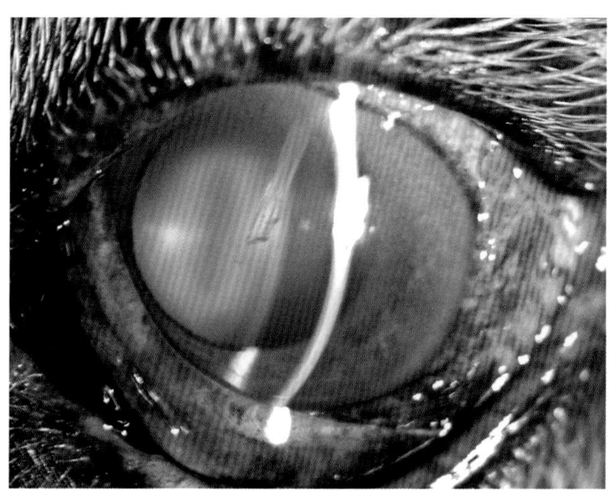

前房内的分流管。
使用裂隙灯定位特写

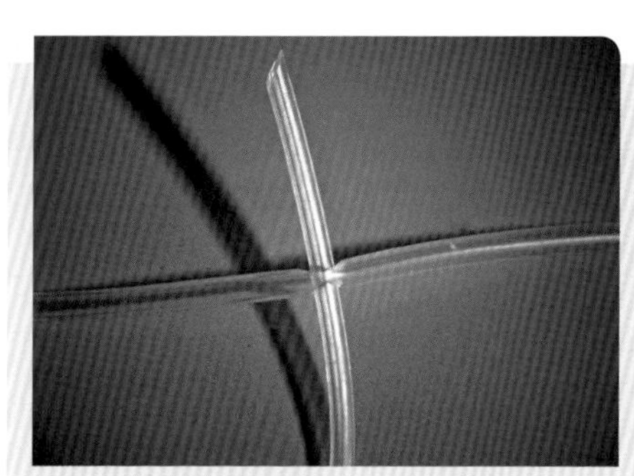

没有阀的分流管，简便

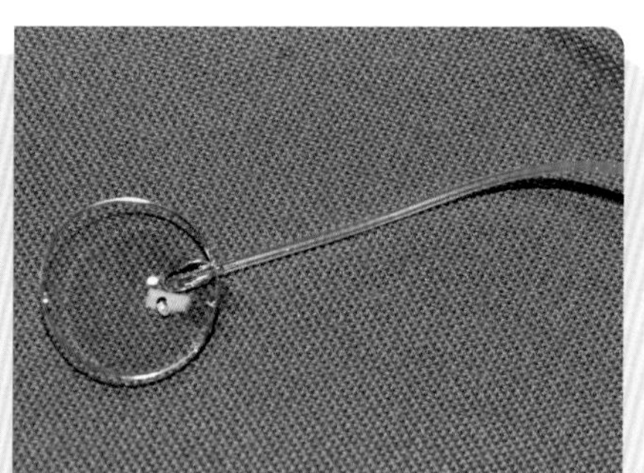

修改的无阀分流管

重要提示

- 青光眼认为是手术疾病（药物治疗仅是临时的）。
- 患青光眼且有视力的动物手术选择是：
  - 放置引流阀转移房水至结膜下空间（滤过泡）；
  - 受控的激光二极管睫状体光凝术。
- 这些技术可能分别使用或联合使用。

左眼巩膜内有假体的患犬。对于患青光眼且失明的动物，硅胶假体植入是可选择的美容手术

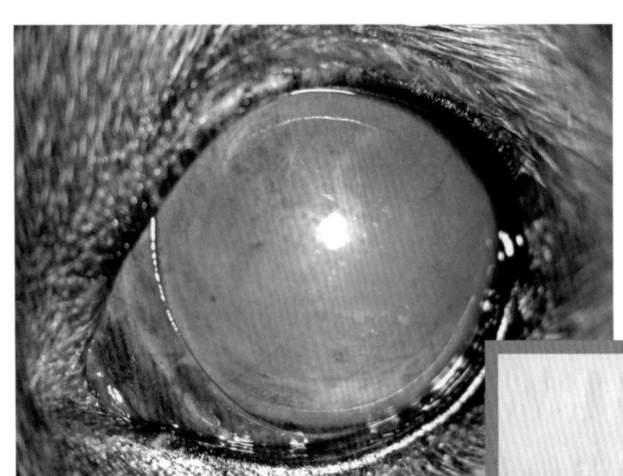

巩膜下假体眼特写。眼球正常活动

硅胶假体和植入器

重要提示

- 只有当眼失明、角膜健康以及没有眼内肿瘤时，眼内容物摘除后硅胶假体植入才是选择。

禁忌

- 由于肉瘤形成的风险，不要给猫植入硅胶假体。

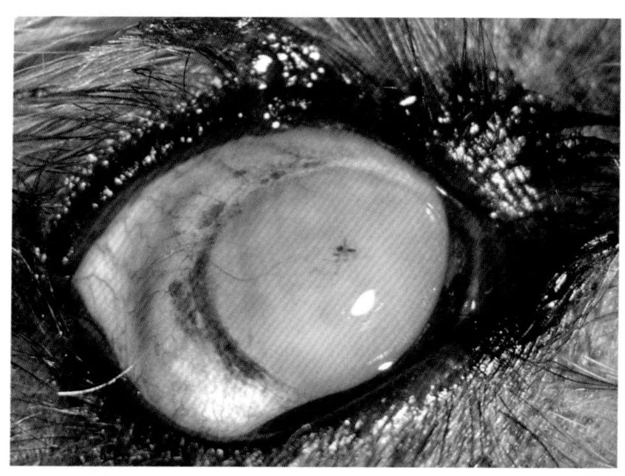

1只犬玻璃体注射庆大霉素后的眼球痨

1例肿瘤继发青光眼的拉多犬眶内容物剜除术

趣味提示

青光眼和失明的非美容手术选择：

- 药物介导的睫状体破坏（玻璃体注射庆大霉素）；
- 眼球摘除术（摘除眼球和相关结构）；
- 眶内容物剜除术（摘除眼球、相关结构和眼眶内组织）。

禁忌

猫不要给予玻璃体注射庆大霉素（肉瘤的风险）或眼内肿瘤时不要进行玻璃体注射（庆大霉素）。

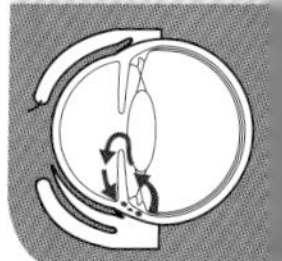

第六节 后遗症

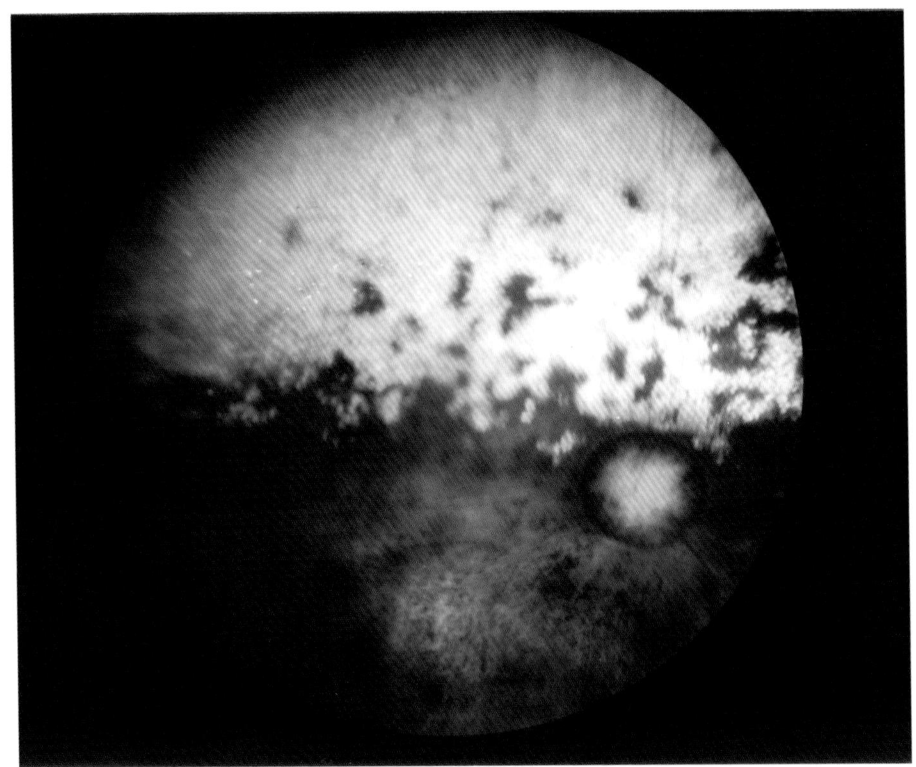

患慢性青光眼的犬视神经病变。
病程：10个月。
注意视神经的凹陷和萎缩。
视网膜变性出现在非常晚期的时候

重要提示

- 青光眼是一种视神经的疾病。
- 视神经轴突的损伤和视网膜神经细胞的凋亡可能导致失明。

  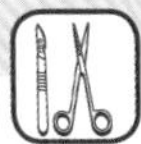  

参考文献

American College of Veterinary Ophthalmologists. Ocular Disorders Presumed to be Inherited in Purebred Dogs. 3rd edition. Genetics committee of the American College of Veterinary Ophthalmologists, 1999.

Barnett, K.C., Crispin, S. Oftalmología felina. Atlas-texto. Buenos Aires: Editorial Intermédica, 2000.

Barnett, K.C., Sansom, J., Heinrich, C. Oftalmología canina. Atlas-texto. Buenos Aires: Editorial Inter-médica, 2003.

Bedford, P. Enfermedades de la retina. In: Herrera, D. Oftalmología clínicaen animales de compañía. Buenos Aires: Editorial Inter-médica, 2007, pp. 211–238.

Bjerkas, E: Cataract diagnosis and aetiology. EJCAP. Oct. 2004, vol. 14(2):187–192.

Chaudieu, G. Eléments díétude simples des affections du fond díoeil chez les carnivores domestiques. Prat. Med. Chir. Anim. Comp. 1996, 31:7–32.

Cortadellas, O. Hipertensión arterial sistémica. Argos. Apr. 2002, 37:38–39.

Dennos, R. Use of magnetic resonance imaging for the investigation of orbital disease in small animals. Journal of Small Animal Practice. Apr. 2000, 41:145–155.

Esteban Martin, J. Atlas de Oftalmología Clínica del perro y del gato. Zaragoza: Editorial Servet, 2007.

Esteban Martín, J. Colocación de un gonioimplante no valvulado. Argos. 2006, 77, pp. 48–50.

Esteban Martín, J. El cristalino: esclerosis, catarata y luxación. Criterios de diagnóstico y remisión. Oftalmología básica. Canis et Felis. Oct. 2008, 94:52–67.

Featherstone, H.J., Sanson, J. Feline corneal sequestra: a review of 64 cases (80 eyes) from 1993 to 2000. Veterinary Ophthalmology. 2004, 7(4):213–227.

García Sánchez, G.A. Facoemulsificación ultrasónica como método quirúrgico para la extracción extracapsular de la lente y su reemplazo con lente intraocular. 4th CLOVE congress, Madrid, 2007. Libro de ponencias, pp. 119–129.

Gaskell, R., Dawson, S., Radford, A., Thiry, E. Feline herpesvirus. Vet Res. 2007, 38(2):337–354.

Gelatt, K.N. Veterinary Ophthalmology, vol. 1, 4th edition. Ames, Iowa: Blackwell Publishing, 2007.

Gilger, B.C., Whitley, R.D. Surgery of the cornea and sclera. In: Gelatt, K.N. Veterinary Ophthalmology, 3rd edition. Philadelphia: Lippincott Williams and Wilkins, 1999, pp. 675–689.

Herrera, D. Avances en el tratamiento del glaucoma canino. Argos. Apr. 2002, 37:36–37.

HERRERA, D. Oftalmología clínica en animales de compañía. Buenos Aires: Editorial Inter-médica, 2007.

LACKNER, P.A. Techniques for surgical correction of adnexal disease. Clin. Tech. Smal.

Anim. Pract. 2001, vol. 16:40–50.

LÓPEZ MURCIA, M., GARCÍA SÁNCHEZ, G.A., PIÑÓN CABRERA, A. Glaucoma, alteraciones de la lente y del fondo ocular. Consulta Difusión Veterinaria. 2005; 119:65–72.

MARTIN, C.L. Ophthalmic Disease in Veterinary Medicine. London: Manson Publishing, 2005.

MATOON, J.S., NYLAND, T.G. Ocular Ultrasonography. Veterinary diagnostic ultrasound. Philadelphia: Saunders, 1990, pp. 178–197.

PETERSEN-JONES, S.M., FORCIER, J., MENTZER, A.L. Ocular melanosis in the Cairn Terrier: clinical description and investigation of mode of inheritance. Vet Ophthalmology. 2007, 10:63–69.

RODRÍGUEZ ALVARO, A., GONZÁLEZ ALONSO-ALEGRE, E. Tumores oculares en el perro y en el gato. Consulta Difusión Veterinaria. 2002; 93:71–82.

SAGREDO, P, MIRO, G. Atlas de dermatología del perro y del gato. Tomo I y II. Madrid: Luzán Ediciones, 2004.

SAPIENZA, J. Feline Disorders. Clin. Tech. Smal. Anim. Pract. May 2005, 20(2):102–107.

SIMON, M. Les uvéites chez les carnivores domestiques. Recueil de médicine vétérinaire. 1989, 3:257–262.

SLATTER, D. Fundamentos de Oftalmología Veterinaria. 3ª edición. Buenos Aires: Editorial Inter-médica, 2004.

STADES, F.C., GELATT, K.N. Diseases and surgery of the canine eyelid. In: Gelatt, K.N. Veterinary Ophthalmology, 4th edition. Ames, Iowa : Blackwell Publishing, 2007, pp. 563–614.

SYME, H.M. Diagnóstico y tratamiento de la hipertensión felina. Waltham Focus, 2005, I, vol. 15.

TOVAR, M.C. Enfoque clínico del glaucoma: ¿cómo reconocerlo? Oftalmología básica. Canis et Felis. Oct. 2008, 94:68–80.

TOVAR, M.C. Queratitis ulcerativas. Consulta Difusión Veterinaria. 2003; 106:53–60.

VILLAGRASA, M. Ecografía ocular. In Oftalmología clínica en animales de compañía. Daniel Herrera. Buenos Aires: Editorial Inter-médica, 2007, pp. 51–62.

WARD, D.A. Diseases and Surgery of the Canine Nictitating Membrane. In: Gelatt, K.N. Veterinary Ophthalmology, 3rd edition. Philadelphia: Lippincott Williams-Wilkins, 1999, pp. 609–618.

WILKIE, D.A., WHITTAKER, C. Surgery of the cornea. Vet. Clin. North Am. Small Anim. Pract. 1997, 27:1067–1107.

WILLIS, A.M., WILKIE, D.A. Ocular Oncology Clinical Techniques. Small Animal Practice. 2001, 16(1):77–85.

WOODS, M. Corneal ulceration. Irish Veterinary Journal. Oct. 2004, 14(2):179–185.